第十四届全国运动会和
全国第十一届残运会暨第八届特奥会
气象保障服务探索与实践

十四运会和残特奥会组委会气象保障部
陕西省气象局

气象出版社
China Meteorological Press

内 容 简 介

本书详细记录了第十四届全国运动会和全国第十一届残运会暨第八届特奥会（简称十四运会和残特奥会）气象保障服务工作的点点滴滴，全书共分三个篇章总结了本次体育盛会气象保障服务取得的成果和经验。上篇"探索"总结了十四运会保障服务启动和筹备阶段的相关组织管理、技术研发及后勤保障等情况，详细描述了监测、预报、信息、服务、人影等技术研发和综合保障、科普宣传等方面的工作；中篇"实践"围绕十四运会全程气象保障服务进行了总结，介绍了国省单位的技术支持与保障服务案例，开（闭）幕式、人工消减雨、十四运会和残特奥会赛事保障服务等纪实，高影响天气风险防范及应对措施；下篇"成就"阐述了十四运会气象保障服务的成果、领导批示和肯定，整理汇编了保障服务期间的重大事件和重要文件，总结了本次活动保障的宝贵经验和深刻启示。

本书内容翔实、资料丰富、图文并茂，既可以作为十四运会气象保障服务的珍贵历史档案，又可以作为广大气象工作者做好气象保障服务的宝贵参考材料。

图书在版编目（ＣＩＰ）数据

第十四届全国运动会和全国第十一届残运会暨第八届特奥会气象保障服务探索与实践 / 十四运会和残特奥会组委会气象保障部，陕西省气象局编. -- 北京 ：气象出版社，2022.10
　　ISBN 978-7-5029-7862-4

　　Ⅰ．①第… Ⅱ．①十… ②陕… Ⅲ．①全国运动会－气象服务－西安－2021②残疾人体育－全国运动会－气象服务－西安－2021 Ⅳ．①P451

中国版本图书馆CIP数据核字(2022)第221384号

第十四届全国运动会和全国第十一届残运会暨第八届特奥会气象保障服务探索与实践
Di-shisi Jie Quanguo Yundonghui he Quanguo Di-shiyi Jie Canyunhui ji Di-ba Jie Teaohui
Qixiang Baozhang Fuwu Tansuo yu Shijian

出版发行：气象出版社			
地　　址：北京市海淀区中关村南大街 46 号		邮　　编：100081	
电　　话：010-68407112（总编室）　010-68408042（发行部）			
网　　址：http://www.qxcbs.com		E-mail：qxcbs@cma.gov.cn	
责任编辑：彭淑凡 蔺学东		终　审：张 斌	
责任校对：张硕杰		责任技编：赵相宁	
封面设计：楠竹文化			
印　　刷：中煤（北京）印务有限公司			
开　　本：787 mm × 1092 mm　1/16		印　张：30.75	
字　　数：691 千字			
版　　次：2022 年 10 月第 1 版		印　次：2022 年 10 月第 1 次印刷	
定　　价：258.00 元			

本书如存在文字不清、漏印以及缺页、倒页、脱页等，请与本社发行部联系调换。

本书编委会

主　　编：丁传群

常务副主编：薛春芳　罗　慧

副　主　编：杜毓龙　李社宏　周自江　熊　毅　赵奎锋　胡文超
　　　　　　赵光明　杨文峰

编委会成员：张树誉　王　毅　王　川　段昌辉　贺文彬　杨凯华
　　　　　　吴宁强　李　明　张雅斌　邓凤东　高武虎　王　楠
　　　　　　罗俊颉　刘跃峰　胡　皓　王景红　刘映宁　赵西社
　　　　　　石明生　白光明　王维刚　牛桂萍　郭清厉　周　林
　　　　　　白作金　袁再勤　王　莽　张向荣　李建科　王卫民
　　　　　　王建鹏　苏俊辉

编　写　组

组　　　长：丁传群

副　组　长：薛春芳　罗　慧　张树誉

编写组成员（按姓氏笔画排序）：

　　王　荣（国家气候中心）　马　艳　马　楠　马学款（国家气象中心）

　　王　飞（中国气象局人工影响天气中心）　王　佳（中国气象局气象探测中心）

　　王　波　王　剑　王　莉　王　莹　王　婷　王文波

　　王亚强（中国气象科学研究院）　王百灵　毛　峰　仇　娜　方永侠

　　占世林　卢　珊　田　显　史月琴（中国气象局人工影响天气中心）

　　付　烨　毕力格（内蒙古自治区人工影响天气中心）

曲　岩（辽宁省气象局）　朱庆亮　刘　瑜　刘丽娟　刘春敏

刘敏锋　刘瑞芳　刘黎平（中国气象科学研究院）　米　洁

许　雷（国家气象信息中心）　许晓艳　寿亦萱（国家卫星气象中心）

苏立娟（内蒙古自治区人工影响天气中心）　李　伟

李汉超（内蒙古自治区气象局）　李宏宇（中国气象局人工影响天气中心）

李纯仪（四川省气象局）　杨家峰　吴　宁　吴国华　宋文超

宋嘉尧　张　亮　陈　涛（国家气象中心）　范　承　范倩莹

岳治国　周宗满　郑小华　郑卫江（国家气象中心）

单天婵（国家卫星气象中心）　封秋娟（山西省气象局）

赵姝慧（辽宁省人工影响天气办公室）　赵培涛（中国气象局气象探测中心）

胡　亚（中国气象局气象宣传与科普中心（中国气象报社））　胡启元

贺　音　倪敏莉（中国气象局公共气象服务中心）　徐军昶

奚立宗（甘肃省人工影响天气办公室）　郭　靖　郭兆兰（山西省气象局）

郭庆元　郭建侠（中国气象局气象探测中心）　黄泽群　常善刚

康少鹏　鹿庆华　董　青（中国气象局气象宣传与科普中心（中国气象报社））

韩　琦（国家卫星气象中心）　瑚　波　雷延鹏　樊洁馨　潘留杰

领导关怀

▲ 2021 年 8 月 26 日，陕西省委书记刘国中（右）与中国气象局党组书记、局长庄国泰（左），围绕加强气象防灾减灾工作、做好十四运会气象保障服务和推动陕西气象事业高质量发展等进行深入交流

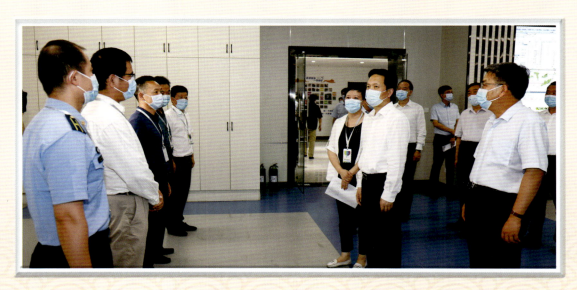

▲ 2021 年 8 月 20 日，陕西省人民政府省长、十四运会组委会执行主任、残特奥会组委会主任赵一德（右侧前排中间）调研指导气象保障准备工作，陕西省气象局党组书记、局长丁传群（右侧前排右一）陪同调研

▲ 2021年9月13日，中国气象局组织召开第十四届全国运动会开幕式天气视频会商，研判天气形势，部署气象保障服务工作，中国气象局党组书记、局长庄国泰（中间左一）和中国气象局副局长、十四运会和残特奥会组委会副主任余勇（中间右一）出席

▲ 2021年8月26日，中国气象局党组书记、局长庄国泰（前排左二）调研指导十四运会气象台工作，陕西省气象局党组书记、局长丁传群（前排左一）陪同调研

▲ 2019 年 7 月，中国气象局副局长宇如聪（前排左一）调研指导陕西省气象局工作

▲ 2017 年 8 月，中国气象局党组成员、副局长沈晓农（左五）检查陕西气象信息化建设工作

▲ 2016 年 6 月，中国气象局党组成员、副局长矫梅燕（左二）在陕西省气象局检查指导工作

▲ 2017 年 4 月，中国气象局党组成员、副局长于新文（右三）在陕西省气象局检查指导工作

▲ 2021年9月13日，中国气象局副局长、十四运会和残特奥会组委会副主任余勇（中）为支援陕西十四运会的气象专家颁发聘书

▲ 2020年10月16日，中国气象局总工程师黎健（中）调研陕西气象预报服务工作，指导十四运会气象保障服务

▲ 2021 年 3 月 29 日，陕西省副省长、十四运会和残特奥会组委会副主任兼秘书长方光华（右三）调研十四运会气象台

▲ 2021 年 9 月 12 日，陕西省副省长、十四运会和残特奥会组委会副主任兼秘书长方光华（中）在十四运会和残特奥会气象台与中央气象台加密会商天气情况

▲ 2021 年 8 月 4 日，陕西省副省长魏建锋（前排左二）调研指导十四运会气象保障服务工作

▲ 2021 年 9 月 15 日凌晨 4 点，陕西省气象局党组书记、局长丁传群（中）主持十四运会开幕式早间第一次天气会商

▲ 2021 年 9 月 15 日，陕西省气象局党组成员、副局长薛春芳（右一）在十四运会气象台指导开幕式气象保障服务

▲ 2021 年 9 月 6 日，十四运会开幕式人工消减雨作业联合指挥中心与中国气象局人工影响天气中心进行演习会商

组织保障

▲ 2019 年 11 月 22 日，陕西省气象局召开十四运会气象服务保障筹备工作领导小组扩大会议

▲ 2020 年 9 月 21 日，十四运会和残特奥会气象保障服务第一次集结培训班开班合影

▲ 2021 年 6 月 6 日，移动气象台进驻十四运会倒计时 100 天活动现场进行气象保障

▲ 2021 年 6 月 11 日，十四运会组委会气象保障部等四支部联合开展主题党日活动

▲ 2021年6月29日，十四运会组委会召开十四运会和残特奥会项目竞委会工作人员第六次视频培训交流会议，提升赛事高影响天气应对处置能力

▲ 2021年7月17日，十四运会圣火采集气象保障服务圆满完成

▲ 2021 年 8 月 16 日，十四运会火炬传递西安站，气象保障团队在现场与十四运会气象台开展加密会商

▲ 2021 年 9 月 15 日，祝贺十四运会开幕式气象保障取得圆满成功

序 言
PREFACE

时光如白驹过隙，2021 年第十四届全国运动会（简称十四运会）和第十一届残疾人运动会暨第八届特殊奥林匹克运动会（简称残特奥会）已圆满落幕一年有余。经过 6 年的筹备，陕西省为全国人民奉献了一场简约、安全、精彩的体育盛会。此次运动会是在建党百年、我国开启全面建设社会主义现代化国家新征程之际举办，是在新冠疫情防控常态化的形势下与东京奥运会同年举办，是西部地区首次承办的全国运动会，意义非凡。对于陕西省气象部门来说，在历届全运会中雨日最多、累计降雨量最大的极端不利条件下，在几乎毫无重大体育活动气象保障经验的情况下，想要圆满完成十四运会和残特奥会气象保障服务，面临着前所未有的困难和挑战。

天道酬勤，功不唐捐。在陕西省委省政府、中国气象局和十四运会和残特奥会组委会的坚强领导下，陕西省气象部门深入学习贯彻习近平总书记关于十四运会筹办工作和气象工作重要指示精神，聚焦"精彩圆满"办会目标和"简约、安全、精彩"办赛要求，提高政治站位，构建"四级联动"工作机制，推进气象保障"五个融入"，举全国气象部门之力，圆满完成十四运会气象保障服务，获得多方的赞誉和肯定，也为今后的大型活动气象保障工作提供了参考和借鉴。

保障服务的成功，离不开中国气象局的坚强领导和高位推动。中国气象局印发《十四运会气象保障服务总体工作方案》，成立了十四运会气象保障服务协调指导小组，召开三次专题协调会，组织协调各相关单位资源力量，指导支持陕西省和周边省（区）气象局做好气象保障服务工作。庄国泰局长多次听取工作汇报，来陕检查指导部署工作，开幕式当日在总指挥部坐镇指挥，为十四运会气象保障服务工作举旗定向、明确目标。余勇副局长出任组委会副主任，多次作出批示指导，现场调度指挥，为十四运会气象保障服务工作排忧解难、争取支持。宇如聪、沈晓农、矫梅燕、于新文副局长和黎健总工程师高度重视、亲自指导，举全国气象部门之力保障十四运会和残特奥会。

保障服务的成功，得益于各省（区）气象部门、组委会各部室和省级各部门的鼎力支持。各单位、各部室、各部门矢志"精彩圆满"，"一条心"通力协力。辽宁、甘肃、宁夏、内蒙古、山西、河南、四川、湖北等省（区）气象部门尽己所能、全力驰援，共享加密监测资料，协同开展人工消减雨作业，国内 9 架高性能人工影响天气飞机齐聚陕西，特别是山西、四川高性能飞机 6 小时内完成调机和任务执行，创造人工影响天气领域资源调配的奇迹。军民航空域管制部门首次在空域繁忙的情况下，批准专用空域保障人工影响天气作业，参与作业的各地政府积极落实人工影响天气组织和安全责任。组委会 22 个部室在组织、党建、协调、安保、接待、财务、信息化、保障等方面给予全力支持，助力气象保障服务全面融入组委会决策管理、赛事运行、指挥调度。

保障服务的成功，归功于陕西气象部门上下的统筹协调。依托国家级业务科研单位技术支持，陕西省气象局坚持上下联动、横向协作，成立十四运会气象服务保障筹备工作领导小组及其办公室，成立气象保障部并正式入驻十四运会和残特奥会组委会，逐步建立起"前店后厂"式工作机制。抽调全省专家骨干 83 人组建十四运会气象台，成立开幕式人工消减雨工作专班和联合指挥中心，并以此为业务核心全面推动各项保障工作。通过五年多的时间，逐步构筑起由组织指导层、决策指挥层、业务运行层、技术支持层组成的四级组织体系，为各项工作有序运转、各项任务圆满完成奠定了基础。

保障服务的成功，依靠于对气象现代化建设的不断追求。X 波段双偏振相控阵天气雷达等 80 多套新型现代化观测设备、精细化分钟级降水预报等短临预报产品广泛投入应用，为十四运会和残特奥会气象保障服务提供有力支撑。"智慧气象·追天气"决策系统接入赛事指挥中心，"全运·追天气"App 与"全运一掌通"无缝对接，为各方用户科学决策提供参考。风云四号 B 星全程精细监视天气系统，国内全部高性能人工影响天气作业飞机齐聚陕西，冬奥同款百米级、逐分钟更新的实况产品提供服务应用，成为十四运会和残特奥会精彩圆满的重要科技后盾。

保障服务的成功，凝聚着陕西省气象部门广大干部职工的辛勤奉献。陕西省气象部门对标"监测精密、预报精准、服务精细"，认真履行职责，将开幕式气象保障服务作为一项重要政治任务来抓，广大干部职工舍小家为大家，不惧困难挑战，不畏任务繁重，敢于拼搏担当，勇于开拓创新，以精益求精的执着，出色完成了圣火采集、火炬传递、开（闭）幕式等系列保障任务，以高度的政治责任感和历史使命感助力十四运会和残特奥会取得"精彩圆满"。

为了总结凝练好十四运会和残特奥会气象保障服务的宝贵经验，管理好、运用好十四运会气象服务遗产，十四运会和残特奥会组委会气象保障部、陕西省气象局组织编写了《第十四届全国运动会和全国第十一届残运会暨第八届特奥会气象保障服务探索与实践》，从"探索""实践""成就"三个方面分十四章全面总结了十四运会和残特奥会气象保障服务的经验成果。这些经验来源于十四运会和残特奥会，却意在惠民，让老百姓从十四运会和残特奥会中实实在在受益，提升生活幸福感和获得感，正是举办本次运动会的重要意义之一。

新征程号角已经吹响，高质量发展催人奋进。陕西省气象部门要始终坚持以人民为中心，以时不我待的精神，立足自身定位，锚定目标，砥砺前行，将十四运会气象保障成果应用扩展到陕西气象高质量发展和气象防灾减灾示范省建设中，为"生命安全、生产发展、生活富裕、生态良好"提供更好的气象保障。

前 言
FOREWORD

    为认真贯彻落实习近平总书记关于"办一届精彩圆满的体育盛会"和对气象工作重要指示精神，在十四运会和残特奥会组委会、中国气象局、陕西省委省政府的正确领导下，陕西省气象局党组带领全省气象干部职工按照"简约、安全、精彩"的办赛要求，早谋划、早部署、早准备，以昂扬的精神状态、严实的工作作风，全力以赴做好十四运会和残特奥会气象保障服务工作，圆满完成各项任务。

    早在 2016 年，陕西省十四运会气象保障工作就已开启。陕西省气象局高度重视，提前成立十四运会气象保障服务筹备工作领导小组及其办公室，选派骨干全程参与十三运会气象保障工作，先后赴 7 省调研学习大型活动气象保障服务经验。同时，强化顶层设计，提前部署，多次组织召开会议，明确工作重点，细化保障方案，坚持挂图作战，2 年共梳理完成 100 项任务，形成组委会气象保障部与陕西省气象局十四运会气象保障服务工作领导小组两条工作流线；抽调全省专家骨干 83 人组建十四运会和残特奥会气象台，6 名气象预报服务首席入驻十四运会赛事指挥中心，各项工作有序、有力推进。同时，各市、县气象局紧密对接西安市执委会、各项目竞委会，"一市一策""一赛一策"开展火炬传递和各项赛事气象保障服务工作。

    在十四运会组委会、中国气象局、陕西省委省政府的指导下，陕西省气象局依托国家级业务科研单位技术支持，国、省、市、县各级气象部门上下联动，由组织指导层、决策指挥层、业务运行层、技术支持层组成的四级组织体系已然建成。

    中国气象局党组高度重视十四运会气象保障服务筹办工作。中国气象局局长庄国泰专程来陕检查部署，并在开幕式当天全程坐镇指挥，副局长余勇出任组委会副主任并先后召开 3 次专题协调会议，中国气象局正式印发《十四运会气象保障服务总体工作方案》，成立中国气象局十四运会工作协调指导小组，相关职能司和直属单位结合陕西实际需求，在加密观测、卫星探测、天气会商、智慧服务、信息网络、人影保障、新闻宣传等方面先后派出43名国内顶尖专家赴陕提供全方位的技术指导和支持，形成举全国气象部门之力做好十四运会气象保障服务筹备工作的局面。

十四运会的举办，对于锤炼陕西气象干部人才队伍、提升气象科技水平、推进更高水平气象现代化、加快建设气象强省来说，是陕西气象事业高质量发展的"助推器"，是一次非常宝贵的机遇。

在中国气象局的领导和指导下，创新建立"前店后厂"机制，组委会气象保障部、赛事指挥中心气象保障组在国家级业务科研单位、十四运会气象台、陕西省气象局各单位的强力支撑下，面向组委会、赛事指挥中心、部省市安保指挥部等最高决策层开展直通式气象服务，助力开（闭）幕式、圣火采集等重大活动以及公路自行车、高尔夫、小轮车、网球、攀岩、垒球等户外比赛精准选择"窗口时间"，为十四运会精彩圆满举办贡献气象力量。累计发布气象专报3100余期，助力在陕举办的31个大项、358个小项圆满完赛。

组委会气象保障部自2019年入驻筹（组）委会以来，全面融入组委会整体布局和决策流程，融入组委会管理体系，多项气象工作纳入组委会组织管理和赛事运行培训，与组委会同步部署、同步落实。完成气象保障服务挂图作战7项一级任务、25项二级任务、15项三级任务，动态跟进组委会、赛事指挥中心、各项目竞委会服务需求，进一步提高预报服务的主动性、及时性、针对性和敏感性。西安、宝鸡、渭南、杨凌、汉中、咸阳、延安等7地执委会也先后成立气象保障部，将"前店后厂"机制进一步向纵向延伸。先后编制完成50余项工作方案、实施方案和手册清单，并围绕重大活动和关键节点气象决策产品，建立行政决策和技术决策程序。

通过陕西省政府的大力支持，全省新增建设相控阵雷达等80余套新型观测设备，研发出分钟级降水预报以及沙温、水温、暑热指数等专项预报。开发"智慧气象·追天气"系统、"全运·追天气"App，无缝对接官方指挥平台。气象保障服务写进《通用政策》和各项目竞赛指南。扎实而富有成效的十四运会气象保障服务筹备工作，为完成气象保障服务任务打下了坚实的基础。

组建24个成员单位组成的人工消减雨工作专班和联合指挥中心，省政府领导亲自挂帅，自上而下统筹协调军地、国省、行业之间联动合作。先后召开专题协调会7次、形成7次纪要，组织开展4次实战演练。面对开幕式期间复杂天气形势，甘肃、宁夏、内蒙古、山西、河南、四川、湖北、辽宁等省（区）气象局迅速驰援，首次在系统性、稳定性、大尺度天气系统下，成功实施人工消减雨作业，保障了开幕式精彩圆满举办。

在跌宕起伏的开幕式气象保障工作中，组委会各部室在组织党建、综合协调、安保制证、贵宾接待、经费保障、信息交汇等方面给予全力帮助；陕西省委办公厅、省政府办公厅、省发改委、省财政厅、省公安厅、省交通运输厅、中部战区空军参谋部、空军西安辅助指挥所、民航西北空管局、西部机场集团等在人工消减雨安全管理、经费支持、空域保障、协作联防等方面给予大力支持。

盛会"精彩圆满"的背后，凝结着组委会、中国气象局和陕西省委省政府领导的殷切关怀，浓缩着全国气象部门开拓创新的智慧结晶，汇聚着各省份、各部门、各单位的通力协作，更浸透着全省气象部门广大干部职工的辛勤汗水。各级气象部门广大干部职工日夜兼程、尽心竭力，高水平保障、专业化服务，充分发扬了顽强拼搏的精神、求真务实的作风和精益求精的态度，彰显了气象人的责任与担当。

本书详细记录了十四运会和残特奥会气象保障服务工作的点点滴滴，全面总结了盛会气象保障服务取得的成果和经验，既可以作为一项重大活动气象保障服务的历史档案，又可以为广大气象工作者做好气象保障服务提供一份宝贵的参考材料。同时，也将借全运会之东风，把先进成果传承固化下来，进而将其应用扩展到陕西气象防灾减灾示范省建设和气象强省建设中，助力陕西气象事业高质量发展，为"生命安全、生产发展、生活富裕、生态良好"提供更强有力的气象保障。

陕西省气象局党组书记、局长　丁传群

2022 年 9 月 15 日

目 录
CONTENTS

下 篇 成 就

上篇

探索

第一章
需求、现状、挑战与任务

∨

第一节　需　　求

　　气象条件是各项重大活动成功与否的重要影响因素。随着我国经济社会的快速发展，全国性的经济、文化、体育等重大活动增多，气象服务已成为各项重大活动组织实施和运行体系中不可或缺的重要内容。

　　2016年7月30日，陕西省委办公厅、省政府办公厅印发《第十四届全国运动会总体工作方案》，明确了十四运会对气象服务的需求，要求气象保障部主要负责赛事期间各赛区的天气预报服务工作，拟定大型活动人工消雨方案并组织实施等。随着各项筹备工作的不断推进，十四运会对气象保障服务提出了更加全面、具体的需求。

　　2020年4月，习近平总书记在陕考察时，作出"第十四届全运会将在陕西举办，要做好筹办工作，办一届精彩圆满的体育盛会"的重要指示，为做好筹办工作指明了前进方向、提供了根本遵循。李克强总理、孙春兰副总理对十四运会筹备工作多次作出批示。孙春兰副总理2021年5月在京听取筹办工作汇报并协调解决重大问题，9月初又到陕考察指导筹办工作，强调要如期高质量完成各项筹办任务，举办一届精彩圆满的全运盛会。陕西省委、省政府将十四运会筹办工作作为党和国家交给陕西的一项重大政治任务，要求以"精彩圆满"为目标，集全民之智、聚万众之心，为全国人民奉献一届精彩、非凡、卓越的体育盛会。省委书记刘国中要求做到"系统谋划、精细管理、倒排工期、挂图作战"，省长赵一德要求做到"最高标准、最快速度、最实作风、最佳效果"。这些对十四运会筹办工作提出的要求，也同样是对气象保障服务提出的需求。

　　全运会是国内规格最高、规模最大、竞技水平最高、辐射带动作用最强的综合性运动会。特别是十四运会和残特奥会于 2021 年在陕西举办，是在庆祝中国共产党成立 100 周年之际，在我国全面建成小康社会、乘势而上开启全面建设社会主义现代化国家新征程重要历史节点举办的全运会；是与东京奥运会同年举办并紧接 2022 年北京冬奥会、冬残奥会的全运会；也是首次走进中西部地区、首次与残特奥会同年同地举办的全运会，意义非凡。十四运会和残特奥会比赛项目众多，十四运会设 35 个竞技比赛项目和 19 个群众赛事活动共计 595 个小项，共有 1.2 万余名运动员和 1 万多名群众运动员参加。十四运会在陕西设 13 个赛区，比赛场馆分布在陕西 11 个市（区）以及西咸新区和韩城市。残特奥会设有 43 个大项 47 个分项，共有 4484 名残疾人运动员参加，比赛场馆主要分布在西安、宝鸡、渭南、杨凌、铜川 5 个市（区）。十四运会标准高、规模大、范围广、时间长，从各个方面都对气象服务提出了很高的要求。

（1）开（闭）幕式等重大活动对气象保障服务的需求。2021 年 9 月 15 日晚，十四运会开幕式在西安奥体中心体育场举行，中共中央总书记、国家主席、中央军委主席习近平出席开幕式并宣布运动会开幕，有 3.7 万人在现场参加了开幕式。由于活动在露天条件下进行，强降水、雷暴、冰雹、大风、高温、雾霾等高影响天气会对开幕式的升国旗仪式、火炬点火、高空表演等活动以及设备安装、预演和彩排等准备工作直接产生不利影响。需要为开（闭）幕式日期选取提供气候背景分析，定时、定点、定量的精细化预报服务，为十四运会开幕式提供人工消减雨作业，确保开（闭）幕式精彩圆满。9 月 27 日、10 月 22 日、10 月 29 日，十四运会闭幕式，残特奥会开幕式、闭幕式在西安奥体中心体育馆依次举行，现场人数超过 1 万人。由于是室内场馆，对活动的影响相对较小，但仍需密切关注降水、大风、雷电等高影响天气风险对彩排活动、交通运行、观众抵离等造成的不利影响。另外，极端天气对活动筹办、设备准备、观众入场、志愿者服务等诸多工作都会产生影响，需要严密监视天气变化，及时发布订正预报或高影响天气专报。

（2）各项体育赛事对气象保障服务的需求。在体育领域，气象一直是绕不开的话题。研究表明，降水、气温、湿度、风、能见度等各种气象要素都可能影响体育比赛的正常举办，甚至引发运动员的心理和生理变化，因此提升预报精确度成为赛事重要的技术保障环节，也是体育赛事成功举办的重要因素。十四运会和残特奥会比赛项目既有室内项目也有室外项目，既有陆地项目还有水上项目。各种比赛项目受天气影响的程度不同。例如，高尔夫球比赛对雷电天气有严格要求，金属制的球杆在挥杆时易引雷，容易对比赛队员生命健康产生威胁，严禁雷雨天气下进行比赛，这就需要气象部门对赛场附近区域的雷电情况开展监测，并及时提供预报预警信息和比赛调整建议；马拉松是所有体育运动中体力消耗最大的项目之一，高温、低气压、高湿度或大风、大雨等气象条件差的天气对马拉松比赛影响很大，而气温偏低还容易使运动员出现休克现象，这就需要气象部门提前开展气候背景分析，及时提供降水、气压、风速风向、气温、紫外线等要素精细化预报服务；马术比赛都在露天进行，而马对天气有较高的敏感性，气象条件直接关系着马术技能的发挥，这就需要气象部门在赛场及马厩布设暑热温度监测设备，并及时提供实况和预报服务。

（3）公众和城市运行对气象保障服务的需求。十四运会期间，观众众多，比赛地点分散，城市安全运行面临着极大的挑战，也对气象保障提出了更高要求。此外，十四运会和残特奥会的赛场分布在陕西的 11 个城市，从地域上来看，全省场馆是以西安为核心，关中为重点，陕南、陕北为支撑，其中西安市有 26 个比赛场馆，宝鸡市 3 个，铜川市 1 个，渭南市 5 个，延安市 3 个，榆林市 1 个，汉中市 2 个，安康市 2 个，商洛市 2 个，韩城市 1 个，杨凌示范区 1 个，西咸新区 2 个。比赛期间，众多的运动员、教练员、志愿者、媒体记者、外地观众和游客将频繁往返于各个场馆、全运村、交通枢纽（机场、火车站）之间，为保证十四运会和残特奥会期间城市运行安全、高效，城市运行管理部门需要及时获取各类气象监测预报预警信息。尤其是在局地性、突发性等灾害天气出现时，气象服务更是城市运行管理部门调度、指挥、联动的重要决策参考依据。同时，为满足十四运会期间公众观赛需求和出行旅游需求，需充分利用广播、电视、互联网等公众媒体以及陕西气象微博、微信、手机 App、抖音等自有媒体，对接十四运会和残特奥会官方网站、App 等，及时发布包括天气实况、赛场天气信息、旅游景点预报以及周边城市的气象信息和交通气象信息，方便公众观看赛事、参与大型活动。

（4）残疾人运动员对气象保障服务的需求。与全运会相比，残特奥会有着显著的不同。最明显的就是运动员身体的区别，残运会的参赛运动员主要包括肢体残疾、视力残疾、听力残疾、智力残疾，特奥会参赛运动员为智力残疾。此外，残特奥会在场地、器材、规则以及竞赛辅助人员方面都与常规赛事有明显区别。对于气象部门来说，残特奥会气象保障服务工作是一项全新的课题和任务，全省各级气象部门不仅要像十四运会一样做到精密监测、精准预报、精细服务，同时还要做到贴心关怀与精心保障。特别是 10 月下旬比赛期间气温偏低，严重影响残疾人身体状况和比赛状态，需要重点关注，提早发布气象预警，及时告警并提出决策建议。

第二节　现　状

2016 年是十四运会气象筹备工作启动之年，也是陕西气象事业"十三五"的开局之年。"十二五"时期，在陕西省委、省政府和中国气象局的正确领导下，陕西省气象事业进展良好，公共气象服务能力明显增强，气象现代化体系日趋完善，综合实力跻身全国气象部门先进行列，为全省经济社会发展和人民福祉安康提供了优质的气象保障服务。

一、公共气象服务能力现状

气象防灾减灾能力不断提高。建成省、市、县、镇、村五级气象防灾减灾组织体系，省、市、县三级全部成立气象灾害应急指挥部并实现常态化运行。气象工作站、气象信息服务站、气象协理员、信息员实现镇村全覆盖。为省委、省政府提供决策咨询报告达 400

余期、《气象信息快报》2000 余期。全省因气象灾害造成的人员死亡数比 20 世纪 90 年代明显减少，气象灾害造成的经济损失占 GDP 的比例从 2% 左右下降到 1% 左右。

气象灾害预警信息覆盖面不断扩大。建立了省、市突发公共事件预警信息发布平台和手机短信"绿色通道"。全省自建及共享气象预警大喇叭 4 万余套，建成电子显示屏 3854 块，电视气象服务节目 204 档，微博、微信粉丝 121 万人。400 热线和 12121 声讯电话年受众超 1.5 亿人次，预警信息覆盖率达到 95% 以上。

公共气象服务能力进一步增强。精细化、专业化水平不断提升，顺利完成世园会、黄帝陵祭祖等重大活动和全省重大工程建设的气象保障。全省公众气象服务满意度保持在 85 分以上，连续 4 年名列全国前五。在防灾减灾、促进经济社会发展、保障人民福祉安康等方面发挥了重要作用。

二、现代气象业务现状

"十二五"期间，陕西省气象局（简称省局）认真贯彻落实《现代天气业务发展指导意见》，全面推动全省天气业务现代化发展，气象预报预警准确率和精细化水平明显提高。

精细化气象预报业务建设初见成效。建立了空间上精细到全省 1289 个乡镇站点和 11 个地市 39 个城区站点的预报业务体系，实现了省内所有乡镇及地级市城区站点预报的全覆盖；依据《陕西省精细化气象格点预报业务建设实施方案（2016—2017 年）》，组织开展精细化格点预报科技攻关，初步研发了一套本地化的精细化格点预报技术方法，在全省预报服务中取得了良好的服务效果；初步建成陕西现代气象一体化格点预报平台，72 小时预报时效内的格点气象要素预报时间分辨率达到 6 小时；省、市两级开展本地化的预报指标体系建设，省级和 11 个地市分别编制了预报指标手册，为精细化预报的实现和预报准确率的提升进一步奠定了基础。

短临预报预警业务水平逐步提高。开展了精细化气象要素预报业务支持系统（FUSE）本地化建设，不断升级完善短时临近预报业务系统（SWAN），实现对短临预报业务的支撑；2016 年组建了省级短临预报技术攻关团队，编制了《陕西省短时临近预报技术攻关实施方案》，短临预报预警技术研发有序推进；开展预警信号质量检验业务，进一步提升了短临预报预警业务工作水平。

灾害性天气落区预报能力有效提升。省、市两级开展中尺度分析业务，建成中尺度天气分析业务规范，为分析强天气潜势预报奠定了基础，支撑了灾害性天气预报预警和风险预警业务的发展；下发了《关于在气象灾害预警信号中使用精细化落区用语的通知》《关于在决策服务产品和天气会商中使用精细化落区预报用语的通知》，汛期针对精细化用语落实情况进行跟踪检查，有效提升了基层气象灾害预警质量和精细化水平。

气象风险预警业务全面落地。开展了全省地质灾害和中小河流洪水风险预警业务，全省各级气象部门与国土部门联合发布地质灾害预报产品，预报产品应用于各级决策服务，有效减少了人员伤亡，取得了良好的社会经济效益；新一代面雨量精细化预报系统、全省山洪地质灾害精细化预报系统、全省中小河流洪水风险预警系统已成为风险预警业务的重要支撑平台。

本地特色的数值预报应用系统和工具逐步投入使用。开发了"陕西省短期精细化预报分析系统""陕西省暴雨动力因子预报系统""陕西省天气业务预报质量检验评估系统""陕西省历史天气和重大个例在线查询系统",为各项业务工作开展提供技术支撑。

三、气象科技创新现状

省局积极引导科研力量和科技资源集中解决关键问题。2012 年开始启动"火车头计划",旨在提升陕西省气象部门重点领域的科技支撑能力和水平,建设科技骨干人才队伍,带动气象事业现代化建设。2013 年的"火车头计划"和 2014 年的"创新科技管理机制,加快成果转化应用"两项工作均获评为中国气象局创新工作。

"十二五"期间,共获得陕西省科学技术奖励 10 项,完成科技成果登记 134 项,研发业务软件并获得国家版权软件著作权登记 5 项、实用新型专利 3 项,完成地方技术标准4 项,出版专著 2 部,获批国家级项目 5 项、中国气象局项目 32 项、省科技厅科技计划和自然基金项目 18 项。省局设立科学技术(工作)奖并每年组织评选,共对 20 项优秀科技成果予以奖励。先后成立了秦巴山区云降水机理、关中城市群环境气象、精细化预报、数值预报应用、气候应用、气候变化对经济林果产业影响研究、气象数据管理与综合应用7 支省级创新团队,聚集人才 93 名,成为陕西省气象科技创新的重要支撑力量。

四、人工影响天气服务现状

在陕西省委、省政府的坚强领导和中国气象局的统筹指导下,陕西人影作业服务能力、科技支撑能力、基础保障能力和安全监管能力显著提升,已基本建立了省、市、县三级管理、三级指挥、四级作业的人工影响天气业务体系。逐步实现了人工影响天气由季节性作业向全年常态化作业转变,由注重规模型作业向提高效益型作业转变。多次实施了应对旱灾、区域性雹灾和森林灭火、水库蓄水、生态环境保护和重大活动保障等作业服务。全省每年开展飞机增雨(雪)作业 50～60 架次,作业保护面积为 18.6 万 km^2;每年开展地面防雹增雨作业 4000 余炮(箭)次,防雹作业保护面积达到 5 万 km^2,在"印度总理莫迪访问西安""央视 2016 中秋晚会""第三届丝绸之路国际电影节闭幕式""新中国成立 70 周年升国旗仪式"等重大社会活动中组织开展了跨区域联合消减雨作业,圆满完成了气象保障任务。

作业能力逐步提升。陕西省政府和榆林市政府共租用 2 架运－12 飞机常态化开展增雨作业,加装了 1 套常规气象观测设备、2 套机载焰条播撒设备和 2 套机载北斗通信设备。地面布设高炮 323 门、WR 型火箭发射装置 378 副、AgI(碘化银)燃烧炉 46 套。形成了由增雨飞机和地面高炮、火箭、AgI 燃烧炉组成的立体作业手段。

云水监测初具规模。布设了 1 套 14 通道地基微波辐射计、2 套双频段微波辐射计、2 套地基大气电场仪、15 套激光雨滴谱仪、20 套火箭探空仪设备，统筹共享 9 套 GPS/GNSS 水汽观测系统，完成了 TK-2GPS 探空火箭系统的开发、试验和应用推广。

跨区域协同作业机制日趋完善。陕西与宁夏、甘肃、内蒙古建立了集天气监测、预报预警、信息共享、联合作业的跨省际作业业务和协作机制。省际之间跨区域作业空域保障机制不断完善，提高了跨省际联合作业的空域保障水平。

安全监管体系逐步健全。陕西省气象局与各市人民政府签订年度人影安全责任书，市、县（区）政府之间，县（区）与各乡镇政府之间层层签订了人影安全责任书，形成了逐级负责抓安全的责任体系。通过"陕西省人工影响天气地面作业系统安防工程"项目实施，作业点配置了 695 套弹药安全储存柜，建成了 200 套作业信息采集系统和 50 套实景监测系统。

第三节　挑　战

"十二五"期间，陕西气象事业虽然取得长足发展，但是面对新形势、新机遇、新挑战，气象保障服务能力同十四运会和残特奥会的要求还有很大的差距，工作的方方面面都面临着巨大挑战。

一、工作组织管理中面临的挑战

在 2016 年陕西省委、省政府第一次明确十四运会和残特奥会气象保障服务任务之前，陕西省气象部门除了西安世园会气象保障服务外，基本没有全国性大型活动气象保障服务经验。更何况十四运会和残特奥会的活动规模、举办标准、地域跨度、持续时间以及天气气候的复杂程度，都是西安世园会无法比拟的。在这样几乎毫无经验的情况下，要做好十四运会和残特奥会气象保障服务，可以说是一次全新的探索和艰巨的挑战。2016 年 8 月，陕西省气象局正式成立第十四届全运会气象服务保障筹备工作领导小组及其办公室，明确了组成人员和主要职责。但是仅凭一个工作领导小组，难以驱动庞大而复杂的十四运会和残特奥会气象保障有序运转。如何获得中国气象局相关职能司的协调指导、国家级科研业务单位的技术和人力支持，如何联合周边各省（区）气象局开展协同加密监测和人工消减雨作业，如何组织陕西全省 11 个市（区）气象局以及相关县（区）气象局协作配合，都是摆在陕西省气象局面前的难题。同时，气象保障部作为独立运行的部室，如何在各级气象部门的支撑下，发挥好"前店后厂"的工作机制优势，面向十四运会和残特奥会组委会、13 个赛区执委会、53 个比赛项目竞委会以及赛事指挥中心、安保联合指挥部、开（闭）幕式指挥部提供高质量的气象保障服务，更是必须解决的难题之一。

二、高影响天气频发带来的挑战

2021 年 9—10 月陕西省平均气温 15.7℃，较常年同期偏高 0.5℃。其中，陕北 11.8～15.7℃，关中 12.7～17.5℃，陕南 14.5～19.6℃，平均气温全省大部地区较常年同期偏高 0～1℃；9—10 月全省平均降水量 421.9 mm，较常年同期偏多近 1.8 倍，为 1961 年以来历史同期最多。2021 年陕西秋雨于 8 月 30 日开始，10 月 21 日结束，秋雨期 52 d，较常年秋雨期长度（30 d）显著偏长。秋雨区平均累计降水量为 489.9 mm，是常年秋雨量（138.9 mm）的 3.5 倍多，为 1961 年以来历史同期最多。各届全运会期间天气见表 1-1。

表 1-1　第一届至第十四届全运会赛事期间天气

届次	举办地	赛事日期	累计雨量（mm）	最大日雨量（mm）	雨日（d）	大雨日（d）	无雨日（d）
第一届	北京	1959 年 9 月 13 日—10 月 3 日	90.7	33.6	9	2	12
第二届	北京	1965 年 9 月 12 日—9 月 28 日	13.0	12.1	2	0	15
第三届	北京	1975 年 9 月 12 日—9 月 28 日	3.5	3.2	3	0	14
第四届	北京	1979 年 9 月 15 日—9 月 30 日	0.7	0.7	1	0	15
第五届	上海	1983 年 9 月 18 日—10 月 1 日	10.1	7.9	6	0	8
第六届	广州	1987 年 11 月 20 日—12 月 5 日	41.1	21.4	5	0	11
第七届	北京	1993 年 9 月 4 日—9 月 15 日	17.8	12.9	2	0	10
第八届	上海	1997 年 10 月 12 日—10 月 24 日	2.0	1.5	2	0	11
第九届	广州	2001 年 11 月 11 日—11 月 25 日	1.5	1.3	2	0	13
第十届	南京	2005 年 10 月 12 日—10 月 23 日	11.2	9.9	2	0	10
第十一届	济南	2009 年 10 月 16 日—10 月 28 日	0	0	0	0	13
第十二届	沈阳	2013 年 8 月 31 日—9 月 12 日	44.8	24.7	4	0	9
第十三届	天津	2017 年 8 月 27 日—9 月 8 日	24.1	24.1	1	0	12
第十四届	西安	2021 年 9 月 15 日—9 月 27 日	226.0	41.8	10	5	3

9 个赛区累计降水量为历史同期最多。2021 年 9 月 15—27 日十四运会举办期间，陕西 13 个赛区累计降水量 18.8～330.5 mm，总体分布呈北少南多。其中榆林最小为 18.8 mm，韩城最大达 330.5 mm，延安和安康 100～200 mm，其他 9 个赛区 200～300 mm。13 个赛区中有 9 个赛区（宝鸡、韩城、西安、咸阳、商洛、铜川、渭南、杨凌、西咸新区）累计雨量达建站以来历史同期之最，汉中和延安累计雨量为建站以来历

史同期次高值。

除延安和榆林赛区之外，11个赛区均出现暴雨。9月15—27日，各赛区最大日降水量9.9～93.9 mm，榆林最小、汉中最大（出现在26日）。除延安和榆林赛区外，其他11个赛区最大日雨量均超过50.0 mm，达暴雨量级。其中，西安最大日降水量53.0 mm，出现在26日。

各赛区降水天数均超过一半，以小到中雨为主。9月15—27日，各赛区降雨日数7～12 d（图1-1），降雨比例53.8%～92.3%。其中咸阳最多为12 d，降雨比例达92.3%；5个赛区（延安、铜川、韩城、杨凌、汉中）雨日为11 d，降雨比例达84.6%；3个赛区（宝鸡、渭南、西咸新区）雨日为10 d，降雨比例达76.9%。

从降雨量级来看，十四运会期间各赛区降雨以小到中雨为主。大雨及以上量级降雨日数最多为韩城（6 d），其次是渭南和商洛（5 d），其余赛区均在4 d以下，榆林未出现大雨。

图1-1　2021年9月15—27日各赛区降水日数图

三、气象监测预报预警和服务能力不足带来的挑战

陕西当时的气象观测网络、预报预警、气象服务、人工影响天气能力水平，与成功举办开（闭）幕式和赛会赛事需求还有一定差距。一是综合气象观测系统针对性不足，针对重大活动地点的气象观测、竞技体育特种气象观测以及大气垂直观测站网不完善，新型探测资料融合应用不够充分；二是短临预报的气象要素种类和时空分辨率与开（闭）幕式和赛会赛事对局地灾害性天气预警、气象要素预报的精细化需求存在差距，缺乏梯度风、沙温、水温等特种预测预报技术方法的支撑；三是气象服务能力建设滞后。各级气象部门的人力、财力、资源及科技力量等随着气象服务的发展而相应增加，但是气象服务队伍数量不足和各类专业人才缺乏的问题显得尤为突出。社会对气象服务需求的无限增长和气象部门在公共气象服务过程中"缺位"间的矛盾越来越凸显。公共气象服务未延伸到气象灾害

防御的各个环节，公众对气象灾害防御工作的响应和参与程度不高。气象预报预警的优势没有完全转化为防灾减灾的具体行动，气象服务大多还是单纯的转发气象预报，缺乏针对风险的影响分析和评估。气象灾害监测预警能力，特别是短时局部强灾害的预报预警能力严重不足。

四、人工消减雨工作中面临的挑战

人影应急保障是一项复杂的系统性、高科技活动，根据我国近 20 次重大活动人影应急保障实践，实施人影作业受天气、空域、作业规模、物资储备、安全等诸多条件限制，加之开幕式期间，陕西省正值华西秋雨期，开幕式人工消减雨工作的难度和风险进一步增加。特别是在十四运会之前，我国还没有在稳定性降水条件下成功实施人工消减雨作业的案例，现有人影作业指挥能力和技术水平与十四运会开幕式保障需求还存在较大差距。

（一）风险

1. 天气风险

9 月份影响陕西的大气环流表现为强大的副热带高压，西安地区处于西风带和副高的交汇处，西风带槽脊、中高纬度地面冷空气的形成和堆积，均为西安地区带来丰沛的水汽和抬升触发条件。陕西省气候中心对 1951—2020 年西安日气象观测资料进行了统计分析：9 月份的降雨主要以连阴雨的形式出现，平均每年 1.6 次，9 月中旬为连阴雨出现的高点，稳定系统下的天气过程实施人工消减雨作业难度较大，天气风险不容忽视。如果遇到中雨以上系统性稳定降水天气过程，作业量、作业强度需要非常大，很多时候受作业力量的限制，人工消减雨作业很难达到预期效果。

2. 飞机作业风险

飞机播撒作业适合于较大范围的稳定云系，作业时需要有相应的空域和作业范围，因多种原因飞机可能受限制无法到达指定的区域作业。当出现雷雨等强对流不稳定天气时，将影响飞行安全；或者遇到降雨天气时，机场能见度低，不符合放飞的条件；或者最佳作业时段，空中繁忙，空域无法得到保障，无法到达预定的区域实施飞机作业。此外，根据以往成功的重大活动保障经验，在投入较大飞机作业力量的前提下，多架飞机针对同一保障区开展作业时，空域的保障、作业的指挥、资源的调配均需要复杂且精细的筹备和策划，具有一定的实施风险。

3. 地面作业风险

在目前的技术条件下，实施地面人工影响天气作业尚无法保证绝对安全，风险主要包括：人工影响天气使用的火箭弹为军工产品，运输前必须提前备案，当天气形势变化需要调整作业点时，可能遇到安全监管部门的检查，影响按时集结；城市人口密集，发射后的火箭弹均有残留。

4.突发事件风险

实施人影作业时可能出现一些意想不到的突发事件或事故，主要包括作业工具发生意外，飞机、火箭架、火箭弹可能造成一定的生命财产损失。

（二）不足

1.协调机制亟待完善

十四运会人影保障范围大、任务重，涉及中国气象局的协调指导、多架飞机的协同指挥及军队、民航、公安、交通等相关部门的合作支援，以及邻近各兄弟省市气象部门的支持配合。常规的管理机构和管理方式很难保障十四运会人影保障工作高效有序运行。需要建立省、部、军、地协同保障机制，确保组织协调工作的顺利进行。

2.作业能力亟待提升

陕西省使用中国气象局交付新舟 60 高性能增雨飞机 1 架，榆林市租用 1 架运－12 作业飞机，但是面对十四运会重大活动保障，两架飞机的续航能力、作业能力和安全性能均难以满足人工消减雨作业需求。地面防线仅有 176 个固定作业站点，且在天气系统主要来向（西南和偏南）防线内固定作业站点不足 10 个，难以满足大规模地面作业需要。

3.指挥作业能力亟待加强

人工消云减雨是一项很复杂的技术工作，需要根据历史资料提前做好天气类型、影响时段、影响范围的预报判别，建立现场预报监测信息传输、显示，作业方案制订，地面、飞机作业指挥、空域协调等高效的人影作业决策指挥机制。陕西人影业务系统仅能满足常规抗旱增雨人影作业指挥，缺少多源数据融合应用分析平台、大规模空地联合指挥平台和可视化调度指挥功能。

五、新冠疫情为气象保障服务工作带来的挑战

十四运会和残特奥会举办期间，陕西乃至全国仍处在新冠疫情常态化防控的形势下，虽然陕西的疫情已经得到很好的控制，但国外疫情还处在爆发期，国内仍有确诊病例出现，外来输入和本地病例时有发生，在组织做好气象保障和人工消减雨工作的同时，还需做好各地现场气象保障人员队伍、后方技术支撑团队、中国气象局和外省气象局赴陕支援专家、人工消减雨作业人员和机组人员的组织管理及疫情防控工作，确保万无一失，挑战与压力巨大。

第四节　任　务

按照陕西省委办公厅、省政府办公厅《第十四届全国运动会总体工作方案》《全国第十一届残运会暨第八届特奥会陕西省筹备工作总体方案》以及中国气象局办公室《第十四届全国运动会和全国第十一届残运会暨第八届特奥会气象保障服务总体工作方案》要求，结合各方气象服务需求和面临挑战，主要有 5 个阶段的工作任务。

（一）第一阶段：策划设计阶段（2016 年 8 月—2020 年 5 月）

（1）启动十四运会和残特奥会气象保障服务前期准备工作。成立陕西省气象局组织领导机构，召开专题会议研究十四运会和残特奥会气象服务工作，启动总体工作方案编制工作。组织开展十四运会和残特奥会气象保障服务技术准备和气象监测技术准备。

（2）选派技术骨干赴天津全程参与十三运会气象保障工作。组织人员赴河北、湖北、山西等地调研学习全国重大活动气象保障服务先进经验，参加组委会组织的调研学习活动。

（3）设立气象保障部，分批入驻筹（组）委会。制定气象保障部工作方案。建立面向组委会的决策气象服务工作机制，形成气象保障部与陕西省气象局本部"前店后厂"式的气象工作模式。

（4）组织编制第十四届全运会气象保障工程项目建议书、可研报告和实施方案，报筹（组）委会批复立项。编制年度预算，报请筹（组）委会审批，开展项目建设。

（5）组织开展十四运会和残特奥会及会期城市运行气象服务需求调查。编制《十四运会和残特奥会气象保障服务任务清单》。

（6）组织开展十四运会和残特奥会举办时段的气候背景分析，编制分析报告，报送筹（组）委会。组织开展十四运会和残特奥会气象风险评估，编制《气象风险评估与风险管理报告》，提出气象风险防控措施建议，报送筹（组）委会。

（7）组织开展十四运会和残特奥会筹备期间的重大活动气象保障服务工作。根据需求编制决策气象服务材料，报送筹（组）委会，开展决策气象服务。

（8）与各部室开展工作对接。对接筹（组）委会场馆部，联合勘察、确定气象服务监测装备安装地点、移动气象台现场驻扎地点；对接筹（组）委会信息技术部，确定通信网络及视频会议系统通信链接；对接信息技术部，推进气象信息融入十四运会和残特奥会信息化大数据平台；对接大型活动部，了解开（闭）幕式、火炬传递等重大活动气象保障服务需求；对接新闻宣传部，开展相关科普宣传工作。

（9）开发气象服务产品，设计产品模板，统一产品风格，编制《十四运会和残特奥会气象服务产品清单》。

（10）组建十四运会和残特奥会气象台，进入试运行。

（二）第二阶段：建设开发阶段（2020 年 3—10 月）

（1）十四运会和残特奥会赛会气象保障建设。①开（闭）幕式和火炬传递气象保障建设。围绕十四运会和残特奥会开（闭）幕式及火炬传递气象保障服务，以西安奥体中心为中心建设六要素自动气象站、激光测风雷达、X 波段相控阵天气雷达、微波辐射计以及移动风廓线雷达等综合观测系统。为自动气象站配置 4G/5G 无线传输模块及无线网卡，升级现有省级骨干网络互联网带宽联通链路至 200 M（扩容 100 M）。②重要场所气象保障建设。在西安高铁站、全运村和丈八沟宾馆等地建设六要素自动气象站等设备。

（2）十四运会和残特奥会赛事气象保障建设。在比赛场馆建设八要素自动气象站、水体气象浮标观测仪、微波辐射计等监测设备，并配置 4G/5G 无线传输模块及无线网卡。在田径、马拉松、铁人三项等比赛重要路线上架设移动便携式自动气象站，并为监测设备配置 4G/5G 无线传输模块及无线网卡。针对游泳（铁人三项）、皮划艇等水上比赛项目，分别在汉中汉江赛场、安康汉江公开水域、杨凌赛区新建水体气象监测设备，并配备 4G/5G 无线传输模块及无线网卡，另外为水体气象浮标观测仪配置卫星通信模块作为应急备份手段。

（3）十四运会和残特奥会中心气象台建设。①中心气象台建设。建设中心气象台工作平台；研发预报预警和智慧服务系统；建设中心气象台通信网络系统；研发赛区实况资料运行监控与观测资料分析、赛场气象数据 App 展示等气象保障监控系统。②现场保障气象台建设。完成现场保障气象台硬件建设，配置 4G/5G 无线通信模块和无线网卡。

（4）组织制定《十四运会和残特奥会气象服务实施方案》并报送筹（组）委会审定。组织制定开（闭）幕式气象保障服务、火炬传递气象保障服务、现场气象保障服务、人工影响天气、培训、科普宣传等专项实施方案和应急预案。

（5）组织开展十四运会和残特奥会气象服务培训和科普宣传。组织对业务技术人员和服务团队、用户群、志愿者进行培训。编印《气象服务手册》和宣传折页，参加筹（组）委会组织的科普宣传活动。

（三）第三阶段：测试演练阶段（2020 年 10 月—2021 年 5 月）

（1）组织对监测设备、网络系统、预报预警系统和服务系统等业务系统进行运行测试，对设备运行、应急备份进行测试，检查物资储备，进行调试完善。

（2）组织开展开（闭）幕式、火炬传递气象保障服务综合演练。重点对设备运行、业务系统运行、通信网络、服务会商系统、产品制作和发布进行演练，对工作机制、服务流程、实施方案、应急预案进行演练，对配合协作、工作衔接进行演练。查找问题和不足，及时改进完善。

（3）协调周边省份，建立联合人工影响天气作业工作机制。

（4）按照组委会统一安排部署，跟进测试赛活动，提供全方位的监测、预报、预警和服务保障。

（四）第四阶段：开（闭）幕式和赛会赛事服务阶段（2021 年 5—10 月）

（1）修订完善并最终确定各项服务方案、预案。

（2）按照组委会安排，十四运会和残特奥会气象台现场服务人员提前进驻十四运会和残特奥会主场馆。

（3）按照《十四运会和残特奥会气象保障服务任务清单》开展气象服务。根据服务需求启动进入特别工作状态。

（4）组织预报服务会商。参加中央气象台十四运会和残特奥会气象专题服务会商，组织省市气象服务会商，与组委会有关部室进行服务会商。

（5）组织应急气象服务。针对突发性灾害天气，按照应急预案标准，启动气象灾害应急响应。

（6）组织决策气象服务。针对重大活动和转折性天气，组织编制决策服务材料，报送组委会。重点保障十四运会和残特奥会开（闭）幕式、火炬传递、重点场所、比赛场馆及比赛项目气象服务工作。

（7）根据组委会安排，结合开（闭）幕式或重大活动期间适宜气象条件，适时开展人工影响天气作业。

（8）开展十四运会和残特奥会气象保障服务满意度调查。

（五）第五阶段：总结评估阶段（2021 年 10—12 月）

（1）在十四运会气象保障工作结束后两个星期内完成工作总结，两个月内完成技术总结；在残特奥会气象保障任务结束后两个星期内完成工作总结，两个月内完成技术总结。并按要求进行报送。

（2）组织对十四运会和残特奥会气象服务形成的文件、制度、规范、标准、方案、技术档案、业务系统、图片、服务产品等进行全面梳理，按相关要求存档、上报。

（3）组织开展服务效益评估，全面检验十四运会和残特奥会气象服务的能力与水平，客观评定本次重大活动气象服务取得的成效与不足。编印十四运会和残特奥会气象服务效益评估报告。

第二章
组织与机制

第一节　建立四级工作组织

　　2016 年，陕西省气象局成立十四运会气象服务保障筹备工作领导小组及其办公室，十四运会和残特奥会气象筹备和保障服务工作有了第一个组织机构；2019 年 8 月，十四运会和残特奥会筹（组）委会成立气象保障部并正式入驻，逐步建立起"前店后厂"式工作机制；2020 年 9 月，陕西省气象局成立十四运会和残特奥会气象台，建立业务核心；2020 年 11 月，中国气象局成立十四运会和残特奥会气象服务工作协调指导小组，代表着中国气象局全面加强对十四运会和残特奥会气象筹备和保障服务工作的领导和支撑；2021 年 6 月，陕西省气象局成立十四运会和残特奥会赛事气象保障指挥部，对赛事期间气象保障有关重要工作和重大事项实施全面统一指挥和统筹管理；2021 年 7 月，十四运会赛事指挥中心正式组建气象保障组，负责高影响天气风险防范应对管理；2021 年 8 月，陕西省政府成立十四运会开幕式人工消减雨作业工作专班及联合指挥中心。

　　2016 年至 2021 年，陕西省委、省政府和各级气象部门通过 5 年多的时间，逐步构建了由组织指导层、决策指挥层、业务运行层、技术支持层组成的四级组织体系（图 2-1）。其中，十四运会和残特奥会气象服务工作协调指导小组为组织指导层；陕西省气象局十四运会和残特奥会气象保障服务工作领导小组、十四运会和残特奥会组委会气象保障部为决策指挥层；十四运会和残特奥会气象台、十四运会赛事指挥中心气象保障组为业务运行层；国家级业务科研单位和相关省（区、市）气象部门为技术支持层。

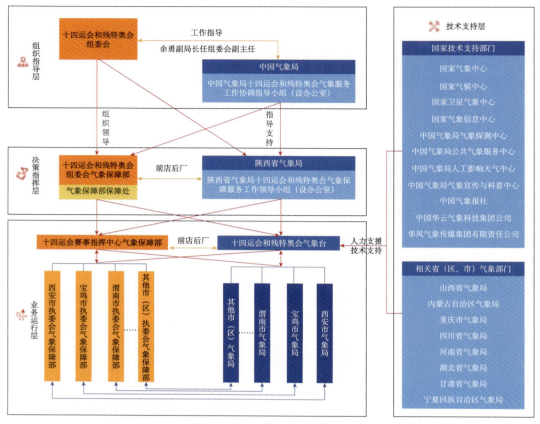

图 2-1 十四运会和残特奥会气象保障服务工作组织机构框架

一、组织指导层

（一）十四运会和残特奥会组委会

第十四届全国运动会陕西省筹备委员会于 2016 年 9 月成立，全国第十一届残运会暨第八届特奥会陕西省筹备委员会于 2018 年 11 月成立，实行两块牌子一套人马。2020 年 9 月 15 日，十四运会和残特奥会组委会正式成立，中国气象局副局长余勇任组委会副主任，为历届全运会首次。组委会下设竞赛组织部、大型活动部、群众体育部、场馆建设部、信息技术部、气象保障部等 23 个部室和 13 个市（区）执委会。同时，针对各比赛项目，设立 53 个项目竞赛委员会（竞委会），在组委会和赛事承办单位的统一领导下，为竞赛项目提供组织管理服务。竞委会下设 16 个职能处室，其中场地环境处处长兼任气象服务主管。

（二）十四运会和残特奥会气象服务工作协调指导小组

成立中国气象局十四运会和残特奥会气象服务工作协调指导小组，负责指导十四运会和残特奥会气象保障服务组织工作，组织协调国家级业务科研单位和相关省（区、市）气象部门提供支持，下设办公室。协调指导小组办公室挂靠中国气象局应急减灾与公共服务司，主要负责贯彻落实领导小组交办的各项工作，对接中央和地方筹备部门，承担气象保障服务具体任务和相关协调工作。

二、决策指挥层

陕西省气象局成立十四运会和残特奥会气象保障服务工作领导小组，十四运会和残特奥会组委会成立气象保障部，二者之间形成"前店后厂"的工作模式。十四运会和残特奥会气象保障服务工作领导小组通过气象保障部全面融入组委会工作部署，负责指导十四运会和残特奥会组委会气象保障部开展各项工作，协调各成员单位落实做好组委会气象保障部相关工作。

（一）陕西省气象局十四运会和残特奥会气象保障服务工作领导小组

成立陕西省气象局十四运会和残特奥会气象保障服务工作领导小组，负责落实十四运会和残特奥会组委会和中国气象局、陕西省委省政府有关工作要求，指导十四运会和残特奥会组委会气象保障部各项工作；承担与十四运会和残特奥会组委会相关部室、政府各部门和中国气象局相关职能司、业务科研单位、相关省（区、市）气象部门之间的协调、联络和联动工作；组织推进十四运会和残特奥会气象保障工程项目批复立项和实施督导；审议十四运会和残特奥会组委会气象保障部工作方案、十四运会和残特奥会气象保障服务工作方案及实施方案等。

领导小组下设办公室，挂靠在陕西省气象局应急与减灾处，按照《十四运会和残特奥会气象保障服务工作领导小组办公室工作规则》运行，建立会议制度、督查督办、联络协调、公文办理等工作制度。办公室主要负责领导小组办公室日常工作；负责组织编制十四运会及残特奥会气象保障服务工作方案、实施方案等；负责制订年度工作计划并组织督办落实；负责协调气象保障工程项目实施，组织开展气象服务工作。

（二）十四运会和残特奥会组委会气象保障部

气象保障部由陕西省气象局局长丁传群任部长、副局长罗慧任驻会副部长，于2019年8月正式入驻。气象保障部下设保障处，驻会人员共3人。气象保障部成立以来，深度融入组委会整体布局，规范参与组委会日常办公，主动对接组委会各部室和各市（区）执委会，积极协调沟通、争取支持，有序推进了气象保障各项工作。

按照《第十四届全国运动会 第十一届残运会暨第八届特奥会陕西省筹（组）委会内部机构及人员设置方案》文件要求，气象保障部主要负责十四运会和残特奥会开（闭）幕式以及测试赛和赛事期间各赛区各场馆的气象监测、天气预报、灾害预警及服务等工作；负责十四运会和残特奥会气象保障工程实施方案的编制和项目建设实施；负责十四运会和残特奥会开幕式等重大活动人工影响天气拦截式消减雨实施方案的编制和实施，适时组织开展人工影响天气科学试验作业；负责十四运会和残特奥会气象灾害应急预案的编制和实施工作。完成十四运会和残特奥会组委会交办的其他工作。

三、业务运行层

（一）十四运会和残特奥会气象台

陕西省气象局十四运会和残特奥会气象保障服务工作领导小组与十四运会和残特奥会组委会气象保障部共同成立十四运会和残特奥会气象台，以西安市气象局为主、省气象局有关直属单位和各市（区）气象局为辅组建。十四运会气象台在国家级业务科研单位技术指导和省级业务科研单位技术支撑下，按照"统一制作，分级发布，属地服务"的原则开展气象保障服务工作。十四运会和残特奥会气象台下设综合协调办公室、预报预警中心、场馆服务中心、应急保障中心等工作机构。

（二）十四运会赛事指挥中心气象保障组

2021年7月，十四运会赛事指挥中心正式组建气象保障组，气象保障部驻会副部长罗慧担任气象保障组组长，下设综合协调、业务服务保障两个工作小组，抽调省气象局6名预报和服务首席专家担任气象保障组值班员。根据《第十四届全国运动会赛事指挥中心工作方案》，气象保障组主要职责一是每日上报十四运会开（闭）幕式气象信息和赛事期间各赛事场馆气象监测、预报、预警及高影响天气0~2 h短时临近警报等运行情况；二是联络协调十四运会开幕式人工影响天气消减雨应急保障专班工作，做好开（闭）幕式人工影响天气工作的实施；三是协调相关部门，对赛事期间气象保障重大事项和突发事件研究提出决策和建议。

（三）各市（区）气象局、各市（区）执委会气象保障部

负责根据本地承担比赛项目情况，主动对接当地政府、执委会和项目竞委会，了解气象服务需求，组织开展现场气象保障；负责制作面向本级政府、执委会以及各项目竞委会的决策服务产品及公众气象服务产品，负责向本地决策及公众服务用户发布各类预报服务产品。

四、技术支持层

技术支持层由国家级业务科研单位和相关省（区、市）气象部门组成。国家气象中心、国家气候中心、国家卫星气象中心、国家气象信息中心、中国气象局气象探测中心、中国气象局公共气象服务中心、中国气象局人工影响天气中心、中国气象局气象宣传与科

普中心、中国气象报社、中国华云气象科技集团公司、华风气象传媒集团有限责任公司主要负责对十四运会和残特奥会气象预报服务、综合观测、通信网络、人影作业、应急响应、宣传科普等提供技术支持及人力支援。山西、甘肃、四川、重庆、内蒙古、河南、辽宁等省（区、市）气象部门根据开（闭）幕式和赛会赛事服务需求，协同开展雷达观测，高空、地面加密观测，实时共享本省探测资料产品和预报预警信息；参加十四运会和残特奥会天气会商；联合开展人工影响天气作业，并提供作业飞机、驻地和物资、装备等支援。

第二节　打造两个业务核心

一、十四运会气象台

在中国气象局的指导和支持下，在陕西省气象局党组的统一领导下，根据《第十四届全国运动会、第十一届残运会暨第八届特奥会气象保障服务总体工作方案》，集全国之智、举全省之力，依托陕西省气象局及全省各地市气象局，组建了十四运会和残特奥会气象台。2020 年 9 月 14 日，十四运会和残特奥会气象台（简称十四运会气象台）正式启动。

十四运会气象台下设综合协调办公室、预报服务中心、场馆服务中心和应急保障中心，设 23 个岗位共 65 人。按照"统一制作，分级发布，属地服务"的原则，在省气象局业务单位技术支撑和各地市气象局配合下，积极开展赛会赛事及重大活动气象保障服务工作。如图 2-2 和图 2-3 所示。

（一）综合协调办公室

负责了解十四运会和残特奥会陕西省筹（组）委会、西安市执委会以及西咸新区执委会各部室需求，组织协调各内设机构的日常工作和新闻宣传工作；负责协调落实十四运会和残特奥会陕西省筹（组）委会、西安市执委会、西咸新区执委会、省气象局十四运会气象保障服务筹备工作领导小组交办的各项工作任务。承担西安市执委会气象保障部保障组工作任务。按照陕西省筹（组）委会、西安市执委会气象保障部进驻及综合协调工作需求设置岗位。

（二）预报服务中心

负责监视天气实况；负责制作气象预报预警服务产品，并向各地市气象局下发指导产品；负责开展赛事气象风险分析研判。承担西安市执委会气象保障部气象台精细化气象预报预警工作任务。按照《十四运会和残特奥会气象服务产品清单》内容设置岗位及职责。

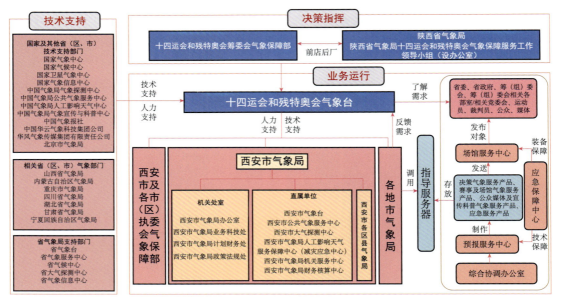

图 2-2　十四运会和残特奥会气象台业务运行图

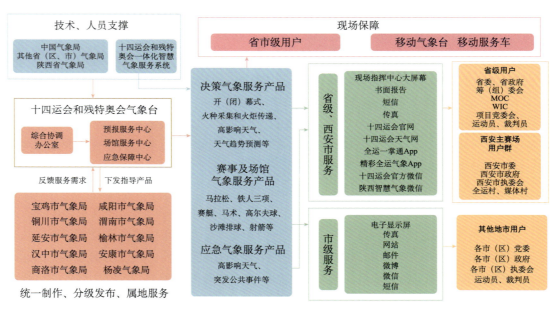

图 2-3　十四运会和残特奥会气象台决策材料签发图

（三）场馆服务中心

负责向十四运会和残特奥会陕西省组委会和西安市执委会指挥中心及开（闭）幕式、火炬传递、现场气象服务等专项指挥中心派驻气象首席服务官和预报专家，做好决策和咨询服务；负责发布气象服务产品；负责开（闭）幕式等大型活动及西安赛区（含西咸新区）各项赛事的现场气象服务；负责组织气象服务志愿者开展工作。承担西安市执委会气象保障部气象台现场气象服务工作任务。进驻省筹（组）委会（市执委会）指挥中心、专项活动指挥中心及比赛场馆开展气象保障服务。其他场馆赛事的现场气象服务由当地气象部门承担。

（四）应急保障中心

负责西安赛区气象观测设备、信息网络系统的运行监控；负责开展应急气象服务和突发事件应急保障。承担西安市执委会气象保障部气象台气象观测设备运行监控和现场应急气象保障工作任务。按照气象观测设备、信息网络系统的运行监控、移动气象台、应急保障设置工作岗位。

二、开幕式人工消减雨工作联合指挥中心

为做好十四运会开幕式人工消减雨的组织工作，参照北京、杭州、武汉等地重大活动人影保障经验，特制定十四运会开幕式人工消减雨作业联合指挥中心组建方案。十四运会开幕式人工消减雨作业工作专班、联合指挥中心和各工作组共同构成三级指挥体系，指挥中心在专班的领导下负责指挥空地作业联合行动。

（一）组建人工消减雨作业工作专班

为全力以赴做好十四运会开幕式人工消减雨有关工作，陕西省政府成立十四运会开幕式人工消减雨工作专班，由陕西省政府魏建锋副省长担任组长；陕西省政府副秘书长、十四运会组委会执行副秘书长王山稳，省政府副秘书长王建平，省气象局局长丁传群，中国气象局应急减灾与公共服务司副司长王亚伟担任副组长；中国气象局人工影响天气中心、十四运会组委会办公室、公安厅、财政厅、交通运输厅、水利厅、应急管理厅、省气象局、省军区、空军西安辅助指挥所、民航西北管理局、民航西北空中交通管理局、西部机场集团为成员单位。

专班负责落实十四运会组委会和省委、省政府工作部署；负责审定人工消减雨工作方案、实施方案以及演练方案；负责组织协调实施人工消减雨作业；负责协调落实人工消减雨作业经费保障、空域保障、作业飞机及机场使用、弹药运输存储、安全警戒等有关事宜。专班下设办公室，具体负责日常沟通协调工作。办公室设在省气象局，由省气象局罗慧副局长兼任办公室主任。专班实行集体讨论处理重要问题制度。每月由组长或副组长召集1次协调会议，听取有关成员工作完成情况汇报，研究讨论解决人工消减雨工作相关重大问题和事项。

（二）组建十四运会开幕式人工消减雨作业联合指挥中心

联合指挥中心由陕西省政府副秘书长王建平兼任指挥长，陕西省气象局副局长、十四运会组委会气象保障部驻会副部长罗慧兼任常务指挥长，十四运会组委会办公室副主任、

陕西省气象局二级巡视员、空军西安辅助指挥所航管中心主任、民航西北空管局分管领导任副指挥长；省政府办公厅综合三处、省公安厅治安管理局、省应急管理厅安全生产综合协调处、省财政厅农业农村处、十四运会组委会财务部综合预算处、十四运会组委会新闻宣传部新闻宣传处、空军西安辅助指挥所航管中心、民航西北空管局通航处、民航西北空管局运管中心、省气象局人影办、省人工影响天气中心、西部机场集团有限公司安全航务部为成员单位。

联合指挥中心主要负责在人工消减雨作业工作专班的领导下，统一指挥空地作业联合行动。指挥中心设在陕西省气象局人工影响天气中心。联合指挥中心下设协调指挥组、空中作业组、地面作业组和专家技术组 4 个工作组。在甘肃省、山西省、河南省和榆林市设分指挥中心，通过视频会议联系指挥，实时共享信息。

第三节　工作运行管理机制

一、工作机制

（一）"前店后厂"工作机制

在十四运会和残特奥会组委会的领导和中国气象局的指导下，陕西省气象局成立十四运会和残特奥会气象保障服务工作领导小组，十四运会和残特奥会组委会成立气象保障部，二者之间形成"前店后厂"的工作模式。其中，组委会气象保障部、赛事指挥中心气象保障组作为"前店"，在十四运会和残特奥会气象保障服务工作领导小组的指导下，全面聚焦赛会赛事，在十四运会组委会集结办公地点开展工作，面向组委会、赛事指挥中心、部省市安保指挥部等最高决策层开展直通式气象服务。"后厂"由国家级业务科研单位、十四运会气象台、省气象局各单位组成，负责组织开展和落实各项工作。气象保障部提前两年成立并入驻组委会，气象保障与各项筹办工作同步部署、同步实施，协调推进，全面融入组委会决策流程、管理体系、赛事组织运行、赛事指挥系统。

（二）赛事指挥工作机制

成立十四运会和残特奥会赛事气象保障指挥部，对赛事气象保障有关重要工作和重大事项实施全面统一指挥和统筹管理。指挥部由指挥长、副指挥长、专项工作组 3 个层级组成。指挥长由省气象局党组书记、局长丁传群担任；副指挥长由省气象局党组成员薛春芳、罗慧、杜毓龙、李社宏担任；专项工作组由综合协调组、业务保障组、后勤保障组、新闻宣传组、人影保障组、实时运行组等组成，各组组长由各副指挥长分别兼任。

二、工作规则

（一）气象保障部工作规则

按照《第十四届全国运动会总体工作方案》要求，气象保障部实行在组委会领导下的部长全面负责制、驻会副部长负责制、重点工作责任人负责制。驻会副部长协助部长工作，根据部长委派负责相关职责的履行。气象保障部与省气象局形成"前店后厂"工作模式。气象保障部代表省气象局全面融入组委会整体工作运转体系，联系对接组委会各部室；依靠省气象局承接并落实组委会各项工作任务。

气象保障部实行民主集中制，重大事项实行民主讨论、集体决策制度。具体流程依照《陕西省气象局工作规则》"第五章　实行科学民主决策"执行。涉及气象保障部的工作规划、工作计划或实施方案、人员政策、重大项目、重要预算等重大、重要事项，由省气象局十四运会气象服务保障筹备工作领导小组召开会议研究决定。涉及气象保障部的日常运行、具体业务、专项方案等事项，由驻会副部长召开专题会议或由省气象局十四运会气象服务保障筹备工作领导小组办公室召开会议研究决定。涉及重要规划、方案、重大项目等，应经过专家或研究、咨询等机构的论证评估；涉及相关部门的，应征求意见、充分协商。对于十四运会和残特奥会组委会下达的时间要求较紧急的重要事项，若不具备召开会议的时间条件，由驻会副部长请示部长后办理。

气象保障部相关公文的拟制、收发、归档等公文处理工作由保障处负责。公文处理依托陕西省气象局气象政务管理信息系统，应当符合《党政机关公文处理工作条例》的规定，按照《陕西省气象局工作规则》《陕西省气象局公文处理实施细则》执行。

（二）十四运会和残特奥会气象保障服务工作领导小组及其办公室工作规则

十四运会和残特奥会相关工作方案、工作计划、实施方案等事项，由十四运会办公室办公会研究审议。各成员单位提请办公会讨论决定的事项，必须严格履行规定的程序，要提出切实可行的方案或办法、措施，经成员单位主要领导审定后由主任（或由主任授权常务副主任）批准提交办公会审议。

十四运会办公室负责对各成员单位落实重大部署、重要会议、重要文件的情况进行督查督办，通报工作进展，确保工作落实。对不能按时完成任务和不能按时报送进展情况的，将予以批评或通报。批评通报后仍不能按要求如期完成的，将情况上报领导小组进行处理。

建立联络员制度，加强工作协作配合，各成员单位联络员负责向本单位传达上级和十四运会办公室相关工作部署，并在每月底前向十四运会办公室上报本单位任务落实和工作进展情况等。

依托陕西省气象局气象政务管理信息系统，依照相关规定，由十四运会办公室负责十四运会和残特奥会相关公文拟制、收发、归档等公文处理工作。十四运会办公室负责每月编印、发布工作动态或简报。

第三章
建设与研发

第一节　十四运会综合立体气象监测系统

一、目标与布局

为做好各项比赛气象保障工作，助力运动员创造佳绩、赛出水平、打破纪录，瞄准国际国内重大赛会、赛事气象保障先进水平，强化十四运会夏、秋季气象要素的监测能力，尤其是中小尺度天气系统的捕捉能力，设计并建设能实时为预报员提供分钟级的雨量、温度、湿度、风向、风速要素以及雷暴、冰雹、雾/霾、能见度、风场等气象过程监测的十四运会气象监测保障系统尤为重要。

（一）目标

（1）依托全省综合气象观测站网，按照空间范围、观测时效、观测要素3个维度完善全省综合气象观测网布局，形成地空天基手段互补、协同运行、交叉检验的一体化观测布局。

（2）重点围绕十四运会开（闭）幕式及火炬传递、重点场所、赛事场馆及比赛项目的气象保障服务需求，在气象现有观测网的基础上，进一步完善赛区及周边区域气象要素地面监测站网，特别在西安奥体中心、临潼区、高陵区、泾河区、长安区等地建设布局合理、功能全面的立体气象观测系统，各赛区或场馆周围站网密度达1km左右。

（3）补充城区到赛区重要交通线路上的交通气象监测站点，增加站点周围天气现象的实景监测，建成满足十四运会气象保障需求的综合气象监测系统，对重点地区（赛场及周边）天气的监测覆盖率达到 90% 以上，监测时效达到分钟级。

（4）在十四运会各场馆（地）及周边加密布设地面自动气象站和紫外线、能见度等自动观测设备，在水上运动场布设温度、风等监测设备。西安城区地面自动气象站网平均密度达 5 km×5 km，增加 X 波段雷达探空观测密度，实现对基本气象要素的分钟级全空间覆盖。

（5）通过多源观测资料快速融合分析后获得满足十四运会预报服务需求的气象要素三维实况场及天气系统实时监测产品。在三维实况场产品方面，温度、水汽、风、水凝物等要素实况场的时间分辨率优于 30 min，垂直分层超过 40 层，水平分辨率达千米级。

（6）灾害性天气的监测率超过 90%。提升气象信息网络传输能力，实现各种探测资料在 5～10 min 内传输到十四运会气象保障中心。中心气象台各种天气实况资料和气象预报服务信息与十四运会信息中心等效使用。

（二）布局

1. 总体布局

十四运会气象监测系统架设依托陕西省气象局现有气象业务系统基础，按照布局原则，综合部署，合理布局，在充分利用和优化现有综合气象观测系统的基础上，加密及补充建设专门的常规、特种气象及垂直气象监测系统，提供立体式的分钟级高精度气象观测数据，满足开幕式及火炬传递精细化天气预报对于气象实况数据的需求。气象观测站网布局坚持一站多能，尽量优先考虑在现有台站布设新的观测设备，对空白区、敏感区、灾害发生高频区进行加密布局，同时充分考虑建设地的通信条件、供电能力、人力资源以及今后运行和维护的可行性。

十四运会气象监测系统由陕西省现有的 99 个国家自动气象站、267 套多要素站、1305 套两要素站、4 个探空站、7 部天气雷达以及新建 17 种 81 套含相控阵雷达、激光雷达、微波辐射计等多种新型观测设备在内的水体地面高空立体特种气象监测设备组成，包括重大活动气象观测系统建设和赛事专项气象观测系统建设。十四运会气象监测系统建设总体规划见图 3-1。

十四运会比赛项目既有室内项目，也有室外项目，既有陆地项目，还有水上项目和空中项目。不同的赛事对气象条件有不同的需求，室内比赛项目根据组委会的需求，需做好温度、湿度等要素的精细化预报服务，室外项目需做好降水、气压、风向风速、气温、能见度、紫外线等要素精细化预报服务以及雷电潜势预报分析服务工作。除此之外，特别是针对马拉松、山地和公路自行车比赛项目，需要提供比赛线路路段的路面状态、能见度、降水、雷电等气象要素预报，高尔夫球、网球、沙滩排球需要提供雷电、风向风速、海拔高度、气压等有针对性的气象要素预报，针对室外水上项目需要增加可能对比赛产生影响的降水、水面 2 m 风向风速、水温、浪高等气象服务产品。各种比赛项目受天气影响的程度不同，特别是户外比赛项目受天气的影响更大，结合主要室外赛事对气象条件敏感程度，开展天气对户外赛事的影响评估和分析，根据天气对逐项户外赛事的影响指标确定拟建设的气象监测设备。十四运会赛事高影响天气指标及拟建气象监测设备见表3-1。

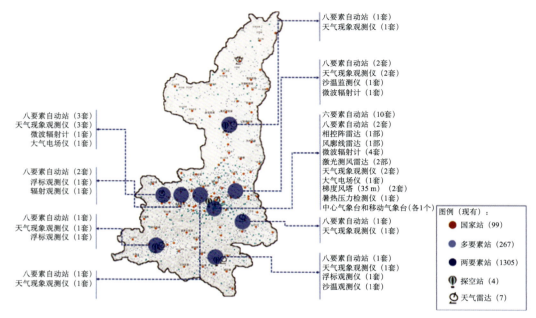

图3-1 十四运会气象监测系统建设总体规划图

2.重大活动气象观测系统建设布局

十四运会开（闭）幕式及火炬传递等重大活动气象观测系统以西安奥体中心为中心，由高空综合观测系统和地面综合观测系统两部分组成，重大活动气象监测网建设布局如图3-2所示。

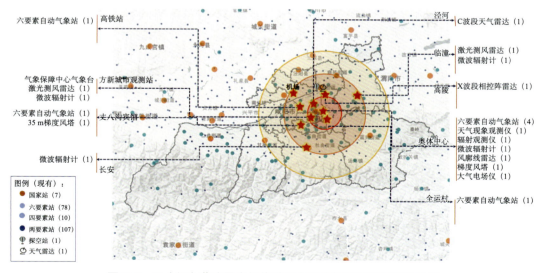

图3-2 开（闭）幕式及火炬传递重大活动气象监测网建设布局

开（闭）幕式及火炬传递等重大活动气象观测系统建设包括在西安奥体中心及西安

表3-1 十四运会赛事高影响天气指标及拟建气象监测设备

项目	比赛场馆	影响要素	降雨（mm）		风速（m/s）		气温（℃）	能见度（km）	其他	拟建设备
			1 h雨量	3 h雨量	平均风速	降风风速				
1 皮划艇	杨凌水上运动基地	风向、风速、雷电、能见度、降雨、雾	0	0	3～11	<20	/	>10		八要素自动气象站、天气现象观测仪、水体浮标观测仪
			0.1～10	0.1～20				1.2～10		
			>10	>20	<3或>11	>20	>35	<1.2		
2 赛艇	杨凌水上运动基地	风向、风速、雷电、能见度、降雨、水温、雾	0	0	<2.5	0～8	/	/	侧风速>6 m/s	八要素自动气象站、天气现象观测仪、沙温监测仪
			0.1～10	0.1～20	2.5～8	8～12		/		
			>10	>20	>8	>12	>35	<1.5		
3 沙滩排球	大荔沙苑沙滩排球场地	沙地温度、雷电、高温、湿度、大风、降雨	0	0	0～5	/	<30	/		八要素自动气象站、天气现象观测仪、沙温监测仪
			0.1～5	0.1～10	5～8	/	30～35	/		
			>5	>10	>8	/	>35	<0.1		
4 射击（射箭）	长安常宁生态体育训练基地	雷电、降雨、高温、大雾、大风	0	0	0	0～7	13～16	/		八要素自动气象站、天气现象观测仪
			0.1～3	0.1～5	0～7	7～11	16～35	/		
			>3	>5	>7	>11	>35	<0.1		
5 山地（公路）自行车	商洛自行车公路赛、黄陵国家森林公园山地自行车场地	雷电、降雨、气温、湿度、高温	0	0	0～5	0～8	15～20	/		八要素自动气象站、天气现象观测仪
			0.1～3	0.1～5	5～8	8～11	20～32	/		
			>3	>5	>8	>11	>32	<1		
6 曲棍球	西安体育学院新校区曲棍球场	雷电、降雨、湿度、气温、场地积水、风、大雾	0	0	0～5	0～8	15～22	/		八要素自动气象站、天气现象观测仪
			0.1～1	0.1～2	5～8	8～11	22～35	/		
			>1	>2	>8	>11	>35	<0.1		

续表

序号	项目	比赛场馆	影响要素	降雨（mm）		风速（m/s）		气温（℃）	能见度（km）	其他	拟建设备
				1 h 雨量	3 h 雨量	平均风速	阵风风速				
7	棒球	西安体育学院新校区棒球场	雷电、高温、湿度、强风、大雾、强日照	0	0	0~5	0~8	/	/		八要素自动气象站、天气现象观测仪
				0.1~1	0.1~2	5~8	8~11	/	/		
				>1	>2	>8	>11	>35	<0.1		
8	现代五项	陕西省体育训练中心	雷电、降雨、湿度、大风、高温	0	0	0~5	0~8	20~23	/	wbgt<25℃	八要素自动气象站、天气现象观测仪、梯度风塔
				0.1~5	0.1~10	5~8	8~11	23~32	/	wbgt 25~30℃	
				>5	>10	>8	>11	>32	<0.2	wbgt>30℃	
9	游泳（铁人三项）	汉中铁人三项场地	雷电、高温、强风、暴雨	0	0	0~5	0~8	/	/	水温24~28℃	八要素自动气象站、天气现象观测仪、水体浮标观测仪
				0.1~10	0.1~20	5~8	8~11	/	/	水温12~24℃或28~32℃	
				>10	>20	>8	>11	/	<0.2	水温>32℃或<12℃	
10	橄榄球	西安体育学院新校区橄榄球场	雷电、降雨、湿度、强日照	0	0	0~5	0~8	/	/		八要素自动气象站、天气现象观测仪
				0.1~10	0.1~15	5~8	8~11	/	/		
				>10	>15	>8	>11	>35	<0.2		
11	垒球	西安体育学院新校区垒球场	雷电、高温、湿度、大风、强日照	0	0	0~5	0~8	/	/		八要素自动气象站、天气现象观测仪
				0.1~1	0.1~2	5~8	8~14	/	/		
				>1	>2	>8	>14	>38	<0.1		
12	高尔夫球	西安亚建高尔夫球场	雷电、大风、降雨、高温	0	0	0~5	0~8	/	/		八要素自动气象站、天气现象观测仪、大气电场仪
				0.1~1	0.1~2	5~8	8~11	/	/		
				>1	>2	>8	>11	>33	<0.3		

续表

项目		比赛场馆	影响要素	降雨（mm）		风速（m/s）		气温（℃）	能见度（km）	其他	拟建设备
				1h雨量	3h雨量	平均风速	阵风风速				
13	BMS小轮车	西咸新区小轮车场地	雷电、降雨、气温、大风、湿度、土质场地松软	0	0	0~5	0~8	/	/		八要素自动气象站、天气现象观测仪、暑热压力监测仪
				0.1~1	0.1~2	5~8	8~11	/	/		
				>1	>2	>8	>11	>35	<0.1		
14	皮划艇（静水）	陕西省水上运动管理中心（杨凌）	风向、风速、雷电、能见度、降雨、水温、海浪	0	0	0~2.5	0~20	/	/		八要素自动气象站、天气现象观测仪、水体浮标观测仪
				0.1~10	0.1~20	2.5~8	/	/	/		
				>10	>20	>8	>20	>35	<1.2		
15	田径	西安奥体中心体育场	雷电、降雨、高温、湿度、大风、地面积水	0	0	0~2	0~4	15~22	/		X波段相控阵雷达、激光测风雷达、八要素自动气象站、天气现象观测仪、微波辐射计、移动风廓线雷达
				0.1~3	0.1~5	2~4	4~8	22~32	/		
				>3	>5	>4	>8	>32	<1		
16	足球	西安、咸阳、渭南、宝鸡体育场	雷电、降雨、气温、湿度、风	0	0	0~5	0~7	18~20	/		八要素自动气象站、天气现象观测仪、大气电场仪
				0.1~10	0.1~20	5~8	8~11	20~35	/		
				>10	>20	>8	>11	>35	<0.2		
17	马拉松（竞走）	咸阳市马拉松场地	雷电、高温、暴雨、高湿、大风	0~1	0~2	0~5	0~8	12~15	/		八要素自动气象站、天气现象观测仪
				1~5	2~10	5~8	8~11	15~35	/		
				>5	>10	>8	>11	>35	<1		
18	网球	杨凌网球中心	降雨、高温	0	0	0~5	0~8	13~22	/		八要素自动气象站、天气现象观测仪

周边县局建设六要素自动气象站 7 套、大气电场仪 1 套、35 m 梯度风塔 2 套、天气现象视频智能观测仪（简称天气现象观测仪）1 套、总辐射及紫外辐射观测仪（简称辐射观测仪）1 套、微波辐射计 4 套、激光测风雷达 2 部、X 波段相控阵天气雷达 1 部、C 波段天气雷达 1 部、车载移动风廓线雷达 1 部，详见表 3-2。

表 3-2　开（闭）幕式及火炬传递等重大活动气象观测系统建设一览表

设备类型	西安奥体中心	全运村	方新城市观测站	长安气象站	临潼气象站	高陵气象站	泾河气象站	西安高铁站	丈八沟宾馆
六要素自动气象站	4 套	1 套						1 套	1 套
大气电场仪	1 套								
35 m 梯度风塔	1 套								1 套
天气现象观测仪	1 套								
辐射观测仪	1 套								
微波辐射计	1 套		1 套	1 套	1 套				
激光测风雷达			1 部		1 部				
X 波段相控阵天气雷达						1 部			
C 波段天气雷达							1 部		
风廓线雷达	1 部								

地面、高空立体综合观测系统，开展 24 h 实时不间断地面、高空立体气象智能探测，与西安市现有国家气象观测站、区域站、泾河高空站、泾河雷达站、大气电场仪、灞桥卫星地面站、空间天气观测站和闪电定位站，以及协调西部集团机场雷达，军地合作气象观测设备，以及与周边山西、甘肃、宁夏、湖北、四川、重庆、青海、内蒙古 8 省（区、市）雷达站组网，见图 3-3，共同组成十四运会开（闭）幕仪式及火炬传递重大活动气象保障观测网络。

3. 围绕重点场所气象观测系统建设布局

在西安高铁站、全运村和丈八沟宾馆各建设 1 套六要素自动气象站，为特定用户群体提供更优质、更丰富的气象服务。

4. 赛事专项气象观测系统建设布局

充分利用既有陕西气象现代化建设成果，赛事气象保障共享风云三号、四号气象卫星地面接收系统，C 波段天气雷达、高空探测雷达、边界层风廓线雷达、国家级地面自动气象站、区域自动观测站、雷电监测站、能见度自动观测仪、大气成分观测站、应急保障装备气象数据资源。共同组成陕西省十四运会赛事气象保障监测网络（图 3-4）。

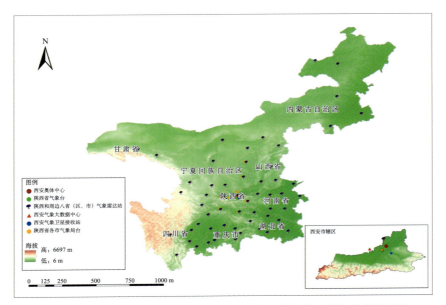

图 3-3　十四运会开（闭）幕式等重大活动保障周边现有气象监测布局

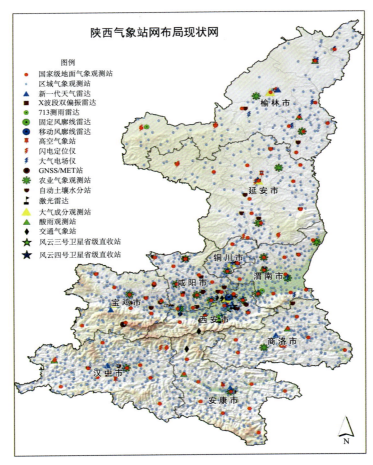

图 3-4　陕西省十四运会赛事气象保障监测网络

赛事气象观测系统建设见表3-3。

表3-3 赛事气象观测系统建设一览表

序号	市（区）	观测设备	数量（套）
1	西安赛事场馆	八要素自动站	12
		天气现象仪	2
		暑热压力仪	1
		大气电场仪	1
2	延安赛事场馆	八要素自动站	1
		天气现象仪	1
3	宝鸡赛事场馆	八要素自动站	3
		天气现象仪	3
		大气电场仪	1
		微波辐射计	1
4	杨凌赛事场馆	八要素自动站	1
		浮标观测仪	1
		辐射观测仪	1
5	咸阳赛事场馆	八要素自动站	1
		天气现象仪	1
6	渭南赛事场馆	八要素自动站	2
		天气现象仪	2
		微波辐射计	1
		沙温监测仪	1
7	汉中赛事场馆	八要素自动站	1
		天气现象仪	1
		浮标观测仪	1
8	安康赛事场馆	八要素自动站	1
		天气现象仪	1
		浮标观测仪	1
		沙温监测仪	1
9	商洛赛事场馆	八要素自动站	1
		天气现象仪	1

二、建设情况

（一）建设内容

围绕十四运会和残特奥会开（闭）幕式及火炬传递气象保障服务，在西安奥体中心及周边区域建设气象观测网络，与西安市现有观测站网、机场雷达、军地合作气象观测设备以及周边省份雷达站组网，共同组成十四运会开（闭）幕式及火炬传递重大活动气象保障观测网络。包括 4 套六要素自动气象站、1 套天气现象视频智能观测仪、1 套总辐射及紫外辐射观测仪、2 套激光测风雷达、1 套 X 波段相控阵天气雷达、4 套微波辐射计以及 1 部移动风廓线雷达、1 套 35 m 梯度风塔和 1 套大气电场仪等。建设奥体中心气象观测站，布设六要素自动站 1 套、天气现象视频智能观测仪 1 套、总辐射及紫外辐射观测仪 1 套、移动风廓线雷达 1 部、35 m 梯度风塔 1 套。

围绕重点场所气象服务需求，在西安高铁站、全运村和丈八沟宾馆各建设 1 套六要素自动气象站，为特定用户群体提供更优质、更丰富的气象服务。

围绕赛事项目气象保障需求，在重要区域和重要场馆建设常规及特种气象观测设备，对十四运会和残特奥会重要比赛场馆及周边的温度、降水、风速、风向、湿度、气压、天气现象、大气电场等气象要素进行实时全天候自动化监测。具体包括 24 套八要素自动气象站、5 套便携气象站、14 套天气现象视频智能观测仪、3 套水体气象浮标观测仪、3 套微波辐射计、2 套沙温监测仪、1 套暑热压力监测仪、2 套大气电场仪。

开发十四运会和残特奥会综合气象监测系统平台，通过观测设备实况监控产品，全天候实时监视陕西 2000 余套设备的运行状态，实时向全省各地市、县及各设备厂家技术人员发送设备异常情况，及时发现设备故障，实现温、压、湿、风、雨等基本要素站点、格点、三维无缝隙"一张网"，对陕西的气象探测数据进行全方位的质量评估，大幅提升十四运会和残特奥会气象探测业务的集约化水平。

（二）综合立体气象监测系统设备安装

2019 年开始筹划并持续完成了十四运会综合观测系统建设，在全省 13 个赛区新建81 套观测设备，强化高空观测，引进应用新装备、新技术、新方法和新成果，包括 1 部 X 波段双偏振相控阵天气雷达、7 套微波辐射计、2 部激光测风雷达，弥补常规观测业务在时空分辨率和垂直观测能力等方面存在的不足；完善地面观测，在现有地面观测站网基础上，针对赛事特殊需求布设暑热、水体、沙温、大气电场、微型智能站，实现了赛事敏感气象要素观测的全覆盖，与应急保障车、新一代天气雷达、高空探测雷达、边界层风廓线雷达等组合成以十四运会场馆为中心、面向赛事赛会服务的天空地一体的综合气象观测网。

1. X 波段相控阵雷达

十四运会重大活动气象观测系统建设选取 XPDAR01 型 X 波段相控阵雷达 1 部，建设在离西安市奥体中心主场馆仅 20 km 的西安市高陵区，X 波段相控阵雷达实物见图 3-5。

相控阵雷达能对周边天气进行有效探测和预警，可获取雷达站周围上空天气目标的位置、强度、平均径向速度和速度谱宽等参数，实时监测 50 km 范围内的强对流天气系统的生成、发展、消散，对中尺度风暴、暴雨、风切变、冰雹、龙卷、大风等灾害性天气能进行有效的监测和预警，为用户气象保障提供及时精确的气象探测资料。相控阵天气雷达监测可弥补现有 C 波段雷达低空探测的不足，实现西安中心城区近地层到 1 km 高度处

图 3-5　X 波段相控阵雷达实物图

的观测全覆盖，有效监测强对流天气的初生和发展，提高临近预警预报的时效；单台相控阵天气雷达实现标准体扫时间（水平 360° 为 0.9° 步进；垂直 25° 无间隔 14 层 1.8° 角分辨率）约为 110 s，实现对生消变化只有十几分钟的中小尺度强对流天气系统进行有效多次的捕捉。大幅提高雷达天气观测的时间分辨率；大幅提高雷达观测的径向分辨率，最小可达 30 m（现有雷达观测网 250 m），实现对气象系统精细结构的观测，从而为气象部门提供更多的天气系统内部结构特征等信息，揭示中小尺度天气系统从形成到发展再到消亡的真正内部机理机制，最终有效提高气象预警预报的准确性、可靠性，从而提高灾害性天气的时间、地区、强度以及发生的预知几率，满足西安市对于小尺度强对流天气的精细化监测预报预警需求。

2. 激光测风雷达

十四运会重大活动气象观测系统建设选取 2 部 WindAnalyzer-50H 型激光测风雷达，分别建在西安方新城市观测站、临潼区气象局，激光测风雷达实物见图 3-6。

三维扫描型测风激光雷达基于光学相干多普勒频移检测原理，可实现大气边界层三维风场的精细化探测，与传统测风手段相比，激光雷达有测量精度更高、时空分辨率更高、探测盲区更低等优点，配置高指向精度光学扫描转镜可实现 3D 扫描探测功能（DBS/VAD/PPI/RHI/CAPPI/ 定点等扫描模式），探测半径最大可达 6 km。

图 3-6　激光测风雷达实物图

　　测风雷达是基于激光多普勒原理工作的主动风场遥感探测设备，通过发射激光束来探测目标位置、速度等特征量的雷达系统，可以测量 50～8000 m 的风速、风向、后向散射系数等大气物理参数，空间分辨率可以设置为 15 m、30 m、60 m、90 m、120 m，实时提供高精度的风场数据及风危害预警。低空风切变探测数据产品见图 3-7。

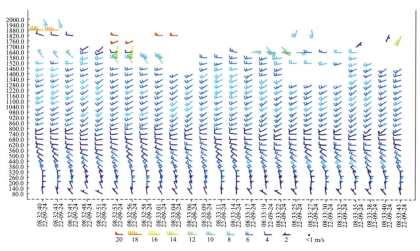

图 3-7　低空风切变探测数据产品

3. 微波辐射计

　　十四运会重大活动气象观测系统建设选取 MWP967KV 型地基多通道微波辐射计 7 部，

图 3-8　微波辐射计实物图

其中西安市 4 部，宝鸡市气象局、渭南市气象局和杨凌区气象局各 1 部，微波辐射计实物见图 3-8。

微波辐射计实时自动解算对流层（含边界层）大气温湿度层结及其他多种大气参数，解析大气稳定度、逆温层结构等，可用于雨、雾、霾及强对流天气过程的实时监测，为临近预报提供数据支撑。对大气环境监测、极端天气预警、人影指挥及作业效果评估提供极具价值的气象数据和决策依据。

4. 房舱式移动边界层风廓线雷达

十四运会重大活动气象观测系统建设选取 CLC-11-H 型房舱式移动风廓线雷达 1 部，建设在奥体中心东约 1.2 km 的奥体中央公园奥体中心综合气象站内，房舱式移动边界层风廓线雷达实物见图 3-9。

风廓线雷达观测高度 2~4 km，能够不间断地实时提供地面至高空大气水平风场、垂直气流、大气虚温及大气折射率结构常数等气象要素随高度的分布。该设备主要应用于低对流层或边界层的大气风场观测、沙尘暴等局地环境气体污染扩散过程监测和中小尺度灾害性天气监测预报。从风的时间连续变化中，可以得到风向风速演变的信息，这是传统测风方法不能做到的；可以用于风切变的判断，对短期天气预报特别有用；同时弥补现有探测资料在时间和空间上的不足。

图 3-9　房舱式移动边界层风廓线雷达实物图

5. 多要素（六要素、八要素）自动气象站

十四运会重大活动气象观测系统建设 DZZ5 型多要素自动气象站 4 套，建设在西安市奥体中心、运动员村、高铁站和丈八沟宾馆 4 个地点。观测要素为温度、湿度、气压、风向、风速、雨量、总辐射、紫外辐射 8 个气象要素，多要素自动气象站实物见图 3-10。

多要素自动气象站将采集到的气温、大气压力、相对湿度、风向、平均风速、最大风速、累计雨量和辐射等气象要素通过 4G 无线通信传到中心站，为十四运会气象台对重大活动现象进行短时临近预报提供监测数据支撑，提升气象保障服务的准确性和可靠性。

6. 天气现象视频智能观测仪

十四运会重大活动气象观测系统建设选取 HY-WP1 型天气现象视频智能观测仪 1 套，建设在奥体中心东约 1.2 km 的奥体中央公园奥体中心综合气象站内，进行天气现象自动观测识别，天气现象视频智能观测仪实物见图 3-11。

HY-WP1 型天气现象视频智能观测仪对总云量、云状、地面凝结现象（霜、露、雨

图 3-10 多要素自动气象站实物图

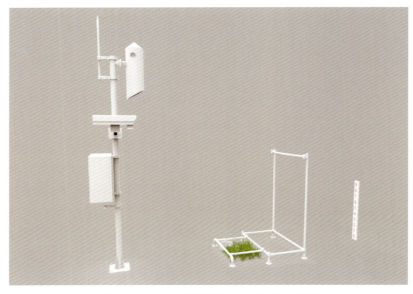

图 3-11 天气现象视频智能观测仪实物图

淞、雾淞）、结冰、积雪和雪深等天气现象（或气象要素）进行自动观测识别，并具备扩展电线积冰、视程障碍现象（轻雾、雾、霾、浮尘、扬沙、沙尘暴）的自动观测识别能力，并将监测到的气象要素通过 4G 无线通信实时传到中心站，为十四运会气象台对重大活动现象进行短时临近预报提供监测数据支撑，提升气象保障服务的准确性和可靠性。

7. 总辐射及紫外辐射观测仪

十四运会重大活动气象观测系统建设选取 CAWS3000-RA 型总辐射及紫外辐射观测仪 1 套，建设在离西安市奥体中心东 2 km 的西安市奥体中心公园地面观测场内，进行总辐射及紫外辐射要素监测。

太阳辐射监测系统可自动监测地表太阳总辐射强度和地表紫外线强度的变化特征，是气象领域中气象因子观测的重要部分，太阳辐射可测的光谱范围在 285～2800 nm，长时间暴晒会导致人的疲惫，由于皮肤升温，流向皮肤的血液增多，就会对人体的感觉产生影响，从而影响运动员的比赛。

紫外辐射表与数据采集器配合使用可提供公众所关心的信息：UV 指数、UV 红斑测量、UV 对人体影响及 UV 特殊的生物学和化学效应。紫外辐射可测的光谱范围 280～400 nm，太阳紫外线在人们的生活中是比较常见的，对人们的生活产生了很大影响。一般来说，紫外辐射在太阳的总辐射中占据较小的比例，但是其影响性却相对较大。紫外辐射不仅可以对高层大气造成影响，还会对卫星的表面温度产生影响。另外，太阳紫外辐射对于人体的健康也会造成较为严重的影响。

8. 梯度风塔（35 m）

图 3-12　梯度风塔实物图

十四运会重大活动气象观测系统建设选取 CAWS3000 型梯度风塔 2 套，建设在奥体中心运动员村和西安市体育训练中心，进行风向、风速、温度和相对湿度 4 个气象要素 7 个不同高度（5 m、10 m、15 m、20 m、25 m、30 m、35 m）的梯度观测，梯度风塔实物见图 3-12。

梯度风塔将采集到 7 个不同高度层的气温、大气压力、相对湿度、风向、平均风速、最大风速等气象要素通过 4G 无线通信传到中心站，让研究人员针对各要素垂直空间分布、不同下垫面风场、温度场的观测数据进行研究，为十四运会气象台对重大活动现象进行短时临近预报提供监测数据支撑，提升气象保障服务的准确性和可靠性。

9. 大气电场仪

十四运会重大活动气象观测系统建设选

取 AEFI 型大气电场仪 3 套，建设在宝鸡市气象局、西安市奥体中心和西安亚建高尔夫球场 3 个地点，大气电场仪实物见图 3-13。

图 3-13　大气电场仪实物图

AEFI 大气电场仪通过有线或无线通信模块传输数据，建立 AEFI 电场监测预警系统，可以对当地的大气电场进行实时监测，在闪电即将发生之前发出预警。该系统可以将闪电数据和大气电场仪数据结合分析，更直观地反映本地大气电场变化和周边闪电的发生情况，实现对雷电的更精确预报。基于雷达、雷电、电场的神经网络算法，可以实现短临预警，命中率、虚警率、漏报率分别为 92.74%、25.08%、7.26%。该系统可应用于短时雷暴监测和预报。

10. 沙温监测仪

十四运会赛事专项气象观测系统建设选取 CAWS3000 型沙温监测仪 2 套，建设在渭南市大荔县和安康市。

数据接收与调用：在陕西省气象局部署数据接收系统，实时获取沙温监测数据，并供十四运会气象服务系统调用。

11. 水体气象浮标观测仪

十四运会重大活动气象观测系统建设 3 部 CAWS3000 型水体气象浮标观测仪，分别位于安康、汉中和杨凌有水上比赛项目的场地，水体气象浮标观测仪实物见图 3-14。

水体气象浮标观测仪搭载风速风向传感器、气压传感器、温度传感器、水质和水温传感器，

图 3-14　水体气象浮标观测仪实物图

能够实现对十四运会水面项目赛区的风速、风向、气温、气压等气象要素和水质、水温等水文物理要素实时、连续的监测。浮标观测站采用太阳能电池和蓄电池组合供电方式，观测数据可通过北斗卫星及 4G 无线通信传输至数据接收中心并且可存储在数据采集器的大容量存储卡内，数据发送间隔可设为 10 min、0.5 h、1 h 和 3 h 工作模式，同时具有数据自动补发功能。数据接收中心可以实时显示接收得到的浮标观测站数据，供预报人员分析处理，为十四运会水面项目的顺利进行提供重要的气象服务保障。

12.暑热压力监测仪

十四运会重大活动气象观测系统建设选取 CAWS3000 型暑热压力监测仪 1 套，建设在西咸新区马术比赛场。

暑热压力监测仪将监测到的温度、湿度、辐射热和风的观测值转换为一个综合指数，用于反映马匹在太阳底下进行比赛时所感受的热压力。数据接收中心可以实时显示接收到的监测仪数据，供预报人员分析处理，为十四运会马术比赛项目的顺利进行提供重要的气象服务保障。

13.便携式自动气象站（微智气象站）

图 3-15　西安奥体中心微智气象站

十四运会赛事专项气象观测系统建设选取 DZB1 型便携式自动气象站 5 套作为各赛事专项气象观测系统的应急备份设备。

在赛事专项场馆搭建便携式自动气象站（图 3-15），实时监测并显示温度、湿度、气压、风向、风速、雨量等气象要素数据，并通过 4G 通信将数据实时传输至中心站，预报人员分析处理做出实时的短临预报服务产品，为专项赛事项目的顺利进行提供重要的气象服务保障。

（三）十四运会和残特奥会综合气象监测系统

十四运会和残特奥会综合气象监测系统由综合观测气象数据、综合观测系统状态、十四运气象数据、应急保障监控和其他辅助功能模块组成。主要展示观测系统、气象要素及十四运会三维立体数据产品。

"十四运会和残特奥会综合气象监测系统平台"与其他探测系统联合运行，可全天候实时监视陕西两千余套设备（包括陆续建设完成的十四运会新增设备）运行状态，实现温、压、湿、风、雨等基本要素站点、格点、三维无缝隙"一张网"，对陕西的气象探测数据进行全方位的质量评估，大幅提升十四运会和残特奥会气象探测业务的集约化水平。

充分展示新型观测设备功能和观测可视化产品，推进新型观测资料和实况产品应用。实现了全省天气雷达实况拼图（组网组合反射率、组网垂直液态水含量、组网雨强、组网回波顶高、组网回波底高、组网 1 h 降水量）、单站雷达、微波辐射计（温度、湿度、水汽、阵雨等）、相控阵双偏振雷达、风廓线雷达（水平风向风速、垂直气流、CN2）、激光测风雷达（水平风速、垂直风速、水平风风矢、水平风风羽）等设备近地面三维大气廓线观测和多源观测产品融合；实现地面气象站、总辐射仪、大气电场仪、天气现象仪、水体浮标仪、沙温仪、暑热仪、土壤水分仪、35 m 梯度风塔及奥体中心场馆内自动站实况产品展示。

十四运会和残特奥会综合气象监测系统平台（图 3-16 至图 3-23）的建设为全省各业

图 3-16　十四运会和残特奥会综合气象监测系统平台（综合观测系统状态）

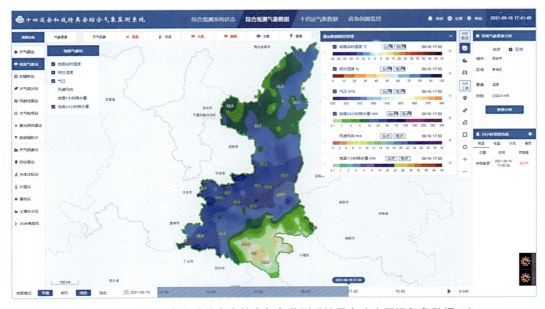

图 3-17　十四运会和残特奥会综合气象监测系统平台（十四运气象数据 1）

务单位和市县局做好十四运会期间观测设备保障提供技术支持，同时展示新型观测设备的功能和观测可视化产品，推进新型观测装备的业务应用。

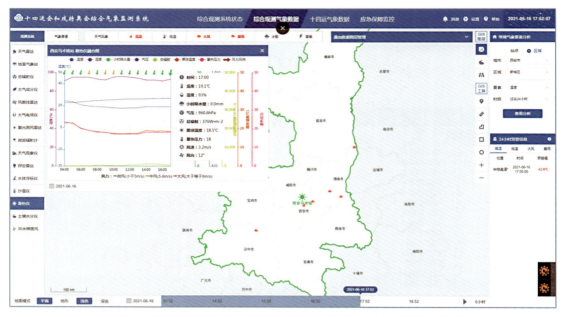

图 3-18　十四运会和残特奥会综合气象监测系统平台（十四运气象数据 2）

图 3-19　十四运会和残特奥会综合气象监测系统平台（十四运气象数据 3）

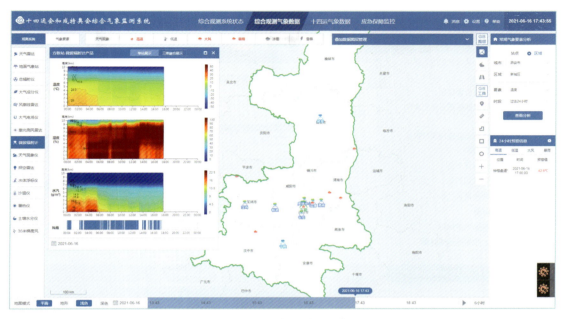

图 3-20　微波辐射计监测数据

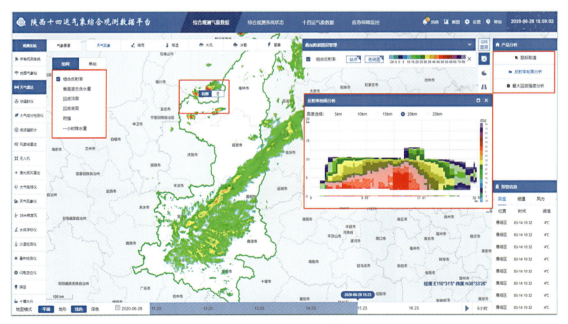

图 3-21　天气雷达观测拼图

十四运气象数据

- ◆ 功能模块
  - ✓ 赛事赛会场馆及周边地面站产品展示
  - ✓ 观测系统告警信息
  - ✓ 今日重点赛事赛会及气象保障
  - ✓ 全省十四运新建观测系统实时运行状态
  - ✓ 微波辐射计产品
  - ✓ 相控阵雷达产品
  - ✓ 激光测风雷达产品
- ◆ 交互操作功能
  - ✓ 赛事赛会气象保障
  - ✓ 场馆、设备显示或隐藏

管理后台

- ◆ 设备类型管理
- ◆ 应急车管理
- ◆ 场馆管理
- ◆ 数据管理
  - ✓ 设备监控报告
  - ✓ 气象告警信息
- ◆ 短信告警管理
- ◆ 用户管理
- ◆ 系统更新记录
- ◆ 系统检查

图 3-22　十四运会和残特奥会综合气象监测系统功能

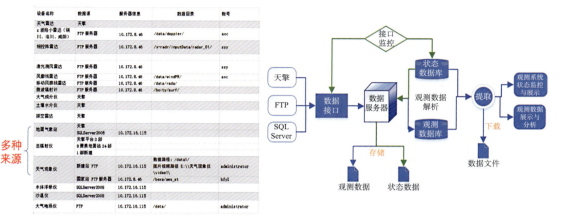

设备数据**多种来源、不同更新频次、不同延迟要求**，分别进行状态监控和数据解析

数据库存储

多种来源

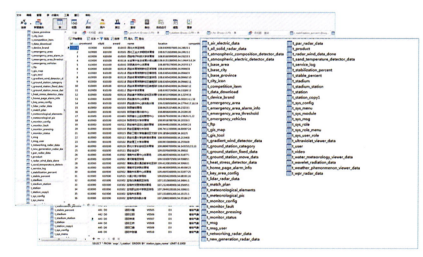

数据库存储

基于MySQL，建立了FTP表、场馆表、比赛项目表、设备类型表、设备表、消息表、状态表等，共**62**张。

图 3-23　十四运会和残特奥会综合气象监测系统数据库存储情况

（四）国家级技术产品引入

多次和中国气象局探测中心对接，成功引入探测中心多项技术产品。天衡系统质量评估本地化，可提供陕西各类观测设备质量评估日、周报告；天衍系统本地化，提供了各类丰富的气象实况产品，尤其是"十四运会·天气雷达监测"实现陕西省 6 min 雷达拼图（图 3-24）、雷达三维风场（图 3-25）、组合风场、地面站产品等集成显示（图 3-26）；天气沙盘陕西化（图 3-27），通过写实加数字的方式可以全方位、立体地展现陕西省各个气象观测站点的位置和气象要素，结合地形更加直观地了解各区域的天气情况，为十四运会气象保障服务工作提供了一个直观形象的三维平台。

9 月 14 日中国气象局（简称国家局）技术团队实现了场馆实况的三维巡游，8 套微智气象站为 9 月 15 日十四运会开幕式现场控制人员朱鹮展翅翱翔、圣火点燃提供实时实况的风向、风速、雨量、温度、湿度和气压的监测数据，在开幕式现场气象服务中发挥了非常重要的作用。

图 3-24　天衍陕西雷达实况产品

图 3-25　天衍陕西雷达实况风场

图 3-26　陕西综合观测数据质量一张表

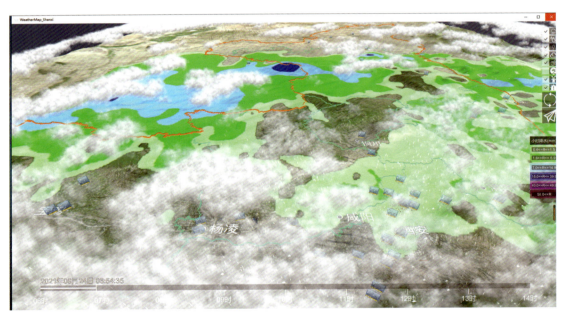

图 3-27　陕西天气实况沙盘

（五）协同观测

1. 密织天地空一体化观测一张网，实现场馆、赛事及重大活动的全覆盖

在现有观测网络的基础上，建设完成十四运会气象观测系统 16 种 81 套设备。形成了天地空一体化协同观测网络，实现高时空分辨率、多要素、立体化的观测，其中沙温、暑热压力、相控阵雷达、激光雷达、水体气象监测等设备均为新型设备，实现特殊比赛项目

气象观测全覆盖。密织形成了以 FY-4B 分钟级快扫数据、高分四号以及高分三号卫星观测数据加密观测的天基观测网；启动了以 4 个高空站以及新一代探空雷达、X 波段相控阵雷达、风廓线雷达以及微波辐射计、激光测风雷达等新设备组成的垂直观测网；完善了以水体浮标观测、暑热压力监测仪、移动风廓线雷达、梯度风塔、沙温监测仪、大气电场仪和天气现象视频智能观测仪以及多要素自动气象站等为补充的地基观测网络。构建了以十四运会场馆为中心、面向赛事赛会服务的天空地一体的综合气象观测网，弥补了常规观测业务中时空分辨率和垂直观测能力等方面存在的不足。

2. 建立了 1+N 模式的应急协同加密观测模式，解决观测最后一公里难题

探索建立了应急协同加密观测 1+N 模式，即以移动气象台为中心，联合移动 X 波段雷达、移动风廓线雷达、便携式自动气象站、气象观测无人机、便携式空气质量监测仪及气象探测数据综合监测系统等为支撑，组成应急气象综合观测平台，可以快速形成针对特定目标区域的气象多要素立体协同加密探测能力。实现气象保障服务现场气象环境的实时观测、数据展示，以及全省气象探测装备运行状态实时监控和观测数据综合展示，为应急气象预报、会商和服务提供有力的观测保障。移动气象台标配基于气象卫星的音视频会商系统、互联网的音视频会商系统、十二要素车载自动气象站、4G/5G 网络设备、对讲机及海事卫星电话，可以充分保障应急气象观测、预报和服务信息的互联互通，以及指挥调度指令的及时传达、执行和反馈。

（六）构建移动平台，增强赛事保障能力

提升重大活动气象保障服务技术保障能力，打造信息化、多级化、灵活化的应急移动综合探测体系。配备 6 大类观测设备，观测要素超过 10 种，配备无人机，实现空天地全方位观测，配备 5G 通信和卫星通信，可全天候全地域开展会商。参与各类十四运会测试赛、火炬传递、十四运会开（闭）幕式等现场保障 20 余次，累计超过 70 余天，足迹遍布陕西 8 个地市。完成《移动气象台使用手册》《应急保障车使用手册》《移动气象台管理使用记录》《应急保障车管理使用记录》等软材料编制并启用。培训各地市现场保障人员超过 20 人次。

三、发挥效益

（一）建立首个全省综合性观测业务平台，实现从设备、数据、产品到应用的全流程管理

实现十四运会和残特奥会新建 16 种 81 套设备运行状态监控，实时向全省各市、县及各设备厂家技术人员发送设备异常情况，实现设备故障早发现，缩短了维修时间，提高了数据累积度和准确性。该平台在开发时首次充分考虑了实况产品监控，从而彻底打通了气象观测数据生产全流程。

（二）破解移动气象观测技术瓶颈，打造全省移动应急保障新平台

以移动气象台为中心，高度集约化、信息化的1+N应急协同加密观测模式，实现了短时间在观测现场迅速搭建起集地面、高空和天基观测为一体的协同加密观测网络；实现气温、湿度、风向风速、气压以及能见度、天气现象、大气成分、负氧离子等近地面观测要素实时监测，联合移动风廓线雷达、移动X波段雷达提升现场垂直探测能力；依托综合业务平台进行应急观测设备的现场第一手数据实时传输、监控、显示、分析等，实现各类移动观测设备即开即用。

应急观测能力的提升，极大地满足了十四运会赛事保障的需要。在十四运会期间，移动气象台、应急保障车参加各类气象灾害现场应急保障服务，十四运会各类测试赛、圣火采集、火炬传递、开幕式现场保障以及重要室外赛事气象保障服务等现场服务累计40余次、100余天，服务遍及全省9个市，成为十四运会气象保障中一道亮丽的风景线。

（三）新设备、新技术、新产品的应用，为护航十四运会开幕式提供强大支撑

十四运会和残特奥会新建设备尤其是大型设备和垂直观测设备均为新型观测设备，如相控阵雷达、激光测风雷达、微波辐射计等。综合业务平台中充分展示新型观测设备功能和观测可视化产品，推进新型观测资料和实况产品应用。引入国家级技术产品，筑牢本地技术支撑能力。开展中国气象局气象探测中心天衍、天衡系统本地应用技术，引进高分辨率陕西三维天气实况巡游技术、十四运会陕西天气雷达快速拼图技术、三维天气雷达产品和多源融合三维风场生成技术。

实现天气沙盘陕西化，全方位、立体地展现了陕西省各气象观测站点的位置和气象要素，结合地形更加直观地了解各区域的天气情况；实现天衡系统质量评估本地化，提供了各类观测设备质量评估日、周报告；实现天衍系统本地化，提供了各类丰富的气象实况产品，尤其是陕西省6 min雷达拼图、雷达三维风场、组合风场、地面站产品等；实现陕西综合气象观测数据一张表，全省设备运行情况一目了然。极大地提升了陕西省观测水平。

（四）以综合业务平台为中心，充分发挥国、省、市、县和厂家技术联盟的保障作用，高效率保障开幕式圆满精彩

十四运会期间，全部16类设备运行质量均超过98%。在开幕式保障期间，所有重要大型设备均设有专人保障，实现了100%全覆盖。平台已累计发送告警短信24238条，解决异常、故障超200起。成为全省各业务单位和市县气象局做好十四运会期间观测设备保障的重要阵地、堡垒。平台首次融入各类观测设备实况数据、产品，从平台发现的200多起故障中，有超过1/10是通过实况数据或产品异常发现的，起到了很好的预警作用，即通过生成后的数据或产品反馈出设备运行环境、状态上的异常。通过及时处理，进一步保障了数据的准确性。实现了数据生成全链条的"PDCA"循环。

接到省气象局紧急通知，在距开幕式不到3 d的时间，省大探中心紧急部署，厂家连夜发货，千里星夜驰援，三方联动，多方协调，西安市气象局全力保障，历时 50 h，攻坚克难，合力完成了西安奥体中心场馆内 7 套智能气象站的安装，中国气象局技术团队实现了场馆实况的三维巡游。开展低层威亚塔梯度风观测，直接为开幕式的现场控制人员朱鹮展翅翱翔、圣火点燃提供实时实况，展现了新时代的"保障速度"。

第二节　信息化与多源观测资料融合

一、需求分析

为十四运会期间高影响、灾害性天气预报预警服务提供强有力的观测数据保障。加强信息化基础设施建设，做好开幕式各项保障任务的统筹协调，开展数据信息保障，确保气象信息服务保障工作万无一失。有效处理多源、多时相、多尺度的观测数据，强化十四运会特种观测数据接入和共享，加快推进应用融入分析，"近期全运，远期惠民"，研制适用于陕西省地形与气候特点的时空高分辨率、能真实反映局地大气实际状况的标准化网格数据，对天气过程精细化预报预警服务保障和天气过程机理诊断分析都有重要应用价值。

二、信息化基础设施建设

（一）气象大数据云平台（陕西）建设

气象大数据云平台（以下称天擎）作为十四运会和残特奥会气象数据基础支撑平台，实现了与十四运会和残特奥会一体化气象预报预警系统、智慧气象服务系统、人影一体化指挥系统、综合气象监测系统等十四运会核心气象业务系统的融入对接，为众多应用系统提供了"数算一体"的云服务。通过实时保障 CIMISS（全国综合气象信息共享平台）和天擎两个核心数据平台并行运行，互为热备，为十四运会提供气象数据服务。十四运会气象服务保障相关系统在符合天擎技术标准框架下进行开发，结合 CIMISS 系统和基础设施资源池，提供数据环境和计算能力支撑，在重大活动保障方面做出示范。

天擎是气象业务关键信息基础设施与集约化业务云平台，其充分利用云计算、大数据、互联网、异构加速计算等技术，基于"专有云 + 政务云"构架，支撑各类业务应用系统按照"统一流程、统一平台、统一监控、统一防护"的原则，实现"横向集成、纵向贯通"。对内直接承载气象业务应用，对外提供数据共享服务。天擎－国家级数据完整权威、存储海量之巨，现有数据 39 种类、容量超过 30 PB。

陕西作为天擎全国布局的两大节点，分别为国家级天擎异地备份中心和陕西省级节点

（天擎－陕西）。天擎－陕西初步规划超过 1.5 PB，在原有 CIMISS 集约化气象数据环境基础上，依托气象专网、政务网、秦云工程等，将汇交的行业数据、省际共享气象数据、历史档案拯救的数字化资料等进行全在线存储和服务。天擎－陕西负责管理陕西本省及与周边省份共享的气象数据、行业数据等，支撑本省及市县级的应用融入和业务开展（图 3-28）。

图 3-28　相关业务系统接入天擎

2020 年，陕西省气象信息中心开始在西安气象大数据应用中心、陕西气象大厦数据机房两地机房并行开展基础平台部署工作，完成了包括 87 台服务器、12 台交换机、2 套 NAS 存储在内的核心设备上架、网络配置及联调测试工作。经过两轮的全面系统测试及运行评估，12 月 15 日，陕西作为首批省份进入"天擎"业务试运行。为促进天擎平台推广和全省的应用融入，省气象信息中心发布了气象大数据云平台"天擎"建设专刊，编制《大数据云平台应用融入开发规范》，通过 2 期全省副处级干部培训班、1 期全省县局副局长培训班授课，从管理层入手，深入解读"云＋端"业务技术体制新理念，陕西省智能网格预报业务系统（秦智）、陕西省气象数据共享网、西安市气象防灾减灾业务系统、西北人影作业指挥系统等先后开展应用融入对接，形成示范。自 2020 年 12 月 15 日业务试运行以来，"天擎－陕西"总计接入实时数据 10 类 198 种，导入历史数据超过 80 亿条，全部提供在线服务；全省审批通过的合法注册账户共计 64 个，其中存在访问记录的账户有 42 个，访问次数超过 1 万次的活跃用户 12 个；天擎数据接口调用量 1743 万次，数据服务总量 75.4 TB。

（二）信息网络支撑系统建设

全省气象广域网络升级。 为了提升对十四运会和残特奥会气象保障信息网络的支撑，按照《陕西省气象信息化发展规划（2017—2020 年）》《陕西省气象信息化实施方案（2018—2020 年）》，2020 年，陕西省气象信息中心全面开展全省气象广域网络升级工作。经过 3 个多月的测试、升级、调试，2020 年 8 月 7 日，陕西省 11 个市级气象局、99 个县（市、区）气象局全面完成网络带宽升级，组网由省 - 市 - 县三级变为省 - 市 / 省 - 县二级，网络带宽较升级前提升 5 倍（图 3-29）。通过扁平化的网络结构提升省级对市、县两级业务的支撑，省 - 市带宽升至 100 M、省 - 县升至 20 M，实现主要观测数据 1 min 内到达预报员桌面，进一步满足基层气象服务需求，为十四运会和残特奥会气象保障服务铺就一条稳定、高速、高效的信息高速公路。

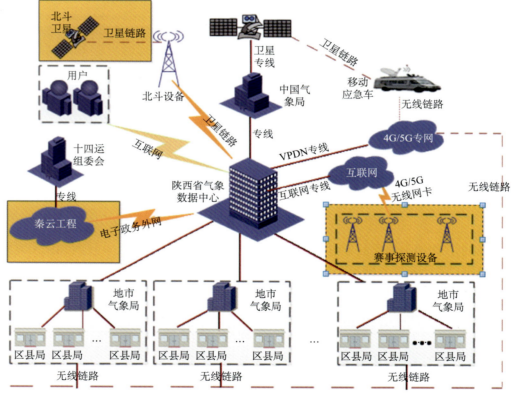

图 3-29　信息网络拓扑图

"前店后厂"备份专线。 2021 年 9 月 13 日，十四运会开幕式临近，陕西省气象局气象大厦数据机房与西安气象大数据中心机房建成 500 M 备份专线，通过对两条 500 M 专线链路捆绑，"前店后厂"之间网络带宽升至 1 G；同时，两条链路互为备份，一条链路出现中断时，另一条将自动切换接管数据传输业务，确保通信网络更快捷、更稳定、更安全。

网络安全防护体系。随着人工智能、大数据、5G 等新兴技术的发展，网络与信息安全面临的威胁日益增加。2019 年以来，陕西省气象部门结合公安部"护网行动"与"气象部门网络安全攻防演习"，全方位开展网络安全防护体系建设工作。通过加强组织管理，落实落地中国气象局《网络安全管理办法（试行）》，加强网络安全业务骨干集中培训，提升全员网络安全防护意识；通过部署天眼系统、边界防火墙、多重安全网关、虚拟专网、入侵检测系统、防御设备等，提升常态化监控与防御能力；加强技术指导、部门联动，面向建党 100 周年重大活动和十四运会保障，开展省、市、县三级攻防演练，跟踪前期暴露问题的整改落实，查漏补缺，对涉及服务器、网络设备等安全策略配置加固筑牢安全防线；创建十四运会和残特奥会气象保障服务网络安全区（DMZ 分区），进行网络划分和有效隔离，细化升级访问策略 52 条，新建白名单 130 余条；积极对接国家气象信息中心，进行线上、线下技术交流，提高国省网络安全联防联控能力。"十三五"期间，初步建成陕西省气象部门网络安全防护体系（图 3-30），为十四运会和残特奥会期间网络及数据安全提供保障。

图 3-30 "天眼"网络安全监控系统

（三）十四运会信息基础设施资源池建设

陕西省气象信息中心 2016 年建成"陕西气象云平台"，实现了信息基础资源省级集中管理。通过资源计量评估和动态分配，改变了传统应用程序管理模式，资源利用率、应用访问、管理及安全性能等大幅提升。2017 年，加快布局混合云架构，建成陕西省卫星遥感公共云，探索预报服务产品上云和移动 App 托管等应用，实现了智能网格、十四运会天气指数等预报服务产品上云服务，为陕西气象 App 应用部署提供资源支撑。2020 年，建成每秒 126 万亿次的高性能计算机，算力提升 70 倍。

2021年，十四运会和残特奥会气象基础设施资源池建设完成，8台高配置服务器资源虚拟化入池工作，410核CPU、1640 GB内存、54 TB存储全部投入运行，为省级直属单位提供资源支撑，为十四运会和残特奥会一体化气象预报预警系统、十四运会和残特奥会综合气象监测系统、十四运会和残特奥会人影一体化指挥系统（西北工程指挥系统专版）、十四运会和残特奥会一体化智慧气象服务系统、十四运会和残特奥会智慧气象·追天气决策系统、十四运会和残特奥会天气网、"全运·追天气"App、十四运会和残特奥会气象信息大屏展示等系统运行提供硬件平台支撑。

（四）视频会商系统建设

针对十四运会和残特奥会气象服务保障视频会议会场多、难度大、操作复杂的困难，组建视频会议和天气会商保障团队，强化协作与技术支撑，确保各项工作有条不紊、有序有力。积极对接国家气象信息中心，争取到高清视频会商系统一套，实现中国气象局直连十四运会气象台视频会议终端；为陕西省人影中心、遥感经济作物中心申请基于软件视频的系统账户，便捷参加中国气象局各类视频会议和天气会商；利用卫星资源通信为移动气象台提供信道保障。十四运会筹备以来，保障团队成员分别在十四运会气象台、省人影中心、省气象局各会场和移动气象台等多地现场响应保障，团队多地联调，上下通力协作，圆满完成70余次视频会议保障（图3-31）。

图3-31　十四运会气象保障服务现场

三、新型数据产品的研发与应用共享

（一）十四运会数据服务接口研发与共享

按照组委会气象数据需求及气象数据管理办法的相关要求，规划了数据安全共享的总体流程。设计开发了基于 Http RestFul 风格的接口调用方式，提供数据站点实况数据和城镇站点指导预报产品；完成生活指数产品的存储、数据库建表、文件解码入库、数据接口研发，接口基于公有云发布，有效支撑十四运会官网、十四运会大数据平台的数据调用工作；编写定制化接口使用手册，与十四运会大数据统一平台和十四运会官网对接。持续跟进，确保各类数据准确、完整、及时共享，并在线响应，做好对组委会使用相关数据的技术支持。

（二）新建观测设备数据收集

完成新建观测设备数据流程设计，提供多要素自动站、智能天气现象仪、大气电场仪等中心站所需服务器资源，配置互联网防火墙进行地址转换，实现 3 大类观测资料接收工作；利用文件共享服务器，搭建十四运会数据共享平台，收集处理 X 波段相控阵雷达、激光测风雷达、车载移动风廓线雷达、微波辐射计等非结构化观测资料。研发软件实现对数据传输的实时监视，并纳入日常业务值班。与大探中心、西安市气象局等积极对接，针对西安奥体中心风廓线雷达、微波辐射计等部分设备数据传输不稳定、站点信息不规范等问题，开展联调测试，优化数据链路，确保数据及时、完整地实现共享。

（三）国家级技术产品引入与本地化应用

强化关键区域网格实况数据产品研发。加强与国家气象信息中心沟通，确定实况分析产品种类、产品命名方式及产品组织方式，并于 2021 年 4 月正式接入空间分辨率 100 m、每 10 min 滚动更新的地面网格实况分析数据，包含降水、气温、风速、相对湿度、能见度、总云量 6 个要素，同时绘制对应的图像产品（图 3-32），对西安奥体中心、钟楼等十四运会重点关注区域位置突出显示，通过文件服务器提供服务，为十四运会提供了精准的数据服务。

开展三维网格实况产品研发应用。进行基于国家气象信息中心多源融合网格实况平台的本地化研发，采用多重网格变分同化方法（STMAS）将地面、探空、风云气象卫星、天气雷达等多源异构探测资料进行融合分析处理，得到水平分辨率 1 km、垂直方向 43 层、逐时更新的三维网格实况分析数据，包括气温、湿度和风场要素。基于上述数据，沿西安奥体中心、钟楼等区域绘制气象要素剖面图和三维立体分布图，通过文件服务器方式向全省实时共享。引入十四运会天气实况系统平台，该平台提供了局地 100 m、区域 1 km 实况降水、气温、风速、相对湿度、能见度实况格点图像产品（图 3-33），西安奥

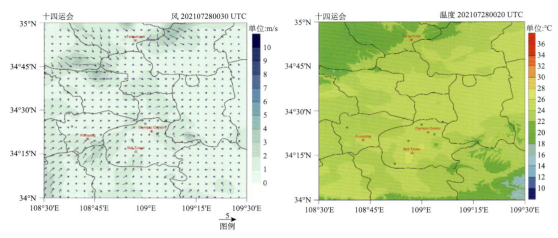

图 3-32　100 m/10 min 实况图像产品

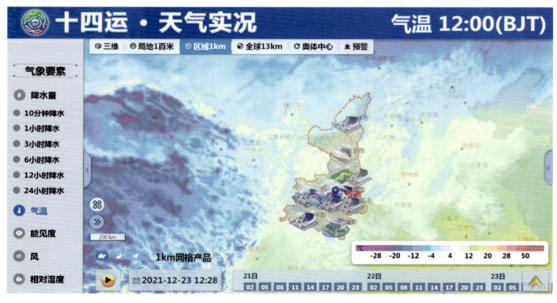

图 3-33　十四运会天气实况——实况格点图像

体中心实景监测、大气要素垂直廓线分析图形产品（图 3-34），直观展示新型观测设备可视化产品，实时展示各区域的天气实况，为十四运会气象保障服务工作提供了一个直观的指挥平台。

　　同时为提升垂直维度大气实况精细分析能力，基于微波辐射计，研制大气要素垂直廓线（逐 10 min 更新）分析图形产品；基于激光测风雷达，研制逐 5 min、60 m 垂直分辨率的风场高度 – 时间剖面分析产品（图 3-35）。针对 1 km 分辨率、垂直方向 43 层、小时更新的三维云量网格实况数据，基于 WebGIS 设计实现交互式剖切方法（图 3-36），云剖面分析为业务人员提供精密监测手段和深入天气机理分析的新视角。

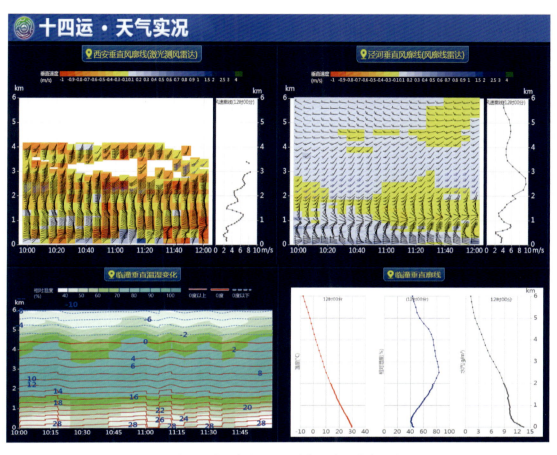

图 3-34　十四运会天气实况——大气要素垂直廓线分析图形

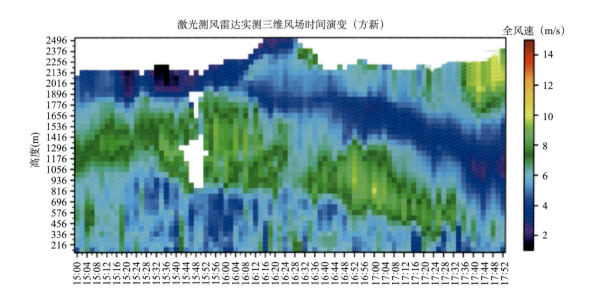

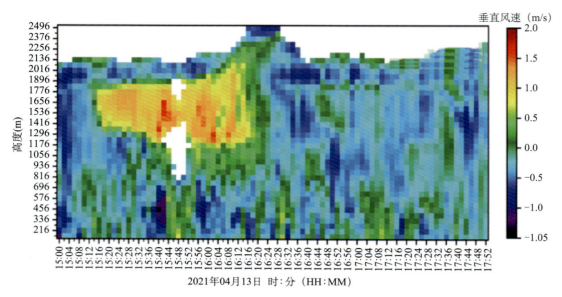

图 3-35 大气要素垂直廓线分析

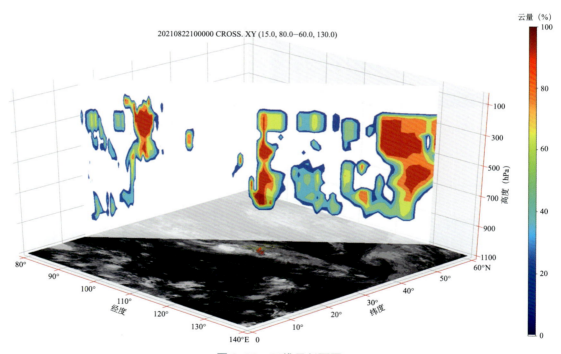

图 3-36 三维云剖面图

（四）持续研发丰富"陕西省气象数据共享网"助力十四运会数据服务

面向省、市、县三级气象用户研发的陕西省气象数据共享网，致力解决"看不到数据"的问题，打造了集气象数据检索、展示、分析等为一体的数据共享平台（图3-37）。

2016 年开始上线运行，持续进行升级完善，访问总量超过 40 万次，成为气象数据共享服务的权威窗口。2018 年，研发的"天脸"系统实现公安视频流自动采集，每 10 min 对天气现象智能识别，准确率达 85% 以上，供全省气象台站实时调用（3000 路），为精密监测天气装上了"千里眼"。2019 年，共享省环保部门 AQI 指数、$PM_{2.5}$、PM_{10} 等数据，实现了汾渭平原范围内空气质量监测数据、环境气象监测数据、数值模式产品、预报预警产品、服务产品、评估产品的收集、共享、发布和可视化查询，为大气污染气象条件预报和治污减霾应急决策服务提供业务支撑。针对十四运会积极开展新型探测数据的专题服务，在共享网专题数据增加微波辐射计和激光测风雷达资料分析和风云四号卫星 14 个通道 L1 级数据的可视化产品，开通 FTP 通道向十四运会办公室和全省气象部门提供数据服务。

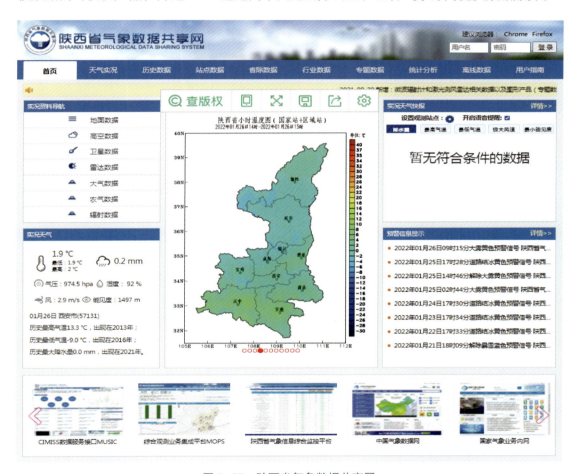

图 3-37　陕西省气象数据共享网

（五）"AI 天气 - 享全运"助力十四运会监测精密

制定《陕西气象观测区域站公共元信息管理方案》，将所有新建十四运会气象站点信息均录入 MDOS 业务系统，确保"监测精密"。面向部门内部用户气象数据综合查询及辅助网络监控、数据传输、数据质控等业务保障，研发"AI 天气 - 享全运"微信小程序，在十四运会气象保障服务中发挥了重要的作用。小程序实现场馆气象站点实况数据综合查询、站点要素历史曲线绘制和统计分析、基于当前位置的天气实况信息查询等功能。立足"早、准、快",提升开幕式保障数据全流程质量控制和融合分析能力,为全省各业务单位和市县局做好十四运会气象保障服务提供了可靠的技术支撑。十四运会和残特奥会期间,全省气象数据传输质量、数据质量全面创优,9大类传输及时率均超过99.9%,数据可用率国家站99.96%、区域站97.07%。

第三节 精细预报预警系统

一、服务需求

十四运会和残特奥会举行时间为2021年9—10月。赛事设置34个大项51个分项387个小项,分布在陕西省13个市(区)。9—10月正值陕西"秋淋"雨季,随着季风系统南撤,陕西中南部常出现持续时间长、影响范围大的华西秋雨天气。在陕西省政府"十三五"重点项目的支撑下,陕西省气象局建成了集预报检验、编辑订正、客观网格预报产品生成、预报制作发布业务平台为一体的"秦智"陕西智能网格预报系统,形成了一套具有陕西特色的精细化智能网格气象要素客观订正预报方法及协同规则,推出了一套覆盖陕西全省的精细化智能网格预报客观产品,有力地支撑了气象防灾减灾和工农业生产生活。

近几年,各类大型国际国内运动会对气象服务定时、定点和定量水平提出了前所未有的服务需求,因此从体育赛事服务来说,无论是从预报时空尺度和服务需求,目前已有的预报产品都显得不够精细,在支撑十四运会重大活动及全省性体育赛事定时、定点、定量预报,灾害性天气预警,精细的赛事服务阈值判别,特殊赛事预报要素等方面均存在差距,气象要素预报的时空分辨率、准确率、时效性等方面不能满足高质量十四运会气象保障服务需求。另外缺乏0~2 h临近数值预报产品及短时强对流天气预报预警技术支撑,缺乏覆盖全省的污染扩散模式,加之现有的气象预报产品发布效率不高,难以实现十四运会期间高频次、多受众天气预报预警信息的及时发布和传播。

此外由于陕西南北跨度大、地形地貌复杂、海拔高度落差大,复杂的地形环境往往会形成局地环流,这类环流虽然不能改变大范围的气候,但对小范围的天气气候影响很大,从而给运动场馆带来不利于赛事活动的"高影响天气"。因此急需对赛事场馆的周边气象特征开展精细化气象特征和数值模式预报表现研究,提高赛事预报服务能力。

为了高质量保障十四运会和残特奥会对气象要素预报精细化、专业化、高频次的需求以及高影响天气定时、定点、定量的预报预警要求,陕西省气象局在"秦智"智能网格预报系统的基础上,按照《全国第十四届全运会及第十一届残疾人运动会暨第八届特殊奥林匹克运动会气象保障工程初步设计方案》，并结合陕西 8—9 月份高影响天气对十四运会的影响特征及气象服务需求，重点针对暴雨、连阴雨、强对流天气（雷暴大风、冰雹、短时强降水）、高温、大雾、空气污染等高影响天气进行预报预警技术方法研究和预报业务系统建设。最终在陕西省气象台和 11 个市（区）气象台构建起十四运会和残特奥会一体化气象预报预警系统，为场馆建设和赛事活动提供精细化、专业化的气象预报服务。

十四运会和残特奥会一体化气象预报预警系统基于浏览器 / 服务器模式（B/S）结构，构建 0～45 d 覆盖陕西全省的精细化预报系统。该系统包含各类气象要素的监控预警、统计查询以及产品发布等功能，可以制作发布陕西智能网格预报、高影响天气指标等精细化预报产品。系统提供的分类强对流客观预报产品，可以方便预报员进行各类短时数据分析；提供的不同模式温度和降水产品格点和站点检验，可以方便预报员查询模式检验的客观评估结果。系统中的各类功能和产品共同为十四运会赛事场馆和关键点的天气预报预警以及重大天气保障服务提供数据支撑。

十四运会和残特奥会一体化气象预报预警系统于 2021 年 2 月 20 日起在十四运会气象台、各市（区）气象局以及承担火炬传递或比赛项目的县（市、区）气象局开始业务试运行，2021 年 8 月 10 日正式运行。

二、十四运会和残特奥会一体化气象预报预警系统建设

围绕十四运会开（闭）幕式及火炬传递、重点场所、赛事场馆及比赛项目的气象保障服务需求，开展无缝隙集约化的气象要素预报研发，建立十四运会和残特奥会一体化气象预报预警系统，为十四运会提供高标准的气象预报产品，其中产品时间分辨率可以达到 0～2 h 逐 10 min，24 h 内逐 1 h，24～240 h 逐 3 h 预报产品，11～45 d 延伸期逐日间隔；空间分辨率全省范围内达 3 km×3 km，西安范围内达 1 km×1 km。对于空间分辨率 10 km×10 km 的预报产品赛区和特定活动区域按需加密并达到预报服务需求。

十四运会和残特奥会一体化气象预报预警系统是以"秦智"陕西智能网格气象预报系统和陕西省区域数值模式系统为基础，应用机器学习、大数据、互联网＋、智能化等现代信息技术，基于统一数据资源和计算资源搭建的，集实况监测、预报产品显示、精细化气象预报产品快速制作于一体的智能化综合业务平台。该平台可以实现对十四运会高影响天气的有效预报预警，提供基于天气对赛事、活动等影响的预报预警产品；实现主要比赛场馆（地）24 h 内逐小时、48～72 h 内逐 3 h 气象要素滚动预报，24 h 晴雨预报准确率在 90% 以上；对短时强降水、雷雨大风等灾害性天气实现分场馆（地）预警，预警时效将提前到 30 min 以上。该平台可以从大尺度平面综合分析和小尺度立体监测分析之间自由切换，产品精细化程度可以满足十四运会不同层级用户的预报服务需求。

十四运会和残特奥会一体化气象预报预警系统（图 3-38）包括以下 4 个子系统：高影响天气客观预报预警子系统、0～45 d 精细化预报预警子系统、短时精细化预报预警子系统、临近监测预报预警子系统。

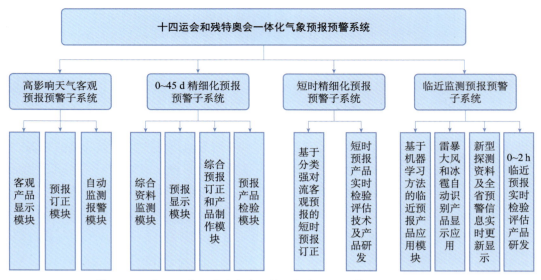

图 3-38 十四运会和残特奥会一体化气象预报预警系统功能结构图

（一）高影响天气预报预警子系统

为满足十四运会和残特奥会期间对于高影响天气预报预警服务需求，预报预警系统设计了特殊气象要素的研发，例如沙温、水温、暑热压力、高空风等。同时基于由气候中心提供的针对每项赛事的气象要素阈值，开发了自动监控和报警及产品一键式发布功能。

用户可以通过信息传送功能将各模式数据和预报产品以页面输入或者系统数据交换的方式提交给客观产品显示模块。客观预报产品经过平台和人工验证后，传递给预报订正与制作模块，在对格点/站点信息进行必要的订正加工和智能解析后，生成需要的各类客观文字或图片产品，并设置一定的发送策略，最后进行产品发送；同时订正后的数据会传送给自动监测报警模块，对高影响天气以声音或图标形式自动提醒和报警，并生成客观化产品，人工加工后进行产品发送。信息传递的每一个环节都通过后台记录并展现在省级管理员权限的界面，平台所有数据和日志由数据管理员统一管理和调度，平台内部进行检索和统计并通过界面展现。

1. 客观产品显示模块

客观产品显示模块基于陕西区域数值模式产品、高影响天气智能网格预报产品、西安 1 km×1 km 智能网格预报产品和降水相似预报产品等原始预报产品形成数据库，采用 B/S 结构实现实时数据的检索、文件的收集和快速处理，实现气象数据综合展示与智能分析等功能。为用户提供网格预报及赛事场馆及关键点的各类气象要素预报产品。

该模块可以生成主要城市 0～10 d 逐 24 h 预报，主要比赛场馆 24 h 内逐 1 h、48～72 h 内逐 3 h 气象要素滚动预报，并以站点名称或场馆图标的形式在地图上显示，点击具体站点可以显示各类预报产品及预报时序图，通过编辑可实现包括天气现象、云量、温度、相对湿度、风向、风速（包括极大风速）、降水量、能见度、雾、霾、沙尘等要素在图中的叠加显示。

　　另外通过该模块可以生成赛事高影响天气要素的客观预报，如汉中、安康、杨凌水上项目所需的风向、风速客观预报，用来满足射击、射箭及水上比赛的逐时风向风速、最大阵风风速预报；96 h 内能见度、空气质量指数及相关气象要素为一体的综合环境气象预报，场馆污染物扩散气象条件预报，空间分辨率符合十四运会及残特奥会赛事服务需求。

　　对于关键点（场馆或活动地）的要素预报，提供基于 WebGIS 的弹窗查看调阅，实现各家模式的各个时效预报结果对比，以折线图或柱状图形式显示，多个高影响天气要素可在同一界面展示，并展开数据列表。

2. 高影响天气预报预警客观产品模块

　　高影响天气预报预警客观产品模块（图 3-39）包括自动监测报警、预警产品制作发布两个子模块。

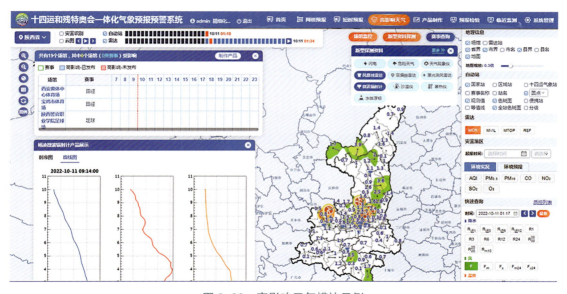

图 3-39　高影响天气模块示例

　　（1）自动监测报警子模块：可以实现实况资料的自动监测、融合分析、赛事高影响气象条件自动报警和智能预警功能。自动监测报警模块包含实况报警和赛事高影响天气报警两项功能。其中实况报警是通过对全省自动站各要素实况进行监测，对危险天气以图标突出显示，包括高温、大风、雷暴、短时强降水、恶劣能见度、冰雹等天气现象，点击图标显示具体危险天气内容。赛事高影响天气报警可以对各场馆进行高影响天气要素实况进行监测，对已出现的赛事高影响天气以图标高亮显示，点击后可在弹出窗口具体查看场馆名称、比赛项目、高影响天气要素数值及影响程度。若场馆无监测设备，则在场馆周边范围内的站点根据一定规则动态选取为场馆代表站。

　　（2）预警产品制作发布子模块：拥有历史预警查询、预警信息制作和预警信息发布等功能，可以实现产品的一键式制作和发布。

历史预警查询：支持历史预警、预警信号、高影响天气警报的分类、分区域、分时段查看，以及各场馆已发布的赛事预警信息查询，选择后可在界面直接查看历史预警信息的落区和详细内容，也可调出 Word 文本信息。同时对选择时段内的高影响天气、影响级别、影响场馆或赛事等进行统计分析。

预警信息制作：通过新建赛事高影响天气警报，选择场馆、影响赛事及影响的开始时间和结束时间，通过工具进行场馆批量选择，警报涉及的气象要素包括最高最低气温、水温、沙温、极大风向风速、雷电、毫米量级降水等。影响等级为影响较小、中等影响、影响较大、影响极大，颜色等级为蓝、黄、橙、红。也可根据自动模块的分析结果，结合高影响天气阈值设定，自动生成警报信息。

预警信息发布：制作后的高影响天气警报通过保存操作将文件下载到本地，并可在预警中列表或地图上进行查看，已保存未发布的预警可进行删除操作。支持高影响天气警报发布，通过发布引擎分发至指定的路径中。

模板管理：通过对高影响天气警报产品名称、方案、模板内容、发布渠道和启用状态等内容进行设置，实现对预警模板的创建维护。

预警信息共享：对发布的预警信息及时共享到全省预警信息共享模块。

3. 环境气象预报模块

通过高污染天气气象扩散条件分析及比赛场馆精细化预报及客观产品研发，实现集96 h 内能见度、空气质量指数及相关气象要素为一体的环境气象预报。环境气象预报模块（图 3-40）以集成优选产品、中央气象台 CUACE 环境预报模式产品、中央气象台空气污染气象条件指导产品、北京 RMAPS 环境预报模式产品等为蓝本，实现了 $PM_{2.5}$、PM_{10}、O_3、$O_3/8\ h$、SO_2、NO_2、CO 七类污染物浓度及首要污染物和空气质量 AQI 指数的客观订正功能，极大增强了针对赛事场馆和所在区域气象预报产品的综合制作能力。

图 3-40　环境气象预报模块示例

（二）0～45 d 精细化预报预警子系统

构建 0～45 d 覆盖陕西全省的精细化预报预警子系统，具备对重点区域和线路更精细预报、对特定赛事针对性预报的能力。通过 B/S 结构支持，系统与十四运会一体化气象预报预警系统对接，实现预报产品的制作发布。

1. 综合资料监测模块

该模块用于显示和查询气象实况监测数据，具备全省气象监测资料的集中显示，突出高分辨率卫星观测数据、相控阵雷达、X 波段雷达、风廓线雷达、激光测风雷达观测数据以及雷达组网产品、高时间分辨率的地面加密观测资料、微波辐射计资料、秒级更新频率的闪电定位资料等；突出十四运会重点场馆和重要地区气象监测资料的专项显示功能；集约显示国家级、省级各类气象数值预报产品；集约显示网格实况资料。综合资料监测模块包括 3 个子模块：实况监测、查询分析、预报订正和产品制作。

（1）实况监测子模块：可以实现多维实况监测数据，可在站点、格点及赛事场馆间自由切换，同时地图可在地形、行政区域划分、主要交通路线间切换；加入多窗口显示分析功能，提高系统的实用性和预警能力，同时，加入运动场馆周边地区空间高分辨率的地理信息和时间高分辨率的降水、温度等实时探测信息。加强多源探测资料之间的预警融合与综合使用水平。各类监测数据可根据不同阈值进行数值显示过滤，支持多种观测要素同时叠加显示（图 3-41），支持色斑图、等值线图、列表、柱状图等多种展示形式。对重点场馆进行三维可视化要素叠加显示。

图 3-41　多种观测要素演变

（2）查询分析子模块：可以实现从时间、空间面上和垂直剖面等多维度的查询功能；实现以时间段为检索条件的站点、赛事场馆的查询显示功能；实现不同站点或场馆的多要素变化叠加显示、对比分析查询功能；选择温度、风、湿度等具有垂直观测的要素站点或场馆，显示其时间垂直剖面变化图功能。

（3）预报订正和产品制作子模块：整体上延续"秦智"系统的功能和操作，在后者的基础上针对存在的弱项进行改进和加强（便捷出图、预报岗和首席岗等）。该模块能实现中短期的智能网格预报产品获取、订正、发布等一系列操作，同时为十四运会气象台和各地市气象局提供协同订正平台，达到上下互联互通、精准预报的赛事支撑效果。模块同时提供预报和实况两种参考，预报人员可以根据当前实况天气形势择优选择数值预报产品进行订正融合，最大限度地发挥不同数值预报模式产品的参考价值。

产品制作模块具备图文产品转换技术集成、阈值分析判断、赛事场馆关键点基础预报产品编辑和预报产品制作等功能，通过自定义格点／站点编辑要素、将系统中的数值预报等通过规则转为满足需求的预报和预警等预报图文产品（图3-42），并将所有客观预报结果推送入0～10 d预报库，为订正专项预报提供客观背景数据支撑。

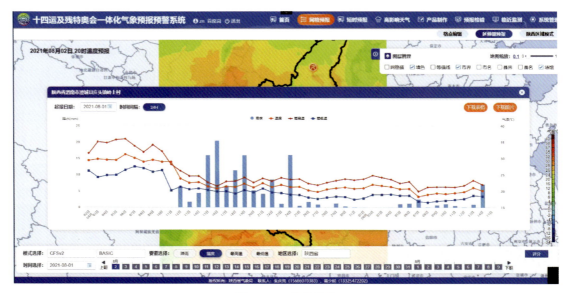

图 3-42　单站图表

2. 精细化客观预报功能

通过接入格点预报产品和文本格式的站点预报产品，开发基于WebGIS的产品显示，可制定任意点或任意线的精细化预报服务产品。具备网格实况产品、中短期到延伸期预报产品的一体化显示，以可视化的界面进行网格点、离散点、等值线、填充等值线、单站图表等显示，可保存图片或图表。

编辑要素（图3-43）包括天气现象、云量、相态、雾、霾、沙尘、温度（包括24 h最高、最低温度）、相对湿度（包括最大、最小相对湿度）、风向、风速、降水量、降雪量、能见度等。时间分辨率为0～72 h逐1 h、24～240 h逐3 h，空间分辨率符合赛事服务需求。

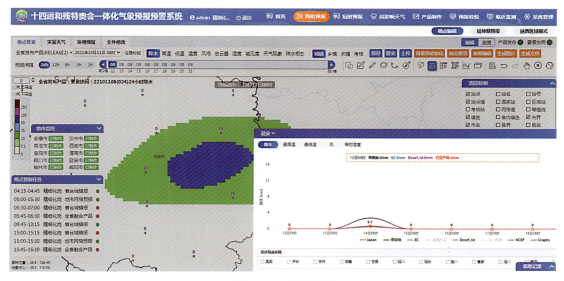

图 3-43　降水编辑

支持对站点、格点和关键点在预报时效内的降水、天气现象、温度、高温、低温、风场、能见度、总云量、湿度、降水相态等常规气象要素预报的订正，订正完成后可保存至数据库中。通过机器学习、MOS 等方法对各家模式结果进行系统误差订正，针对各预报要素（如温度、降水、风等）生成客观订正产品；主观订正通过智能化订正工具箱、要素关联及协同一致、时空约束、主客观融合订正、编辑工具等，可同时实现多个格点、场馆或区域的要素预报进行订正。

3. 基于赛事场馆关键点基础预报产品编辑功能

建立表格功能的站点要素编辑，支持键盘和鼠标输入订正，支持预报制作对整个时效或自定义时段的批量修改数值。基于曲线图、列表等方式对所选关键点，支持所编辑的站点数据协同其他站点功能。选择某个关键点（站点）时序图，调整这个站点的趋势，订正后自动更新后台原始数据。订正工具包括点订正、面订正、阈值过滤、曲线调整、差值调整等。基于赛事场馆关键点基础预报产品制作功能就是将子系统中的数值预报等通过规则转为满足需求的预报和预警等预报图文产品，在此系统中进行交互显示。

产品智能转换引擎：通过模板和相关规则，将复杂专业的多维气象数据转换为浅显的自然语言，能够实现智能网格预报、灾害性天气落区预报、天气实况（包括降水、温度等）等气象服务的文本自动分析和生成，实现预报预警产品自动智能转换。

阈值分析判断：对高影响天气的气象条件阈值进行自动分析与判断，为制作任意阈值落区预报产品做技术支持；基于阈值分析判断，可设置落区预报产品自动预生成，当监测要素达到阈值时，系统自动生成预报产品初稿提供给预报员进行审核及二次订正。

预报交互应用：通过基于位置变化和时间变化等定制预报产品。

预报预警产品加工制作：包括常规预报产品、精细化专项预报产品、赛事特殊需求产品、多种灾害性天气落区预报产品、预警信号产品、气象风险预报产品、赛事风险预警产品。对订正后的预报产品进行智能解析，智能识别数据位置及需要根据数据调整的文字描述，并自动更新任务提醒，根据模板配置，实现对预报服务产品的客观文字和图片产品生成。

素材制作及调用（图 3-44）：素材是产品的重要组成部分，也是智能化产品制作的基础。不同产品应用的素材是不同的，根据产品的内容对素材进行划分，便于业务人员对关键内容进行编辑。主要包括图片、表格、文字 3 类素材的制作及调用，其中图片素材通过气象实况或预报数据预处理生成图片产品（图 3-45）进行显示调用，表格及文字数据根据不同类型的素材内容进行制作，可通过智能解析规则，将格点数据自动转化为文字内容，也可通过人工录入的方式生成素材。

图 3-44　素材编辑

图 3-45　产品生成

4. 预报产品检验模块

预报产品检验模块主要实现对精细化站点预报、网格预报、落区预报等主客观预报的定量化、标准化检验评估，同时为精细化预报提供参考。

按照中国气象局中短期天气预报检验办法，基于中短期精细化网格预报产品，通过精细化检验方法，利用数值检验指标和图形检验产品，对常规气象要素进行检验，定量统计分析十四运会赛事场馆关键点预报要素检验，进一步优化订正方法。

完善数据环境，建立数据库接口，集成多种数据格式处理技术对多种数据格式实现快速转换；在 CIMISS 数据环境和数据源获取检验所用的实况、客观模式预报和主观预报数据，进行后处理计算，提供给检验系统前端进行展示，检验的中间数据存储于系统数据库中，方便接口调用。

合理直观展示检验结果（图 3-46），提升可视化程度。按照检验内容、格点、站点、时段、要素显示预报等检验结果，生成质量检验日志写入数据库，以曲线图、表格、柱状图进行展现。可切换多模式单区域、单模式多区域查询不同类型评分对比。要求结果调取显示在 3 s 内完成响应。检验评估的结果支持快捷的调用，可以将其导入预报显示、订正制作模块中，对预报的编辑和订正提供交互功能。

图 3-46　赛事检验

（三）短时精细化预报预警子系统

建设十四运会短时精细化预报预警子系统，实现短时分类强对流客观预报产品的实时更新显示，以及 0~12 h 短时预报实时检验评估。

1. 基于分类强对流客观预报的短时预报订正模块

短时预报订正模块由分类强对流个例库、分类强对流客观预报产品、过程回顾 3 部分组成，为气象预报技术人员提供强对流历史天气过程回顾，通过对分类强对流预报模型的解析应用，实现短时分类强对流客观预报产品的实时更新显示。

分类强对流个例库：通过历史强对流个例的统计分析，得到分类强对流历史个例库，在对历史实况数据分析统计的基础上，利用模糊逻辑算法，得到基于实况数据及中尺度模式产品的分类强对流客观预报模型，实现短时精细化客观预报产品的自动更新。

分类强对流客观预报产品：基于每天 08 时、20 时起报的 EC-thin 数值模式产品，生成每天更新 2 次、未来 0～48 h 短时强降水、雷暴大风、冰雹分类强对流客观概率格点产品（图 3-47），产品时间和空间分辨率分别为 3 h 和 12.5 km×12.5 km。该产品已在气象预报预警系统短时预报模块进行显示应用。

图 3-47 气象预报预警系统雷暴大风客观概率格点产品

分类强对流回波实时识别产品实现冰雹、雷暴大风可能发生区域的每 6 min 自动化与智能化实时监测服务，产品更新频率与实时雷达监测更新频率一致，空间分辨率可达 1 km×1 km。产品展现形式（图 3-48）为在雷达拼图上对可能出现雷暴大风与冰雹的风暴单体进行颜色标识，根据识别数据分别标示出风暴单体影响范围。

2. 短时预报产品实时检验评估模块

开发短时预报产品实时检验评估模块，针对不同模式数据的温度和降水产品进行格点和站点检验。为预报员提供模式检验的客观评估结果，为精细化预报服务提供基础产品。

前台实时检验效果显示分为格点检验和站点检验两大类。降水检验分为 3 h、12 h 的晴雨检验和分级检验。每类检验计算 TS 评分、平均误差 ME、绝对误差 MAE、均方根误差 RMSE 等检验指标。温度检验分为最高温度、最低温度、定时温度检验，计算平均绝对误差 MAE、均方根差 RMSE、≤1℃的正确率、≤2℃的正确率。基于 B/S 结构开发实时检验效果显示界面，实现检验结果的柱状图、折线图和表的显示，同时输出检验结果

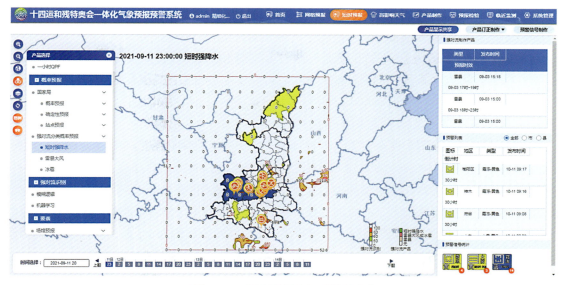

图 3-48　概率预报（短时强降水）

报表。

格点检验（图 3-49）流程如下：通过接入 EC-thin、JAPAN、NCEP、DCOEF 产品、陕西订正产品中的温度和降水，结合中国气象局下发的 CLDAS 实况产品和 CMPAS 降水产品，将实况产品分辨率由 5 km 插值为 3 km，然后与模式产品进行格点检验。针对温度计算 TS 评分、平均误差 ME、绝对误差 MAE、均方根误差 RMSE 等；针对降水计算预报偏差 Fbias、TS 评分、ETS 评分、HSS 评分、TSS 评分，降水的分级评估分析，包括 TS 评分、漏报率、空报率。

图 3-49　格点检验示例

（四）临近监测预报预警子系统

系统设计增加了基于0~2 h临近雷达回波与降水外推预报、0~12 h短时定量降水预报、分类强对流客观预报、强对流天气实时智能识别等技术的无缝隙全覆盖的短时临近预报功能。

1. 临近降水预报技术研发及显示应用

应用机器学习模型实现全省雷达外推预报，为十四运会赛事场馆关键点天气预报预警以及重大天气保障服务推送多种全省高时空分辨率雷达外推产品。建设内容包含3部分：雷达基数据处理、机器学习模型外推以及雷达外推产品应用界面开发。其中机器学习模型搭建及训练由攻关团队和第三方协同完成，需完成本地环境配置。

0~12 h短时定量降水产品时间分辨率为1 h，空间分辨率为1 km，并且提供任意场馆或任意点的实况降水 + 定量降水以柱状图形式单独显示（图3-50）。

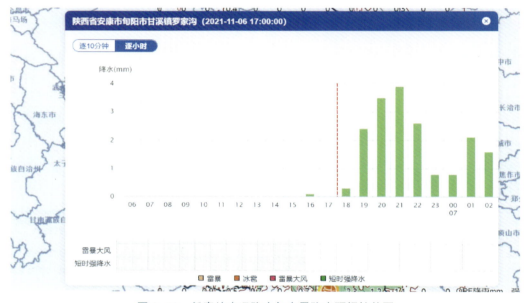

图3-50　任意站实况降水与定量降水预报柱状图

0~2 h雷达回波及降水外推预报产品。雷达回波和降水外推预报产品是逐6 min滚动更新、时空分辨率分别为6 min和1 km，经度范围为104°~113.99°E，纬度范围为31.001°~41°N，实现了陕西未来0~2 h回波变化动态播放、针对35 dBZ、50 dBZ、60 dBZ以上的强回波闪烁提醒、单点单站未来0~2 h回波和降水强度曲线变化显示、与气象要素站点实况数据和卫星产品叠加显示等功能。

2. 雷暴大风和冰雹智能识别程序开发及产品展示

针对陕西范围内的强天气识别服务，通过雷达数据解析，实现智能标识可能出现雷暴大风和冰雹的风暴单体基础产品显示应用（图3-51）。

图 3-51　雷暴大风和冰雹强对流天气智能识别模型构建界面

3. 新型探测资料及全省预警信息展示应用

针对陕西范围内的强对流天气识别服务，通过雷达数据解析，实现智能标识可能出现雷暴大风和冰雹的风暴单体基础产品显示应用。通过接入文本格式的雷暴大风和冰雹识别产品，利用 GIS 技术、空间定位技术，开发精细化识别产品。以可视化的界面对识别结果进行显示，实现雷暴大风和冰雹识别产品的自动化和智能化服务。

利用双偏振雷达、L 波段风廓线雷达、微波辐射计及时准确地为预报员提取与预报对象有关的信息，尤其是适用于短临预报的中小尺度、精细化数据的可视化，在十四运会临近监测预报预警子系统（图 3-52）进行集成显示。设计提供各种交互工具，帮助省、市、县三级尤其是十四运会重点场馆所在地区的预报员制作预警产品并进行全省预警信息共享。

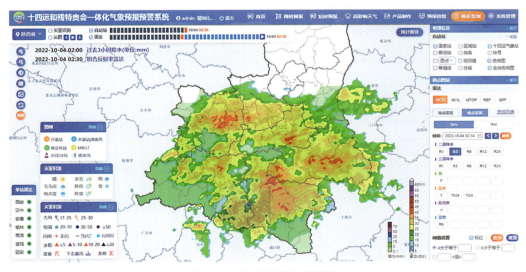

图 3-52　临近监测系统界面

新型探测资料显示应用如下：

针对咸阳、铜川、榆林等地的强对流天气，显示 X 波段双偏振雷达分析 KDP（差分相移）、ZDR（差分反射率）、CC（相关系数）等产品，用来判断降水粒子的形状、相态、分布和降水类型，以及强对流天气过程水凝物相态演变，提高冰雹、短时强降水天气预警提前量。

利用泾河等地 L 波段风廓线雷达，显示折射率结构常数（CN2）、水平风廓线矢量、垂直速度，加强对西安短时强降水，雷暴出流、阵风锋系统引发的雷暴大风的监测和预警。

通过延安、宝鸡、西安、渭南、安康等地微波辐射计，显示温湿廓线和液态水廓线，用以识别低云的云底高度、温度以及雾的厚度等信息，加强大气稳定度的探测以及雾和空气污染的趋势分析。

利用高时空分辨率的西安相控阵雷达，显示雷达回波和径向速度等产品，及时发现并预警当地的强对流天气。

全省预警信息实时更新显示设计提供各种交互工具，帮助省、市、县三级尤其是十四运会重点场馆所在地区的预报员制作预警产品并进行全省预警信息共享。提供以智能预警客观产品为基础的灾害性天气落区，自动生成文字产品，快捷发布预报，同时能够对相关地区进行报警提示。该模块采用 B/S 结构，利用 GIS 技术以可视化的界面为用户提供气象预警服务产品，并能够叠加气温、风速、降水、闪电、卫星、雷达等实时资料，支持表格、图像任意切换显示。当省级发布包含十四运会重点场所在内的预警信号时，相关地市可以接收到报警提示，当十四运会所在市县发布预警信号时，省级优先显示该报警提示，方便各级预报员进行预报决策服务。

4.0～2 h 临近预报实时检验评估产品研发

开发陕西省临近预报检验与评估模块（图 3-53），针对省、市、县短临预报业务中正在使用的强对流预报产品进行点对点和尺度模糊检验，采用图形、图像、表格、文本等方式显示预报与实况对比、预报检验结果、预报评估结果等信息。

图 3-53　短临检验界面

收集0～2 h的雷达回波外推预报和分钟降水预报产品，结合中国气象局下发的CMPAS格点实况降水产品，将格点降水实况产品进行插值，得到与分钟降水预报相同的分辨率，根据强对流天气的特点，选取检验产品的时次和内容。研究点对点、点对面、FSS检验算法，应用于临近预报产品，形成检验结果，并业务化运行。

（1）点对点检验：采用格点检验，设计页面展示图，展示空报率、漏报率、预报成功率、预报准确率。

（2）点对面检验：确定适合陕西地理范围的窗区，由于数据量过大，确定检验内容的时次、确定雷达回波和分钟降水预报的分级规则及相应的检验规则，分别设计页面展示图，展示空报率、漏报率、预报成功率、预报准确率等。

（3）FSS检验：由于该算法计算量非常大，故分汛期和非汛期设计降水阈值，确定适合陕西地理范围的窗区，减少服务器不必要的计算，确定检验内容的时次、确定雷达回波和分钟降水预报的分级规则及相应的检验规则，分别设计页面展示图，展示空报率、漏报率、预报成功率、预报准确率等。

三、"十三五"建设成果

"十三五"期间，在中国气象局的指导下，陕西省气象局组织建设了"秦智"陕西智能网格气象预报系统（SIGMA）和陕西短时临近智能预报服务系统（NIFS）。

（一）"秦智"陕西智能网格气象预报系统（SIGMA）

"秦智"陕西智能网格气象预报系统是未来面向预报服务的核心业务平台。该系统包括智能编辑子系统、智能解析应用子系统、预报检验评估子系统、气象监测分析子系统等和系统配置、系统帮助两个模块。涵盖天气监测分析功能、格点预报制作功能、短临灾害性天气制作功能、预警信号制作功能、各种基础预报服务产品制作功能、预报产品检验等功能，如图3-54所示。

该系统主要包括精细化格点预报智能编辑和精细化格点预报解析应用服务两个平台。精细化格点预报智能编辑业务平台采用C/S架构，它拥有完整的GIS功能支持，能快速叠加显示各种复杂的气象数据，能方便进行各种图形编辑以及运算。它主要包含以下3个特点：①涵盖数值模式及格点预报动态交叉取优产品。开发了多模式、多产品、多方法、多要素的数值模式及格点预报产品实时效果评估分析功能，开展了高分辨率格点效果评估分析、集合预报评估分析、空间诊断评估分析等一系列的数值产品效果评估分析，完成动态交叉取优，实现了业务化运行，精细化格点预报客观方法应用及预报员主观提供简洁、直观的参考依据。②支持格点/站点预报智能化编辑。该模块包括数据接口功能、天气分析区、格点/站点预报编辑订正区、灾害性天气及影响预报产品制作区、监控区、帮助区。③实现平台智能化订正。目前系统中采用的订正技术有等值线反演技术、格点场变分技术、主客观融合技术、格点/站点一致性协调技术、气象要素时空一致性协调技术、多

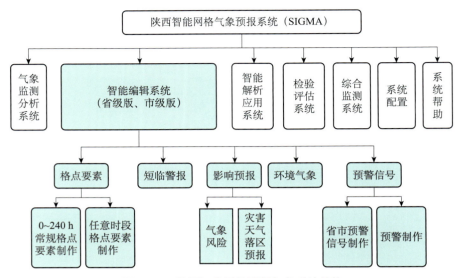

图 3-54　陕西智能网格预报气象系统结构

要素融合分析技术、本地预报指标客观订正等。该平台主要用于省、市两级智能网格预报产品编辑订正及业务一键式发布，技术涵盖格点/站点要素一体化订正、关键点订正、不同要素间和同一要素不同时效间协同一致、站点预报自动导出生成等。

　　精细化格点预报解析应用服务平台主要采用 B/S 架构，包括解析应用子系统、检验评估子系统、综合监测子系统和系统配置、系统帮助。其中，解析应用子系统通过将全省已发布的智能网格预报产品可视化来为服务和决策用户提供直观化预报参考，同时兼具历史数据查询和文字服务产品制作相关功能。检验评估子系统主要面向全体预报人员群体提供可实时调阅查询的数值预报模式产品定量化检验评估以及各类预报服务产品评分统计，值班预报人员的当班预报质量也可以通过子系统快速获取。综合监测子系统是监测高影响、灾害性天气的重要手段，内容包括综合信息监测、自动站实况统计、数值预报释用检索、预报指标备忘查询等。通过接收国家基本气象站、风云卫星、多普勒天气雷达等多种有效探测手段数据产品，显示涵盖常规要素、危险天气、闪电、云图、雷达反射率在内的丰富资源到预报人员桌面，实现对天气系统的全方位监控。

　　"秦智"陕西智能网格气象预报系统以动态交叉取优技术（DCOEF）为核心，实现了预报精细化水平的大幅提高，中短期要素从之前 98 个"孤岛"式站点预报猛增至责任区内 14 万个网格点，空间分辨率达到 0.025°（2.5 km），时间分辨率 0～48 h 达到 1 h，48～240 h 达到 3 h。短时临近网格预报产品空间分辨率达到 1 km，时间分辨率为 6 min 并实现任意点、线、面定时和随时间流预报。陕西智能网格气象预报系统提供省、市、县三级一体共享，全省各类预报产品自动化导出，实现了预报产品制作方式的重大变革。

（二）陕西短时临近智能预报服务系统（NIFS）

　　陕西短时临近智能预报服务系统是陕西省气象局在"十三五"期间建设完成的首个集

灾害性天气监测、短临降水网格预报、强对流天气智能预警提醒、全省预报预警一键式制作等功能为一体的省、市、县三级应用的短临业务系统。系统结合多源资料观测分析应用、中尺度数值模式产品释用、机器学习等技术，不断改进更新研发陕西短时临近客观智能预报方法，建立陕西第一套高分辨率的短临预报产品体系，包括全省 0～2 h 内时间分辨率为 6 min、空间分辨率为 1 km 的分钟降水预报、强对流分类识别等产品；进一步提升了针对陕西灾害性天气的监测预报预警能力，研发了风暴单体识别技术以及采用机器学习法实现冰雹、短时强降水等天气自动识别产品，首创 0～12 h 暴雨、大风、大雾等智能报警技术，初步形成了全覆盖实时监测、高分辨率预报预警、一键式预报服务的短临智能化业务流程。

"十三五"期间 NIFS 系统建设完成了 6 个模块，分别为智能预警、实时报警、资源中心、预报制作、系统留痕和系统管理。各模块功能如下。

1. 智能预警模块（图 3–55）

该模块采用实况、预报动态融合方法与 GIS 动态更新空间分析技术，实现基于"实况＋分钟降水预报＋格点预报"的省、市、县三级动态融合智能客观预警产品，最大限度地提高气象灾害预警提前量和预见期。

图 3–55　智能预警模块

2. 实时报警模块（图 3–56）

该模块建立天气监视区、警戒区和责任区"三圈防御"机制，逐级显示监测数据，通过利用全省站点观测资料、危险天气资料和预警信号产品，逐分钟实时更新，包括降水、温度、冰雹、省市县及周边省份预警信号，提供各类要素报警阈值设置，实现可视化及声音提示报警。

图 3-56　实时报警模块

3. 资源中心模块（图 3-57）

该模块主要提供陕西短临攻关团队自研或引进的各类预报预警客观产品显示应用，包括 0～2 h 逐 6 min 更新的分钟级雷达回波或降水外推预报产品、各类新型探测资料显示、短时强降水冰雹雷暴大风等分类强对流短时客观预报产品显示应用等，以及提供对全国各类区域中尺度模式产品进行不同种类或不同时次对比显示应用。

图 3-57　资源中心模块

4. 预报制作模块（图 3-58）

该模块面向省、市、县三级业务人员，提供暴雨、冰雹、大风等灾害性天气预警信号一键式制作发布服务功能，并且成功实现与省突发事件预警信息发布平台等发布渠道的无缝对接。同时提供省、市、县预警信息上下共享、协同联动功能，当上级发布预警时所涉及的下级部门会收到短信或电话提醒，并可在系统中查看指导产品落区。

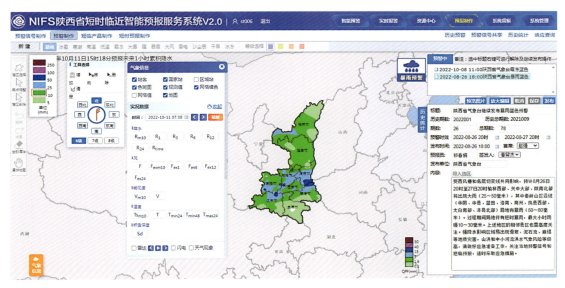

图 3-58　预报制作模块

5. 系统留痕模块（图 3-59）

该模块将业务人员在系统上进行的任何操作进行实时留痕处理，所有报警、制作等信息均有留痕，方便后期反查统计，并且 NIFS 系统中上级指导情况、自动预警情况、智能预警提醒等产品也进行记录保存。

图 3-59　系统留痕模块

79

6. 系统管理模块（图 3-60）

该模块分为管理员用户和普通用户，管理员用户可进行本单位普通用户账号密码管理及权限设置，普通用户主要提供预警信号模板、报警阈值等设置功能。

图 3-60　系统管理模块

四、精细化预报预警技术研发

（一）高影响天气客观预报预警技术

以"秦智"智能网格气象预报系统和陕西省区域数值模式系统定时输出的高时空分辨率格点指导产品为基础，利用统计学与天气学分析相结合技术，对现有中短期智能网格高温、暴雨、大风等高影响天气落区预报进行优化，实现高影响天气的客观化和精细化预报水平。利用气象站历史观测资料和十四运会场馆气象站点 1～2 年观测资料，研究赛事高影响天气预报预警技术方法和新型监测设备及特种监测数据的预报应用方法。

1. 沙温预报（图 3-61）

针对渭南大荔县沙滩排球项目，应用赛事区域内自动站和沙温监测仪 7—9 月观测资料及国家基本气象站日照数据，在沙温实况与日照时数、气温、降水量等常规气象要素之间建立统计关系，重点分析不同天气条件对沙温的影响，得到对应情形下沙温变化规律，具体包括沙温日均值变化、晴天沙温日变化规律、雨天沙温日变化规律等，之后计算沙温与气温相关系数，在对其进行回归分析的基础上，建立沙温的预报方法，满足大荔沙滩排球气象需求。

图 3-61 十四运会和残特奥会一体化预报预警系统高影响模块——沙温预报

2. 暑热压力指数（Heat Stress Index，HSI）

暑热压力指数是反映温度的综合指标，用于度量气温、湿度、辐射热对人体的影响。针对西咸新区马术比赛，应用暑热压力监测仪观测数据，具体包括黑球温度、气温、湿度、风速、气压和辐散 6 个气象要素，采用气象算法处理，通过综合计算 3 种温度得到实时暑热压力指数（HSI）。

在户外有日晒时，计算公式为：

$$HSI = 0.7T_w + 0.2\ T_g + 0.1\ T_d$$

在户外无日晒，或在室内时，计算公式为：

$$HSI = 0.7\ T_w + 0.3\ T_g$$

式中，T_w 为自然湿球温度，表示用湿纱布包着温度计，在无遮蔽的外界环境下量出的温度，用来反映汗水挥发的难易程度；T_g 为黑球温度，表示在指定规格的黑色不反光铜球里，利用温度计量出的温度，反映太阳辐射的效应；T_d 为干球温度，表示在有遮蔽的环境下，利用温度计量出的温度，即在无湿度及太阳辐射影响下的空气实际温度。

3. 水温、水上 2 m 风预报

水温预报：根据水体浮标仪数据和气象自动站气温要素，采用交叉相关分析法分析水温与日平均气温、最高气温和最低气温之间的相关关系，应用逐步回归法筛选出与水温预报关系密切的气温要素，并建立水温与气温要素之间的关系模型。模型误差用建立的水温预报模型模拟值与实测水温之间的标准差、平均绝对误差和平均相对误差表示。

水上 2 m 风预报：基于省气象科研所的"陕西省区域数值模式系统"，利用资料同化方法将自动气象站、浮标站、边界层风塔、风廓线雷达等风资料输入到快速更新模式，建立一个水上项目风场精细化预报系统，并且设计输入相关水表面的风速和风向要素。在预报员得到数值预报结果的基础上，充分考虑大尺度环流形式、考虑有无大的天气系统影响

水上项目的赛区，此外，还要考虑到各个天气系统之间的相互作用及发展演变情况，同时辅助观测手段得到的观测结果和其他各台站的参考预报结果后，对赛区内未来 3 h 的天气情况及各个气象要素（特别是风速、风向）进行集成，并做出定点、定时、定量的预报结果。

以上研究用来满足十四运会水上比赛项目所需的短临精细化预报需求。

（二）0～45 d 精细化预报技术

为满足十四运会和残特奥会期间对于精细化预报预警服务需求，提供基于天气对赛事、活动等影响的预报预警产品。研发精细化预报预警技术，延长城市天气预报时效达到 10 d，提供主要比赛场馆（地）24 h 内逐 1 h、48～72 h 内逐 3 h 气象要素滚动预报。为十四运会气象台预报业务人员及全省各级预报员提供面向十四运会预报预警工作的技术支撑。

1. 降水客观订正算法

开展基于卡尔曼（Kalman）动态频率匹配的降水订正方法研究，完成了西安地区空间分辨率 1 km×1 km，时间分辨率 48 h 内逐 1 h、240 h 逐 3 h 的降水预报产品研制，完成了时间分辨率 48 h 内逐 1 h、240 h 逐 3 h 的温度、风向、风速、总低云量、海平面气压、本站气压、相对湿度等要素产品研制。完成了中尺度数值预报产品的客观方法订正研究，利用中国气象局下发的 CMA-MESO 模式预报产品，选取双线性插值方法对该产品进行降尺度，得到温度、降水、风向、风速等预报产品。

2. 气温客观订正算法

利用实况监测站资料、欧洲中心细网格资料等，采用动态多因子回归订正对模式最低气温预报进行订正；统计分析 EC 细网格模式夜间增温预报偏差规律，结合预报员主观经验总结出气温精细化预报的客观订正方法，对关键点的温度要素进行客观订正。

3. 网格预报检验

采用 CLDAS（中国气象局陆面数据同化系统）气温融合实况产品的站点和格点检验及订正方法，改善了该实况分析产品较观测值偏大或偏小的现象订正后的气温实况分析产品的空间分布更接近于观测。

4. 气候预测产品研发

基于多模式气候预测产品，研发陕西省 11～45 d 逐日网格（0.05°×0.05°）降水、平均气温、最高气温、最低气温预报的释用技术（包括非参数百分位映射法、决策树等），形成延伸期逐日滚动网格预报产品。同时，研发延伸期智能动态客观检验评估技术。针对前期应用不同资料的模式解释应用和机器学习多种方法，通过客观评价指标，实现动态评估及推荐。根据多模式预测产品生成分辨率为 0.1°×0.1° 的延伸期强降水、强降温、高温过程逐日网格预报及订正结果。同时，采用机器学习方法生成两种或多种模式产品的延伸期预报格点化产品。

5. 气候评估技术

利用 PS（气候业务客观评分）、ACC（距平相关系数）等检验方法针对多模式产品及多方法结果形成客观预报检验产品。采用图表直观展示检验结果，提升可视化程度，按照检验内容、格点、站点、时段、要素显示预报等检验结果。

（三）短时精细化预报预警技术及应用

为满足十四运会和残特奥会期间对于 0～12 h 短时临近精细化预报预警服务需求，开展短时临近预报预警技术研发，为业务人员提供高分辨率（最小空间分辨率 1 km）快速更新（最快更新频率 6 min）的降水外推预报、分类强对流（短时强降水、冰雹、雷暴大风）客观预报产品和客观识别产品。

1. 0～12 h 短时定量降水预报

利用 GRAPES-MESO 中尺度数值模式产品与前期实况降水资料进行实时动态频率匹配订正，实现 0～12 h 的短时定量降水预报。

自动站格点降水估测方法：根据区域范围内邻近观测站信息对目标站观测值进行预测达到质量控制的目的，其基本思想是在相邻的区域，要素值的分布具有一定的连续性，又具有一定的随机性，具体到一个站点，它的观测值会和周围站点观测值的平均比较接近，同时也会有一定偏差。该偏差的幅度应该在一个合理的范围，如果过大则认为是错误观测。通过以上原理采用反距离权重插值法构建自动站降水估测。

2. 短时定量降水客观预报技术

GRAPES-MESO 快速更新同化系统当前实现了逐 3 h 快速滚动更新预报，考虑 GRAPES-MESO 由于实时同化最新观测资料，其在短时阶段相比于全球大尺度模式在降水尤其是中小尺度系统造成的降水预报准确性要高，因此这里选择 GRAPES-MESO 作为短时定量预报的基础场。但是快速更新同化区域模式同样也存在预报误差，需要进行偏差订正，这里订正的技术方案为实时频率匹配订正技术。频率匹配订正技术已在气象要素订正尤其定量降水预报订正领域得到了较广泛的应用，该技术的本质是要实现待订正量和观测量的对应分位数的映射。

具体技术方案如图 3-62 所示，利用当前滚动时刻到最近 GRAPES-MESO 起报时间之间的实况观测和模式预报降水，通过实时频率匹配技术，进行降水强度偏差订正，完成短时定量降水预报。

图 3-62 基于 GRAPES-MESO 的预报实时偏差订正技术流程图

3. 短时分类强对流（短时强降水、冰雹和雷暴大风）客观预报

通过对比陕西冰雹、雷暴大风、短时强降水天气中的多个物理量特征，给出 3 种类型

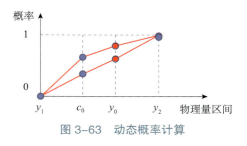

图 3-63　动态概率计算

的对预报具有指示意义的物理量分布特征及其阈值区间。根据统计分析所得的物理量及其阈值分布，利用连续概率计算方法得到动态概率（图 3-63）。在得到动态概率之前，首先根据统计得到的平均值确定分段概率控制点 c_0，然后将 c_0 对应的概率记为 ω_0，再根据下述方程得到动态概率。从统计来说，阈值的低值区 y_1 在统计变量 0.5% 的位置，阈值的大值区 y_2 在统计量 99.5% 的位置。

$$f_i = \begin{cases} \omega_0 + \left(\dfrac{y - c_0}{y_2 - c_0}\right)(1 - \omega_0) & (c_0 < y \leq y_2) \\[3mm] \left(\dfrac{y - y_1}{c_0 - y_1}\right)\omega_0 & (y_1 \leq y \leq c_0) \end{cases}$$

利用模糊逻辑算法，建立基于 EC 再分析（0.25°×0.25°）资料的陕西客观预报方程，对历史过程进行回算及检验，给出命中率、虚警率和漏警率，在检验的基础上调整物理量和权重得出可信度较高的物理量组合及权重分配条件，最终建立基于 EC 高分辨率数值模式的 0~12 h 陕西分类强对流客观预报业务流程与产品（图 3-64）。

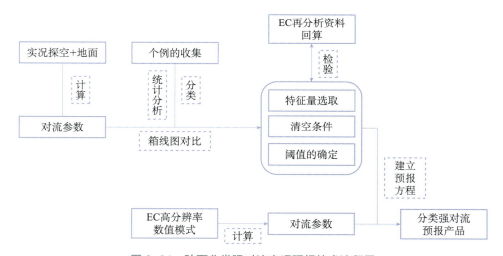

图 3-64　陕西分类强对流客观预报技术流程图

4. 冰雹、雷暴大风强对流天气智能识别

冰雹、雷暴大风的实时智能识别技术是利用陕西实时雷达三维组网拼图数据，通过风暴单体识别和跟踪算法（SCIT）、模糊逻辑方法和机器学习方法等研究实现的，识别算法模型构建流程如图 3-65 所示。

风暴单体信息采集：应用历史闪电数据对雷暴大风进行质量控制，包含站点信息核对、高海拔数据剔除和闪电密度统计匹配。收集整理陕西境内 7 部多普勒天气雷达数据，将雷达的体扫数据转换为统一格式，然后对数据进行质量控制等处理，再采用径向与方位上的最近邻居法和垂直线性内插法将单站雷达数据从极坐标系转换到经纬度和垂直高度坐标系，然后采用指数权重的算法将各单站的格点数据拼到一个大范围的经纬度和垂直高度坐标系中。根据风暴单体识别和跟踪算法，计算出影响雷暴大风（冰雹）和同时次未影响雷暴大风（冰雹）风暴单体的各个参数，确定逐个体扫中所有风暴单体所在位置、底部和顶部高度、基于单体的垂直积分液态水含量、强中心高度及强度等具体的风暴结构参数值。

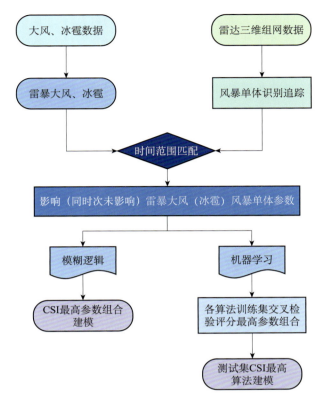

图 3-65　冰雹、雷暴大风强对流天气智能识别模型构建流程

识别模型构建：采用的识别方法分为基于模糊逻辑的识别算法与基于机器学习的识别算法。模糊逻辑方法识别分别对雷暴大风和冰雹的风暴单体识别参数进行分析，以统计的条件概率为标准。机器学习方法识别分别以冰雹的相关指标建模，分别采用决策树、随机森林和增强学习建立识别模型。

（四）0～2h临近雷达回波与估测降水外推预报技术

1. 基于光流法＋半拉格朗日外推方法的外推预报

雷达基数据质控：获取全省 7 部雷达的基数据资料，分析雷达数据杂波来源，包括孤立回波、径向干扰、地物杂波、晴空回波、电磁干扰等，对雷达数据进行质量控制。通过三维插值生成 21 层雷达等高平面位置显示产品。

雷达回波外推：应用光流法结合雷达回波时空梯度守恒与环境风场散度项平衡，使用雷达三维回波数据，针对 1～21 km 高度层，以 1 km 水平分辨率和 500 m 高度间隔技术回波运动光流场，根据光流场计算未来 2 h 内间隔 6 min 的雷达回波，6 min 滚动更新。

分钟降水预报外推：以关系式为基础，利用逐 6 min 的雷达－自动站数据对资料调节 A、b 系数，使估测降水与区域自动站观测降水的误差最小，从而确定该雷达回波－自动站降水数据对的系数 A、b 值，并将该系数延伸应用到适用范围内。在对所有雷达回波进行分级或不分级的基础上，建立了固定区域法、分站点法、动态订正法、卡尔曼订正法等多种计算方案。自创研究发现陕西 Z-I 关系不同于传统的指数增长型的 Z-I 关系，因此根据陕西本地雷达 Z-I 分布，利用麦夸特法 + 通用全局优化法重新拟合适用陕西本地雷达的非线性 Z-I 关系。通过应用陕西本地化 Z-I 关系计算得出 0～2 h 降水外推预报产品。

2. 基于机器学习方法的外推预报

雷达基数据和观测资料预处理：将全省 7 部雷达基数据处理为全省 2DCR、MCR 和 MDBZ 三种雷达拼接产品，进一步将拼图数据处理为 0.01°×0.01° 分辨率的格点数据，数据格式为 0.01°×0.01° 分辨率的反射率因子格点数据，经度范围 104°—113.99°E，纬度范围 31.001°—41°N；将全省逐 10 min 降水实况观测资料，利用反距离加权插值算法插值为 0.05°×0.05° 分辨率的降水量格点样本资料。

外推预报模型搭建：基于 LSTM（长短时记忆网络模型）和 DCGAN（深度卷积生成对抗网络模型）的外推预报模型，针对输入的时间序列进行未来时段输出序列的预测构建预测模型，将 DCGAN 的判别模块和生成模块改写并引入 LSTM 内核的输入和输出端，利用 DCGAN 对雷达图像的特征进行提取，然后通过 LSTM 对这些特征的时空关联性进行学习。采用已制作好的样本集（2DCR、MCR、MDBZ 雷达产品以及 10 min 降水量），经过多次训练达到一定准确率后，分别保存雷达和降水外推的预测模型用于迁移。在实际应用中，以每隔 6 min 更新的雷达图像作为模式输入即可快速生成未来多个时次的外推图像产品，无须再进行训练。整体流程如图 3-66 所示。

图 3-66 基于 LSTM 和 DCGAN 的雷达图像预测研究流程图

外推预报模型评估与优化：采用全省 2DCR、MCR、MDBZ 雷达产品样本集，经过多次模型训练调参，使外推结果达到最优后，将模型进行保存为 ckpt 文件类型用于预测。最后将雷达外推结果与光流法、基于 LSTM 和 DCGAN 方法的雷达外推结果进行进一步对比评估。

（五）西安大城市精细化预报及强对流天气短时预报技术

西安市气象局基于大城市精细化预报预警技术应用省级创新团队，加快推进西安大城市精细化预报及强对流天气短时预报技术研发，开发西安市短时临近预报预警系统和快速循环同化系统。同时，西安市气象局 2021 年在西安鄠邑、高陵、灞桥等地布设了 X 波段双偏振有源相控阵雷达，产品覆盖西安各赛事场馆，监测时效达到分钟级，极大提高了赛事中小尺度高影响天气的监测预警能力。

西安市短临预报预警系统、快速循环同化系统和西安无缝隙智能网格系统的建设大大提升了西安气象的精细化程度，提高了预报的时效性和短临预报的精准性。在十四运会和残特奥会气象服务保障工作中发挥重要作用。

1. 推进短临预报预警技术研究

短临预报预警系统包括雷达回波外推、实况降水估测、强天气识别追踪等模块。雷达回波外推模块利用机器学习 + 光流法开展 0～2 h 雷达回波外推预报。采用图像识别技术中的特征值分解和时序深度外推法追踪雷达反射率中的风暴单体，利用机器学习的卷积神经网络算法，将训练数据生成的光流场和反射率残差作为机器学习另外两个通道，做深度学习，实现对未来 2 h 回波外推工作，其时间分辨率为 6 min，空间分辨率为 0.01°×0.01°。实况降水估测模块则收集 1 年以上时间连续的模式数据和对应的观测资料作为训练数据集，利用时序深度外推产品，得出时序深度外推降水预报，结合 AI 降水订正产品，运用 Blending 技术得出 0～2 h 降水预报产品，提升面雨量预估能力，持续提升风险预警和面雨量预报能力。同时，采用模糊逻辑原理，建立短时强降水、雷暴、冰雹的实时自动识别算法，实现灾害性天气自动判别报警，提高对暴雨、雷暴大风等的预报预警能力。

2. 建立西安快速循环同化系统

利用 WRF 中的 GSI 模块间隔 3 h 同化模拟范围内地面、探空和雷达数据，改善数值模拟的初始场，提高中尺度降水预报准确率；每 3 h 提供西安区域及各赛事场馆未来 36 h 气温、降水、风向风速、相对湿度等气象要素预报，预报产品更新频率为 3 h，时间分辨率为 1 h，空间分辨率达 1 km，提高对气温、降水、大风等要素的精细化预报预警能力。

3. 西安大城市重点区域温度、风向风速、能见度等要素 1 km 预报技术研发

在检验评估的基础上，开展温度和降水预报订正方法研究，降水主要采用概率匹配法和预报指标订正法，温度采用天气状况分型法，将天空状况分为晴到多云、阴天、雨天 3 种类型建立预报订正方程运用到西安 1 km 智能网格预报产品中。

五、系统应用情况和效果

十四运会和残特奥会一体化气象预报预警系统于 2021 年 2 月 20 日在十四运会气象台、各市（区）气象局以及承担火炬传递或比赛项目的县区气象局开始业务试运行，用户普遍反映较好，一致认为系统界面友好、功能齐全、操作简便，给前期的十四运会测试赛事气象保障服务工作提供了有力的支撑。

十四运会预报预警系统及其网格预报产品有力支撑了十四运会的气象保障服务需求，在测试赛、圣火采集、火炬传递、开（闭）幕式和各类赛事活动中发挥了巨大的社会和经济效益。基于该系统，针对十四运会竞技项目全部 31 个大项、358 个小项制作常规赛事预报服务产品 3000 余期，重大户外赛事预报预警产品 306 期。

十四运会和残特奥会一体化气象预报预警系统在十四运会开（闭）幕式、残特奥会开（闭）幕式、秦岭高尔夫球、西咸小轮车、马拉松等户外赛事气象服务中发挥重要作用，特别是在"9·15"十四运会开幕式的气象保障服务中，作为开幕式气象预报预警的技术支撑系统在气象保障服务业务中表现优异，保障了开幕式的高影响天气预报服务顺利

开展。

（一）十四运会系统短时临近产品应用情况

对于 9 月 15 日西安奥体中心开幕式天气状况，十四运会气象台就当日的降水起止时间、大风和雷电发生的概率等情况进行不断的研判和多方会商。预报人员前期主要针对当天天气形势预报和降水预报进行初步分析，到 15 日下午陕西西部出现明显带状回波可能影响西安地区。为保证开幕式顺利进行，预报人员通过 0～12 h 短时降水预报产品，逐小时分析 15～23 h 降水变化情况，并通过 0～2 h 雷达回波反演降水外推预报产品，逐 6 min 加密监测奥体中心附近及上游的回波降水移动情况，最终确定西安奥体中心附近降水开始时间为 21 时，开幕式期间奥体中心上空无明显降水，并且发生大风、雷电等高影响天气的可能性较低，对开幕式影响较小。

（二）十四运会系统网格预报产品应用情况

十四运会系统网格预报产品应用于十四运会和残特奥会测试赛、火炬传递、开（闭）幕式及十四运会期间的延伸期预报。2021 年测试赛以来报出 31 次区域性降水（降水台站超过 32 站）过程，准确率 82.4%，报出 14 次区域暴雨过程，暴雨过程命中率 63.4%。提前 26 d 预测十四运会和残特奥会火炬传递日"无雨"，提前 19 d 预测十四运会开幕式"小雨"，为重大气象保障服务提供了技术保障。十四运会期间陕西处于华西秋雨时段，2021 年陕西华西秋雨量为历史最大，综合强度指数排名第三，开始时间偏早等对十四运会赛事期间的天气状况有重要影响。8 月中旬，在国、省十四运会气候专题会商中作出"预计华西秋雨在 8 月第六候开始，较常年偏早，强度偏强"的预测意见，为十四运会期间天气状况的气候背景提供了准确预测。

第四节　智慧气象服务系统

一、赛会服务需求

本届全运会和残特奥会首次与国际惯例接轨，同年同城举办，赛事标准高、规模大、范围广、时间长、涉及人员众多、服务需求多样，对陕西气象服务保障提出了极大的挑战。首先，十四运会和残特奥会涉及项目众多，其中十四运会设 35 个竞技比赛项目和 19 个群众赛事活动共计 595 个小项，残特奥会设 43 个大项 47 个分项，各比赛项目对天气条件及气象服务需求的差异很大。其次，十四运会和残特奥会涉及地区和场馆众多，比赛地点分布于陕西省 13 个市（区），53 个比赛场馆，除竞赛服务需求外，还涉及交通、旅游、安全、城市运行以及疫情防控等诸多方面。三是服务对象类型多样，本次全运会和残特奥会涉及人员众多，除了运动员、裁判等涉赛人员外，还涉及党和国家领导人、省委省政府、筹（组）委会、执委会、各市（区）党委政府等决策用户和社会公众及媒体等，多类型的服务对象对应多样化的气象服务需求。四是省、市、县三级气象服务能力不均衡，省级和中心城市气象服务能力较强，其他市县相对较弱。

综上，为保障全省统一的气象服务质量，最终提出了"统一制作、分级发布、属地服务"的气象服务原则。通过建设省、市、县一体化的气象服务系统（图 3-67），形成统一标准的气象服务产品，因地制宜地按需服务，以此为基础大幅提升陕西省气象服务综合水平。

二、现有基础和技术引进

"十三五"期间，陕西省气象服务中心从互联网 + 气象、大数据时代出发，围绕多行业气象产品全景视角，建成了数据集约化、功能模块化、支撑一体化的气象服务平台，集产品编审发、系统监控及系统管理为一体，面向不同行业的气象预报预警服务产品进行一体化制作分发与监测监控，实现了技术、机制、应用上的创新思路与模式。为十四运会和残特奥会不同赛区不同赛事制作差异化气象服务产品提供了技术上和应用模式上的实现基础。

同期，在移动互联智能终端应用领域，着力打造陕西气象 App，从 2019 年开始，经过两年的不断探索完善，基本达到了集实况、预报、业务为一体的综合性气象决策服务功能，实现了气象实况、预报预警及个性化服务信息的智能获取，可为决策用户、公众用户、行业用户等不同类型用户提供定位精细化气象服务、分区预警服务及多源气象实况资料查阅，从不同维度打造精确、准时的天气服务。为十四运会和残特奥会提供精细化、随身化气象服务奠定了基础。

为丰富气象服务类型，2020 年底，陕西省气象服务中心引进中国气象局公共气象服务中心的 6 类数据产品，包括气象生活指数、气象服务精细化多模式集成预报服务产品、分钟级降水、陕西 3A 级以上旅游景点预报、全国预警信号、强对流天气预报，分别应用在十四运会和残特奥会一体化智慧气象服务系统、陕西气象（全运·追天气）App、十四运会和残特奥会天气网、全运·追天气微信小程序、十四运会和残特奥会智慧气象·追天气决策系统中，在赛会期间为用户提供交通出行、舒适旅游、便捷生活等各个方面无微不至的气象服务体验。

三、决策气象服务系统

决策气象服务对象主要包括省委省政府、筹（组）委会、MOC（现场指挥中心）、各市（区）党委政府和执委会等。十四运会和残特奥会期间，省委省政府需要全面了解开

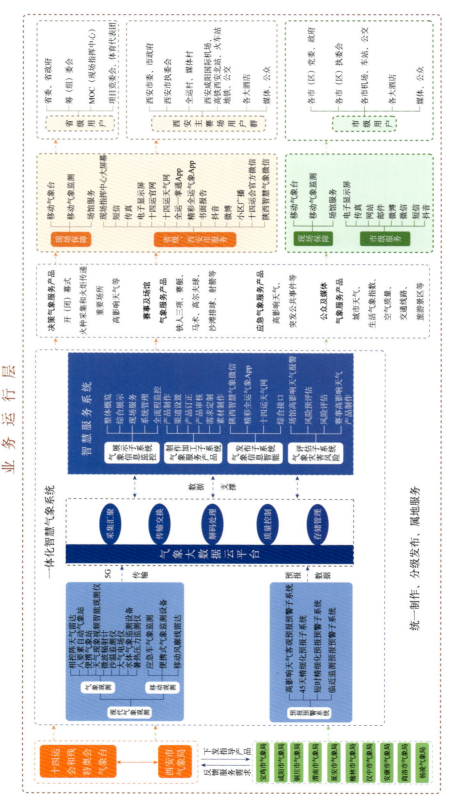

图 3-67　十四运会和残特奥会气象服务流程图

（闭）幕式、火炬传递、重要场馆赛事等重大活动过程和突发公共事件的天气信息，筹（组）委会重点关注对重大活动过程、竞赛有严重的影响的强对流、雷电、大风等高影响天气信息，MOC 需要通过现场指挥大屏全面了解各场馆、赛事及周边、重大活动过程的天气信息，从而对突发事件进行统筹指挥，执委会成员及各市（区）党委、政府需要了解日常场馆及赛事天气信息。十四运会和残特奥会期间，主要通过十四运会和残特奥会智慧气象·追天气决策系统、全运·追天气 App、微信、短信、电话、传真等渠道向决策气象用户发布十四运会和残特奥会场馆、赛事及相关气象服务信息。

（一）决策气象服务系统简介

1. 十四运会和残特奥会智慧气象·追天气决策系统（图 3-68）

随着大型体育赛事规模的扩大化和复杂化，传统的应急管理方式已经无法应对大型赛

图 3-68　十四运会和残特奥会智慧气象·追天气决策系统界面

事突发事件，需要更全面、高效的综合信息可视化系统来实现监测、管理、预警、分析、决策、指挥，为体育赛事顺利进行保驾护航。智慧气象·追天气决策系统是面向组委会最高决策层的大屏可视化指挥系统，该系统利用三维空间、气象可视化、大数据等技术，实时展示水（水体浮标仪）、陆（地面监测站）、空（雷达、卫星云图）三维气象监测信息，滚动播放全省及各市（区）场馆逐小时天气实况及预报，可实现主动提醒各类预警信号、短临告警以及针对各赛事的天气指标超阈值告警等功能，为决策层应急指挥调度提供综合气象信息支持。系统基于WebGIS，建立各场馆、场地的2D及3D可视化模型，实现全省13个赛区的气象监测数据、预报预警产品以及各种气象服务产品等的融合分析和分级展示，同时能够按照服务流程实现重点工作任务的展示和提醒功能，并根据气象要素对赛会赛事的不同影响实现实况报警及预报预警功能，为现场指挥中心决策者全面了解天气概况及演变趋势、科学研判指挥提供可靠的信息支撑。

2. 全运·追天气App

随着移动互联网、智能便携终端、云计算等新技术的发展，以及人们通过手机进行阅读的习惯形成，媒体的传播方式和渠道发生了巨大变化，人们越来越习惯及依赖于利用移动智能终端进行随时随地的数据交互与操作，因此迫切需要气象部门结合现代移动网络及智能终端服务技术，开展针对十四运会和残特奥会的新型气象服务产品的研发工作。

全运·追天气App（图3-69）是一款旨在为十四运会和残特奥会提供智能、专业、精细随身气象服务的应用平台，可实现随时随地获取赛事相关实况监测、预报预警及自动告警提醒等功能，同时无缝对接气象组委会"全运一掌通"App。该平台充分应用人工智

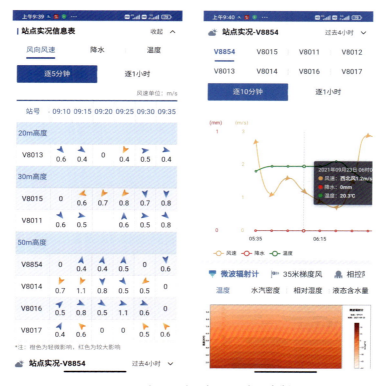

图 3-69　全运·追天气 App 全运专版

能、大数据分析、智能语音识别（ASR）、机器学习等新技术，可提供包括 13 个市（区）、45 个场馆的详情气象信息。全运·追天气 App"特邀"十四运会和残特奥会 5 个吉祥物"担任"智能天气定制小助手，通过智慧语音问答，帮助用户获得陕西省城市、场馆、赛事以及交通旅游相关的精细化、个性化气象信息服务。针对开幕式、火炬传递等重大活动开设专栏，提供分钟及小时监测数据的实时查询，实现了十四运会和残特奥会基于场馆和赛事的实时共享和一站式查询。此外，面向决策用户、体育代表团、志愿者和媒体、公众等不同服务人群，完成了公众版、专业版、志愿者版及媒体版的定制化的气象信息服务。

（二）决策气象服务关键技术

1. 智能用户交互技术

构建气象服务产品"知识图谱 KG"，基于人工智能的"语音识别技术 ASR"+"自然语言处理 NLP"技术应用，采用智能用户交互技术，实现气象信息数据关键词识别与"知识图谱 KG"匹配得到用户预期信息，增加气象服务交互的趣味性。

（1）基于机器学习的深度学习算法，采用音频智能精准转换文本技术，实现全运小助手智能语音识别功能。系统基于深度学习技术的语音识别服务，通过业界领先的字级 LC-BLSTM/DFSMN-CTC 模型，实现将短音频（≤60 s）精准识别转换文本的功能，支持实时语音识别、录音文本识别，相对业界传统 CTC 方法降低了 20% 的错误率，大幅提高了语音识别的精度。用户通过陕西气象 App 提供的全运小助手，通过语音输入指令，实时识别语音，在解析指令的同时，将语音识别结果以文本形式展示，保证用户确认指令的正确性。例如在 60～70 dB 以下的非强噪声场景下对陕西方言、陕西普通话等非重口音识别效果良好。在基于语音识别服务的深度学习能力之外，同时支持预先设置模板方式，提醒用户如何输入相关指令。语音识别技术在获取赛事、场馆、天气等信息时提供了便利，增加了趣味性。

（2）基于自然语言处理 NLP 技术，结合历史数据和自注意力机制模型，实体抽取文本，实现气象信息数据关键词识别。系统不断积累数据识别样本，在语音识别的同时，采用 NLP 技术，通过文本分类、命名实体识别、关键词抽取和多方面情感分析实现人机交互。首先基于机器学习技术和海量数据，以树状结构或平层结构对文本进行自动分类和标签提取；其次通过自注意力机制的模型对分类的文本再进行实体抽取，识别出其中的重要要素；第三，采用 AutoPhrase 技术对实体抽取的文本进行再分析，识别文本中的重点词或者词组，实现关键词识别提取功能；最后，通过深度学习和迁移学习技术分析提取关键词，找出关键词的情感类别，识别用户请求中对天气服务的定制需求。

（3）构建气象服务"知识图谱"，智能搜索信息，响应用户需求。通过预先设置语音模板和业务数据标签，构建气象服务"知识图谱"，支撑语音智能应用。结合客户画像、智能气象预报产品引擎、语音在线合成技术，根据用户对天气预报提出的时间、位置需求，从海量精细化实况预报预警数据中，提取天气预报文本，实现气象信息数据关键词识别与"知识图谱 KG"匹配得到用户预期信息，实现对各类天气信息、场馆信息、赛事信息等进行智能搜索、知识问答，生成具有不同声音特点的语音播报内容，增加客户黏性。

2. 移动微应用框架技术

针对不同类型的气象服务用户，建立全省多级气象产品靶向差异化服务体系，采用"微服务 + 应用管理"的移动微应用框架技术，实现多源数据集成服务系统，为用户提供灵活、个性化的气象服务产品。

（1）采用多触点渠道融合技术，同时建立多级气象产品靶向差异化服务体系，实现跨渠道、跨终端的统一用户管理服务。针对不同类型的气象服务用户建立信息体系，为用户提供 Android、IOS 移动应用、微信小程序和移动 H5 四个访问渠道，完成不同触点渠道用户 ID 的映射转换，包括 App、微信小程序、公众号、H5 页面，对不同平台用户进行统一管理，实现平台后台管理系统。同时，通过构建全省多级气象产品靶向差异化服务体系，为用户提供产品自选功能。在十四运会应用中，用户可以通过陕西气象 App、全运·追天气微信小程序、天气快讯公众号、全运·追天气 H5 页面等方式，查看信息内容，还可以通过短信或订阅微信服务号接收提醒信息，实现跨渠道、跨终端的统一订阅服务，并支持自选服务渠道、定制关注功能模块。达到"一处订阅，多处服务，个性体验，快速精准"的服务效果。

（2）采用微服务技术框架，实现多源数据快速集成服务，有效提升系统更新效率。实现多源数据快速集成服务，大幅缩短新模块开发时间。微服务架构前端支持递进式大型赛事气象服务体系，模块间通过消息或协议通信，使系统保持高度自动化、可持续改进和去中心化的架构特点。系统针对各项赛事及活动，通过可复用的方式结合微架构服务，实现上层应用和数据平台间的松耦合，达到多源数据集成效果。在十四运会气象服务中，使用了微服务应用架构，借助其松耦合、可扩展、微应用等特点，气象 App 仅需 12 h 即可完成从数据到上线服务，对比传统技术，从数据采集、数据解析、接口封装、界面设计、功能开发、后台应用、数据过滤到前端应用展示、功能测试、性能测试、打包上线的开发周期，本系统将新模块开发时效提升近 600%，保障了十四运会开幕式紧急气象服务需求，获得组委会高度认可。

（3）采用微应用管理技术，将产品和功能应用模块化处理，实现微应用功能复用，为用户提供灵活、个性化的气象服务产品。形成移动运行支撑和管理服务中台，通过跨平台开发，集成 React Native、H5 等移动开发技术，将产品和功能应用模块化处理，快速构建高质量的移动应用容器，实现一次开发、多类终端运行，使系统功能更加粒度化，为多端应用接入及自身的管理维护提供极大便捷。在十四运会和残特奥会服务应用中，实现了微信小程序、H5 页面、App 三端微应用的快速组建和功能复用，极大提高了整体开发效率，为用户提供了多种灵活的气象服务方式。

3. 深度学习算法

针对十四运会和残特奥会，构建陕西省体育赛事高影响气象条件风险评估指标体系，采用机器学习的深度学习算法，将各项赛事气象条件影响指标与陕西历史观测数据融合，实现全省高影响气象条件下体育赛事的智能告警功能，为赛事指挥调度提供决策依据。

在十四运会和残特奥会应用中，融合陕西省精细化要素格点预报数据、分钟级实时观测数据、陕西省地形数据、30 年历史气候数据及历史赛事指标数据等赛事相关的风险样本数据，结合卷积神经网络（CNN）进行分布式模型训练学习，建立各项赛事风险预警模型，将实况、预报等生产数据输入风险预警模型，针对各项赛事风险预警模型进行评估测试调优，最终形成陕西省体育赛事高影响气象条件风险评估指标体系，进一步实现系统智能告警功能，针对不同应用场景提供及时、快速、准确、有效的定制化警报，为赛事指挥调度提供决定性依据。

（三）决策气象服务系统推广应用

早在 2020 年初，十四运会和残特奥会气象保障部就与信息保障部建立联系，双方就系统的功能需求、安全部署以及接入应用方式等进行了多次详细的沟通。2021 年 7 月智慧气象·追天气决策系统接入组委会信息技术部数据中心资源池，实现了在十四运会和残特奥会赛事指挥中心的展示应用。2021 年 8 月，智慧气象·追天气决策系统陆续接入部省市安保联合指挥中心和消防安保指挥部。2021 年 9 月，应消防安保指挥部邀请，陕西省气象局先后派出 4 名专家前往西安奥体中心十四运会消防安保前方指挥部和十四运会省市联合安保指挥中心，进行十四运会和残特奥会智慧气象·追天气决策系统演示讲解（图

3-70）。2021 年 7 月 9 日，由首席预报员、首席服务专家为核心的 6 人气象保障小组进驻十四运会和残特奥会赛事指挥中心参与值班值守工作。

图 3-70　专家在十四运会消防安保前方指挥部介绍智慧气象·追天气决策系统

2020 年 4 月，陕西省气象局与组委会信息技术部确定全运·追天气 App 对接方式。全运·追天气 App 于 2020 年 8 月开始测试运行；11 月进行部署和数据测试工作；2021 年 3 月，向十四运会组委会信息技术部提供全运·追天气页面，接入全运一掌通 App；2021 年 5 月 17 日，全运一掌通 App 正式上线。全运·追天气 App 访问方式列入《通用政策》《公路自行车赛竞赛指南》《高尔夫球比赛竞赛指南》《田径（马拉松）竞赛指南》等文件中。陕西省气象局通过官方微博、微信、抖音、快手账号，多次对全运·追天气 App 进行宣传直播，极大地扩大了其影响力（图 3-71）。截至 2021 年 9 月，App 决策用户总量超 15 万人，其中面向公众开放的全运·追天气专版页面，两个月访问量破 100 万人次。

图 3-71　全运·追天气 App 培训推广

（四）决策气象服务系统成效

十四运会赛事指挥中心是赛前及赛时指挥协调的"大脑"，作为国内首次在综合运动会上实现赛会信息与城市信息融合的"全运大数据平台"，赛事指挥中心通过全方位的共享共用，实现从赛前、赛中到赛后全流程的监测、管理和保障。在开放场馆里举行的田径、足球等比赛项目对天气比较敏感，利用大数据平台将气象数据共享给相关部门，有助于在比赛时或者赛前作出综合研判，为赛事的顺利推进提供支撑作用。气象保障部、省气象局高度重视，多次召开专项会议谋划研究赛事指挥中心气象保障相关工作，由气象保障部驻会副部长罗慧担任气象保障组组长，下设"综合协调""业务服务保障"两个工作小组，抽调省气象局 6 名预报和服务首席专家担任气象保障组值班员，按期按时到岗值守和开展服务。气象保障组正式入驻赛事指挥中心后，认真贯彻习近平总书记关于气象工作和十四运会筹办工作的重要指示精神，严格按照组委会、赛事指挥中心的安排部署，依托十四运会气象台和国家级业务科研单位支撑，结合气象部门双重管理的特点，形成"前店后厂"工作机制，为各项赛事活动提供全方面、全流程、精细化气象保障服务，助力十四运会各项赛事圆满完成。

十四运会期间，面对多雨多雷电等高影响天气，气象保障组值班人员紧盯天气形势变化，及时向组委会相关领导汇报天气情况，积极配合其他部室工作部署，为最大程度地规避不利天气对各项赛事的影响，调整优化比赛"窗口时间"，成功规避气象风险，提供精准预报服务，助力圆满完成全部赛事赛程。在西咸新区小轮车比赛期间，9 月 16 日 09 时，西咸新区小轮车场地 1 h 降水量达 1.3 mm，智慧气象·追天气决策系统出现自动告警，值班员立即向赛事指挥中心主任进行了报告，同时报告陕西省 17—19 日强降水天气过程气象服务专报。根据天气预报，16 日 22 时小轮车裁判团发布通告，建议 17 日上午暂停小轮车竞速赛的比赛。9 月 17 日 13 时，省气象局副局长、气象保障部副部长罗慧带领首席团队参加组委会十四运会小轮车项目气象保障专题会并汇报有关天气情况。小轮车比赛项目根据天气预报，比赛时间整体推后至 19—20 日举行。在高尔夫球比赛期间，9 月 24—26 日，陕西大部分赛区出现了明显降水，加之前期降水的叠加效应，降水及其次生灾害对赛事活动影响的风险加大。24 日上午秦岭高尔夫球场地降雨强度大，智慧气象·追天气决策系统显示 08—09 时降水量为 7.1 mm，地面积水明显，因此原定上午 09 时开赛的高尔夫球推迟。根据气象保障组提供的精准预报服务，高尔夫球被调整为 11 时 45 分开赛。另外，在阎良攀岩比赛期间，9 月 17 日下午阎良赛区降雨持续，智慧气象·追天气决策系统降水阈值指标实时显示比赛场地达不到比赛标准，比赛中断，按最新预报，18 日赛区仍有中到大雨，经竞委会竞赛处研判，提出比赛延期，将 18—20 日的比赛日程整体推后 1 d，将 17 日晚上的男女子速度决赛改到 20 日晚上 08 时 30 分举行。20 日下午阎良出了短时雷阵雨和大风天气，受雷阵雨及大风影响，为保证赛事安全，原定 20 日 19 时 30 分在阎良户外运动攀岩场地举行的攀岩比赛项目暂停，人员紧急疏散，气象保障组值班员根据最新预报建议将赛事推迟到第二天进行。21 日攀岩比赛举办期间，无降水和大风出现，比赛圆满结束。据统计，9 月 15—28 日十四运会举办期间，相关项目竞委会根据天气情况及时调整竞赛日程，累计对曲棍球、小轮车、高尔夫球等户外项目下达暂停、推迟比赛等指令 16 次。

另外，十四运会和残特奥会举办期间，智慧气象·追天气决策系统还为决策层开展十四运会安保及消防调度提供了精细化、可视化的综合气象服务信息（图 3-72）。十四运会和残特奥会安保指挥部副部长石峰对智慧气象·追天气决策系统提供的气象可视化、大数据等信息服务十分认可，他说："智慧气象·追天气决策系统主动对各类预警信号、短时临近天气进行告警，为我们实施救援争取了时间，也为及时指挥调度提供了重要参考依据。"相关报道多次刊登在《人民日报》、人民网及《中国气象报》等主流媒体中。

图 3-72　智慧气象·追天气决策系统接入赛事指挥中心和十四运会消防安保前方指挥部

　　全运·追天气 App 作为各地市的十四运会气象保障主要业务支撑系统，在陕西省 11 个地市以及 26 个区（县）赛事举办地广泛使用，大幅提升了十四运会和残特奥会气象台、现场服务人员、省市气象部门服务人员的工作效率，保障了十四运会及残特奥会赛会开幕式、赛会赛事活动、城市安全运行和社会公众出行气象服务需求。全运·追天气 App 为开（闭）幕式等重大活动及垒球、小轮车、曲棍球、沙滩排球、皮划艇、射击、攀岩、高尔夫等 18 项易受降雨、雷电等天气影响的赛事指挥调度提供了重要的气象支撑。

　　为了更好地保障公路自行车比赛项目的安全顺利进行，针对商洛赛区 100 多千米的公路自行车比赛线路，陕西气象部门将原先沿途的 4 个气象监测站增加至 14 个，重点在复杂地形赛段进行加密观测。新建监测站布设完成后，全运·追天气 App 第一时间进行数据对接，及时在赛事页面上展示相关监测数据产品，保证了组委会、公路自行车竞委会、运动员、裁判员及气象保障人员能实时查询沿途 14 个赛点的分钟级、小时级的监测数据，尤其是在 9 月下旬陕西连日强降水的天气背景条件下，为比赛安全顺利进行提供了重要保障。

　　为了做好十四运会开幕式高空威亚表演的精细化高空风气象服务保障，9 月 13 日，陕西省气象局在西安奥体中心体育场内不同高度上紧急加装了 7 套微型智能气象站，全运·追天气 App 全程及时对接，快速完成了奥体中心 3 个观测梯度上风向、风速、降水等气象要素的实时监测展示，为开幕式期间奥体中心开展精细化气象服务提供了支持，保证了开幕式活动的顺利进行。

　　全运·追天气 App 相关报道多次在《人民日报》、人民网、今日头条、《陕西日报》、《中国气象报》、中国气象网、陕西气象网等媒体上进行了广泛宣传。全运·追天气 App 目前获得 7 项软件著作权，成果及配套技术具有明显的应用推广价值和潜在的学科拓展前景。

四、赛事气象服务系统

赛事气象服务对象主要包括运动员、裁判员、项目竞委会及体育代表团成员等。参赛运动员需要了解比赛期间精细化的气象要素信息，以调整身体机能，保证最佳比赛状态。项目竞委会需要了解各赛事精细化要素实况、预报天气信息，当灾害性天气发生时，及时调整竞赛计划。体育代表团则需要了解场馆及赛事的精细化天气信息，以根据天气状况及时调整训练计划。另外，赛事气象服务还包括气象部门业务人员等内部用户，涵盖了十四运会和残特奥会气象台及西安市气象局、其他各市气象局、现场服务等气象保障人员，主要通过一体化智慧气象服务系统实施开展十四运会和残特奥会期间不同种类气象服务产品的统一制作和分级发布，面向各类用户按需提供个性化产品服务。

（一）赛事气象服务系统简介

十四运会和残特奥会一体化智慧气象服务系统（图3-73）是基于SpringBoot、WebSocket、Nginx和大数据处理等技术研发的，面向十四运会和残特奥会气象台以及各市气象局业务人员使用的业务支撑系统。系统功能省市通用，高度集约，集成了常规自动气象站、移动气象站、体育特种观测、相控阵雷达、风云四号卫星云图、陕西省精细化数值预报以及中国气象局公共气象服务中心提供的气象生活指数等多源资料，具备赛会城市、赛场周边以及各类赛事的气象实况信息、预报预警产品的实时展现和自动告警，十四运会和残特奥会气象服务产品的定制和快速制作、智能发布和信息共享等功能，实现了天气数据与赛程相结合、产品与任务相结合的多线联动作业机制，为省、市两级气象保障服务工作提供了全面的技术支撑。十四运会和残特奥会一体化智慧气象服务系统主要包括

图3-73 十四运会和残特奥会一体化智慧气象服务系统

系统首页、重大活动、精密观测、产品制作、现场服务、流程监控和后台管理 7 大功能模块。

（1）系统首页：提供场馆和赛事产品服务综合概览，采用可视化的方式展示全省或各地市当天比赛场馆天气实况及预警信息、场馆概况、今日和明日所有赛事的项目名称、开始时间和任务列表等相关信息，提供每场赛事的服务产品制作任务和状态，并自动根据后台任务管理模块配置的任务逻辑进行服务产品制作提醒和超时告警功能，同时突出展示已经或即将举办的重大活动页面提示。

（2）重大活动：融合开（闭）幕式及火炬传递等重大活动、场馆、赛事和气象实况、预报精细化要素数据，实现定点天气实况及预报精细化要素可视化展示，结合临近、短时精细化格点预报数据和强天气预报数据，提供活动场地及周边高影响天气实时监测预警。

（3）精密观测：专门展示全省及各地市十四运会和残特奥会新建气象站及为专项赛事服务的微波辐射计、激光测风雷达、沙温监测仪、水体浮标仪、大气电场仪、天气现象仪、闪电定位站、暑热压力监测仪、35 m 梯度风塔、移动便携式自动气象站、车载自动气象站等特种观测数据。

（4）产品制作：根据系统设置的不同用户、不同权限进行对应的任务制作，满足省、市两级用户不同角色的产品制作需求，根据不同的产品属性设定自动或者手动制作权限，其中自动产品制作基于海量实况监测信息和智能网格预报产品，运用自然语言处理技术，按照各个地区、场馆、赛事等对气象要素的要求进行分要素的分析加工，形成不同时空分布的专题图和分析产品，为省、市两级十四运会专题服务产品制作提供支撑；手动产品制作根据十四运会气象服务保障特殊需求，在基础预报产品的基础上，经人工加工订正形成的气象服务专题。

（5）现场服务：现场服务工作人员根据现场需求进行数据分析材料服务，并及时反馈新增服务给十四运会气象台，由系统管理员进行任务及产品配置，再由省级及相关市局业务人员通过一体化智慧气象服务系统制作，为十四运会现场服务工作人员提供指定日期内按区域、按场馆、按赛事等的各类实况、预报的气象服务产品。

（6）流程监控：实现针对平台发布常规预报产品、精细化专项预报产品、赛事特殊需求产品、多种灾害性天气落区预报产品、预警信号产品、气象风险预报产品、赛事风险预警产品等各类服务产品的多流程监控，对所有的产品监控信息进行留痕管理，以列表格形式直观展示具体的发布时间、响应时间、发布次数、对外服务情况等信息。

（7）后台管理：实现用户登录系统后的访问操作痕迹的记录功能，包括对用户的登录痕迹、查阅痕迹、操作痕迹等的记录；记录预警业务、格点制作业务、产品制作业务开展过程中每个节点的所有信息，包括制作、审核、发布等过程节点。以产品和用户两个视角进行统计，以正确性、时效性等多个纬度进行分析，通过图表的形式展示给用户，方便用户查看已发布的预警产品或服务产品制作发布过程的详细信息。

（二）赛事气象服务关键技术

十四运会和残特奥会一体化智慧气象服务系统依托气象大数据云平台技术，接收气象数据、行业数据和社会经济数据，并完成加工处理。采用云数据库技术，对采集数据进行存储管理。对实时数据进行分布式的热存储，保持数据的最新时效、数据标签化，共享数据和交换数据分离；历史数据则进行冷存储，保留数据资产，数据资产可视化，监控数据等。系统通过调用大数据云平台上的数据进行十四运会相关预报产品、预警产品和服务产品预报制作，制作完成的预报重新同步到大数据支撑平台上，通过调用接口将解析后的预报产品同步展示到全运·追天气 App、全运·追天气微信小程序、十四运会和残特奥会天气网等多种发布界面。

1. 数据存储管理技术

基于基础设施平台，建立以分布式关系型数据库、分布式表格系统、分布式文件系统、分布式对象系统、空间数据库、NoSQL 等多种技术相结合的高扩展性、高可用性、高安全性和高灵活性的数据存储系统，对气象观测数据、气象产品数据、行业和社会数据等进行规范化和高效的同步、存储、备份和归档管理。实现实时历史一体化的在线访问，开放存储能力，支持业务产品回写，支持分布式计算、挖掘分析、机器学习等新型计算框架的访问。具备全流程的存储和档案管理等功能，提供满足用户需要的高效、规范的检索，为服务十四运会提供共享数据和产品，为气象业务、服务和气象科技研发提供基础数据支撑。

2. 数据加工处理技术

建立一个高效的数据产品加工处理流程的必要条件是加工处理算法、计算资源和对算法及计算资源的有效调度。算法是气象业务系统的核心，气象部门依托各业务系统的建设，形成了大量的气象数据加工处理算法。但由于缺少统一的开发规范，算法的实现形式多种多样，复用率较低。相同的算法功能被重复开发，不仅浪费资源，且由于开发标准不同，造成计算结果不一致。同时，大量的算法没有统一有效的管理，分类与命名混乱，进一步增加了算法可复用的难度；算法没有统一的调度管理，也难以形成高效的加工处理流程。由于算法的各行其是，导致当前数据加工处理流程缺少衔接。随着数据量的迅速增长，越来越多的海量数据在局域网中被多次搬迁和移动，数据频繁落地，在网络传输和数据检索环节产生巨大开销，造成产品生成效率和服务时效低下。数据加工处理的主要任务包括：建立气象算法库，制定算法开发标准，实现对气象算法的统一管理，并将算法库的主要功能以接口的形式对外发布，供外部系统调用；建立数据产品加工流水线，实现对多种计算框架的支撑及对各加工处理任务的统一调度管理，并将加工流水线的主要功能以接口的形式对外发布，供外部系统调用；实现包括数据质量控制和评估等功能的数据质量管理流程。

3. 数据挖掘分析技术

基于气象大数据云平台的资源，开展气象大数据挖掘分析平台构建和应用研究，整合数据处理中数据单独处理、分析软件杂乱不统一（误差不统一）、结果不能标准化共享等孤岛操作，为大数据平台其他系统提供支撑服务，提高气象预警和气象服务能力；构建基于气象大数据云平台一站式统一在线的数据源、数据处理环境、标准化模型等高可用、强集约、综合开放的大数据挖掘分析处理系统。通过中间件建立与相关分系统的连接，主要包括气象数据处理、气象算法接入维护、模型评估以及模型产品输出、算法计算引擎等中间件，这几类中间件分别与气象大数据云平台中的气象数据源、智能算法库、可视化模块及算法库、基础设施云平台的计算资源等进行对接。该系统基于大数据云平台资源对接及数据挖掘，以分布式机器学习框架 TensorFlow、Apache Hadoop 和 Apache Spark 集群带来可扩展的深度学习，紧耦合各类气象数据资源，集成开发并购置多类面向气象数据挖掘算法。

4. 数据访问技术

利用成熟的大数据技术和软件开发模式，建立在气象数据存储与气象业务系统之间的一座"桥梁"，屏蔽底层多样、复杂且高效的存储技术和计算框架，提供统一、标准、丰富的数据访问服务和应用编程接口（API），为各应用系统提供唯一权威的数据接入以及访问服务。数据访问服务分系统提供大数据云平台管理的所有数据资源服务，包含气象观测数据和服务产品、GIS 数据、预警信息、电子档案数据、电子出版物、气象年鉴、归档数据及产品等数据资源。

（三）赛事气象服务系统推广及应用

2021 年 1 月起，十四运会和残特奥会一体化智慧气象服务系统开通十四运会及涉赛市（区）气象台用户账号，着手开展全省系统功能测试。系统培训采用赴地市培训、线上培训、一对一实操培训、远程指导、电话连线等多种方式进行，对系统操作中的问题进行指导，同时收集相关意见和建议，梳理纳入系统优化内容，其中赴地市培训 20 余人次，实操培训 23 人次（图 3-74），线上培训 2 期百余人次，通过交流群远程指导 200 余人次。

图 3-74　一对一实操培训

十四运会和残特奥会期间，十四运会和残特奥会一体化智慧气象服务系统以现代气象科技和新型气象观测系统为支撑，充分运用 5G、大数据、融媒体等现代技术手段，通过该系统实现了赛事、决策、公众、应急等多种类气象服务产品的统一制作和分级发布，为十四运会和残特奥会气象台、现场服务人员、省市气象部门服务人员提供了全面的业务支撑，为不同受众提供了个性化、针对性气象服务，强大的业务支撑保障能力得到了地市业务部门的普遍认可，并在中国气象 Vlog 中进行了专门报道。十四运会和残特奥会结束后，十四运会和残特奥会一体化智慧气象服务系统继续为省、市、县气象局提供统一的服务产品制作平台，市气象局可在省级制作及共享的各类指导产品的基础上进行本地修改、订正或自主制作，实现了决策气象服务、专业气象服务、公众气象服务产品本地化制作，大幅提高了陕西省、市、县综合气象服务能力。

五、公众气象服务系统

十四运会和残特奥会公众气象服务对象主要包括社会公众、媒体记者、机场车站及各大酒店等，其中社会公众和媒体记者重点关注公开的赛事日程、景点、交通、重要场所的天气信息，机场车站及各大酒店等重点场所可依据现有设备提供十四运会赛事及天气信息，供公众、运动员等用户及时调整出行计划，相关气象信息主要通过十四运会天气网、全运·追天气 App、全运·追天气微信小程序、微博、短信、电子显示屏、抖音等渠道，实现个性化产品订阅和消息推送，向社会公众及媒体提供有温度的气象服务。

（一）公众服务系统简介

1. 十四运会和残特奥会天气网（图 3-75）

为满足公众多途径获取十四运会和残特奥会赛事气象服务信息的需求，建设研发了十四运会和残特奥会天气网，与十四运会和残特奥会官网互连互通。按照"同步发布、同步更新、协调一致"的原则实施信息发布，保障气象服务信息传播的同步性和一致性，实现气象信息的实时共享、多渠道传播和全面信息覆盖。

十四运会和残特奥会天气网面对公众需求，可实时查询全国及全省各地市天气以及各比赛场馆天气，为公众出游提供全省各地市火车站、高铁站和机场天气查询，以及主要旅游景点的天气预报和旅游指数。当出现天气预警时，及时为公众提醒，提供出行建议。十四运会和残特奥会天气网包括场馆天气、城市天气、交通气象、生活气象、旅游天气、赛事服务 6 大模块。

2. 全运·追天气微信小程序（图 3-76）

基于微信开发全运·追天气微信小程序，实现相关用户在移动端快捷查询十四运会和残特奥会相关的城市天气、场馆天气、赛事情况等信息，为公众气象用户提供十四运会精细化的预报服务产品。

图 3-75 十四运会和残特奥会天气网展示页面

（二）公众气象服务系统关键技术

1. 智能内容审核技术

系统基于先进的人工智能技术，精准高效识别各类场景涉政、色情、暴恐等违规内容，提前防御内容风险，提高审核效率，净化网络环境，提升用户体验。

2. 高性能图形产品运算

为满足用户能比较直观地查看数据的需求，平台基于图形引擎技术，进行气象数据的可视化处理。平台支持格点、站点基础数据输入。平台通过图形引擎实现图形在线绘制与生成，在用户选择某个区域后，系统可以结合地图数据和气象数据，根据选定要素、区

图 3-76　全运·追天气微信小程序界面

域、时效等，经数据处理、图片渲染及优化，实现对降雨、云图、雷达图产品的自动绘制，并秒级返回结果，保证用户使用体验。

3. 分布式缓存技术

由于移动应用需要面向海量用户访问，系统将逐小时批量同步更新数据到分布式缓存，优先使用已缓存数据响应用户请求，仅在无法满足查询时效要求时才调用 ROC 服务，以最大程度地避免访问拥塞堆积及系统崩溃等情况的发生。

（三）公众气象服务系统推广及应用

2020 年 4 月，陕西省气象局首次与组委会信息技术部对接，确定对接方式。2020 年 9 月，向组委会信息技术部提交资源申请单。2021 年 2 月，资源开通，开始系统部署和数据测试工作。2021 年 5 月，完成气象信息数据在组委会信息技术部数据中心资源池的部署。2021 年 8 月 12 日，十四运会和残特奥会天气网成功接入十四运会官网，与第十四届全运会门户网站使用同一网段。

十四运会和残特奥会天气网在十四运会门户网站作为一个独立的气象频道为公众提供赛事天气服务，其访问方式进入《通用政策》及 7 项赛事的《竞赛指南》，发给志愿者及各地市竞委会。通过竞委会和其他赛事相关部门反馈，十四运会和残特奥会天气网服务效果良好。

第五节　人工影响天气核心能力提升

一、挑战应对

在广泛调研 2008 年北京奥运会、2016 年杭州 G20 峰会、2018 年天津全运会、2019 年北京国庆阅兵和 2019 年武汉军运会等重大活动人影保障服务情况，充分咨询中国气象局应急减灾与公共服务司（简称减灾司）、中国气象局人影中心、中科院大气物理研究所、甘肃省气象局等单位专家意见，多次邀请顶级专家论证技术方案的基础上，陕西省气象局提早筹备，结合本地天气特征，针对各类天气系统设计了科学的作业方案和扎实的工作方案。针对陕西省人工影响天气工作存在的差距和风险，陕西省气象局高位推进，统筹考量，补足短板，提出了相应的应对方案。

针对天气风险，设计了多种规模作业方案，确保对天气不确定的充足应对。

针对飞机作业风险，一是提前一个月启动应对，密切关注预报结论，保障当天有雾情况下，飞机停靠在不同的机场；二是中部战区空军组织战区各军民航管制、机场保障、通航企业等单位召开了十四运会空中安保暨人工消减雨作业空域保障任务部署会，明确了人工消减雨作业空域优先保障和空中特情安全调配原则；三是民航空管局明传电报要求以最高标准、最严要求稳步实施保障十四运会人工消减雨工作，管制单位按照"消减雨飞行避让特情飞机、其他飞机避让消减雨飞行的原则"进行管制调配，优先保障人工消减雨飞行，并主动承担演练和保障期间人影作业区内消减雨作业飞机指挥调配责任，最大限度地消除飞行安全隐患；四是消减雨期间中部战区、空军西安辅助指挥所、民航空管局等军地部门派出专家提前进驻联合指挥中心进行现场指挥、协调、调度，保障空域。

针对地面作业风险，一是加强技术培训工作，提前一周对所有作业人员进行集中操作培训，合格后上岗；二是省公安厅通过加急明电方式要求全省公安部门协助做好开幕式期间人工消减雨作业装备弹药运输和作业期间巡视安保工作；三是省应急管理厅与省气象局联合发文要求各级应急管理部门联合开展人影作业安全检查工作；在保障区 60 km 之内不布设作业点，保障城市安全；四是制造火箭弹的中天火箭股份有限公司人员跟进服务，及时应对可能发生的事故。

针对突发事件风险，一是进一步强化安全检查和技术培训，严格按照技术流程和操作规范执行保障任务，确保安全零事故。二是由协调工作专班和联合指挥中心主导，下发《关于加强十四运会开幕式期间人工消减雨作业安全管理工作的通知》。协调省公安厅下发《关于协助做好十四运会开幕式期间人工消减雨作业装备弹药运输的通知》，要求各级公安机关协助气象部门加强人工影响天气作业弹药采购、运输、储存、使用等各环节全链条管理，做好人工影响天气作业站点、发射装置、催化弹药、监测设备等安全警戒工作，做好事故应急处置，确保开幕式人工消减雨作业保障工作任务顺利展开。

二、十四运会人工消减雨组织体系的建立及运行

十四运会人影应急保障是一项非常复杂的系统性、高科技活动，涉及气象、空军、民航、公安、武警等多个行业和企业，特别是对预报有天气过程的情况，空域管理人员最好进入人影保障指挥现场，对及时协调空域有非常重要的作用。常规管理机构和方式很难保障十四运会人影应急保障工作高效有序运行。为此，由省政府牵头，成立了高层次人影保障指挥协调专班，通过定期召开联席会议等形式，协调解决开幕式人影应急保障相关事宜。同时为落实好高层次人影保障指挥协调专班的各项工作部署，在省人影中心组建成立了十四运会开幕式人工消减雨作业联合指挥中心，承担十四运会开幕式人影作业条件分析、方案设计、作业指挥、效果评估、后勤保障等任务。

（一）各级重视，推动人影保障工作

陕西省委、省政府和中国气象局都高度重视开幕式人工消减雨作业应急保障工作，陕西省委书记刘国中指出十四运会气象保障工作任务很重，望发扬成绩，扎实工作，把各项任务完成好。省长赵一德实地检查人工消减雨联合指挥中心，要求精心精细做好气象监测分析研判，不断完善人工消减雨保障方案和应急预案。副省长方光华多次对人工消减雨筹备和人工消减雨保障项目专项经费拨付给予指导。副省长魏建锋亲自挂帅，担任开幕式人工消减雨工作专班组长，审议下发了工作方案并要求各市政府组织好人影地面作业。副秘书长王建平担任开幕式人工消减雨作业联合指挥中心指挥长，动员部署保障任务及安全责任落实。省政府专门致函山西、内蒙古、辽宁、河南、甘肃、四川6个省（自治区）政府支援开幕式飞机消减雨作业。

中国气象局党组书记、局长庄国泰现场检查调研人工消减雨筹备工作，宣布中国气象局进入第十四届全国运动会开幕式气象保障服务特别工作状态响应命令，要求积极主动提前开展人工影响天气作业。9月15日，庄国泰局长在京全程坐镇指挥，并紧急协调山西、四川两架飞机火速增援。十四运会组委会副主任、中国气象局副局长余勇多次组织召开视频调度会，协调中国气象局直属单位和各省气象部门作业力量参与保障任务。开幕式保障提前2d赴陕，亲自协调外省人影飞机增援，现场调度地面作业力量进行防控。中国气象局各职能司和国家级业务单位对人工消减雨作业方案编制和完善进行指导，中国气象局人影中心主要负责人赴陕指导工作，安排精干力量加紧部署升级指挥系统，派出首席技术专家团队赴陕参与现场联合指挥，并组建后方技术团队远程技术支撑，为开幕式人工消减雨作业给出重要意见。

省气象局党组高度重视，提前安排做好人工消减雨保障筹备工作，多次专题会议审定人工消减雨工作和实施方案，将联合指挥中心作为开幕式气象保障业务核心，协调全国、全省、全局资源支持人工消减雨工作。印发开幕式气象保障工作方案和特别工作状态方案，制订分时段的每日计划表、责任到人的岗位任务表。丁传群局长多次指导编制方案，

现场督导实战演练，协调解决重大问题，部署安排重要工作；罗慧副局长亲自对接组委会、公安、空军、民航等部门落实人工消减雨安保、空域、经费等工作。9月3日进入开幕式工作状态，省气象局党组每日召开专题会议，听取人工消减雨工作进展，党组成员深入一线检查指导，现场协调解决问题；机关各处室和相关直属单位主要负责人下沉一线，做好人工消减雨技术保障服务员、安全员，协同做好各项工作。

（二）军地合力、部门齐心，组建人影保障体系

在十四运会组委会和中国气象局十四运会协调指导小组领导下，省政府成立了魏建锋副省长亲自挂帅的人工消减雨工作专班，国省、行业、区域、军民航各参与单位主动作为，主要负责人亲自安排，抽调业务主管、专家能手、技术骨干，建立联合会商、信息互动、协调联络、安全监管、疫情防控等工作机制，搭建1个联合指挥中心，下设4个工作小组（协调指挥、空中作业、地面作业和专家技术）和4个分指挥中心（甘肃省、山西省、河南省和榆林市）运行保障体系。统筹开展协调指挥、方案编制、技术论证、演练实施、安全保障等工作，确保任务执行高效有序。

联合指挥中心成员包括中国气象局应急减灾与公共服务司、中国气象局人影中心、中部战区、空军西安辅助指挥所、民航西北空管局、公安厅治安管理局、应急管理厅、西部机场集团、省气象局以及西安、咸阳、宝鸡、杨凌、渭南、汉中、安康、商洛、铜川、延安和榆林市政府及人工影响天气部门。并由中国科学院大气物理研究所、中国气象科学研究院、成都信息工程大学、北京市气象局等单位派出专家和技术团队参与保障任务。

（三）加强统筹协调，抓好保障工作落实

工作专班成立后，联合指挥中心迅速启动人工消减雨保障协调机制（图3-77），以工作协调推进会、现场办公会、调度会等形式加快推进各项任务落实，接待中国气象局庄国泰局长、余勇副局长，省政府赵一德省长、方光华副省长、魏建锋副省长等领导在联合指挥中心现场视察。王建平副秘书长亲自召开国、省、市和各部门、行业参加的保障任务动员会暨安全工作部署会。省气象局分别与中部战区、空军西安辅助指挥所、省公安厅、民航空管局等军地部门累计召开专题协调会7次，固化形成7份纪要，明确了各方任务及责任清单，高效推动各项工作落实。

联合指挥中心组建后，省政府办公厅发函商请山西、内蒙古、辽宁、河南、甘肃、四川6个省（自治区）政府支援开幕式飞机消减雨作业；十四运会组委会财务部根据省长专题会议精神及时落实专项经费；省财政厅指导气象部门完成人工消减雨作业经费预算和评审文件编制；在人工消减雨作业演练和任务保障关键时段，中国气象局减灾司、省公安厅、省应急管理厅、中部战区、空军西安辅助指挥所、民航空管局运管中心、西部机场集团安全航务部等部门相关负责同志全程参与，现场协调解决存在问题，第一时间处置应急需求。

西安、延安、铜川、宝鸡、咸阳、渭南、汉中、安康、商洛市政府和杨凌区管委会按照"分级管理、属地负责"的原则，强化气象、应急、工信、公安、军队、民航等单位紧

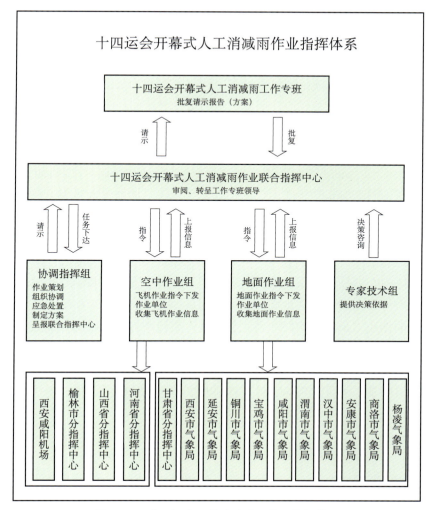

图 3-77　十四运会开幕式消减雨作业指挥体系

密协作的联合监管机制，各单位、各部门严格树立开幕式人影保障"一盘棋"意识和安全生产底线思维，科学组织、严密组织、精细组织，确保开幕式人工消减雨作业全流程各领域安全有序。重点做好辖区内作业点、人员及作业安全监管工作，制定了本区人影作业安全事故应急预案，并组织开展人影安全检查和应急演练工作，为开幕式人工消减雨作业成功实施奠定了基础。

三、十四运会人工消减雨作业能力提升与建设

（一）统筹调集多方作业保障力量

1. 空中作业力量

根据前期调研，2019 年武汉军运会人影飞机作业力量由空军 5 架运 -7 和 5 架运 -8

飞机、中国气象局 1 架空中国王和 2 架新舟 60 飞机、北京市人影办 2 架空中国王飞机、河北和山西各 1 架空中国王飞机、湖北省 1 架运 -12 飞机，共计 18 架飞机组成。陕西省目前已使用中国气象局交付新舟 60 高性能增雨飞机 1 架，榆林市租用 1 架运 -12 作业飞机，为提升空中作业力量，陕西省气象局在中国气象局的协调指导下，调集国家建设和邻近省市气象高性能增雨飞机提供应急保障。按照"分散布局、集中优势、统一指挥"的原则，共计投入飞机 9 架参与保障。其中，国家建设新舟 60 高性能作业飞机 4 架，地方建设空中国王 350 高性能作业飞机 1 架、运 -12 作业飞机 1 架，均部署在西安咸阳国际机场；四川省空中国王 C90 飞机 1 架，部署在四川广汉机场，山西省、河南省运 -12 作业飞机各 1 架，部署在山西临汾和郑州上街机场。以上 9 架飞机累计投入机组、空中作业、空域保障、空中指挥和地面保障人员 130 人。

2. 地面作业力量

按照"打远、打早、打小、打足"的原则，地面作业点采取固定、机动相结合的方式，以西安奥体中心半径 15 km 为重点保障区，划设距离重点保障区 240 km 范围为作业防区，其中 120～60 km 范围为地面作业重点防区，调集全省各市移动火箭车辆和作业人员，补充到地面作业力量薄弱的秦岭南北麓山区，申请增加地面临时作业点，同时通过调集和新增作业装备，进一步做强重点防区内骨干作业点作业力量。保障涉及省内 9 市 1 区 69 县 568 个作业点，甘肃省、山西省和河南省 4 市 26 县 162 个作业点，投入高炮 383 门，火箭发射装置 515 副，抽组全省 42 辆火箭发射车作为机动作业力量，动员地面作业指挥人员 2308 名。

3. 云水监测力量

陕西及周边省份 150 个国家自动气象站、2000 个区域气象站、7 部多普勒天气雷达、4 个探空站、100 余部降水天气现象仪等常规观测资料，以及十四运会建设和租用 4 部相控阵雷达、9 部微波辐射计、2 部风廓线雷达、2 个梯度风观测，以及风云 4A 和百米级风云 4B 加密卫星资料能够通过气象宽带网络实时共享和应用，强化云水监测能力建设。统筹 4 架新舟 60 高性能飞机挂载全套云物理探测设备，形成空地联合云降水立体观测，为监测预警、决策指挥、效果评估提供精细宏微观探测数据支持。

4. 通信指挥力量

依托陕西省气象宽带通信网络，优化升级了基于多架飞机在同一空域执行任务空地通信指挥系统，实现海事和北斗卫星双链路稳定传输备份；更新了人影作业空域申报批复系统软硬件设备，军地空域专线升级为 10 MB 光纤链路，确保关键时段作业空域报批稳定、可靠；应用 4G/5G 移动通信和 GPS 全球定位技术建立了内外场可视化通信链路，为军地联合指挥、通信、安全监控等做了有效尝试，保证联合指挥高效顺畅。

（二）强化科技支撑，保障科学作业

十四运会开幕式人工消减雨保障离不开各项业务指挥系统平台的支撑，在十四运会保障中，陕西省人工影响天气中心主要针对核心业务支撑系统平台进行了研发和引进，从而更好地支持各项指挥业务的开展。主要建设内容和举措包括：引进移植北京市气象局重大活动人影保障业务一体化系统、建设十四运会和残特奥会人影应急保障三维可视化指挥系统、实景监控云平台等系统，升级完善云精细化分析系统、空域自动化申报、安全射界等系统。并充分利用陕西气象服务系统的网络平台，通过手机、计算机网络等构建覆盖人影作业监测信息收集、预报信息发布、空域申请、作业指令下达等作业全过程的双向通信网络，确保信息传递准确及时。

1. 云降水精细分析系统（CPAS）十四运会版研发

CPAS_十四运会版（图3-78）是在云降水精细分析系统（CPAS）的基础上，根据陕西省的省、市、县三级业务需求本地移植开发建设的，实现了对卫星、雷达、探空和飞机微物理探测等多源观测信息的实时处理、综合显示和融合处理分析功能，可完成人影作业条件预报分析、监测预警、作业方案设计、跟踪指导和作业效果分析等五段式指挥业务。针对重大服务人工影响天气保障的特定目标区固定、保障时段固定和保障任务特定但天气条件复杂多变（"三定一变"）特征，CPAS_十四运会版一方面实现了多源、多类监测信息（卫星、雷达、探空、雨量、飞机微物理、人影特种资料）的云降水反演加工、集成显示、综合交互分析、智能识别计算等云物理宏微观结构实时综合处理分析功能，系统全面提升了不同类别特定目标人工影响天气保障服务能力。

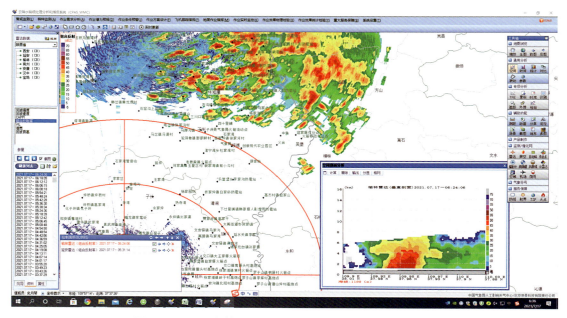

图 3-78　云降水精细分析系统（CPAS）十四运会版界面

2021 年 7 月 1—20 日，在北京建党 100 周年重大活动保障系统基础上，针对十四运会开幕式人工消减雨作业的需求进行了本地化改进和升级；8 月 1—15 日，联合指挥中心各指挥员利用系统实现了对卫星、雷达、探空和飞机微物理探测等多源观测信息的实时处理、综合显示和融合处理分析功能；8 月 16 日至 9 月 16 日，指挥员已经通过系统完成人影作业条件预报分析、监测预警、作业方案设计、跟踪指导和作业效果分析等五段式指挥业务。

CPAS 精细化分析系统十四运会版在十四运会人工影响天气作业服务保障时，为各级人影业务人员、科研人员提供了一个高效的云降水精细化分析、飞机作业设计和跟踪指挥、地面实时作业指挥等功能的业务平台，从而提高全省人工影响天气的业务能力和科技水平。

2. 省市县一体化作业指挥系统（十四运·西北人影，图 3-79）研发

十四运会和残特奥会人影一体化指挥系统（西北人影工程指挥系统专版）实现了云参数反演、综合集成显示、交互分析、作业需求分析、作业条件预报分析、作业条件监测识别预警、飞机作业设计和跟踪指挥、地面作业预警和作业实时指挥、作业效果分析、服务产品制作、数据采集管理等功能，系统借助 GIS 信息集成技术有效管理海量数据，实现多源数据的叠加、显示、查询、运算，以及云和降水的实时精准分析、动态监测，为人工影响天气提供一个多功能的云降水精细分析系统。

2021 年 6 月底，西北区域人工影响天气能力建设工程指挥系统完成陕西部署，在陕西"天擎"建立起人影标准数据环境、部署人影算法 50 余项并形成产品加工后台自动化流程，日生成相关产品数据记录 3 万余条。8 月 5 日，迅速开展陕西省市县级一线业务人

112

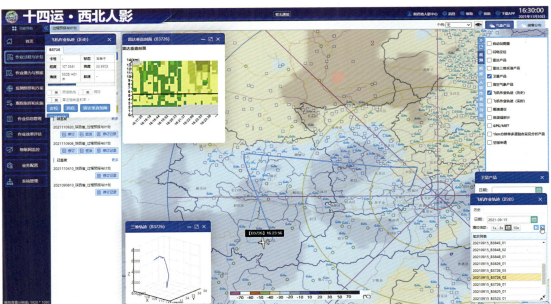

图 3-79 "十四运·西北人影"系统界面

员 200 余人次集中培训，将 A、B、C 3 种业务端部署覆盖全省。陕西人影部门使用该系统对 CPEFS 模式、风云二号和四号卫星云反演产品、雷达外推、降水融合产品等资料实时开展云降水精细化分析，构建独立完整的支持各级指导产品生成、修订的"横向到边"五段业务链，同时根据陕西人影业务系统的特点，联合陕西作业预报团队接入空域申请信息、省级作业指令、空地作业实时监控、实时作业信息、各段业务指导产品发布等的"纵向到底"信息链。面向保障需求，西北指挥系统火速上线有关重大保障功能，形成专门运行于前方联合指挥中心的"十四运·西北人影"系统。其引入保障防线和陕西作业力量数据，向前对接保障有关的空域申报、空地通信系统，向后对接国家级 CPAS 系统（十四运会专版）、人工影响天气综合信息系统并直达"天镜"指挥平台展示，将省级人影业务数据采集、存储、发布通道悉数打通，形成国省协同指挥链条上"承上启下"的关键一环；空地指挥系统是监测组使用的重要业务系统，系统接入了全国增雨飞机实时轨迹信息、雷达拼图资料、1 km 分辨率多源融合实况分析产品，可以快速跟踪飞机位置和天气系统发展演变以及地面实况，被进驻联合指挥中心的空管部门用作调度空中飞行器的业务系统，同时国家飞机轨迹显示系统可以快速出图和视屏，成为决策者简报简讯的重要业务支撑。

3. 十四运会人影应急保障三维可视化指挥系统（图 3-80）研发

十四运会人影应急保障三维可视化指挥系统是基于 B/S 架构，通过前端浏览器展示的方式，具备人影作业和十四运会气象观测设备布局、气象业务产品、飞机和地面作业信息可视化、现场作业记录仪等几大模块的省级人影综合业务平面，利用陕西人影指挥平台高清拼接大屏展示气象监测数据、人影作业指挥信息、装备分布情况，实现气象探测和人影业务数据可视化跟踪监控指挥。

十四运会人影应急保障可视化指挥系统展示陕西省内及区域范围的气象数据，同时在地图上提供装备分布情况展示，以装备专题图的形式对各市/区县的弹药装备库存情况进行可视化展现，系统也具备人影作业实时作业信息上报功能，提供一定时间段内的飞机作业轨迹、地面作业信息跟踪和显示，同时还新引入了执法记录仪开展人影实时指挥调度工作。主要包括 4 大模块：①人影作业装备和十四运会气象观测设备可视化；②气象产品可视化；③飞机和地面作业信息可视化；④人影作业记录仪可视化。其中人影作业记录仪可视化模块是重点针对 9 月 15 日在陕西召开的十四运会人影服务保障调度指挥重点开发，主要包括执法记录仪监控、集群调度指挥功能。

十四运会保障期间，通过为每位机动作业的指挥员配备执法记录仪，联合指挥大厅可以实时跟踪监控作业力量的调度情况和作业情况，并进行作业指令的集群推送。执法记录仪的引入在人工影响天气工作中属于首例，并得到重要实践，通过执法记录仪可以充分掌握现场作业和天气情况，及时下发作业指令和快速收集作业信息，充分提高了指挥效率。

4. 实景监控云平台系统

实景监控云平台系统包括 Web 控制台，可以实现企业部门和成员管理、设备管理、成员权限管理功能；客户端 App，可以实现设备添加和删除、设置预览和查看告警消息功能；PC 客户端，实现监控射频轮巡、回放和查看告警消息功能。实景监控云平台系统具备多级组织管理、多级权限管理、多画面轮巡、告警推送、云存储等功能。2021 年 6—8 月，陕西人影中心在榆林、延安、渭南、商洛、安康 5 地市完成 20 套监控设备的安装和调试；十四运会保障期间，最早的作业发生在凌晨 6 点，指挥员在联合指挥大厅通过具备红外夜视功能的摄像头实时监控了袁家庄作业点的发射实况，方便快捷的实景监控云平台消除了指挥大厅和作业现场的物理距离，使指挥员能够快速掌握现场的作业动态。

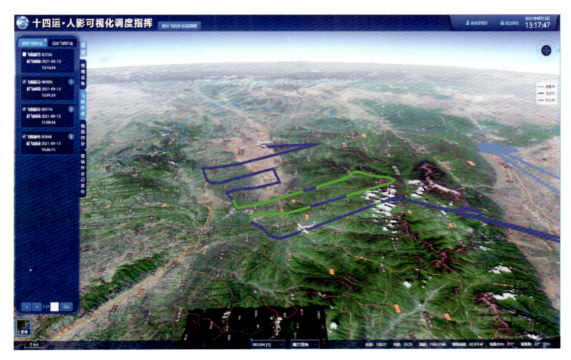

图 3-80 十四运会人影应急保障三维可视化指挥系统界面

5. 空域申报批复信息管理系统（图 3-81）

陕西省现有的人影作业空域申报系统从 2009 年开始建设，是全国首次实现人影作业空域自动化申报。空域申报批复信息管理系统主要包括人影作业空域批复终端、省级人影作业指挥中心终端、市县级人影作业监控终端。其中人影作业空域批复终端安装在空军管制分区,通过气象专线网络与省级人影作业指挥中心终端相连;省级、市级、县级人影作业空域申报终端通过气象专网进行连接。十四运会保障期间系统很好地发挥了系统功能和重要作用,对陕西省人影地面对空作业在空域保障、作业效率保障、指挥效率保障等方面起到了非常显著的作用。

图 3-81　空域申报批复信息管理系统界面

6. 安全射界自动绘制系统(图 3-82)研发

安全射界自动绘制系统从全国电子地图以及在线高分辨率遥感影像人工提取地物信息,通过系统数据库的固定作业点经纬度信息和人影移动作业终端的 GPS 定位信息获取作业点精确位置信息,结合不同类型火箭、高炮的弹道参数,分析高炮、火箭安全射界,实现了安全射界图的自动化绘制,绘制的图形符合专业地理制图要求和射界图制作行业标准(QX/T 256—2015)。系统运用地理信息技术与高清卫星影像地物信息数据,实现移动作业点安全射界图快速自动化绘制,从而提高作业安全性和增雨防雹作业效率。8 月 15日—9 月 5 日,新增绘制 59 幅骨干站点精细化安全射界图,作为骨干站点和新增作业点的作业依据,确保了作业安全和作业效果,成为基层开展十四运会消减雨作业保障的重要业务系统。

本次十四运会开幕式人工消减雨保障,各项业务指挥系统平台的研发和引进对业务流程运行的作用巨大。一是陕西人影中心引进部署中国气象局人影中心重大活动人影保障决策指挥系统,接入省局秦智网格预报和短临 NIFS 外推产品,率先完成了西北人影工程指挥系统建设和推广,满足多源、多类监测信息的云降水反演加工和智能识别综合处理分析,解决人影服务"最后一公里"问题,填补了基层人影业务一体化系统空白。9 月

15日，十四运会消减雨联合指挥中心现场，该系统成为集空域申请、空地一体化实时作业监视与指挥、雷达跟踪监测、产品发布于一体的关键性现场支撑业务系统。西北指挥系统和空地通信系统投入十四运会人影服务保障，为陕西十四运会保障乃至全国重大活动保障提供了一次国家级在关键业务系统和技术进行能力支撑的典型示范案例。二是自主研发人影作业三维大数据平台，部署100套单兵作战智能监控终端；升级了空地通信链路，解决8架飞机基于海事和北斗卫星的视频、语音、短报文同步传输；升级了人影作业自动化安全射界绘制系统，新增绘制59幅骨干站点精细化安全射界图；更新人影作业空域系统软硬件设备，升级军地空域光纤链路。三是在做好会商、加强与上下游信息通报的同时，加强陕西

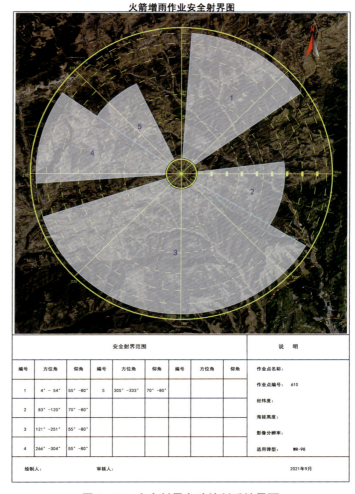

图 3-82 安全射界自动绘制系统界面

区域模式、人影模式产品与雷达实况的对比分析，准确研判云团走向、强度变化等，不同方向和专业的重点业务系统的引进和研发，使得陕西人工影响天气科学作业、精准作业、安全作业能力得到大幅度提升。针对开幕式人影保障研发的各项业务指挥系统平台，满足了精确指挥和作业安全的要求，提高了陕西人影的科学作业水平，实现了"近期全运、远景惠民"，在今后的人影业务中继续发挥作用，为陕西防灾减灾做出更大贡献。

（三）加快人员能力培训，凝聚专家人才力量

人才是气象事业发展的基础，重大活动人影保障是提升人员队伍的重要平台。在十四运会人工消减雨工作方案的指导下，成立专家技术组，不断加强应急联动机制的建立和人员队伍的培养。

1. 专家指导

邀请全国人影行业顶级专家、省局业务单位专家组成专家技术组，为十四运会开幕式人工消减雨作业保障提供远程或现场技术支持，为人工消减雨作业实施方案编制工作提供技术咨询，为作业预案和方案实施提供决策建议，指导演练试验和实战保障技术总结工作。

2020 年 9 月，邀请专家技术组组长、中国科学院大气物理研究所郭学良研究员为十四运会组委会开展"重大活动人工影响天气保障的注意事项和前期保障案例的经验风险分析"专题讲座，并对全省技术人员进行培训。

2021 年 7 月 16 日，由中国气象局人影中心副主任带队，针对重大活动人工影响天气保障中的诸多技术问题，多位专家同技术人员进行了专题交流，现场指导（图 3-83）。同时，成立了以周毓荃服务首席负责、其他业务技术骨干参与的十四运会开幕式人工消减雨作业远程技术指导组，设立专人专岗分别负责指导作业条件预报、作业方案设计、跟踪指挥、效果分析。并安排相关专家赴咸阳机场，支援飞机增雨外场工作。

图 3-83　中国气象局人影中心专家维修探测设备

2021 年 9 月 6—16 日，专家技术组组长郭学良，中国气象局人影中心陈宝君、姚展予、李琦，北京市人工影响天气办公室主任丁德平，成都信息工程大学教授苏德斌先后抵达联合指挥中心，现场指导天气会商、作业指挥（图 3-84）。

2. 人员培训

2021 年 8 月 5 日，西北人影指挥系统客户端落地，陕西省、市、县级一线业务人员 200 余人次开展集中培训。在省市县一体化人影指挥系统的支持下，进一步提升了省、市、县各级人影作业指挥能力。

图 3-84　专家技术组组长郭学良研究员带队研判天气形势

9月9—10日，联合指挥中心组织对参与十四运会应急任务的地面固定火箭点60名骨干作业人员、47台火箭车随车作业人员进行了战前集中培训（图 3-85），主要围绕自动火箭发射系统操作维护与故障应急处理、地面作业力量布防、作业指令、空域使用、协同作业、信息上传、工作纪律与安全作业等知识强化培训。

9月11日，进行安全教育和理论培训，下午作业人员集中到北郊民兵训练基地，请专业人员对车辆和火箭发射装备进行安全性能检测，确保本次消减雨作业装备"零事故"。

9月12日，对移动火箭车作业人员进行异地操作规程、作业信息上报流程、指令接收执行、路途行车安全等进行培训。

图 3-85　地面作业人影集结培训班开班式现场

（四）多方支援，提升装备能力

在中国气象局的大力支持和陕西省政府的正确领导下，在陕西省气象局的管理下，在陕西省人工影响天气中心等多方努力下，新舟 60（B-650N）国家级高性能人影飞机入驻陕西。在飞机增雨作业服务、森林防火灭火、重大活动保障等方面充分发挥高性能飞机优势和效益，有效地增强作业能力、拓宽服务范围和提升作业效益。

高性能增雨飞机以新舟 60 飞机为平台，搭载大气探测子系统、催化作业子系统和空地通信子系统，实现空地协同指挥下的大气科学探测和增雨作业，满足人工增雨飞机的业务需求。大气探测子系统包括机载气象雷达、作业监视摄像机和多种机载探测设备。机载探测设备主要有探测气象要素（例如温压湿、空速、高度等）的探头（AMMIS-30 和 D/XAS-45）、探测云粒子数谱的探头（CDP 和 FCDP）、探测气溶胶粒子谱的探头（PCASP-100X）、探测粒子图像探头（CIP 和 3V-CPI）和探测云凝结核数浓度的仪器（CCN-100）。催化作业子系统包括作业控制器和 4 种播撒设备。催化作业设备满载情况下可装载烟条（从 20 根变为 40 根）、焰弹（220 个）、粉剂（1 t）、液氮（160 L）。空地通信子系统包括北斗和海事通信，为飞机的实时跟踪指挥和飞行作业人员的安全提供了更多的保障。

2021 年 5 月 11 日，国家高性能增雨飞机 B-650N 成功完成首次试飞和检飞工作。在试飞过程中，对北斗和海事空地通信系统、大气探测系统、催化作业系统等进行逐一测试。通过 5—8 月高性能飞机的飞行，发现了任务系统和探测播撒设备均存在问题，省人影中心积极与中航西飞民用飞机有限责任公司（简称西飞民机）进行对接，大部分问题得以解决。为了保障十四运会开幕式顺利举行，9 月继续就已改进的问题进行地面和飞行验证，并对粉剂和液氮播撒设备进行试用。9 月 5 日实战演练，邀请西飞民机专家跟飞陕西 B-650N，对故障进行排查。

2021 年 9 月 6—12 日，针对 9 月 5 日出现的问题进行通信、探测和催化任务系统升级及问题排查解决。

2021 年 9 月 13 日实战演练，中国气象局人影中心专家和西飞民机专家对陕西 B-650N 和甘肃 B-651N 的任务系统进行跟飞排故（图 3-86）。

图 3-86　新舟 60 飞机跟飞排故现场

十四运会保障期间，云层多为冷暖混合云，高性能增雨飞机首次采用了膨润土进行暖云催化。使用暖云催化粉剂进行作业时，飞机地面准备阶段需将催化粉剂装载到机内暖云催化播撒设备的料箱内。为解决催化粉剂装载量大、装载过程费时费力和容易造成机内环境粉尘污染问题，配套研制的粉剂上料设备（地面设备）一并投入了使用。4月28日，省人影中心提出高性能作业飞机吸湿性催化剂上料机研发需求，要求西飞民机尽快完成研制配装。5月20日，人影中心组织技术专家对上料机研发方案进行咨询评审。8月20日，西飞民机完成上料机样品研制，人影中心组织专家进行论证，提出改进意见。9月5日，吸湿性催化剂上料机正式装配外场。十四运会演练期间，为保证分级上料设备的正式使用，西飞民机派出技术人员现场进行操作培训与使用配合。在演练使用时发现问题，包括粉剂上料设备上料过程中传动皮带打滑，经现场更换带轮，问题已解决；在播撒时出现的问题如播撒速度控制不够精细，播撒速度控制功能有待进一步研发提升。

2021年9月15日开幕式保障过程中，4架高性能飞机齐聚西安，使用4种催化剂播撒方式，对冷云和暖云进行11架次的多轮次作业。飞机作业能力得到显著提升。

四、十四运会人工消减雨作业安全监管和疫情防控

（一）政府主导夯实安全生产主体责任

专班成立后，专门发文要求各市政府要落实好本区域内人影安全管理属地责任，健全气象、应急、工信、公安、军队、民航等单位紧密协作的联合监管机制；开幕式保障前夕，专班联合指挥中心组织召开作业保障动员会暨安全工作部署会议，再次要求各级政府、军地各部门、行业各单位树立"一盘棋"意识和底线思维，科学组织、严密组织、精细组织，确保开幕式人工消减雨作业全流程各领域安全有序。西安、延安、铜川、宝鸡、咸阳、渭南、汉中、安康、商洛市政府和杨凌区管委会按照"分级管理、属地负责"的原则，做好辖区内作业点、人员及作业安全监管工作，制定了本区人影作业安全事故应急预案，并组织开展人影安全检查和应急演练工作。

（二）部门联动落实安全生产监管责任

陕西省公安厅通过加急明电方式要求全省公安部门协助做好开幕式期间人工消减雨作业装备弹药运输和作业期间巡视安保工作；省应急管理厅与省气象局联合发文要求各级应急管理部门联合开展人影作业安全检查工作；中部战区空军组织战区各军民航管制、机场保障、通航企业等单位召开了十四运会空中安保暨人工消减雨作业空域保障任务部署会，明确了人工消减雨作业空域优先保障和空中特情安全调配原则；民航空管局明传电报要求以最高标准、最严要求稳步实施保障十四运会人工消减雨工作，管制单位按照"消减雨飞行避让特情飞机、其他飞机避让消减雨飞行的原则"进行管制调配，优先保障人工消减雨飞行，并主动承担演练和保障期间人影作业区内消减雨作业飞机指挥调配责任，最大限度

地消除飞行安全隐患。

（三）切实履行安全生产行业责任

陕西省、甘肃省、河南省和山西省气象部门成立了 6 个省级、14 个市级、95 个县级人影安全生产检查组，通过"四不两直"（不发通知、不打招呼、不听汇报、不用陪同接待、直奔基层、直插现场）方式完成重点防区骨干站点安全检查全覆盖。陕西省气象局人影办、人影中心组建了地面人影作业装备应急抢修小分队，完成火箭实践操作培训 124 人次、机动作业车辆安全检查 42 台次、应急故障抢修 3 点次；安排省气象局干部学院联合西飞民机和中天火箭优势厂家举办了飞机和地面作业骨干安全生产培训班，完成气象大讲堂人影安全生产专题讲座 3 期、作业骨干培训班 3 期，共计培训 1056 人天；省人影中心联合中国气象局人影中心、西飞民机和通航企业共 38 人，组建了高性能作业飞机安全技术保障团队，为新舟 60 高性能作业飞机等提供贴身技术服务和保障，确保飞机运行安全、稳定。

（四）筑牢疫情防控红线

根据国家疫情防控和十四运会组委会工作要求，联合指挥中心组织参加开幕式保障人员全部完成新冠病毒疫苗接种，全部完成身份审查，并严格减少人员流动。要求骨干站点作业人员和异地派出机动和应急作业队伍，每次演练和实战保障执行任务前完成全员核酸检测。对外省调机支援增雨机组及作业人员入陕后实行封闭式管理，联合指挥中心人员持绿码进入指挥大厅，全程佩戴口罩，以上人员每 48 h 组织核酸检测 1 次。要求各单位高度重视安全生产和疫情防控工作，实行安全生产和疫情防控熔断机制，一旦发生安全生产事故或突发疫情，要立即停止特别工作状态的人影实战演练和保障任务。守牢安全生产和疫情防控红线。

第六节　综合保障

一、党建引领和纪检监督

（一）党建引领

全省气象部门坚持以习近平新时代中国特色社会主义思想为指导，积极响应习近平总书记"办一届精彩圆满的体育盛会"的号召，围绕"简约、安全、精彩"的办赛要求，坚持强化党的全面领导，加强党建与业务深度融合，切实将党史学习成果转化为十四运会和残特奥会气象保障服务的工作成效，围绕中心工作，找准党建和气象保障服务的结合点，把"三个表率"要求细化为具体措施，落实到党建和保障工作各方面，全省各级党员干部切实用硬本领硬作风落实好十四运会和残特奥会气象保障服务各项硬任务，凝心聚力打赢"十四运会气象保障"攻坚战。

党建引领十四运会和残特奥会气象保障服务工作主要特点如下。

主题鲜明，突出政治统领作用。在十四运会和残特奥会气象保障服务中，全省各级气象部门党组织坚持强化党的全面领导，党员干部把"两个维护"作为最高政治原则和根本政治规矩，坚持以习近平总书记关于气象工作和十四运会筹办工作重要指示精神为根本遵循和行动指南，切实做好气象保障服务。各级气象部门按照省局统一部署，党员干部坚决扛起政治责任，带头连续 24 h 应急值守，各单位主要负责人连续在岗值班，切实做好天气会商、气象预报服务、现场决策气象服务、人工消减雨作业、技术支撑和后勤保障等各项工作。各条战线上的党员业务骨干讲政治、执硬规，挑重担、站硬岗，听号令、打硬仗，走在前、做表率，有条不紊地开展各项工作，党旗始终在十四运会保障服务一线高高飘扬。

思想引领，强化理想信念教育。2021 年是中国共产党建党 100 周年，全省气象部门党员干部紧密围绕"学党史、悟思想、办实事、开新局"目标和"学史明理、学史增信、学史崇德、学史力行"要求，深入学习领会习近平总书记重要讲话精神和来陕考察重要讲话重要指示精神，持续深化学习习近平新时代中国特色社会主义思想，全面系统学习百年党史，强化理想信念，牢固树立"以人民为中心"的发展思想，弘扬伟大建党精神。党员干部立足主责主业，切实将党史学习成效转化为十四运会气象保障服务实效，在工作中推进知信行合一，努力保障好群众关心的体育盛事。省局党组和机关党委分别向全省党员干部发出了《让红色气象精神在十四运和残特奥会气象服务保障中高扬》和《勇于担当　善于作为　在十四运气象保障服务中彰显党员本色》的倡议。惠英等 25 位参与保障服务的同志，积极响应习近平总书记对青年同志的号召，在"七一"当天递交入党申请书，以努力保障十四运会精彩圆满的决心响应伟大号召，表达了"强国有我"的信心。

建强组织，提供坚实组织保障。合理的组织设置、完善的组织体系，是党建和业务深度融合的基础，是推进十四运会气象保障服务的坚实组织保障。在此次保障工作中，中国气象局相关单位，以及北京、甘肃、内蒙古等地气象部门通过各种形式给予了陕西全力支持。针对保障服务人员跨地区、跨单位、跨专业的特点，省局以业务类别为归口，通过成立 4 个临时党支部、4 个青年奋进岗，全省成立 31 个党员突击队等组织，将党建工作与各项保障任务相结合，进一步凝聚人心、传导责任、督促指导、检查考核，促进党建与十四运会气象保障工作相互渗透、相互促进，提升党建工作成效，圆满完成"简约、安全、精彩"的办赛要求。

丰富载体，引领作用充分发挥。通过成立组织，党员合力攻克重点难点问题，弘扬伟大建党精神，在保障工作中吃苦在前、勇挑重担，充分发挥先锋模范作用。在此基础上，省局以"十四运气象服务保障之星"为抓手，进一步选树服务保障先进典型，各单位通过系统内外媒体及美篇等自媒体，广泛宣传典型，营造了良好的工作氛围。

党建引领十四运会和残特奥会气象保障服务工作过程如下。

1. 工作目标

强化临时党支部建设，规范化开展支部活动。开展"党建＋十四运会气象保障"活动，强化党建与业务服务深度融合，让党旗在十四运会气象保障服务工作中高高飘扬。坚决贯彻落实中央八项规定精神和廉洁办会要求，进一步营造担当作为、团结向上、风清气正的工作环境。

2. 工作机制

（1）全面部署：2021年5月12日，省局党建工作领导小组发文，在全省气象部门开展"党建＋气象保障，护航十四运会精彩圆满"活动，通过开展"主题党日""亮身份、明职责""承诺践诺"活动，提前安排，全面部署，进一步推动党建与业务深度融合，为十四运会和残特奥会的精彩圆满提供坚强保障。省气象行业工会组织开展"我为十四运会做贡献"劳动竞赛。

各单位积极响应号召，十四运会气象台组织开展了走进西安奥体中心、召开十四运会倒计时100天工作推进会等系列活动。省人工影响天气中心党员先锋队和青年理论学习小组组成的首支新舟60高性能飞机人影作业团队开展了以"学党史，强党性，护航十四运会"为主题的学习活动。省大气探测中心把党史学习教育同做好十四运会气象保障工作统筹推进，通过安排会议、成立专项工作小组、选派党员先锋进驻会场等措施，充分发挥支部战斗堡垒作用。省气候中心、省气象干部培训学院等单位结合业务工作特点，开展"我为十四运会做贡献"劳动竞赛。

（2）加强领导：省局党组发出了《让红色气象精神在十四运和残特奥会气象服务保障中高扬》的倡议，省局机关党委和工会分别发出了《勇于担当 善于作为 在十四运气象保障服务中彰显党员本色》和《汇聚你我力量 全力为十四运做贡献》的倡议。号召广大党员干部在服务大局上突出政治性、在担当作为上突出引领性、在服务群众上突出示范性，凝心聚力、同心同行，全力护航十四运会精彩圆满，以实际行动向建党100周年献礼！

2021年9月5日，省局薛春芳副局长主持召开会议，研究开幕式气象保障服务党建工作，审定《十四运会和残特奥会气象保障服务"党员先锋岗""青年奋斗岗"评选办法》《"十四运气象服务保障之星"评选办法》和《党建引领十四运气象保障服务工作方案》，积极部署党建引领十四运会气象保障相关工作。省局机关党委办公室和直属机关工会主要负责人带队，分别下沉指导并慰问十四运会气象台和人工消减雨联合指挥中心工作人员，有力推进全省气象部门党建引领十四运会气象保障服务工作"一盘棋"。

（3）明确任务：在全省进入十四运会开幕式气象保障服务工作状态的第一时间，省局机关党委办公室召开会议，专题研究党建引领十四运气象保障服务工作。制订实施方案和工作计划，全体人员形成个人逐日工作计划。指导十四运会气象台和人工消减雨联合指挥中心印发《关于进一步加强党建引领十四运气象保障服务工作实施方案》，确保各项工作责任明确、措施到位，整体工作全面有序推进。

3. 推动举措

（1）成立组织：在十四运会和残特奥会气象保障服务工作中，成立了十四运会气象保障部、十四运会气象台、人工消减雨作业联合指挥中心、汉中赛区气象服务保障团队4个临时党支部，全省共组建了党员突击队等组织31个，省局设青年奋进岗4个，充分发挥了战斗堡垒作用，党旗在预报、监测、通信、服务、保障等各条战线上高高飘扬。

（2）选树典型：为发挥"关键少数"的示范引领作用，通过对优秀人物、典型事迹的挖掘，进一步营造良好的工作氛围。进入十四运会特别工作状态的省局直属机关各支部以《"十四运气象服务保障之星"评选办法》为参考，结合个人工作表现，每日选树服务典型。十四运会期间，共选树"十四运气象服务保障之星"690名，党员先锋起到了模范带头作用。

（3）下沉指导：省局机关党委办公室负责人带队，下沉至十四运会气象台和人工消减雨联合指挥中心调研指导党建工作。指导省大探中心在十四运会移动气象台布设"党建与文化"阅读角。派专人赴西安咸阳国际机场协助人工消减雨联合指挥中心开展党建及日常工作。

（4）加强宣传：省局积极用好党建、党史学习教育宣传阵地和资源，通过《陕西省气象局党史学习教育简报》、美篇、办公场所宣传栏等，广泛宣传党建引领十四运会气象保障服务情况。结合十四运会气象保障工作，面向全省气象部门开展"人民至上、生命至上"专题约稿，在十四运会气象台和人工消减雨联合指挥中心业务平台、电梯间增加党建元素等，营造良好的工作氛围。全省气象部门干部职工心往一处想、劲往一处使，全力以赴做好各项工作，在十四运会气象保障服务各项急难险重的任务中当引领、走在前、做表率，在实践锻炼中检验党性。

4. 经验总结

（1）发出倡议，吹响"集结"号角：为做好十四运会气象保障工作，献礼中国共产党成立100周年，省局在十四运会开幕式前12天分别向全省气象部门党员和职工发出倡议，号召大家凝心聚力、同心同行，全力护航十四运会精彩圆满。倡议一经发出，得到了全省广大党员职工的积极响应，为后续各项工作的开展积蓄了力量。

（2）顶层设计，制定指导文件：为推进十四运会气象保障党建工作"一盘棋"，省局制定了《十四运会和残特奥会气象保障服务"党员先锋岗""青年奋斗岗"评选办法》《"十四运气象服务保障之星"评选办法》和《关于进一步加强党建引领十四运气象保障服务工作实施方案》，为各单位评选"气象保障服务之星"等提供统一标准，保证了各单位在党建引领十四运会气象保障工作中规定动作不走样。

（3）下沉指导，规范开展工作：陕西省在党建引领大型活动气象保障服务方面的经验较少，为了解情况，掌握第一手资料，省气象局机关党委办公室主要负责人带队，现场指导十四运会气象台和人工消减雨联合指挥中心开展党建工作，便于及时发现问题、解决问题，为后续各项工作开展打好基础。活动结束后，西安市气象局和陕西省人工影响天气中心分别给省气象局直属机关党委办公室送来感谢信。

（4）共建共筑，成立临时党支部：针对人工消减雨作业联合指挥中心、十四运会气象台人员组成情况，为激发跨省合作、跨单位合作的潜力，实现党建引领、人员优势互补的目的，通过成立临时党支部，整合了人力资源，凝聚了先锋力量，发挥了组织的保障作用。

（5）模范引领，选树先进典型：为充分发挥先锋力量和青年力量，通过设立党员先锋岗（突击队）、青年奋进岗，评选"气象保障服务之星"，激励广大党员和青年进一步增强党员意识、宗旨意识、服务意识和青年主人翁意识，发扬伟大建党精神，党员干部坚定信念，勇于担当，善于作为，敢于斗争，发挥了骨干作用，用硬本领硬作风落实好硬任务。

（6）结合党史学习，为民办实事：全省气象部门广大党员干部始终把"我为群众办实事"作为党史学习教育的落脚点，坚持以人民为中心，进一步强化公仆意识、为民情怀，以高度的责任感投入工作，提高预报服务的主动性、及时性、针对性，既为开（闭）幕式、各项赛事成功举办提供坚强气象保障，又为公众出行观赛、城市安全运行、志愿者服务等提供优质气象服务，切实提高了群众的获得感、幸福感、安全感。

（二）纪检监督

1. 计划目标

为认真贯彻落实习近平总书记"办一届精彩圆满的体育盛会"的重要指示，切实履行监督职责，省局党组纪检组下发《关于加强十四运会和残特奥会气象保障监督工作的通知》及《关于加强十四运会和残特奥会气象保障监督工作的方案》，重点围绕省局《十四运会和残特奥会气象保障服务2021年工作要点和任务清单》开展监督，确保各项工作任务落到实处，营造气象保障工作风清气正、廉洁高效的氛围。把"廉洁十四运会"理念落实到十四运会气象保障工作全过程、各方面；认真履行气象服务保障监督责任，突出政治监督，做实日常监督，狠抓作风转变，充分发挥监督保障的重要作用。

2. 工作措施

（1）聚焦监督重点。围绕省局《十四运会和残特奥会气象保障服务2021年工作要点和任务清单》，认真落实《第十四届全国运动会纪律检查委员会关于赛会期间严明纪律的通知》《关于加强十四运会和残特奥会气象保障监督工作的方案》要求，坚持问题导向，突出政治监督，做实日常监督，推动转变作风，解决问题，改进工作，保障工作落实，充分发挥监督保障的重要作用。

（2）坚持关口前移。常态化对各党组织履行主体责任和"一岗双责"情况开展监督检查，看思想认识是否重视、筹办责任是否落实、工作措施是否有力，把监督工作融入日常、做到经常，进一步提升气象保障监督工作的针对性。2021年11月前把做好赛会赛事气象保障服务和气象科普及新闻宣传作为监督重点，严查关键节点应急气象服务保障不力、气象科普及新闻宣传不及时等问题。融合监督合力，强化与业务部门的信息互通，加强对"三重一大"决策、设备采购、招标投标、气象保障服务等跟踪监督。

（3）严肃执纪问责。将十四运会气象保障监督工作与落实中央八项规定精神、疫情防控、制止铺张浪费、破除形式主义官僚主义、整治领导干部违规插手干预工程建设等统筹结合起来，不断提升监督效能和质量。

3. 工作机制

（1）日常监督。9月4日纪检办根据《关于进入十四运会开幕式气象保障服务工作状态的通知》制订了关于进入十四运会开幕式气象保障服务工作状态具体工作安排的方案及工作日计划表。根据该方案，省局纪检办联合人事处采取"四不两直"形式，对省局机关处室和十四运会业务相关单位工作纪律进行了多次检查。各单位能够按照省局要求开展工作，未发现违反工作纪律的情况。

（2）重点监督。9月11日纪检办结合《十四运会开幕式气象保障服务特别工作状态方案》，重点检查监督各单位重大活动保障履职情况。由纪检组长熊毅和胡文超二级巡视员带队，纪检办、十四运会办参与对进入特别工作状态单位的工作开展情况进行"四不两直"实地检查监督。

4. 评估结果

对特别工作状态期间，各单位确保固定工作区域岗位24小时有人在岗应急值守和主要负责人在岗值班制度，随时接听电话、接收任务和反馈信息情况，随时响应工作安排，确需外出的要按照干部管理权限，严格按规定审批情况，根据各自职责分工对天气会商、气象预报服务、现场决策气象服务、人工消减雨作业、技术支撑和后勤保障等各项工作进行详细的走访检查。总体来看，各单位能严格遵守各项工作纪律、严格工作排班、按时到岗，疫情防控、安全生产等后勤保障措施到位，未发现不认真履职尽责、未严格落实服务承诺、因缺岗漏岗等导致工作贻误等情况。

5. 经验总结

（1）加强组织领导。省局党组纪检组牵头负责十四运会气象保障监督工作，加强对各工作环节的监督保障。对未按时间和任务要求完成的单位，对承担任务的主要负责人进行追责。全省气象部门各级纪检机构要把对十四运会和残特奥会气象保障工作的监督作为重中之重，列入重要议事日程，认真组织落实。

（2）压实主体责任。各市局党组纪检组、省局直属机关纪委认真履行监督职责，把党组织主体责任和监督责任贯通联动、一体落实。紧盯"关键少数"，坚持严管厚爱结合、激励约束并重，依规依纪依法开展监督，切实防范廉政风险。省局将十四运会气象保障监督情况纳入年度党风廉政建设工作目标内容进行考核。

（3）细化任务措施。纪检办通过参加十四运会气象保障有关工作会议、定期了解工作进展等方式，根据十四运会开幕式筹备工作的特点规律，把握不同阶段重点监督的任务特点，围绕重点领域，分阶段跟进监督，切实落实监督职责，起到了较好的保障作用。

二、组织保障

按照《第十四届全国运动会、第十一届残运会暨第八届特奥会气象台组建方案》，省局人事处积极参与人员保障协调工作，分三批次抽调人员借用到十四运会和残特奥会气象台，共计 76 人，其中西安市气象局 48 人，其他地市局 10 人，省局 18 人。借用的人员中 74 人为专业技术人员（其中国家级首席服务专家 1 人，省局首席预报员 2 人，省局副首席预报员 3 人，省局首席服务专家 4 人，省局副首席服务专家 4 人），2 人为工勤保障人员。

省局人事处全员参与十四运会保障工作，切实扛起政治责任，贯彻落实省局党组对十四运会气象服务保障的各项部署安排，充分发挥十四运会气象服务人事保障作用。2021 年 9 月 6 日，处内召开会议，全处同志进入十四运会工作状态，9 月 11 日，按照省局《十四运会开幕式气象保障服务特别工作状态方案》要求，人事处立即再动员再部署，明确责任分工，任务到岗到人，全员 5+2 值守，主要负责人 24 h 值班。按照十四运会总体方案部署，与纪检组联合开展了 4 次人员在岗情况检查及慰问，及时了解技术保障人员存在的困难，协调解决各岗位人员工作需求，关心十四运会气象保障人员工作、生活、身体状况。关心慰问期间，人事处强化激励担当，发现在急难险重任务中冲锋在前、表现突出的干部，宣传奉献精神，总结在十四运会保障中的好经验、好做法，鼓励职工做好十四运会气象服务保障工作。

人事处多次深入服务保障一线，及时消除有关干部职工后顾之忧，在解决问题、帮助职工的过程中，发现气象部门各级干部职工各司其职、斗志昂扬、精神饱满。各级领导班子以上率下，组织带领各单位职工恪尽职守、冲锋在前、主动服务。广大专业技术人才，充分发挥专业优势，把文章写在十四运会保障的第一线，在十四运会保障的一线践行初心使命。全局上下营造了奋勇争先、同心协力、敢争胜利的浓厚氛围，为十四运会气象服务保障的圆满成功贡献了气象智慧和力量。

三、财务保障

（一）周密部署，压实工作责任

根据《十四运会和残特奥会赛事气象保障指挥部工作方案》和《十四运会开幕式气象保障服务特别工作状态方案》安排，省局计财处和核算中心积极响应，多次召开会议传达省局指示精神，部署财务保障相关工作。通过系统梳理财务保障工作内容，成立后勤保障和资金保障两个工作组，制定了详细的工作方案，由主要负责人抓总，计财处和核算中心相关同志开展具体工作。全体人员按照职责分工，主动下沉到相关单位，指导、督促和协调工作并帮助解决实际问题。同时要求党支部对党员在十四运会开幕式气象保障服务工作进行监督，充分发挥党支部的战斗堡垒作用。

（二）统筹协调，细化接待方案

积极落实分管副局长在十四运会开幕式后勤保障协调会议上的要求，与省局办公室、相关业务处室、十四运会办及省局直属单位协调配合，在十四运会办制定的来陕专家行程方案的基础上，组织有关单位制定了详细的专家接待方案，对专家每日行程安排和工作安排进行细化，确定各单位陪同人员，优化资源调配，提前落实好住宿及接送站安排，逐日统计专家入住信息并提供给局办、十四运会办，全方位、高标准地做好接待服务工作，充分发挥专家在陕期间的专业技术优势。

（三）主动作为，提升服务质量

一是主动下沉，督促指导工作。将疫情防控作为此次后勤保障的第一道关口，计财处与省局机关服务中心、培训学院提前部署，向相关部门核实来陕防控政策，通知专家提前做好核酸检测，采取多种措施加强对入住人员的管控，周密做好疫情防控。保障服务期间，处领导多次带队下沉到机关服务中心、培训学院等单位开展指导和督促，帮助解决实际问题，检查接待服务情况，细致查看来陕专家的住宿环境和餐饮品质，确保服务全面细致、食品安全可口，并对两家单位好的经验做法进行了交流借鉴，指出了工作不足和改进建议。

二是沟通衔接，落实资金保障。在省局党组的统一部署下，积极与财政厅、十四运会组委会财务部对接，主动向上争取人工消减雨专项经费资金额度，同时就专项经费资金拨付、资金到位时间及省局在执行项目经费应急采购中存在的政策疑问等细节进行充分沟通，切实提高资金保障力度。多次赴省人影中心现场梳理人工消减雨专项经费情况，制定了《十四运开幕式人工消减雨作业经费管理办法》，明确经费使用范围和要求，严格遵循实事求是、厉行节约、专款专用原则，按照项目预算和财务规程审批审核资金，强化监督管理，提高财政资金使用绩效。

三是特事特办，开通绿色通道。进入十四运会筹备阶段后，紧盯关键时间节点，按照"急事急办、特事特办"的原则，省局核算中心启动了紧急工作机制，开通了资金支付"绿色通道"、政府采购"绿色通道"等，确保十四运会相关资金及时快速支付，确保气象保障工作用款需求，确保不因资金问题影响大局。

四是窗口前移，打通财务报销第一道关口。成立方新大院财务服务小组，每日安排两名会计进驻方新大院，为4家单位提供上门服务，负责财务政策咨询、相关业务指导、原始票据审核、接单等。

五是强化财政监管，做好专项资金支付。构建规范高效的资金管理机制，严格遵循专款专用、强化监督、注重时效的原则，严格执行有关财务管理规定，规范各项支出。尤其是十四运会开幕式人工消减雨作业经费到账后，对遇到的资金支付问题进行了仔细了解，通过梳理政策、深入学习，成立专项经费服务小组，为人影中心就专项经费事宜提供专门服务。

四、后勤保障

十四运会气象筹备和保障服务期间，省局机关服务中心和培训学院认真贯彻落实省局党组的决策部署，用心用情用力做好各项保障工作。

（一）成立机构

省局机关服务中心和培训学院分别成立十四运会气象保障服务工作领导小组，领导小组下设综合协调组、食宿保障组等，进一步细分工作任务、落实工作责任。

（二）工作举措

1. 业务培训

2021年9月9—13日，组织完成十四运会开幕式人工消减雨保障地面作业人员集结培训工作，培训154人；完成十四运会和残特奥会气象保障系列培训气象大讲堂两期。筹备期间，省培训学院按省局要求成功举办十四运会和残特奥会组委会气象保障服务培训班、赛事高影响天气风险管理与防范视频培训会及十四运会和残特奥会气象保障系列培训气象大讲堂。

2. 食宿保障

省局机关服务中心反复研究制定食谱，严把食品进货关和饭菜制作关，逐一维修破损房屋并腾出5间办公用房，最大限度地满足接待需求，共接待来陕专家团队100余人，提供餐饮保障2400余人次，投入客房128间。培训学院分隔就餐区域，增设每天定时更换果盘服务，检查并调试网络交换机，十四运会期间，共接待专家454人次、学员270余人次住宿，2070人次用餐。

3. 疫情防控

省局高度关注新冠肺炎疫情防控工作，实行大院、办公区"双保险"测温、扫码检查制度。省局机关服务中心对大厦公共区域6000 m² 区域消杀12次，三大院、办公楼公共区域消杀38次，设置疫情防控点6个，办公区疫情防控扫码、测温检测4000余人次，并每隔一日对入住人员进行一次核酸检测（图3-87）。培训学院制定《陕西省气象干部培训学院十四运会气象保障服务食宿疫情防控方案》，所有入住、用餐人员一律扫码测温，出示核酸检测阴性报告后方可入住、用餐。

4. 其他保障

第一时间成立物业应急保障小分队，建立应急保障联络群。十四运会期间，出车（图3-88）70余趟次，安全行驶1300余千米。对供水、供电设备巡检8次、维修2次。检查气象大厦电梯22次、中央空调72次。

图 3-87　消杀、测温现场

图 3-88　保障车辆

（三）经验总结

一是转变观念。提高认识，切实做到从领导到服务员、从老师到服务员的转变，用热情、周到的服务想方设法使每一位服务对象有宾至如归的感觉。

二是创新菜品。严把食品质量关，并根据用餐客人情况，提前拟定菜单、丰富品种并增加陕西特色小吃。

三是改善环境。通过维修房屋、添置绿植、划区域用餐、调整值班室位置等，进一步改善环境、提高服务质量。

四是靠前服务。机关服务中心提前完成气象大厦楼宇亮化及相关配套建设，对气象大厦外立面进行清洗，部分照明设施、电线电缆进行更换等。培训学院职工发挥特长，为榆林机组保障人员处理运动伤，机组发来"感谢信"致谢。

第四章
气象科普与新闻宣传

陕西省气象局在第十四届全国运动会和第十一届残疾人运动会暨第八届特殊奥林匹克运动会筹备和举办期间，以"打造大城市重大活动气象保障宣传模式"为目标，积极联合内外媒体，结合十四运会和残特奥会气象需求特色，策划多项活动，探索气象服务专项大型活动宣传经验，强化气象宣传思想科普工作社会化和规范化，及时发布气象信息，营造公开、透明的气象信息环境。同时做好网络舆论引导和处置，树立气象信息发布的权威性。通过全方位、深层次、跟踪式宣传报道十四运会中各项气象服务保障工作，全面展示和宣传气象现代化成果和科技支撑。十四运会新闻宣传呈现出了新亮点，探索出了新模式，也为广大媒体工作者留下了一届难忘的全运会采访记忆。

第一节　气象科普

一、媒体平台开设专题"十四运会气象与体育"

根据各大媒体的特点以及目前媒体的传播趋势，陕西省气象局从中央级媒体、省级媒体、地市级媒体平台传播 3 个层面上考虑，按照新闻传播的趋势和特点进行气象科普宣传定位。中央级媒体发挥引领作用，省级媒体发挥主力军作用，地市级媒体平台发挥人群覆盖功能，新闻宣传的报道定位清晰，气象科普的内容具体、效果显著。

从十四运会倒计时 100 天开始，在陕西省气象局官方门户网站首页开设十四运会专栏，其中专门策划了一项气象与体育的科普栏目，对马拉松、足球、高尔夫、皮划艇、小轮车等户外项目与气象的关系进行了详细的科普介绍。同时，中国气象局官方网站也开设专栏与陕西省气象局门户网站的十四运会专栏进行链接，同步实时共享。各地市气象局对十四运会栏目内容进行转发。

二、十四运会和残特奥会组委会举办大讲堂

2020 年 9 月 22 日晚，十四运会和残特奥会组委会举办第十二期大讲堂活动（图 4-1），中国科学院大气物理研究所研究员、博士生导师郭学良作为特邀讲师，以"重大活动人工影响天气保障的注意事项和前期保障案例的经验风险分析"为题做专题讲座，深度解读重大活动人影天气保障。组委会各部室驻会副部长以及工作人员 100 余人参加了大讲堂。陕西省气象局副局长罗慧主持此次活动。

作为国庆 70 周年阅兵、杭州 G20 峰会、武汉军运会人工影响天气专家指导组组长，郭学良在重大活动人影保障方面有着丰富的经验。郭学良详细介绍了人影基本背景情况、北京奥运和杭州 G20 等重大活动人影保障案例以及人影保障原理，并从组织协调、技术难度、天气条件和成本花费等方面对人影保障的局限性和存在风险进行了分析。同时还提出要做好充分准备、强化风险应对、加强空域保障、确保作业安全 4 方面的建议。

图 4-1　大讲堂培训现场

通过此次活动，组委会各部室对人工影响天气保障工作有了基本的了解和正确的认识，也为气象部门下一步科学合理开展人工影响天气保障营造了良好的氛围。

三、气象保障服务写入十四运会组委会通用政策

为了更好地服务组委会工作人员、运动员、教练员及志愿者，气象保障服务写入十四运会组委会《中华人民共和国第十四届运动会代表团通用政策》一书。

1. 陕西气象 App（全运·追天气）

基于手机定位实时获取所在地区天气情况、本地场馆场地和赛会赛事相关气象实况监测、天气预报、预警信息及自动告警提醒。在手机应用商城中搜索"陕西气象"，在微信中搜索"全运追天气"小程序或扫描二维码下载使用。

所在地区	用户名	所在地区	用户名
西安市（含西咸新区）	xian	渭南市（含韩城市）	weinan
榆林市	yulin	安康市	ankang
延安市	yanan	汉中市	hanzhong
铜川市	tongchuan	商洛市	shangluo
咸阳市	xianyang	杨凌	yangling
宝鸡市	baoji		

2. 十四运会和残特奥会天气网

3. 全运一掌通 App 气象版块、十四运会官网等官方平台，电视天气预报节目和陕西气象微博、微信公众号、抖音、快手

陕西气象微博

陕西气象微信公众号

陕西气象抖音

陕西气象快手

《中华人民共和国第十四届运动会代表团通用政策》部分内容如图 4-2 所示。

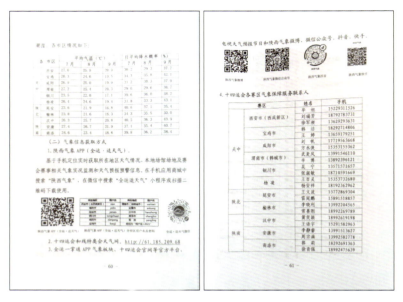

图4-2 《中华人民共和国第十四届运动会代表团通用政策》内容节选

四、陕西省气象局组织编写宣传手册

2020年7月，为了全力做好十四运会和残特奥会的气象服务和宣传工作，按照中国气象局、陕西省气象局的相关要求，规范十四运会和残特奥会气象宣传，确保全方位、多角度的宣传效果，陕西省气象局特别编印了《第十四届全国运动会、全国第十一届残运会暨第八届特奥会气象工作宣传手册》，分别对领导要求、规章制度及媒体关注等热点问题进行解答和说明。

《第十四届全国运动会、全国第十一届残运会暨第八届特奥会气象工作宣传手册》分为领导讲话摘要、相关文件与规章制度、气象新闻宣传口径参考与新闻发言人应答三大章节。其中，领导讲话摘要篇章中分别收录了中央领导讲话要求——《习近平论宣传思想工作（2020年）》《习近平在中共中央政治局第十二次集体学习时强调"推动媒体融合向纵深发展 巩固全党全国人民共同思想基础"》等内容；中国气象局有关要求——《中共中国气象局党组传达学习习近平在2018年全国宣传思想工作会议上重要讲话精神》和中国气象局领导批示等内容；省委、省政府有关要求——《刘国中在西安调研时强调全力推进十四运会筹备各项工作 同步提高城市治理现代化水平》《陕西省委、省政府主要领导指示批示要求》等内容。

在"相关文件与规章制度"章节中收录了《新闻工作者职业道德准则》《第十四届全国运动会总体工作方案（节选）》《第十四届全国运动会、第十一届残运会暨第八届特奥会气象保障服务实施方案（节选初稿）》《第十四届全国运动会、第十一届残运会暨第八届特奥会陕西省筹（组）委会新闻发言人制度》《第十四届全国运动会、第十一届残运会暨第八届特奥会陕西省筹（组）委会新闻采访制度》《第十四届全国运动会、全国第十一届残运会暨第八届特奥会陕西省气象局新闻发布管理办法》《中共中国气象局党组关于加强气象宣传工作的意见》《中共陕西省气象局党组关于加强气象宣传工作的意见》《陕西省气象宣传工作管理办法》九部分内容。

在"气象新闻宣传口径参考与新闻发言人应答"章节中收录了"陕西及赛事所在地气候特征是什么？""十四运会气象保障服务有什么意义？""十四运会气象保障服务有哪些特殊需求？""十四运会气象保障服务的目标是什么？""十四运会气象保障预报预警技术有哪些？""十四运会气象保障智慧服务系统有哪些？"等新闻宣传口径标准46条内容。

五、气象服务写入比赛竞赛指南（图4-3至图4-7）

图4-3 小轮车比赛竞赛指南气象服务宣传页图片

图4-4 田径比赛竞赛指南气象服务宣传页图片

图 4-5 山地自行车比赛竞赛指南气象服务宣传页图片

图 4-6 攀岩比赛竞赛指南气象服务宣传页图片

图 4-7　马术比赛竞赛指南气象服务宣传页图片

六、编写《气象服务手册》（图 4-8）

目录

CONTENTS

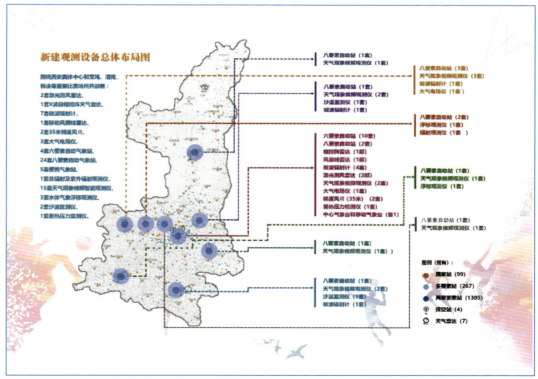

图 4-8 《气象服务手册》样章

七、为组委会进行赛事高影响天气风险管理与防范视频培训

2021 年以来，陕西省气象局围绕高影响天气风险管理、重大活动气象预报服务、人工消减雨应急保障、新型观测设备应用、安全生产、新闻宣传与舆情管控等各工作领域，面向组委会有关部室、各项目竞委会及气象部门开展十四运会和残特奥会气象保障服务系列培训 11 期，参训人员累计 3300 余人次。

2021 年 6 月 29 日，为进一步做好赛事高影响天气防范应对工作，组委会召开十四运会和残特奥会项目竞委会工作人员视频培训交流会议。会议强调，天气是影响各项赛事活动能否安全顺利开展的重要因素，针对赛事高影响天气防范应对工作，一要提高政治站位，清醒认识高影响天气给赛事运行工作带来的风险和挑战，及时关注天气变化，特别是局地短时的极端天气；二要强化底线思维，完善高影响天气应急预案，明确叫应机制和信息发布机制，将"简约、安全、精彩"的办赛要求落实到具体筹办工作中；三要压实主体责任，强化分析研判，做好监测预警服务，落实赛事高影响天气风险防范和应急处置措施。

随后，气象保障部副部长罗慧以《强化十四运会赛事高影响天气风险管理与防范》为题做了培训交流。她以"白银景泰黄河石林百公里越野赛公共安全责任事件"为例，从气象的角度对事故原因进行了分析，提醒大家吸取悲惨教训，绝不能重蹈覆辙；随后围绕高影响天气风险的定义、特点、影响分类以及指标阈值等方面进行了详细的阐述；同时向组委会的工作人员强调与自然灾害斗争时不可存在侥幸心理，要强化工作责任和统筹协作，助力十四运会和残特奥会"精彩圆满"，切莫失于"最后一米"；最后围绕《气象服务需求及建议调查问卷》结果分析情况与 53 个竞委会进行了交流，并现场推介了陕西气象 App（全运·追天气）。

此次培训分别在组委会、13 个市区执委会和 53 个项目竞委会设立主会场和分会场。培训人员涵盖组委会竞赛组织部、气象保障部及各项目竞委会领导和工作人员等共计 500 余人。

第二节　新闻宣传

十四运会和残特奥会是党和国家交给陕西的一项重大政治任务，习近平总书记来陕考察时明确提出"做好筹办工作，办一届精彩圆满的体育盛会"。为全力做好十四运会和残特奥会气象服务和宣传科普工作，陕西省气象局将气象宣传贯穿始终，统筹联动，聚焦主题，积极探索"大城市重大活动气象保障宣传工作模式"，努力营造浓厚的宣传氛围，取得良好的宣传成效。

一、提高政治站位，强化组织领导，构建十四运会气象宣传工作新格局

中国气象局庄国泰局长在第十四届全国运动会和第十一届全国残运会暨第八届特奥会气象保障服务工作视频会议上的讲话中指出，做好十四运会气象保障服务是检验习近平总书记重要指示精神贯彻落实成效的"试金石"，是陕西气象事业高质量发展的"助推器"，是提高风险防范能力的"训练场"。十四运会标准高、规模大、范围广、时间长，做好气象保障服务非常重要。气象宣传科普工作是气象保障服务的重要组成部分，是讲好气象故事、展示气象服务成效的重要手段。为充分发挥宣传科普助力气象保障工作的积极作用，陕西省气象局高度重视十四运会气象宣传科普工作，多次研究部署宣传科普工作，提早启动专题策划，明确气象服务宣传科普在十四运会气象保障工作中的重要地位。

（一）积极汇报沟通，国省联动形成合力

中国气象局高度重视和支持十四运会气象保障服务筹办宣传工作，多次对十四运会宣传口径把控等工作提出指导意见。余勇副局长分别在十四运会两次专题会议上对气象宣传提出要求，指出宣传工作要把握节奏，科学地展示气象工作，更好地服务气象保障工作。陕西省气象局办公室领导多次向中国气象局办公室专题汇报，得到了中国气象局办公室领导的深入指导和有力支持。中国气象局办公室积极协调推动陕西省气象局与中国气象局内

媒达成合作共识，中国气象局集中内部主要宣传部门力量为十四运会气象宣传科普工作搭建了优质平台，同时协调 8 家主流媒体集中来陕采访，2 名《中国气象报》记者驻陕协助组织宣传科普工作，对舆情监控和口径把握等工作提供技术支持。在国、省气象部门的共同努力下，宣传科普工作快速有序推进。

（二）加强组织管理，严格把控口径

陕西省气象局办公室积极主动对接十四运会宣传部，就气象宣传信息报送渠道、口径管理、舆情管控等工作提前对接，在与十四运会官方宣传口径保持一致的前提下组织策划和推进气象宣传科普工作。为规范全省宣传科普组织管理工作，组织制定陕西省气象局《第十四届全国运动会 全国第十一届残运会暨第八届特奥会新闻发布管理办法》(图 4-9)、《第十四届全国运动会 全国第十一届残运会暨第八届特奥会气象保障宣传科普工作实施方案》(图 4-10) 等文件，从宣传工作组织体系、重点任务、宣传方式、舆情管控等方面进行系统组织部署。针对各项新闻采访活动，细化采访方案，严格把控口径，下发宣传采访任务单、重要宣传任务单等规范开展新闻采访活动。通过严密的宣传科普工作组织，将宣传科普口径严格把控，杜绝错误信息引发负面舆情隐患。

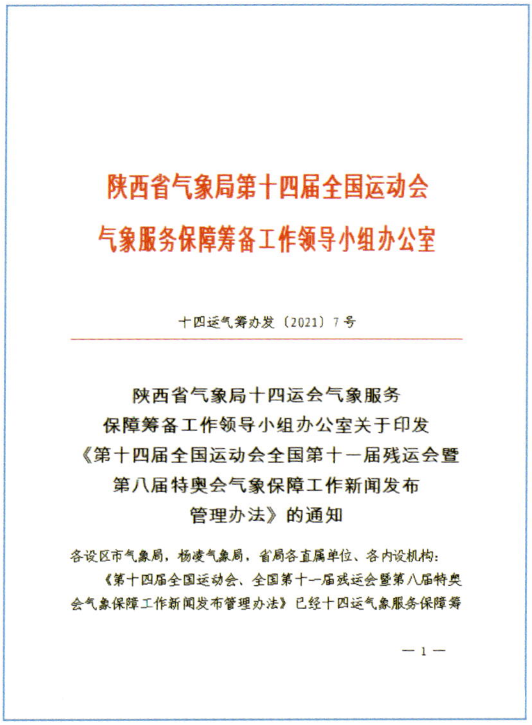

陕西省气象局第十四届全国运动会
气象服务保障筹备工作领导小组办公室

十四运气筹办发〔2021〕7 号

陕西省气象局十四运会气象服务保障筹备工作领导小组办公室关于印发《第十四届全国运动会全国第十一届残运会暨第八届特奥会气象保障工作新闻发布管理办法》的通知

各设区市气象局，杨凌气象局，省局各直属单位、各内设机构：

《第十四届全国运动会、全国第十一届残运会暨第八届特奥会气象保障工作新闻发布管理办法》已经十四运气象服务保障筹

— 1 —

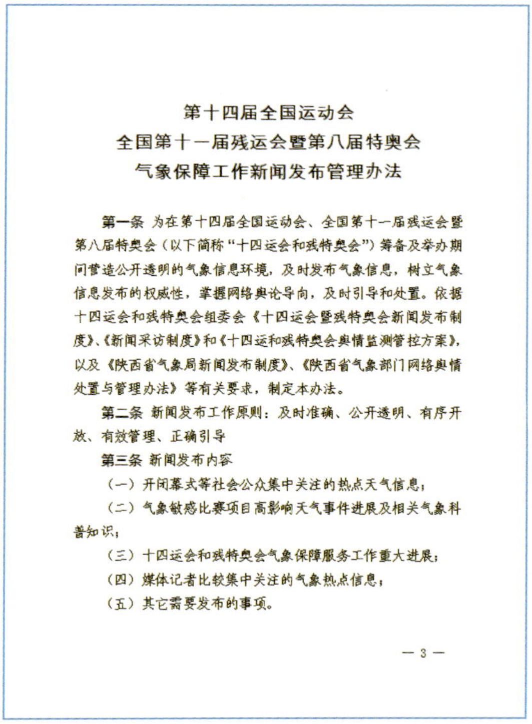

第十四届全国运动会
全国第十一届残运会暨第八届特奥会
气象保障工作新闻发布管理办法

第一条 为在第十四届全国运动会、全国第十一届残运会暨第八届特奥会（以下简称“十四运会和残特奥会”）筹备及举办期间营造公开透明的气象信息环境，及时发布气象信息，树立气象信息发布的权威性，掌握网络舆论导向，及时引导和处置。依据十四运会和残特奥会组委会《十四运会暨残特奥会新闻发布制度》、《新闻采访制度》和《十四运和残特奥会舆情监测管控方案》，以及《陕西省气象局新闻发布制度》、《陕西省气象部门网络舆情处置与管理办法》等有关要求，制定本办法。

第二条 新闻发布工作原则：及时准确、公开透明、有序开放、有效管理、正确引导

第三条 新闻发布内容

（一）开闭幕式等社会公众集中关注的热点天气信息；

（二）气象敏感比赛项目高影响天气事件进展及相关气象科普知识；

（三）十四运会和残特奥会气象保障服务工作重大进展；

（四）媒体记者比较集中关注的气象热点信息；

（五）其它需要发布的事项。

— 3 —

图 4-9　陕西省气象局《第十四届全国运动会 全国第十一届残运会暨第八届特奥会新闻发布管理办法》(部分)

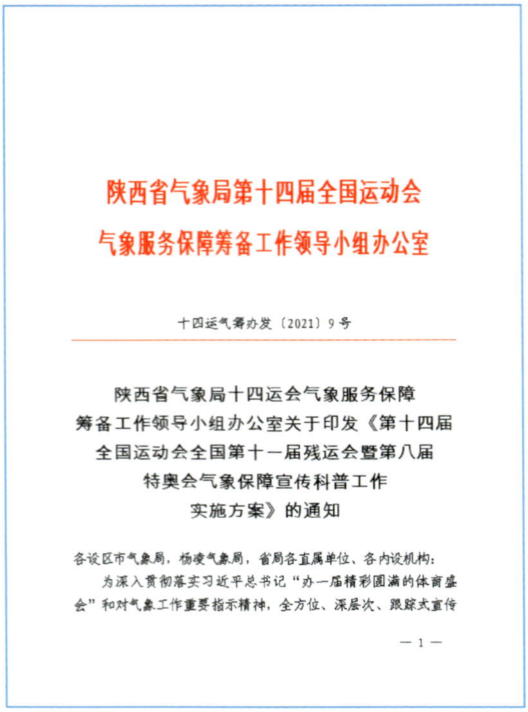

陕西省气象局第十四届全国运动会

气象服务保障筹备工作领导小组办公室

十四运气筹办发〔2021〕9号

陕西省气象局十四运会气象服务保障
筹备工作领导小组办公室关于印发《第十四届
全国运动会全国第十一届残运会暨第八届
特奥会气象保障宣传科普工作
实施方案》的通知

各设区市气象局，杨凌气象局，省局各直属单位、各内设机构：

为深入贯彻落实习近平总书记“办一届精彩圆满的体育盛会”和对气象工作重要指示精神，全方位、深层次、跟踪式宣传

— 1 —

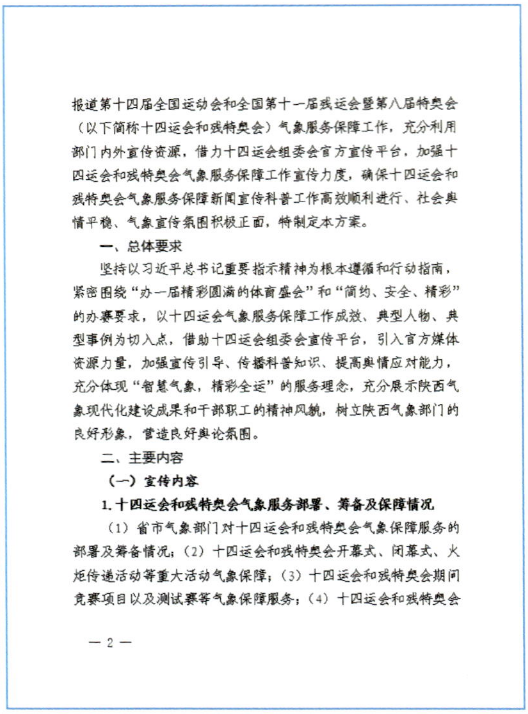

报道第十四届全国运动会和全国第十一届残运会暨第八届特奥会（以下简称十四运会和残特奥会）气象服务保障工作，充分利用部门内外宣传资源，借力十四运会组委会官方宣传平台，加强十四运会和残特奥会气象服务保障工作宣传力度，确保十四运会和残特奥会气象服务保障新闻宣传科普工作高效顺利进行、社会舆情平稳、气象宣传氛围积极正面，特制定本方案。

一、总体要求

坚持以习近平总书记重要指示精神为根本遵循和行动指南，紧密围绕“办一届精彩圆满的体育盛会”和“简约、安全、精彩”的办赛要求，以十四运会气象服务保障工作成效、典型人物、典型事例为切入点，借助十四运会组委会宣传平台，引入官方媒体资源力量，加强宣传引导、传播科普知识、提高舆情应对能力，充分体现“智慧气象，精彩全运”的服务理念，充分展示陕西气象现代化建设成果和干部职工的精神风貌，树立陕西气象部门的良好形象，营造良好舆论氛围。

二、主要内容

（一）宣传内容

1. 十四运会和残特奥会气象服务部署、筹备及保障情况

（1）省市气象部门对十四运会和残特奥会气象保障服务的部署及筹备情况；（2）十四运会和残特奥会开幕式、闭幕式、火炬传递活动等重大活动气象保障；（3）十四运会和残特奥会期间竞赛项目以及测试赛等气象保障服务；（4）十四运会和残特奥会

— 2 —

图 4–10　陕西省气象局《第十四届全国运动会 全国第十一届残运会暨第八届特奥会气象保障宣传科普工作实施方案》（部分）

（三）高度重视舆情引导，及时做好宣传科普应急预案

陕西省气象局领导多次指出，舆情问题事关气象保障工作的成败，要加强舆情引导工作。省局办公室修订了《陕西省气象部门网络舆情风险研判处置与管理办法》，组织编制了《十四运会气象工作宣传手册》，为防范化解十四运会气象宣传负面舆情提供科学依据。省局办公室对倾向性有关的热点问题、敏感问题进行摸排，安排重点单位储备舆情应对数据和信息资料，第一时间科学答疑解惑，并适时发布以提前铺垫宣传工作。各单位的主要负责人为新闻发布主要责任人，大量储备引导信息库资料，严把宣传统一出口。编制十四运会开幕式宣传科普应急预案，与《中国气象报》、中央主流媒体及时沟通，商讨开幕式期间备用两套推送稿件方案，提前做好科普信息推送工作，营造良好的宣传科普氛围。

二、创新工作方式，广泛动员宣传，借力提升气象宣传影响

在规范开展十四运会气象宣传工作的前提下，不断探索借力外媒，有力、有序、有效地开展十四运会气象服务宣传工作。

（一）借助政府新闻宣传平台发布气象信息提高社会关注度

2020 年 12 月 18 日，在省政府新闻发布厅举行的十四运会组委会、残特奥会组委会

2020 年度第四次新闻发布会上，组委会气象保障部副部长、省气象局副局长罗慧通报了十四运会气象保障工作开展情况，并现场回答媒体提问。据统计，本次发布会各媒体报道 140 条，受众人数达 5000 万人，本次宣传活动是陕西省气象局近年来受众最多、影响最大的宣传活动，有效地向社会公众展示了气象部门在十四运会筹办工作中的责任与担当。

（二）借力中央主流媒体力量拓宽国内宣传领域

2021 年 9 月 8 日，中国气象局气象宣传与科普中心组织《人民日报》《科技日报》《中国科学报》《中国日报》《中国气象报》、中国新闻网等中央级媒体和《陕西日报》组成采访团来陕集中采访，采访团先后前往赛事指挥中心、十四运会气象台、高陵雷达站、西咸新区马术中心、杨凌水上运动中心等地采访。在中国日报网刊登《Forecasters confident of weathering all storms》（图 4-11）、中国新闻网刊发《精确到分钟的十四运会天气预报是怎样炼成的？》（图 4-12）、《科技日报》刊发《与天气"抢跑" 智慧气象为十四运会保驾护航》、《人民日报》刊发《智慧气象赋能十四运会：气象"黑科技"应用、创新体制机制推行》、中国科学网刊发《智慧气象追天气 代天护佑"十四运会"》等多篇信息稿件，极大地提升了陕西气象十四运会气象保障服务的影响力，扩大了社会影响力。

图 4-11　中国日报网刊登《Forecasters confident of weathering all storms》截图

图 4-12　中国新闻网刊登《精确到分钟的十四运会天气预报是怎样炼成的？》截图

（三）积极沟通内部媒体和地方开展宣传推送

在中国气象局的大力支持下，中国气象局网站和《中国气象报》开设了十四运会专题和专栏，首页集中推送十四运会宣传稿件信息（图 4-13、图 4-14）。2 名《中国气象报》记者驻陕指导做好系列报道的组织、撰写和视频拍摄，全面科学地反映了气象保障工作的实际，推出鲜活的典型人物和事迹，丰满地展示了气象保障工作。从十四运会前期准备到开（闭）幕式，陕西省气象局通过各级媒体刊发新闻报道 200 余篇。其中，《中国气象报》刊稿 35 篇，头版头条 2 篇，二版头条 1 篇，千字稿 9 篇；在中国局网站首页刊稿 25 篇；陕西省气象局内网刊稿 81 篇；通过自媒体刊发各类稿件百余篇；向《中国气象要情摘报》刊稿 8 篇；通过《陕西日报》群众新闻 App 刊发稿件 67 篇。在开幕式前期撰写《全国一盘棋 气象保障准备就绪》《密织观测站网 夯实服务基础》《打造智能气象预报系统为科技全运赋能》《智慧气象的 N 个瞬间》4 篇十四运会开幕式系列报道在《中国气象报》、中国气象局网站率先刊发，其余稿件均在其他版面重要位置刊发，并通过省内 20 余家主流媒体同步转载，为十四运会气象保障服务营造良好的宣传环境和社会氛围。

图4-13 《中国气象报》头版刊登十四运会相关气象服务稿件截图

图 4-14　中国气象局官方网站首页刊登十四运会图片及相关稿件截图

（四）丰富多媒体宣传阵地，多角度开展气象宣传

为了全面展示十四运会气象保障服务工作，陕西省气象局充分开发短视频等新媒体阵地，精心策划和制作《第十四届全国运动会　第十一届残运会暨第八届特奥会气象台正式启动》等十四运会相关系列科普视频5期；联合《中国气象报》新媒体拍摄制作Vlog短视频7期（图4-15）；自主制作短视频71条，在抖音、快手两大短视频平台推出，累计受众达76万人次。为了全力做好气象服务和宣传工作，陕西省气象局以"打造大城市重大活动气象保障宣传模式"为目标，通过全面展示和宣传气象现代化的成果和有效服务，补充和延伸气象服务工作。同时，以十四运会和残特奥会气象服务为契机，积极联合内外媒体，结合十四运会和残特奥会气象需求特色，策划多项活动，积极探索气象服务专项大型活动宣传经验，大力强化气象宣传思想科普工作社会化和规范化。

图4-15　中国气象局微信公众号刊发
十四运会相关视频

中篇

实践

第五章
国省单位技术支持与保障服务

第一节　中国气象局业务单位技术支持与保障服务

一、国家气象中心

国家气象中心高度重视十四运会开幕式气象保障服务工作，成立了气象保障服务工作组织机构，明确了各项工作计划安排和具体任务，积极主持或参加专题会商和现场服务，为确保十四运会开幕式顺利举行做出了积极贡献。

（一）气象保障服务筹备

国家气象中心高度重视十四运会气象保障服务工作，印发了《国家气象中心"十四运会和残特奥会"气象保障服务实施方案》（以下简称"方案"），方案明确了国家气象中心"十四运会和残特奥会"气象服务工作组织机构和工作职责，成立了中心主要负责人任组长的领导组、应急保障组和中心首席预报员为主的专家组。并分别就十四运会指导产品制作与发布、专题会商、现场服务、决策气象服务等任务进行了工作安排。

（二）气象保障服务开展情况及成效

1. 专题服务，针对性强

国家气象中心在天气业务内网上线"十四运会"专栏和针对十四运会的综合指挥平台天气预报栏目。专栏包括了 0~24 h 逐 1 h 降水、气温等要素网格预报、GRAPES_3 km

要素预报、污染物扩散概率等产品，同时增加了十四运会主要比赛场馆的格点预报产品，并实现了各类产品的实时检验和更新。充分发挥了中央气象台对下指导和技术引领作用。

开幕式前10天、前5天、前3天及开幕式当天等重要时间节点，从中期、短期至短时临近阶段对开幕式前后天气条件及日期调整建议进行持续关注。充分利用5～10 min的地面自动站观测，逐1 h、3 h、6 h、12 h、24 h定时和滚动更新的智能网格产品，融合降水预报产品，融合雷达回波外推产品和智能网格预报服务平台，天气综合分析平台，强天气诊断分析平台等现代化建设成果，并在重大活动保障系统中及时增加陕西地区未来2 h逐10 min滚动降水预报产品。提前10天和5天均指出2021年9月15日以阴天为主并伴有弱降水；提前3天提出15日多云转阴天，夜间有小雨（雨量<5 mm），明确关键时段15日20—23时阴天有零星小雨，降水最有可能出现在22时前后，降雨量0～1 mm；15日在两次专题会商中进一步明确17—20时为阴天，20—23时零星小雨转阵雨，降雨量1～3 mm，并提供17—23时逐小时天气预报结论。专家组为开幕式活动提供了精准、精细的预报服务，准确预报了开幕式活动期间的天气情况。

2. 积极参加专题会商

为做好十四运会开幕式预报服务工作，中心组织成立了以首席为组长、各单位优秀业务骨干共14人的预报服务专家组。通过组织或参加重点时段天气专题会商和应急会商，针对强降水、雷暴、冰雹、大风、高温、雾/霾、沙尘等高影响天气，以及涉及公众参与体验的空气质量及能见度等提供气象服务保障现场、远程技术指导。9月4—15日，共参加专题会商9次，其中主持1次，参与发言8次，并于每次专题会商前一日进行内部会商，共9次，重点针对开幕式前后天气条件及日期调整建议开展会商讨论。9月11日，马学款首席赴陕西省十四运会气象台参加现场预报服务工作。

3. 加强技术交流

国家气象中心高度重视针对十四运会天气预报的技术交流和指导，2020年10月14—16日，薛建军副主任带队赴陕西省气象局和西安市气象局开展调研，充分了解当地在短临和中短期预报、环境气象预报、水文气象预报和智能网格预报等方面的保障需求，并在调研结束后迅速完成中心各个台室对于十四运会的技术支持部署。9月7日，曹勇等4人赴陕西省气象局就"保障服务中降水和风的预报技术""中期－延伸期预报技术业务进展""SWAN建设最新进展及示范网站""常规气象要素逐小时精细化预报技术和方法"等开展技术交流。

4. 做好决策气象服务

国家气象中心提前安排人员深入了解各届全运会开幕式的气候背景，普查历史资料，向相关领导提供了第一届至第十三届全运会的举办地以及开幕式的时间、天气状况、最高气温、最低气温和最大风力等，为更好开展第十四届全运会的气象预报服务做好储备。2021年9月13—15日向中共中央办公厅逐日滚动提供14—16日西安奥体中心逐小时天气要素预报，包括天气状况、降水量、气温、风力、风向、相对湿度和能见度等专题服务材料3期，特别针对开幕式时段的天气，指出关注降雨和低能见度天气对开幕式活动和出入会场的不利影响，为相关组织部门的决策部署提供参考。

（三）服务案例：十四运会开幕式关键时段降雨天气过程分析及总结

本次保障服务工作主要针对十四运会和残特奥会开（闭）幕式关键时段天气进行预报服务。其中，十四运会开幕式（9月15日）气温适宜，风力不大，无强对流、雾/霾等灾害性天气，主要考虑降水对活动造成的影响，对关键时段降水开始时间和降水量的预报均存在一定偏差，预报难度较大。十四运会闭幕式（9月27日）活动期间出现小雨，20—23时降水量为6.3 mm，短中期预报比较准确，预报难度较小。残特奥会开（闭）幕式期间无降水及其他灾害性天气，预报准确，预报难度也较小。所以，以下将重点针对十四运会开幕式期间（9月15日）降水天气预报进行复盘分析。

1. 实况特征

9月15日夜间，受高空槽和低层切变线影响，十四运会开幕式活动举办地西安奥体中心出现降水天气。降水从9月15日21:40左右开始，至23:00总降水量为1.5 mm（图5-1），其中21:00—22:00降水量为0.1 mm，22:00—23:00降水量为1.4 mm（图5-2）。开幕式主要活动时间为20:00—22:00，22:00—23:00为退场时间，上述降水未对活动

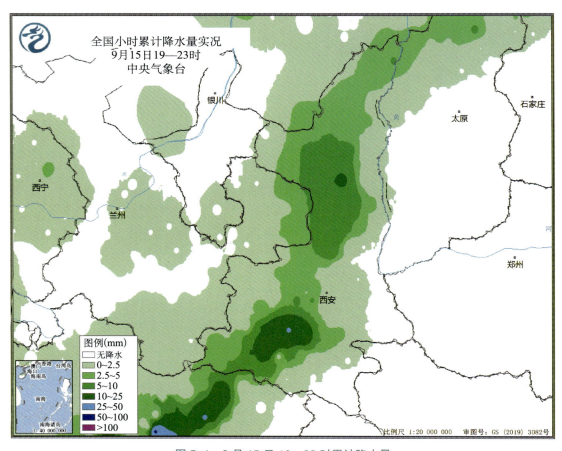

图 5-1　9 月 15 日 19—23 时累计降水量

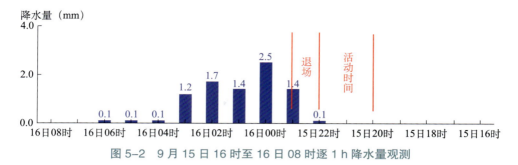

图 5-2　9 月 15 日 16 时至 16 日 08 时逐 1 h 降水量观测

举办造成明显影响。

2. 成因分析

此次降水过程主要由 500 hPa 高空槽和低层切变线东移造成。15 日下午 14 时，陕西省处于 500 hPa 高空槽槽前西南气流控制中，低层 850 hPa 切变线位于甘肃省东部和陕西省西部交界处，西安受切变线东侧偏东气流控制；700 hPa 切变线比 850 hPa 偏西不足 1 个纬距，西安为西南风控制，但 850 hPa 和 700 hPa 的风速均较弱，未达到急流强度。15 日 20 时（图 5-3），500 hPa 高空槽略有加深并继续东移，西安依然受槽前西南气流控制，850 hPa 和 700 hPa 切变线略有东移，其中西安上空 850 hPa 为东南风，700 hPa 为西南风，风速依然未达到急流强度。20 时之后，伴随低层切变线东移，切变线西侧的西北风开始逐渐影响西安地区，降水开始产生。

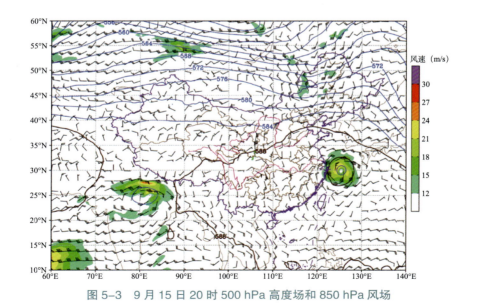

图 5-3　9 月 15 日 20 时 500 hPa 高度场和 850 hPa 风场

从西安奥体中心的单站综合廓线来看（图 5-4），自 15 日 17 时至 23 时，相对湿度超过 90% 层次由 500 hPa 向下扩展至 850 hPa，850 hPa 以下相对湿度由 60% 增加至 80%；垂直上升速度大值区主要位于 800 hPa 以下的层次。

综合以上分析，此次降水过程主要由低层的动力抬升伴随 850 hPa 以上层次相对湿度

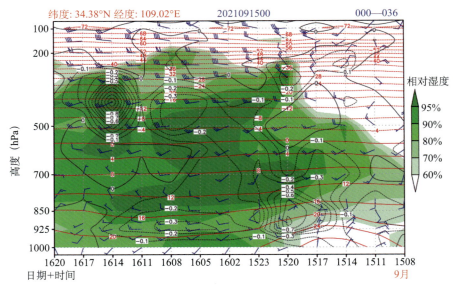

纬度：34.38°N 经度：109.02°E　　2021091500　　　　000—036

图 5-4　9 月 15 日 08 时至 16 日 20 时西安奥体中心综合廓线图

增加而产生，降水强度较弱。

3. 9 月 15 日开幕式关键时段预报难点和偏差分析

（1）中期时段预报难点和分析。针对开幕式关键时段天气，中期时段共进行了 4 次会商，预报难点主要为总体天气趋势的把握和台风对上游天气系统影响的不确定性。

从历史同期天气特征及形成机理的角度，分别统计分析了陕西关中地区强降水、弱降水和无降水 3 种环流形势及相对应的降水特征。提前 10 天的预报过程中，通过分析 9 月 4 日起报的集合平均和聚类分析对环流形势的预报，查找不确定性信息，明确排除极端天气的可能性，考虑开幕式期间多云转阴天为主，可能有弱降水。提前 5 天的预报难点主要为台风位置和强度预报的不确定性及台风对影响陕西的高空槽影响。由于数值模式对台风位置和强度的预报性能较低，不确定性较大，所以对降水的预报不确定性也较大。通过分析基于最优概率的累计降水量分级预报和 6 h 累计降水量集合成员预报统计（图 5-5），提前 5 天做出开幕式关键时段（18—23 时）预报结论：天空云量比较多，不排除有降水的可能，量级比较小，一般在 2 mm 以下。

（2）短期时段预报难点和分析。短期时段共进行了 3 次会商，预报难点包括台风（位置、强度）对上游天气系统的影响、降水开始时间和降水量预报两方面。

已有的研究分析表明，远距离台风会对陕西地区环流形势造成较大影响。此次过程中台风位置和强度的预报调整较大，并且会直接影响西安附近副热带高压（简称副高）和低层切变线的变化，从而影响降水的起止时间和强度。9 月 9—11 日的预报中，台风位置随时效延长逐渐偏西，强度逐渐增强，从 12 日至 15 日，台风位置逐渐偏东，强度减弱。9 日和 15 日预报的台风中心位置相差达 5 个经距。14 日 20 时和 15 日 08 时起报的数值模式对台风中心位置预报相对稳定，均预报 15 日 20 时副高的"588"线刚好位于西安上空，低层切变线位于西安西部。根据上述分析综合判断，预报西安奥体中心的降水将在 15 日

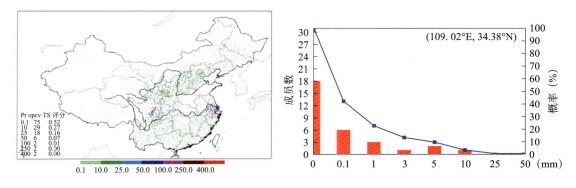

图5-5　9月12日20时起报的15日基于最优概率的累计降水量分级预报（左），9月12日20时起报的15日20时至16日02时6 h累计降水量集合成员预报统计（右）
Pr：累计降水量预报等级（单位：mm）；opcv：最优概率阈值（单位：%）

19时左右产生，20—23时降水量为1~3 mm，实况降水开始时间为21:40，比预报偏晚2 h以上，20—23时降水量为1.5 mm，与实况基本一致。

（3）降水预报偏差分析。由15日08时起报的单站综合廓线（图5-4）分析可知，15日17—20时，850 hPa至地面相对湿度条件较差，最大未超过80%，850 hPa至700 hPa相对湿度超过90%，湿层比较浅薄，同时0℃层高度位于700 hPa，相对较高，垂直上升运动主要集中在800 hPa以下的层次，在这种情况下，雨滴小而少，下落的速度也相对较慢，大部分雨滴在空中即蒸发消失。20—22时，低层湿度条件逐渐转好，垂直上升运动减弱，落到地面的雨滴逐渐增多。这是造成地面观测降水出现偏晚的原因之一。

忽视了模式对于小量级降水预报偏强的系统性误差，从而导致预报降水时间开始比实况提前。对于15日17—20时的降水量预报，14日20时和15日08时起报的模式中除NCEP预报量级超过1 mm之外，CMA-GFS、CMA-MESO、EC、CMA-SH9预报均未超过1 mm（图5-6），而通常模式对于不足1 mm的降水量级预报会偏强。此外，15日08时起报的08—11时降水预报检验也发现，CMA-GFS、CMA-MESO、EC、CMA-SH9在关中西部均出现空报。预报中对模式的系统性误差和检验分析不足，导致会商预报中的降水开始时间比实况偏早。

（4）短时临近预报支撑及预报效果。短时临近阶段，主要预报技术支撑包括智能网格预报未来24 h逐1~24 h定时和滚动更新的要素预报、陕西地区未来2 h逐10 min滚动更新降水预报、融合雷达回波未来2 h逐6 min外推预报产品等。

对9月15日开幕式关键时段降水，15日08时起报的智能网格预报降水（图5-7）开始时间为20时之后，比实况开始时间偏早1.5 h（实况降水21:30开始），预报20—22时累计降水量为4.4 mm，比实况偏大（实况20—22时累计降水量为0.1 mm）。

未来2 h逐10 min分钟滚动更新的降水预报产品（图5-8）20:00预报西安22:00出现降水，22:00—23:00降水逐渐加强，与实况基本吻合。融合雷达回波未来2 h逐6 min外推预报能够提前2 h预报22:00西安开始出现降水，回波形态基本接近实况，预

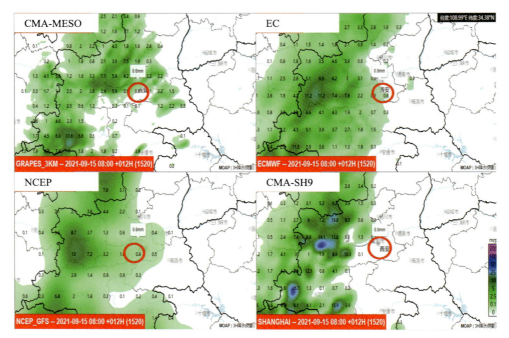

图 5-6　9 月 15 日 08 时起报的 15 日 17—20 时 3 h 降水量

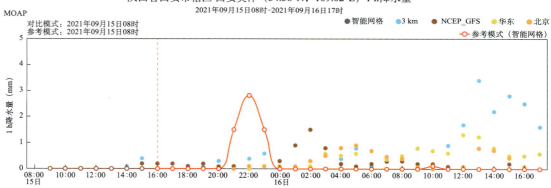

图 5-7　9 月 15 日 08 时起报的逐 1 h 降水量预报（红实线为智能网格预报）

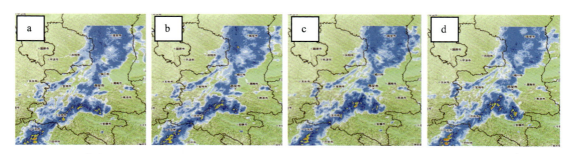

图 5-8　滚动更新的未来 2 h 逐 10 min 降水量预报，a、b、c、d 分别为 9 月 15 日 20:10 起报的
22:10、20:20 起报的 22:20、20:30 起报的 22:30、20:40 起报的 22:40 的 10 min 降水量

报效果也与未来 2 h 逐 10 min 滚动更新的降水预报产品相当。

总体来讲，逐 1 h 智能网格降水预报对于降水开始时间的预报效果要优于全球模式和中尺度模式，能够在短时预报阶段起一定的参考作用；逐 10 min 滚动降水预报产品和逐 6 min 融合雷达回波预报产品在临近时段的预报支撑作用更大，能够提前 2 h 预报降水的发生。

（四）总结和讨论

1. 保障服务总结

本次十四运会和残特奥会保障时长为 21 天，服务周期比较长，涵盖中短期和短时临近预报时段，重点保障西安奥体中心天气，对服务的精细化要求较高。其中全运会 13 天中有 10 天出现降雨、5 天出现大雨，降水量为历届全运会之最。其中全运会开幕式活动期间出现弱降水，闭幕式期间出现小雨，特别是对开幕式活动期间的弱降水预报出现误差，虽然对活动未造成较大影响，但是预报难度较大，保障团队承受的压力和挑战也较大，值得深入总结和思考。

总体而言，对于全运会开幕式天气，保障团队基于历史同期天气形势分析和机理认识，通过分析数值模式和客观预报性能及偏差，提前 10 天做出了准确的趋势分析，提前 3～5 天做出了关键时段的高影响天气判断，且随着时效的临近，预报的准确率和精细化程度逐渐提高，与实况基本一致，较好地发挥了中央气象台技术指导作用，得到有关单位和领导专家的认可。

2. 保障服务思考及应对措施

此次保障服务过程中表现出来的突出问题为复杂地形下弱降水的预报能力尚有欠缺，短时临近预报技术和产品对预报的支撑能力有待进一步提高，具体改进措施如下：

（1）加强对历史资料的分析，加深规律认识。加强对保障区历史观测资料的系统分析，加深对要素规律演变的认识，提高对活动影响大的弱天气过程的分析和预报能力。

（2）提高复杂地形下精细化预报能力。提高对中小尺度系统造成的弱降水、高影响天气发生发展机理的认识和预报能力，特别是提高复杂地形下（关中平原、秦岭山区）弱降水天气的发展演变过程和精细化预报能力。

（3）提高精细化预报支撑能力。加强对 CMA-MESO 等高分辨率模式和智能网格预报、滚动更新分钟级降水预报、融合雷达回波外推等客观产品的检验分析，改进预报效果，提高对定时定点定量保障预报服务中的精细化预报支撑能力。

二、国家气候中心

国家气候中心高度重视十四运会气象保障服务工作，认真贯彻落实《中国气象局办公室关于印发第十四届全国运动会和全国第十一届残运会暨第八届特奥会气象保障服务总体工作方案的通知》要求，针对十四运会关注的气候预测以及华西秋雨等问题，2021 年 2

月起开始提供预测技术指导，之后通过业务人员交流、电话会商、视频会商等多种方式，为陕西省气候中心提供了多次短期气候预测技术指导和预测意见以及决策服务支撑，针对十四运会开幕式及运动会时段提供了有效的气象保障服务。

（一）气象保障服务筹备

1.提前部署安排，夯实工作责任

针对十四运会期间陕南地区天气气候形势的预测，提前部署安排，在业务人员、预测技术等方面进行了充分的、有针对性的准备工作。从提前一个月左右开始，安排相关预报人员重点负责十四运会天气气候形势的预测，并不断提供滚动更新的预测结论。

2.开展技术交流，指导评估工作

从2021年2月开始，国家气候中心陈丽娟首席就陕南地区延伸期至季节尺度气候预测等方面的问题，整理相关数据和文献与陕西省气候中心相关业务人员分享，就陕南地区延伸期气候预测等问题进行交流，并指导相关同事开展针对陕南秋季气候异常的分析、开展动力模式对陕南预报能力的评估等工作，为后期十四运会期间的延伸期预报工作打下了很好的基础。

（二）气象保障服务开展情况及成效

1.加强业务交流，提供预测服务支撑

进入2021年8月之后，国家气候中心预测班组将十四运会期间陕南地区天气气候形势的预测作为重点业务值班工作之一，通过多种方式加强与陕西省气候中心的联系，主动提供相关预测服务支撑。国家气候中心秋季预报首席顾薇多次与陕西省气候中心值班人员通过电话交流，就十四运会天气气候形势的预测方法和意见进行讨论。当得知陕西省气候中心预报员无法获取一些关键模式预报信息时，顾薇在第一时间整理相关资料分享给当地业务人员。在8月中旬至9月上旬，国家气候中心值班人员在参加中央气象台早间天气会商时，将十四运会天气气候形势预测作为重点内容之一，主动提供预测服务；期间两次参加中央气象台的十四运会延伸期专题会商，并提供相关预测意见及依据；并与陕西省气象局开展一次专门的视频会商，对十四运会天气气候形势展开详细的讨论和研判。

2.预测技术有力支撑预测结论，服务效果良好

在历次研讨和会商中，国家气候中心业务人员在详细调研十四运会期间举办地局地气候特征的基础上，充分利用国家气候中心最新的预测技术和业务系统，重点参考国内外各主要模式对当地降水、降温过程的预测以及各模式预报效果的评估情况开展预测。并随着时间的临近不断进行滚动更新、不断提高预测的精准度。国家气候中心在8月中旬给出"预计十四运会期间西安市出现明显降水过程"、8月下旬预计"9月中旬后期西安市有中到大雨、下旬中期前后有小到中雨"、9月初给出"9月17—19日有中到大雨、27日前后有明显降水过程"的预报意见，都与实况较为吻合。通过多位值班预报员和相关工作人员的共同努力，国家气候中心在延伸期时段内为十四运会的天气气候预测提供了十分有价值

的信息，以及有力的预测服务支撑。

三、国家卫星气象中心

中国气象局于 8 月 31 日下达了十四运会气象保障服务指示，针对服务保障任务要求，国家卫星气象中心（以下简称卫星中心）专门组织了动员和工作部署会。从 9 月 13 日 09 时至 9 月 16 日 12 时，中国气象局进入十四运会开幕式气象保障服务特别工作状态，卫星中心第一时间进入气象保障应急服务工作状态并安排专人在岗值班值守。

此次十四运会应急服务的特点是"时间紧、任务重、要求高"，卫星中心上下齐心，通力配合，本着"边测试、边应用、边服务"的原则，顺利完成了风云气象卫星对十四运会的气象保障服务工作，发挥了风云气象卫星在临近预警预报等方面的天气应用能力。

（一）气象保障服务筹备

1. 确保运行平稳，业务系统稳定可靠

（1）业务运行稳定高效。在保障活动开始之前，卫星中心进行了全面的业务检查，通过大量预防性维护工作，确保了业务的整体平稳。保障期间，业务运行和数据服务值班人员定期对业务运行情况进行巡检，对出现的异常苗头均进行第一时间的沟通处理。

（2）风云三号、风云四号卫星持续保障。针对风云三号卫星，卫星中心全力保障下午星 FY-3D、黎明星 FY-3E IOCS 系统业务调度与产品生产的准确性与时效性，及时提供 FY-3E 风场测量雷达、FY-3D、FY-3E 微波产品的数据生成完整性与时效预报。有力支撑了极轨卫星观测数据在全运会保障工作中的应用。

风云四号卫星方面，因为首次启动 FY-4B 夜间红外通道连续观测，为尽可能提供观测资料并保障卫星安全，地面系统、卫星总体和载荷研制方连夜对卫星夜间观测安全性进行复核，根据复核结果规划任务执行计划，并安排了技术人员 24 h 现场值班，保障应急观测的顺利实施。

（3）切实保障网络安全。加强业务平台资源管理，对保障期间涉及的各类计算、网络、存储资源和相关的网络安全保障梳理清单，关注资源细节，实施高效的平台监管。按照重大保障工作预案，在活动保障期间实行更加密集的状态和性能监测，每 4 h 完成一次深度系统检查。同时对系统账户安全、网站安全、数据访问安全进行严密的行为监测和数据流量监测，及时评判和处置威胁告警、危急告警，活动期间实现零安全事故，整体 IT 平台和数据服务平台运行高效稳定。

2. 对接需求，细化方案，开展交流培训

在十四运会开幕式前一个月，卫星中心与陕西省气象局召开了需求对接会，开展了风云卫星现状、卫星云图在短临预报中的应用以及平台支撑和大气、大雾监测情况等方面的培训，并与陕西省气象局领导和保障团队开展了交流互动。在服务筹备的一个月内，紧抓重点、细化方案、提前谋划，做到资料到位、产品到位、数据到位、软件到位，做好卫

应用服务全链路支撑。

3. 开发卫星天气应用系统，便捷展示遥感产品

卫星中心针对性地开发和部署了十四运会风云卫星天气专题应用系统，可快速便捷地展示风云四号 A 星（以下简称 FY-4A）、风云四号 B 星（以下简称 FY-4B）卫星遥感监测产品以及奥体中心场馆定点遥感气象产品监测，为一线遥感气象监测人员分析提供强有力的软件支撑、数据和产品支持。

（二）气象保障服务开展情况及成效

1. 加快研发，FY-4B 资料应用效果显著

（1）支撑保障，接收业务系统稳定运行。2021 年 6 月 3 日 FY-4B 成功发射后，卫星中心北京地面站立即组织进行 Ka 波段地面天线调试，确保原始数据稳定可靠接收。技术人员配合整星测试全程保障对卫星指令发送；赶赴佳木斯、腾冲、喀什对测距副站进行调试、测试，保障卫星轨道数据及时准确；运行人员适时跟进工程建设接管运行设备，保障运行和建设协调。9 月 15 日，北京站卫星测距定轨系统稳定自动化运行，及时有效地为卫星管理和图像定位配准提供了支撑。数据接收系统的连续稳定运行和数据全自动化处理，为遥感应用提供了有力支撑。

在 FY-4B 任务管理与控制系统还未完全建设完成的情况下，技术人员根据需求通过人工方式完成了十四运会气象保障的任务设计，先后十多次对观测任务进行变更，调度 FY-4B 卫星地面各系统工作，并安排专人值守，保障对卫星的测控和通过卫星遥测监视卫星的动作，保障卫星观测的顺利实施，稳定支撑卫星实现分钟级的资料获取。

针对十四运会和残特奥会火炬传递、应急演练和开（闭）幕式气象保障需求，处于在轨测试期间的 FY-4B 参与了应急保障服务。FY-4B 于 2021 年 8 月 15—16 日、9 月 1 日、9 月 7—16 日针对西安区域进行了 1 min 的区域应急观测，共获取了 10600 张区域观测云图；9 月 1 日对以西安为中心（2000 km × 1800 km）的区域进行分钟级 250 m、500 m 和 2 km 分辨率的观测，图像定位与配准系统（NRS）实时数据处理及推送流程正常，状态稳定；9 月 15—16 日开幕式期间，进行开机以来第一次连续 18 h 的观测，为保证仪器安全，卫星中心安排技术人员反复确认太阳规避程序的有效性，并进行 24 h 现场保障，确保应急服务的顺利实施。

（2）开拓创新，实现观测图像实况直播。卫星中心为十四运会提供了 FY-4B 观测图像实况直播全新服务模式。基于混合云构架，实现了内外网同步直播，适配手机、电脑等多终端收看；通过视频压缩技术，相比传统图片服务节省传输流量超过 90%；基于大数据并行处理技术与消息机制做到了数据即来即产即服务，多路并发视频制作与发布全流程少于 1 min，真正发挥了 FY-4B 快速成像仪的高空间分辨率、高时间分辨率优势。卫星图像实况直播服务为十四运会期间的气象保障提供了简单易懂、直观高效的手段，为西安及周边的局地天气精细化分析提供了有效支撑。

（3）加快研发，FY-4B 应用效果显著。同时卫星中心重点落实卫星定量产品提供

和技术支持。根据十四运会现场服务团队需求,积极开展产品展示形式、新产品研发等工作。

提前准备,及时生成可见光图像产品:提供 FY-4B 快速成像仪真彩色合成图像和动画,协调制定系统间接口,确保在服务期间能够及时生成真彩色图像。

2021 年 8 月 19 日完成了可见光定标系数更新;8 月 20—29 日,与产品生成系统进行定标系数对接测试;8 月 30 日,在十四运会服务前完成定标系数更新,保证 500 m 真彩色图像正常生成(图 5-9);在 9 月 14 日 9:15 之后连续不断生成了 1 min 可见光图像产品,为气象保障决策服务提供了有力支撑(图 5-10)。

(a)异常的真彩色图像　　　　　　　　　(b)正常的真彩色图像

图 5-9　真彩色图像改善效果

(a)关注地表　　　　　　　　　　　(b)关注云系

图 5-10　提供十四运会服务的 FY-4B 快速成像仪真彩色合成图

攻坚克难，高质完成红外图像产品：2021 年 9 月 6 日，卫星中心接到提供赛场夜间红外通道数据的要求，在前期多轮测试反复确认的基础上，于 9 月 7 日和 9 月 13 日更新冷空观测和像元优选程序，为提供 24 h 高质量气象保障奠定基础（图 5-11）。

（a）异常的真彩色图像　　　　　　　（b）正常的真彩色图像

图 5-11　红外通道图像条纹改善效果

9 月 13 日接到 FY-4B 快速成像仪 1 min 频次红外图像产品参与服务的任务后，迅速组织 FY-4B 产品系统在轨测试团队相关成员进行前端数据对接测试、产品自动生成的研发、向下游系统的自动分发等大量工作，仅用半天时间就高质量完成了快速成像仪 1 min 频次红外图像产品的研制并实现全自动稳定运行（图 5-12）。

（a）红外图像　　　　　　　　　　　（b）可见光图像

图 5-12　提供十四运会服务的 FY-4B 快速成像仪产品

2. 密切合作，提供精准监测预报结论

为更好地发挥卫星资料应用的效果，卫星中心派天气首席任素玲及卫星遥感技术人员赴西安开展一线业务技术指导，及时提供卫星天气分析结果，为天气预报结论提供云图分析依据。开幕式前期的专题会商中，任素玲首席在陕西省气象局发言6次，并被聘为第十四届全国运动会现场气象保障服务特聘专家。

同时卫星中心组成了监测分析团队，一方面全力保障前方首席在开幕式天气预报专题会商；另一方面，滚动制作卫星遥感十四运会气象服务保障专报，向中央气象台、人影中心等保障核心部门提供服务。基于风云气象卫星，分析观测实况和预报结果的差异，为预报和人影作业提供最新的决策参考，加强卫星图像的决策服务应用，提供每小时滚动更新FY-4B高清卫星云图实况及分析，制作服务专报上报。

3. 周密部署，卫星业务运行稳定高效

在十四运会和残特奥会气象保障服务中，卫星中心运控技术团队加强了对业务系统的巡检和异常及时响应处理，保障了风云二号F/G/H星（以下简称FY-2F/G/H）和FY-4A业务系统的稳定运行。在十四运会期间，FY-2F/G/H共获取1040幅云图，FY-4A成像仪共获取2038幅云图，探测仪共获取43315个驻留点，闪电仪共获取14200 min的闪电数据，为气象保障服务提供了观测数据支撑。

同时，保障风云三号D星（以下简称FY-3D）、风云三号E星（以下简称FY-3E）IOCS系统业务调度与产品生产的准确性与时效性，为下游系统及时提供FY-3E风场测量雷达、FY-3D、FY-3E微波产品的数据生成完整性与时效预报。有力支撑了全运会极轨系统数据的及时应用。

4. 密切合作，多种卫星产品有效支撑

除了FY-4B，卫星中心多处室密切合作（图5-13），针对十四运会服务需求，提供了FY-2H、FY-3E和FY-4A相关产品，最终顺利地保障了十四运会和残特奥会的举办。

图5-13　十四运会服务期间卫星中心各处室密切合作，参加早会商服务情况

针对实况环流形势研判需要，突击研发了FY-2H和FY-4A云导风融合产品，以提

供时间分辨率为 30 min、空间分辨率为 25 km 的格点化高空风分析场（图 5-14）。为当时把握副高等关键天气系统的演变动向提供了参考依据。

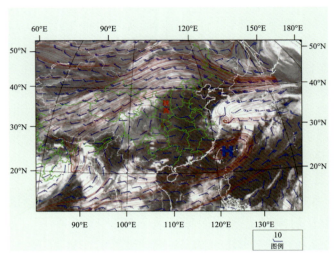

图 5-14 　2021 年 9 月 14 日 04:30—12:00（北京时）FY-2H 和 FY-4A 卫星云导风融合产品
（对流层高层：100～400 hPa）及流线图

持续每天两次为服务前线提供 FY-3E 微光准恒定度云图、大气温湿度场、洋面风场等新研定量产品，并联合多源产品突击研制多种专题服务产品图支撑会商，首次亮相的 FY-3E 产品得到十四运会现场专家组的高度关注，有效地发挥了 FY-3E 新产品的业务服务能力。

四、国家气象信息中心

国家气象信息中心（以下简称信息中心）按照中国气象局的统一部署，开发建设了"中国气象局综合指挥平台"，庄国泰局长、余勇副局长、黎健总工在气象综合指挥平台先后参加了十四运会加密天气会商和开幕式天气会商，为决策指挥大范围台风远距离降水人工消减雨作业，确保十四运会开幕式顺利举行做出了积极贡献。

（一）气象保障服务开展情况及成效

1.指挥平台首亮相，实战考验效果佳

信息中心根据十四运会和残特奥会气象服务需求，对天镜厅现场布局、视频、音频、灯光等进行改造完善，搭建了十四运会和残特奥会气象保障总指挥部（北京），并在天镜厅牵头建成了集实况业务、预报业务、人影业务为一体的集约化"气象综合指挥平台"。余勇副局长、黎健总工先后莅临信息中心，指导气象综合指挥平台的建设情况（图 5-15），该平台对标"监测精密、预报精准、服务精细"，融入了 FY-4A（4B）、全国雷达监测、实况业务、智能网格预报、人影业务、陕西十四运会智慧决策等核心业务系统。

在最短的时间内将应急指挥平台调试上线。通过控制系统对前后方音视频信号、业务平台信号、电视信号进行综合调度，满足决策指挥需求。

图 5-15　余勇副局长（左一）指导综合指挥平台建设情况

2021 年 9 月 13 日，庄国泰局长在气象保障总指挥部（北京）宣布中国气象局启动特别工作状态。9 月 15 日 16 时至开幕式活动结束，庄国泰局长在气象指挥平台总指挥部（北京）对十四运会开幕式活动期间降水天气的监测、预报和人工消减雨作业进行全程指挥调度。庄国泰局长在天镜厅主持了十四运会加密天气会商和开幕式天气会商（图5-16），以及开幕式大范围台风远距离降水人工消减雨作业的决策指挥工作，整个过程各单位业务系统调度顺畅，与陕西前方连线声音清晰，首次实战考验保障有力，取得了良好的服务效果。

图 5-16　庄国泰局长（中左）决策指挥十四运会开幕式天气保障

2. 开发实况一张图，服务开幕综合决策指挥

（1）开发二维降水产品，动态监测降水演变。为精密监测降水实况动态，信息中心发布了陕西区域 30 m 高分辨率的高程地图，发布场馆、山脉、隐患点、交通等基础信息图层。研制覆盖西安奥体中心及其周边区域 100 m/10 min 分辨率降水、2 m 气温、2 m 相对湿度、10 m U 风速、10 m V 风速、总云量实况分析产品（图 5-17），同时保障已业务化的中国区域 1 km/1 h 降水、2 m 气温等实况分析产品稳定运行。所有产品均通过气象大数据云平台向中央气象台、陕西省气象台等单位提供实时服务，有效支撑了十四运会服务保障工作的顺利进行。

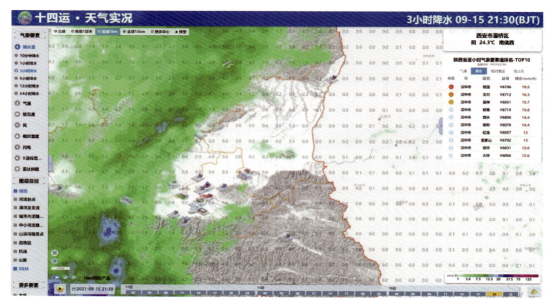

图 5-17　综合天气实况专题界面

（2）创建奥体中心三维场馆，立体监控大气层结状态。针对十四运会新增观测系统，信息中心以风廓线雷达、激光雷达以及微波探测等观测资料为基础，为预报业务和人工影响天气业务研发了时间分辨率达分钟级的垂直温湿度廓线、垂直风场、T-ln$P$ 图等大气层结状态实况监测数据产品。同时利用三维建模技术，构建场馆内外及周边的 8 个新增观测站点的分钟级和小时监测实况产品（图 5-18），为开幕式结束后第一时间监视降水信息提供及时直观的服务手段。

（3）站点百米格点及历史数据强化综合降水监测服务。信息中心综合运用 Web-GIS 的 2.5D 可视化技术，整合十四运会场馆附近站点及 X 波段雷达观测数据、西安周围百米网格数据以及历史降水统计数据，综合历史（近 30 年、建站以来等）、实况时空动态更新（近 1 h、3 h、6 h 等）的实况监测、降水排名以及历史统计数据，构建了降水服务专题，为十四运会开幕式提供了综合降水分析保障服务（图 5-19）。

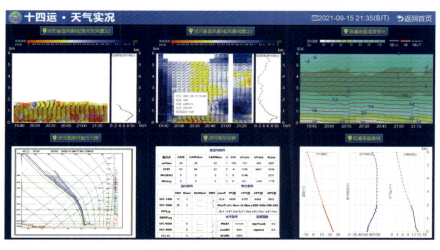

图 5-18　三维监测专题界面

图 5-19　降水实况专题服务界面

（4）贯穿气候线索，挖掘历史资料价值。信息中心聚焦十四运会开幕式保障期间的气候背景分析数据需求，利用最新研制的中国地面标准气候值（1991—2020年）、1951年以来小时降水和风观测序列，以及极大风、高温等极端气候事件数据产品，研发建立十四运会专题气候背景服务专题，提供了9月15日开幕式当天及其年、月、日、时等不同时间尺度的高质量气候背景场（图5-20），为研判开幕式期间可能的高影响天气提供气候决策背景。

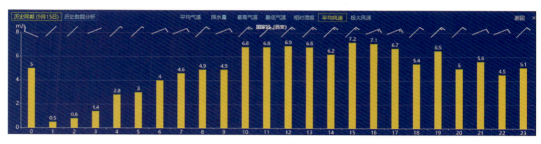

图5-20　历史背景数据分析

3. 确保网络安稳运行，全力护航会商连线

根据《十四运会和残特奥会气象观测保障工作方案》要求，信息中心在2021年8月初联调测试了国省网络环境，实现国家级业务单位与陕西省气象局网络互通和数据共享。针对西安市气象局国家级会商系统尚未接入的问题，信息中心快速调集高清会商设备建立直连线路，确保十四运会气象台和气象综合指挥平台之间的高质量连线；同时发挥云会商平台作用，将移动气象台、各人影作业点等外场画面也接入会商中，提升了保障互动的高效性和实时性。截至开幕式当晚，成功完成十四运会商保障和人影外场直连任务12次。

信息中心还制定了《第十四届全运会网络安全保护专项工作方案》，安排人员24 h安全值守，做到实时监控、实时分析、实时处置。每日对所辖安全设备及网络设备进行线上巡检2次、机房巡检1次，保障期间通过各类安全监控及分析平台进行威胁告警分析及处置，通过大数据云监控对中国气象局官网、陕西等省级官网、重要门户网站等79个重要网站进行安全监控，重点监测网站黑链、违规内容、网站挂马等安全事件。在特别工作状态启动前，对国家级网络进行了漏洞扫描、渗透测试、基线核查等安全风险自查和整改，保障了业务安全。

（二）服务案例：气象保障实况业务服务工作和技术总结

9月中旬，陕西西安正处于华西秋雨影响之下，西风带系统和副热带高压共同作用为十四运会气象保障服务带来了不小挑战。作为十四运会气象预报与服务的"零时刻"实况，如何将产品制作得更精细、更准确、更快速，成为信息中心重点攻关的工作。

1. 精益求精，攻关全球 – 区域 – 局地一体化实况分析技术

（1）优化全球大气和表面实况分析产品研制技术

为保障十四运会大尺度环流形势气象条件监视，对全球大气实况分析系统和全球表面

实况分析系统进行优化，实现技术升级。其中，全球大气实况分析系统升级为国际先进的集合变分混合同化技术，通过对实时收集的国际交换和中国特有常规与卫星观测数据处理和融合应用，产出全球 10 km/6 h 分辨率的三维温度、湿度、风、位势高度等大气实况分析产品，质量总体与国际同类产品相当，时效明显优于国外产品；全球表面实况分析系统利用局地集合变换卡尔曼滤波同化技术，融合全球地面和海表观测数据，产出全球10 km/3 h 分辨率的 2 m 气温、2 m 相对湿度以及 10 m 风场等表面实况分析产品，质量与国际同类产品相当，且在中国区域更优。

基于全球大气和表面实况分析产品，研制了 500 hPa 位势高度、850 hPa 温度、海平面气压、云覆盖等关键层次的大气实况图形产品（图 5-21），接入"中国气象局综合指挥平台"并实时更新，为十四运会开幕式以及后续比赛提供全球大尺度环流形势的气象保障支撑。

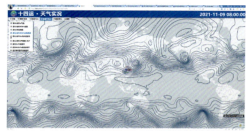

（a）500 hPa位势高度环流形势展示

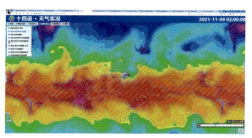

（b）850 hPa温度展示

（c）全球大气实况分析产品云覆盖展示

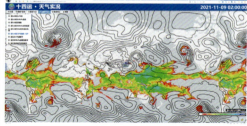

（d）CAPE指数与平均海平面气压展示

图 5-21　接入指挥平台的全球大气实况分析产品展示示例

（2）提高中国区域 1 km 实况分析产品质量和更新频次。

①优化中国区域 1 km 逐小时实况分析产品质量，时效提高至 5 min。为做好十四运会实况产品保障，信息中心提前两年与西安市气象局对接需求，根据西安市气象局提出的需求，为西安市气象局实时提供了 1 km/1 h 分辨率降水、2 m 气温、2 m 相对湿度、10 m 风速定制实况分析产品。同时，不断改进产品质量和时效，优化地面自动站观测、雷达、卫星、数值模式等多源数据和概率密度匹配、贝叶斯模型平均、多重网格变分、最优插值等多项多源融合分析核心技术，升级中国区域 1 km 逐小时降水、2 m 高度气温、2 m 高度湿度、10 m 高度风等产品要素，时效最快达到 5 min，质量相比 5 km 分辨率产品，大幅度提升了复杂地形以及极值刻画能力。

2021 年 8 月，中国区域 1 km 分辨率多源融合实况分析产品通过中国气象局预报与网络司组织的业务准入评审，并于 2021 年 9 月正式接入陕西省气象局业务环境中，为十四运会提供了更加稳定可靠的 1 km 分辨率实况分析产品（图 5-22）。

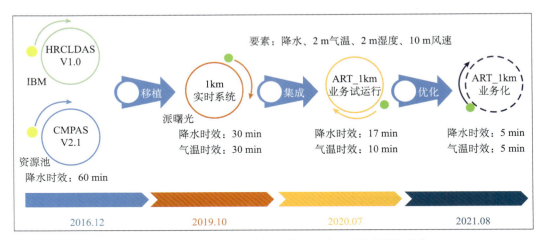

图 5-22 中国区域 1 km 多源融合实况分析系统发展与优化

②中国区域 1 km 降水实况分析产品更新频次提高至 10 min。为了满足快速监测降水的需求，基于地面自动站分钟降水观测数据和分钟级雷达定量估测降水数据，采用 OI 方法生成了中国区域 1 km 分辨率、10 min 滚动更新的降水实况分析产品，产品在整 10 min 后的 3 min 开始启动，运算时间约 1 min，产品时效达到 4 min 左右。10 min 滚动更新的 1 km 降水实况产品为十四运会气象保障提供了快速更新的降水

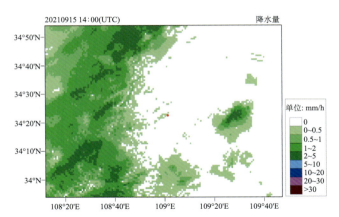

图 5-23 10 min 滚动更新 1 km 降水实况产品精准监测十四运会开幕式降水分布
（图中红点为十四运会主会场所在位置）

监测产品（图 5-23），精准监测了开幕式当天主会场周边区域降水过程的发展。

（3）攻关局地百米降水实况分析产品研制技术

①研制局地百米实况分析技术：基于前期冬奥局地产品研制技术基础，打造了"冬奥同款"的全运会实况分析产品。研制了百米雷达 QPE 降尺度、分钟降水 PDF 订正与误差分析等 100 m/10 min 降水实况分析研制相关技术，实现了全运会加密观测数据的融合应用。为保障地面实况产品质量稳定、可靠、高时效的制作，100 m/10 min 气温、湿度、风、能见度产品的技术研发采用目前成熟的多重网格变分分析业务技术进行移植和优化改进，并实现了全运会加密观测站自动观测数据的融合使用。为持续优化提高产品质量，同时开展了动力降尺度以及基于机器学习的融合新方法等研究。

②建设全运会实况分析系统：基于百米降水、气温、湿度、风等要素的实况分析技

术，建设了十四运会气象实况分析实时系统（ART-NG）。ART-NG 具有多种来源气象数据获取、数据预处理、数据融合分析、产品生成与后处理、数据管理、运行调度等功能，可生成时空分辨率 100 m/10 min、覆盖十四运会及其周边区域（108.5°—109.5°E、34.0°—35.0°N）的降水、2 m 气温、2 m 相对湿度、10 m U 风速、10 m V 风速、能见度、总云量实况分析产品。目前 ART-NG 运行在中国气象局"派-曙光"高性能计算集群，输入数据主要来自"派-曙光"高性能计算集群存储数据、大数据云平台、CIMISS 数据库和国家气象信息中心下载平台。输出产品由 CTS 通信系统推送至陕西省气象信息中心，供十四运会和残特奥会气象服务保障使用。

2. 全力以赴，保障十四运会气象服务"零时刻"实况

（1）实况分析产品接入中国气象局综合指挥平台

在十四运会召开前夕，全球大气实况分析产品中 500 hPa 位势高度、850 hPa 温度、海平面气压、云覆盖等关键层次的大气实况图形产品，中国区域 1 km 逐 10 min 快速更新降水，中国区域 1 km 逐小时气温、湿度、风实况产品，以及全运会局地 100 m 逐 10 min 地面实况分析产品，接入"中国气象局综合指挥平台"（图 5-24），为指挥决策提供实况数据支撑。

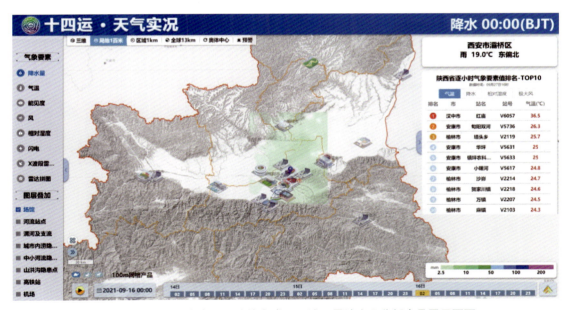

图 5-24　十四运会专题网站的全球-区域-局地实况分析产品展示页面

（2）前线后方协同精密监测开幕式天气实况

在开幕式气象保障服务特别工作状态期间，为更好地发挥实况分析产品在十四运会气象保障中的作用，信息中心实况首席师春香研究员亲自到十四运会气象台现场和陕西省气象局为开幕式天气实况分析提供技术支持（图 5-25、图 5-26），及时响应一线对实况产品的需求。

173

图 5-25　师春香首席向余勇副局长介绍主会场及周边区域的天气实况

图 5-26　师春香首席与陕西省气象信息中心、西安市气象局技术人员交流，
并在十四运会气象大讲堂作报告

　　而在后方，实况分析研制技术人员和实况业务保障人员严格落实值班值守，定时巡查产品质量和系统运行情况，切实保障实况分析业务系统稳定运行，所有实况分析产品按时生成。同时，根据首席传回的一线需求，迅速制作逐小时更新的"零时刻"和智能网格预报分析材料（图 5-27），细致分析了开幕式当天作为智能网格预报"零时刻"的降水实况的逐小时演变过程。

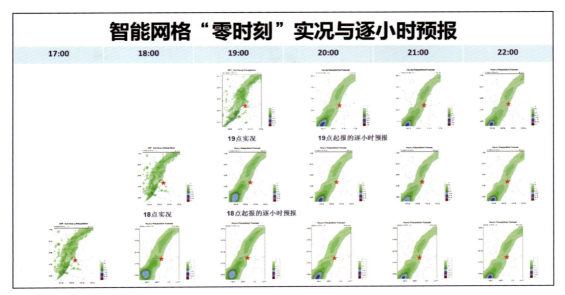

图 5-27　十四运会开幕式当天逐小时更新的智能网格"零时刻"实况
（图中红星位置为十四运会主会场所在位置）

3. 总结和讨论

重大活动气象保障服务对实况产品提出了更加精细、更加精准、更加快速的需求，而百米、次百米多源数据融合实况分析技术研发和业务建设才刚刚起步，与业务需求相比，还存在较大差距。

下一步将持续攻关百米实况分析方法，开展新型观测数据融合分析技术研究、加强AI方法应用技术研究，发展动力降尺度、三维水分传输土壤湿度模拟等技术，提升局地实况分析产品小微尺度细节刻画的丰富度和精准度，不断拓展产品要素。开展动态区域的局地百米实况分析系统建设，使之具有一键化部署、方便运行等特点，更加灵活快速地响应重大活动气象保障服务需求。

五、中国气象局气象探测中心

中国气象局气象探测中心（以下简称探测中心）高度重视十四运会开幕式气象保障服务工作，成立了十四运会气象服务保障工作组，明确各处室工作任务和职责。与陕西省气象局开展工作对接，研发新技术新产品助力十四运会开幕式服务，充分发挥实时业务服务效益，为确保十四运会开幕式顺利举行做出积极贡献。

（一）气象服务保障开展情况及成效

1. 加强组织领导，压实工作责任

探测中心成立十四运会气象服务保障工作组，印发《探测中心十四运会和残特奥会气象服务保障方案》，明确各处室工作任务和职责。参加中国气象局组织的十四运会气象保

障工作对接、部署会3次，分别于2021年8月13日和9月13日召开2次中心专题会议，研究部署落实中国气象局相关任务。

2. 主动沟通协调，建立对接机制

本着积极主动、需求牵引、高效规范的原则，探测中心与陕西省气象局开展工作对接，共同建立了任务对接工作流程及人员分工，同时了解气象监测保障需求7项，均逐一制定保障措施。

3. 强化培训保障，全面做好各项准备工作

针对陕西省气象局提出的7个方面需求，各处室迅速响应积极对接。一是开展了微波辐射计、风廓线雷达、相控阵雷达、激光云雷达等新型观测设备技术培训4场，天衡天衍系统应用专题培训2场，使陕西省气象局十四运会气象保障服务人员对新型观测设备有了较为系统的理解，进一步提高了新型观测设备和天衡天衍系统在十四运会保障中的应用能力。二是对西安雷达进行了专项巡检，调拨了雷达备件15件，应急物资29套，确保了十四运会观测设备运行稳定。三是安排探测中心技术专家3人、厂家技术人员7人赴西安开展驻场服务，提升开幕式现场保障能力。四是加强数据质量控制，提升网络、系统运行的安全稳定性，确保各类实况服务产品按时推送。

4. 加强值班值守，充分发挥实时业务服务效益

十四运会开幕式气象保障服务特别工作状态期间，探测中心强化建立重点服务监控业务机制，夯实实时监控业务值班职责流程，确保责任到人、措施到岗、监督到点。加强平台值班值守，持续做好实时业务7×24 h值班工作，高强度高效率做好保障服务工作。密切监测陕西及周边地区装备运行、设备维护维修和加密观测情况，针对十四运会和残特奥会气象保障服务需求，第一时间发布监控信息、决策服务信息。

截至2021年9月16日12时，共制作并发布《十四运会综合气象观测日报》3期，《监测快报——陕西监测实况》10期，《气象装备监控快报》3期，《气象保障服务特别工作状态响应情况报告》3期，参加十四运会保障服务气象会商1次，共发布监控短信14条（1063人次）。同时做好综合气象观测业务运行信息化平台的技术支撑工作，确保平台稳定可靠运行并提供24 h在线技术支持，进一步提高了该系统在十四运会保障中的应用能力。特别工作状态期间，陕西7部天气雷达全部正常运行，4部探空系统、11套雷电监测设备全部正常运行；391套国家级自动站正常运行，1165套省级自动站正常运行。周边地区雷电监测设备、国家级自动站、区域站、探空系统等观测数据获取率、正确率均达标。

5. 提前谋划，组织研发新系统新产品

针对开幕式气象保障服务需求，探测中心提前准备，精心组织研发"十四运会·天气雷达监测"观测产品指挥系统（以下简称观测产品指挥系统），以保证观测产品、数据质量信息获取更迅速、更便捷、更直观（图5-28）。

为精密监测陕西省天气实况，观测产品指挥系统集成了多种新研实况监测产品。例如，雷达6 min快速组网拼图产品是基于天气雷达质控后的基数据，将拼图产品时效由原先17～21 min提升为11 min，还可进行距离测算以帮助评估回波速度；陕西天气雷达三

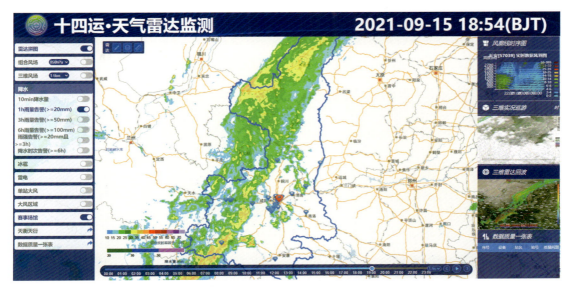

图 5-28 "十四运会·天气雷达监测"观测产品指挥系统界面

维风场产品是利用陕西省及周边省份天气雷达质控后的基数据，结合三维实况分析场数据研发而成，时间频次 6 min，与三维拼图产品同步显示，空间分辨率可达 1 km，垂直分辨率达 500 m，能对西安市尤其是开幕式场馆上方风场展开高频精细化监测；在汛期，新增雨量告警产品及冰雹、雷暴等强对流监测产品，以快速得知局地强降水、强天气信息；风廓线单站风羽时序图、1 h 平均垂直速度时序图监测台站上方大气垂直运动情况，帮助判断对流性降水发生发展强弱与速度；大气可降水量产品与风场产品相结合可监测判断水汽的输送和演变情况，对降水预报提供支撑。

对接陕西省观测装备和数据质量监控业务需求，观测产品指挥系统还实现链接陕西观测质量一张表功能，持续加强观测数据质量保障服务，确保十四运会期间气象观测高水平、高质量运行。

（二）服务案例：新技术新产品在十四运会开幕式气象保障服务中的应用

受高空槽和副高外围暖湿气流的共同影响，2021 年 9 月 15 日陕西出现一次降水过程，正值十四运会开幕式保障期间，为做好十四运会气象保障服务工作，探测中心研发了"十四运会·天气雷达"监测指挥系统，对陕西省雷达拼图、风场（组合风场、三维风场）、雨量告警、大气可降水量、雷电等新产品进行集成显示，部署在中国气象局总指挥中心，并同步为陕西大探中心、预警中心和西安市十四运会气象台提供本地化服务，开展了西安奥体中心精细化天气沙盘的开发，实现每 5 min 更新现场观测站点实况，全力为十四运会开幕式保驾护航。同时在开幕式当天，每隔 1 h 向陕西省气象局提供实时雷达、雨量监测服务材料，并派出 3 人赴西安做现场气象服务保障工作。

1.本地部署，国省联动指挥系统落地应用

2021 年 8 月 31 日，观测产品指挥系统部署至中国气象局总指挥中心。9 月 12—13 日，

探测中心"天衡天衍"系统和观测产品指挥系统在陕西省大气探测技术保障中心、预警中心和西安市十四运会气象台实现本地化部署，现场保障人员就系统应用、产品分析等做了4场应用专题培训，为省市预报员和西安市应急保障车提供直观的观测产品服务（图5-29）。

图5-29　现场保障人员在西安市十四运会气象台做观测产品指挥系统专题培训

14日，西安奥体中心场馆8个临时观测站点一经建成，现场保障人员便快速对接陕西省大气探测技术保障中心以获取精确位置和数据，随后迅速开展西安奥体中心精细化天气沙盘的开发，经过4次功能升级，实现每5 min更新现场观测站点实况，自动在场馆内外巡游，15日下午部署至十四运会气象台指挥中心，为开幕式活动提供更精细化的可视化实况产品（图5-30）。

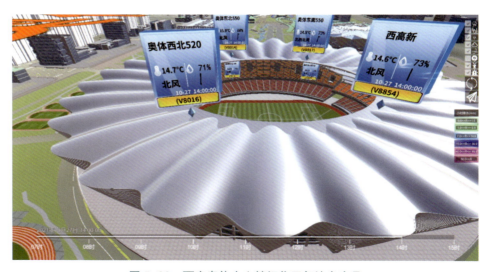

图5-30　西安奥体中心精细化天气沙盘产品

2. 积极响应，内外合作为开幕式保驾护航

开幕式当天，国家级实时业务平台每隔 1 h 向陕西省气象局提供气象监测快报 1 份，共提供了 13 份快报，内容涉及雷达监测产品实况分析、地面实况分析，同时还为陕西及时提供观测数据质量日报告。

在西安市十四运会气象台现场保障人员参加十四运会专题早间会商，并就西安周边天气雷达、风廓线、三维风场、水汽等观测实况进行汇报（图 5-31）。全天与西安市气象台预报员合作，应用"天衡天衍"观测产品系统实时监测西安雷达回波移速及高空风场情况，为现场决策提供实况信息。

图 5-31　现场保障人员与西安市气象台预报员实时监测计算雷达回波移速

3. 观测新产品在十四运会开幕式实况监测中的应用

（1）雷达 6 min 快速组网产品

雷达 6 min 快速组网产品监测显示，在 9 月 15 日 18 时，有一条东北—西南走向的锋面带状回波自西向东朝西安方向移动发展，回波的范围广，且连绵成片，呈现均匀幕状特征，回波的强度不大，最大回波强度约 35 dBZ，垂直剖面图上，回波高度约 4 km，顶部较为平整，表现为典型的层状云降水回波。到 20 时，35 dBZ 的回波已移动到咸阳一带，此时开幕式已开始（图 5-32），利用天衍系统的距离测算工具，计算雷达回波移动速度，估测回波的发展移动，6 min 的雷达拼图产品为系统发展研判提供了快速精细化的实况监测服务。

（2）雷达反演三维风场产品与风廓线单站产品

高频精细化三维风场监测显示，在 9 月 15 日 12 时 12 分，西安城区东北方向有东北

图 5-32　雷达 6 min 快速组网拼图产品

风汇入，城南以偏东风为主（图 5-33）。奥体中心北门、港务区管委会、奥体中心运动员村 2 km 高度为西南风，1.5 km 高度以下为偏东风，城区上空低层偏东风持续到开幕式期间，减缓了系统的移动速度，21 时左右转为西南风（图 5-34）。

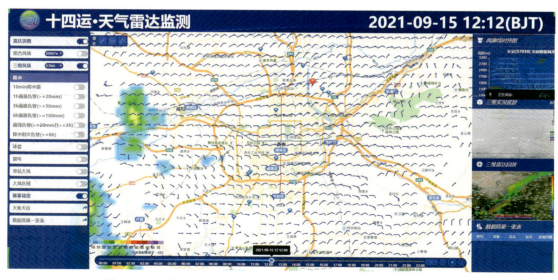

图 5-33　9 月 15 日 12 时 12 分 0.5 km 高度天气雷达反演三维风场

图 5-34　9 月 15 日 15 时 06 分雷达三维风场提取会场风廓线

长安风廓线实时垂直速度显示，在 19 时 30 分后，以上升气流为主，到 21 时，开始出现下沉气流（图 5-35）。

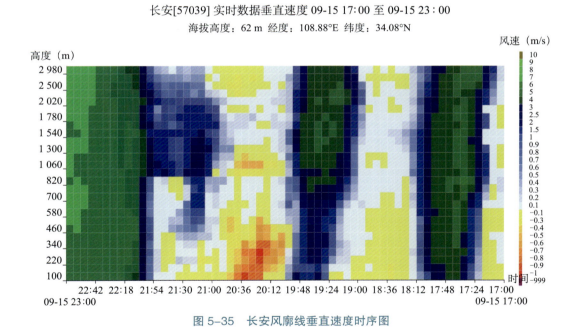

图 5-35　长安风廓线垂直速度时序图

（3）大气可降水量监测分析

利用大气可降水量产品，结合风场产品帮助判断水汽的输送情况。15 日 04 时西安上空大气可降水量为 29.8 mm，07 时为 30.8 mm，到 14 时达到 42.2 mm，19 时增加到 47.6 mm，大气可降水量产品的时间演变显示，从西南方向不断有水汽向西安上空输送（图 5-36）。

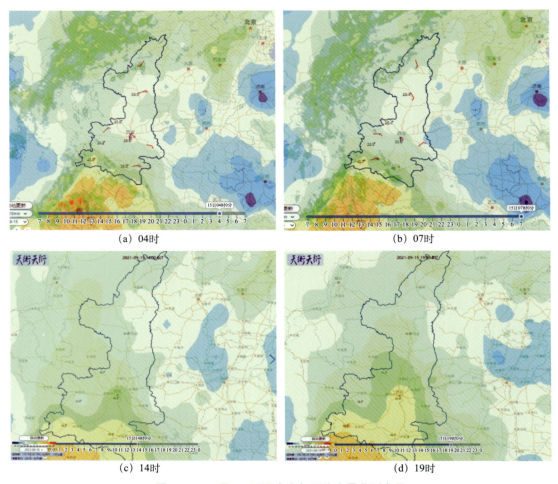

(a) 04时　　　　　　　　(b) 07时

(c) 14时　　　　　　　　(d) 19时

图 5-36　9 月 15 日西安大气可降水量监测产品

4. 陕西地区观测数据质量评估

充分发挥观测数据质量评估的业务优势，从 9 月 8 日起启动陕西地区数据质量日评估工作，连续制作发布陕西地区观测数据质量日报 8 期，联合省（区、市）气象局及厂家第一时间发现反馈实时观测运行问题 34 个站，保障十四运会期间气象观测高水平、高质量运行，发挥实时业务质量保障效益。

天气雷达：陕西安康站（Z9915）连续 8 d 观测数据正确率不达标，均出现电磁干扰，且频次较高，出现电磁干扰异常量共计在 2000 次以上。

六、中国气象局公共气象服务中心

中国气象局公共气象服务中心（简称公服中心）积极响应十四运会气象服务保障需求，从精细化气象服务、交通气象服务、预警信息发布支撑保障工作等方面提供了多种气象服务产品，为十四运会提供多角度气象保障服务。

（一）气象保障服务开展情况及成效

1. 精细化气象保障服务

早在 2019 年 12 月 9 日公服中心就开始为陕西省气象局提供周边 8 省份城市精细化预报、强对流、分钟降水、生活健康指数及陕西 3A 级以上旅游景点精细化服务产品共计 5 类服务产品。产品作为十四运会气象服务的前端支撑参考，应用在十四运会气象台、十四运会和残特奥会一体化智慧气象服务系统、十四运会气象 App、十四运会天气网等系统，发挥了有效的支撑作用。

（1）气象服务精细化预报服务产品（OCF）精细服务陕西及周边 8 省份。

OCF 依托国内外先进的高时空分辨率的数值模式预报产品、国家级地面站点实况资料及国家信息中心发布的 5 km 格点实况资料，采用数值预报解释应用技术，综合国内外先进的多模式订正和集成方法，为十四运会服务定制陕西、宁夏、内蒙古、山西、河南、湖北、重庆、四川、甘肃 9 省（自治区）所辖的共 856 个城镇站点，0～3 d 逐 1 h、4～7 d 逐 3 h、11～15 d 逐 12 h 预报服务产品，要素包括天气现象、温度、最高温度、最低温度、相对湿度、降水量、风向、风速、云量，产品应用在十四运会和残特奥会一体化智慧气象服务系统（图 5-37），为十四运会气象台提供数据参考。

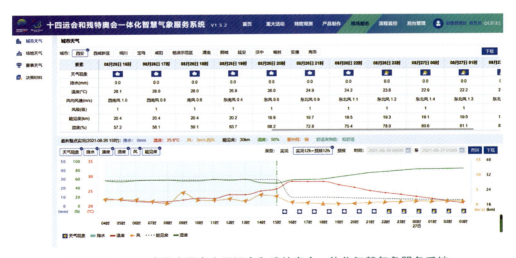

图 5-37　OCF 产品应用在十四运会和残特奥会一体化智慧气象服务系统

OCF 是国内首个 1～15 d 全球自动化客观定量多模式精细化集成预报服务产品制作系统，是公服中心首个被中国气象局应急减灾与公共服务司纳入国家级气象服务支撑性业务产品。自 2011 年首次在中国天气网业务运行以来，经过 10 年的发展，先后从技术方法、业务流程、系统代码、预报时空分辨率、预报的准确率、服务对象的扩张等方面不断改进优化，保证产品与时俱进，逐步满足用户日益剧增的需求。产品时空分辨率高、预报时效长、要素齐全，具有完善的质量控制系统和降级备份机制，产品稳定性高。融合省市城镇预报，形成全国格点与站点、国家级与省级预报一张网，保障全国预报服务产品发布的一致性。预报准确率平均达到目前国内先进水平，温度、风速和云量的集成预报均优于集成成员的预报。

（2）生活指数产品让十四运会气象服务更加贴心。

十四运会期间，公服中心为陕西省100个站提供1~7 d逐日指数预报服务产品，共计包含33个指数（舒适度指数、体感温度、空气污染扩散条件指数、旅游指数、紫外线强度指数、空调开启指数、风寒指数、洗车指数、晨练指数、穿衣指数、感冒指数、晾晒指数、化妆指数、运动指数、中暑指数、防晒指数、划船指数、钓鱼指数、放风筝指数、啤酒指数、逛街指数、美发指数、交通指数、路况指数、心情指数、约会指数、雨伞指数、夜生活指数、过敏指数、海滩指数、干燥指数、太阳镜指数、环境污染防护指数）。产品应用在十四运会和残特奥会一体化智慧气象服务系统，为十四运会气象台提供数据参考（图5-38）。

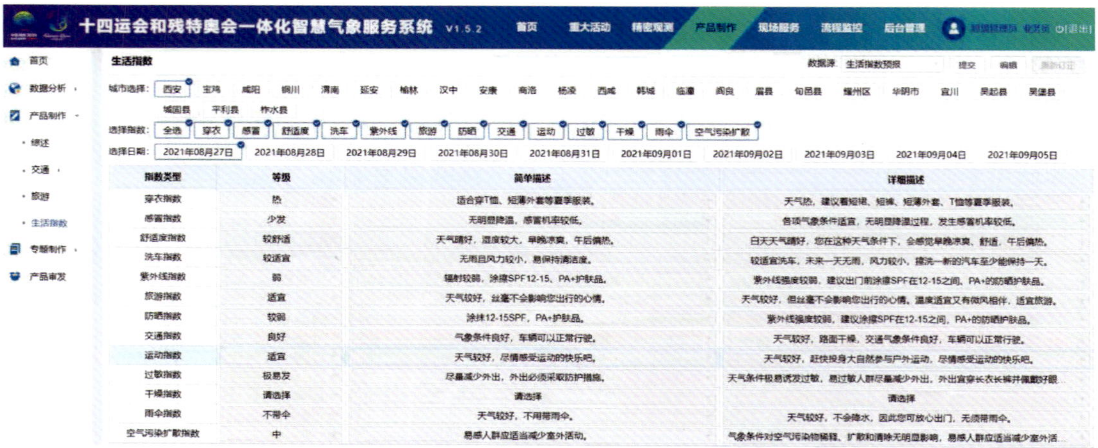

图5-38　指数产品应用在十四运会和残特奥会一体化智慧气象服务系统

指数产品是基于多模式集成预报服务产品及国家级地面实况资料，考虑天气变化对公众身体感受、交通出行、生活等方面的影响，通过文献调研、专家打分法等方法分析气温、降水、风、湿度等天气要素影响权重从而综合构建计算模型，综合考虑实况和预报，分析评判不同气象要素的影响方式和影响程度，采用统计学方法综合评定指数等级并根据实际情况设计制定对应等级的生活提示用语，从而对公众穿衣、出行、健康、生活等方面进行天气提示和预防、防护建议。

（3）3A旅游景点预报服务产品助力体旅融合，为十四运会公众服务锦上添花。

依托OCF系统，结合陕西省370个3A以上旅游景区的地理信息，经过本地化地形高度订正处理优化，最终形成1~3 d逐1 h、4~7 d逐3 h、11~15 d逐12 h精细化预报服务产品。产品应用在十四运会气象App，为十四运会公众气象服务提供数据支撑（图5-39）。

针对旅游景区多在海拔较高的山区的特点，在OCF系统的基础之上，增加对温度、降水要素的本地地形高度的订正，优化景区精细化预报的降尺度和偏差订正技术，使产品能够精细服务到各旅游景点。

（4）天气雷达分钟降水服务产品满足十四运会精细化降水临近预报服务需求。

天气雷达分钟降水产品实现未来 2 h 精细到 5 min 间隔的降水预报，在空间尺度上精细到街道，在一定程度上解决了天气预报中"局部地区"的精细化预报难题，产品以 NetCDF（Network Common Data Form）网络通用数据格式存储，通过公服中心数据支撑平台每 5 min 进行发布。产品应用在十四运会气象 App，为公众提供精细化降水临近预报服务（图 5-40）。

图 5-39　3A 旅游景点产品应用在十四运会
　　　　气象 App

图 5-40　分钟降水产品应用在十四运会气象 App

天气雷达分钟降水产品是公服中心针对精细化高时空分辨率的降水预报服务需求，在中国气象局内首次以全国实时气象雷达观测资料和地面分钟降水观测资料为基础，应用光流法与机器学习算法相结合，外推未来 2 h 内每 5 min 间隔的雷达反射率回波，进而利用机器学习方法建立分钟级降水观测值与雷达回波关系的数学模型，通过并行计算和大数据处理技术快速制作天气雷达分钟降水服务产品，并面向用户提供基于位置精细化短临降水预报服务。天气雷达分钟降水产品主要包括雷达降水估测和雷达回波外推等核心技术创新。

雷达降水估测： 以全国雷达资料和地面分钟降水资料为基础，进行质量控制。根据雷达站经纬度高程以及结合周边地形遮挡情况，插值计算等高平面位置显示（constant altitude plan position indicator，CAPPI）上的多层雷达反射率因子作为样本特征，利用自动站雨量计分钟级雨量作为样本标签进行训练、估测与检验，由雷达反射率因子估测分钟级定量降水。

雷达回波外推： 以数据前处理模块加工生成的 CAPPI 产品数据作为输入，利用计算机视觉中的光流法进行外推并实现全国雷达拼图，可 6 min 滚动外推未来 2 h 逐 5 min 间隔的雷达回波。采用多线程技术可在 3 s 内完成对单站三维雷达回波的未来 24 h 的外推，外推与实况相比误差较小。

（5）强对流产品防患于未然，为十四运会安全保障再加一道保险。

强对流临近预报专业服务产品是公服中心面向灾害性天气精细化临近预报专业服务领域，基于我国新一代多普勒天气雷达探测资料，组织实现的专业气象服务产品，以适应面向我国不同地域和多样化气候特征的强对流监测预警专业服务需求。产品覆盖我国天气雷达有效探测区域，预报时效为 60 min，细分为 10 个 6 min 间隔的子落区，以 6 min 频次滚动提供的冰雹、短时强降水和雷暴大风等要素临近落区预报服务。产品应用在十四运会气象 App，为公众提供强对流天气临近预报服务（图 5-41）。

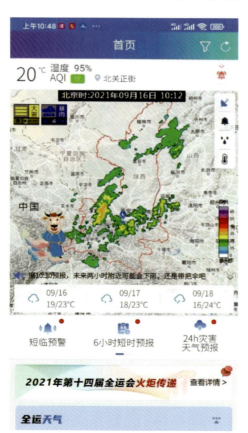

图 5-41 强对流产品应用在十四运会气象 App

强对流临近预报专业服务产品应用图形图像处理、模式识别和人工智能等技术，促进人工智能与气象科学相结合，分割雷达探测资料中风暴单体，基于单体形态结构和物理量的特征提取，构建敏捷、健壮的信息生态系统，深度追踪挖掘对流云团初生形态，建立冰雹、短时强降水和对流性大风等灾害性天气分类识别算法模型，对强对流天气的初生和发展传播过程进行监测，对其邻近影响区域进行预测。产品应用并行计算技术和消息驱动机制，构建高可靠稳定运行环境，产品加工系统具备自我恢复能力和自适应负载均衡能力，具有较强的容错能力，允许计算单元出现异常时进行恢复或重置操作，支持单机高并发运行和部署于网络中的分布式应用，实现对全国 200 多部多普勒天气雷达资料的快速分析计算，在 1 min 之内完成产品的批量加工，保障了产品加工的覆盖面和实时性。依托本产品的研发过程发表了 5 篇 SCI 论文、取得了 2 项发明专利和 3 项软件著作权。

（6）精心筹备十四运会天气会商，为开幕式气象保障贡献一份力量。

在十四运会开幕式气象保障服务的最关键时刻，公服中心将气象保障服务作为贯彻落实习近平总书记重要指示精神的重要实践，精心筹备参与天气大会商，为开幕式气象保障出谋献策。会商内容依据 OCF 城镇、3A 景点精细化预报服务产品以及生活指数服务产品，全面分析了开幕式期间西安市及著名景点兵马俑的天气以及舒适度指数、旅游指数等情况，为开幕式从多角度提供保障服务（图 5-42）。

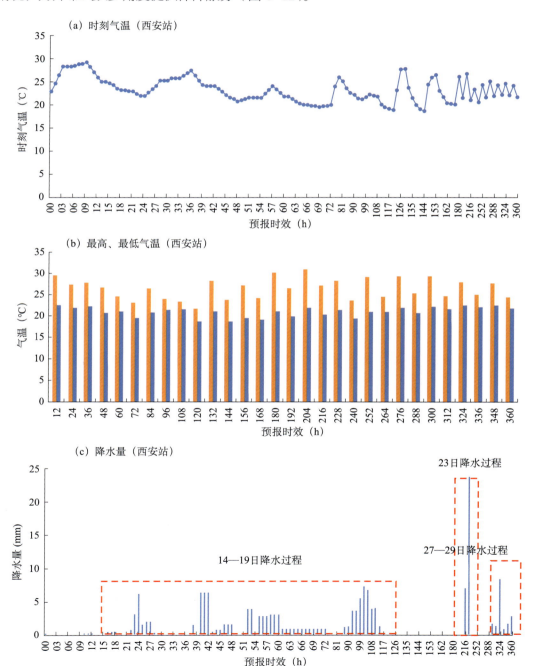

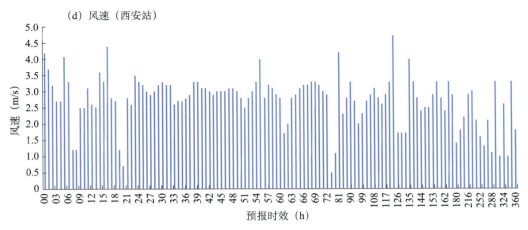

图 5-42　OCF 产品参加开幕式前天气会商数据

2. 交通气象保障服务

（1）交通气象服务产品在陕西省气象局共享情况

活动期间，公服中心向陕西省气象局每日两次（08 时和 20 时）共享两类交通气象服务产品，一是全国高速公路交通气象精细化要素预报产品。产品时间分辨率为 72 h 逐 3 h 间隔，空间分辨率为乡镇级路段，预报要素包括气温、降水、风速和天气现象。二是交管天气风险预警产品。产品时间分辨率为 72 h 逐 1 h 间隔，空间分辨率为 1 km 桩点路段，预报要素包括降水（降雨、降雪）、能见度、大风、高温和道路结冰 5 种天气风险以及综合风险。产品共享以来，数据接收稳定，未发现漏报迟报情况。

（2）交通气象服务产品在陕西十四运会气象服务中应用情况

国家级交通气象服务产品已接入陕西省专业一体化气象服务系统平台开始试用，结合陕西省交通监测站及自动监测实况数据，实现人工交互订正，成为交通预报服务的重要技术支撑（图 5-43）。国家级指导产品的应用，促进了交通部门气象服务整体运行效率，在保障通行安全、完成各项运输生产运营任务中发挥了重要作用。

另外，国家级交通气象服务产品也接入陕西省"交通气象"App，应用于陕西十四运会测试赛以及开（闭）幕式气象服务，为公众提供精细化的道路交通气温、降水、风力等要素预报以及影响等级预报服务（图 5-44）。同时参加十四运会开幕式会商发言，从历史交通灾情、开幕式期间天气对公路交通的影响等方面进行分析，为省级提供预报参考（图 5-45）。

3. 预警信息发布支撑保障

（1）加强省级指导和部际联动，保障预警发布与辅助决策

十四运会和残特奥会期间，国家预警发布中心与陕西省上下联动进行技术和业务指导，严格把控预警质量，及时开展灾情舆情热点信息收集，全力保障期间预警信息快速高效发布。2021 年 9 月 13 日，中心将十四运会和残特奥会活动列为重大事件服务之一。15 日，在面向各部委共享的气象信息决策支持系统中打点更新活动开幕式情况，便于相关部

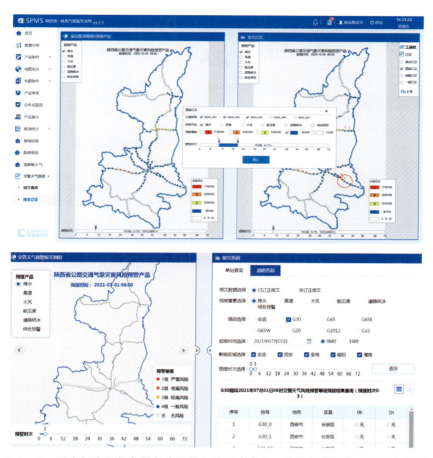

图 5-43　国家级交通气象服务产品接入陕西省专业一体化气象服务系统平台界面

图 5-44　国家级交通气象服务产品接入陕西省"交通气象"App 界面

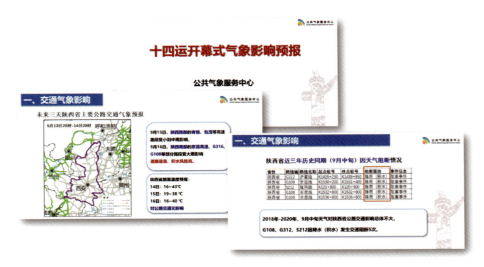

图 5-45　国家级交通气象服务产品参加十四运会开幕式会商发言材料

委关注重大活动，期间将各项预警数据、服务数据等通过国家预警发布系统、气象信息决策支持系统、部际联动平台等与各部委共享，供武警、应急、公安、交管等行业和部门指挥决策（图 5-46）。

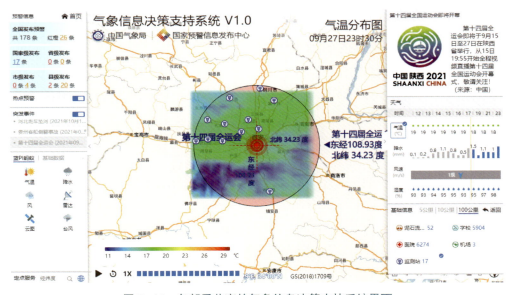

图 5-46　各部委共享的气象信息决策支持系统界面

（2）强化区域联防联控，预警信息多手段高效发布

为增进区域联防联控，国家预警发布中心为陕西省气象局实时推送陕西全省及周边 8 个省份的预警信息，十四运会及残特奥期间，共推送陕西及其周边省份发布的预警信息 5242 条，其中发布数量排前三位的为暴雨、雷电、大风预警，为赛事气象服务保障提供支撑参考（图 5-47）。同时，各灾种预警信息利用多手段一键式在 12379 网站、手机

App、学习强国、人民号、抖音等国家级对接媒体广覆盖发布，指导省里利用 12379 短信和声讯、大喇叭、显示屏等地方媒体对应急责任人精准发布，对受影响的社会公众区域性发布。同时，公服中心密切关注赛事相关风险动态，通过 12379 网站和 App 对外发布相关动态共计 39 篇。

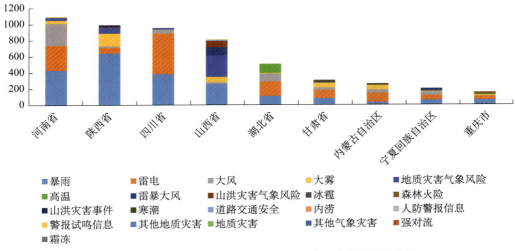

图 5-47　十四运会及残特奥期间陕西及周边 8 省份预警发布情况

（3）建立专项服务链路，做好数据传输和保障

为做好十四运会和残特奥会气象保障，国家预警发布中心提前自 2020 年 12 月就开始向陕西省气象局提供生活健康指数服务产品、陕西强对流精准预警服务产品、全国分钟级降水预报产品等，并为保证业务运行安全和指数产品及时传输制定并细化了保障方案。2021 年 9 月十四运会开幕前夕，完善了十四运会期间生活健康指数备份服务产品传输流程，为高质量的服务保障做出支撑。在保障服务数据传输的同时，公服中心强化了业务、数据监控和运维保障，确保各项服务产品安全稳定送达。

（二）服务案例：多灾种综合风险预警提供精细服务保障

十四运会和残特奥会期间，国家预警发布中心密切关注陕西及周边省份多灾种灾害风险，结合预报预警信息、灾情历史数据分析、舆情分析等，组织多灾种综合风险预警会商并研发服务产品。在 2021 年 9 月 17 日制作和发布的风险提示产品中特别指出，17 日晚至 20 日，陕西中南部等地注意防范局地强降雨及其可能引发的次生灾害对城市运行、公众出行、秋粮收晒等的不利影响，并提醒注意疫情防控，减少人员聚集，做好个人防护，出行注意交通安全。9 月 24 日风险提示产品再次提醒 24—26 日，陕西等地注意防范局地强降雨叠加可能造成的致灾风险。多灾种综合风险预警服务产品可以在一条信息中融合各种灾害风险和防御指引，为公众提供精细化综合风险服务保障（图 5-48）。

国家预警信息发布中心发布风险提示

发布时间：2021-09-17 17:22:00 发布单位：国家预警信息发布中心

国家预警信息发布中心9月17日发布未来七天风险提示：17日晚-20日，陕西中南部、山西中南部、河北、四川盆地东北部、河南西部、山东西北部等地注意防范局地强降雨及其可能引发的次生灾害对城市运行、公众出行、秋粮收晒等的不利影响；其中，四川泸县震区18日雨势增强，抢险救援等工作注意做好防御措施。河北中南部、天津、山东、河南北部和中东部等地注意防范局地大风影响，东海东北部海域需关注海上大风影响。23-25日，华北、东北地区中南部以及黄淮西部和北部关注局地强降雨影响。中秋假期疫情防控不可松懈，减少人员聚集，做好个人防护，出行注意交通安全。关注国家预警信息发布中心微博、微信号或下载12379手机客户端，及时掌握各类突发事件预警信息。

图 5-48　多灾种综合风险预警产品图例

七、中国气象科学研究院

为保障十四运会顺利举行，中国气象科学研究院人工智能气象应用研究所和南京气象科技创新研究院团队协助陕西省气象台完成基于人工智能的降水短临预报系统和逐小时的精细化要素预报系统的部署和业务化。团队利用陕西省气象局现有的计算和存储资源，对接天擎气象大数据云平台接口，实现准实时降水临近预报产品以及逐小时的精细化要素预报产品的推送和显示。结果显示，基于人工智能新技术搭建的降水短临预报系统有效提高了降水预报的准确率和时效性，逐小时的精细化要素预报产品提高了气温和风速预报的准确率，有力支撑了十四运会气象预报工作。

（一）气象保障服务筹备（技术支撑情况）

为做好本次气象服务工作，中国气象科学研究院人工智能气象应用研究所和南京气象科技创新研究院团队于 2021 年 8 月中旬提前部署，收集了近 5 年陕西区域地面稠密雨量站分钟级观测数据，构建了陕西区域 1 km 分辨率的降水临近预报数据集。覆盖陕西全部区域，如图 5-49 所示。

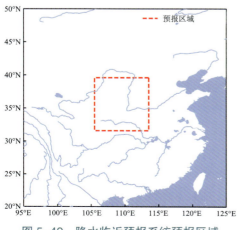

依托高密度、长序列降水数据集，研究人员基于时空卷积神经网络算法建立并训练了陕西区域降水临近预报模型。如图 5-50 所示，选取 PhyDNet 时空卷积深度学习模型作为降水临近预报模型，模型输入过去 1 h 的地面稠密雨量站观测数据，预报未来 2 h 降水变化。该系统主要具有以下两个优势：第一，PhyDNet 相较于其他深度学习序列预测模型增加了物理运动约束项，方法是用卷积模拟偏导以学习物理信息，对现有时空卷积网络的信息进行补充，物理先验知

图 5-49　降水临近预报系统预报区域

识的加入提高了降水临近预报模型的精度和效率。第二，基于雨量站的降水临近预报方法可以有效地与基于雷达的临近预报方法形成互补，对降水强度的预估具有更高的准确率，可为十四运会气象保障提供重要参考依据。

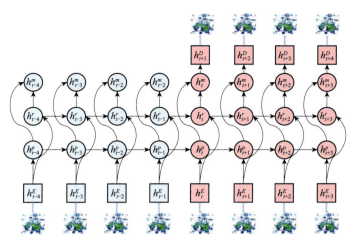

图 5-50　十四运会地面降水临近预报模型结构

　　为做好要素预报气象服务工作，中国气象科学研究院人工智能气象应用研究所 7 月开始筹备，收集了近两年陕西区域 300 个站点地面小时观测数据和 GRAPES-3 km 模式数据，构建了陕西区域的气温和风速预报数据集。覆盖陕西全部区域，如图 5-51 所示。

　　基于气温和风场数据集，研究人员分别建立并训练了陕西区域气温和风速预报模型。如图 5-52 所示，选取 LightGBM 模型作为气温和风速预报模型，模型输入过去 48 h 的地面测站的气压、风速、气温、相对湿度等要素实况值和预报时刻前 12 h 的气压、风速、气温和相对湿度等模式要素预报，预报未来 36 h 气温和风速。该系统选取了气温和风速的前 48 h 历史数据，模型可以从要素自身的变化中挖掘日变化和天气系统变化规律，而且还选取了和气温及风速相关性较高的气象要素本站气压、风速、相对湿度，以及测站的位置信息，通过气象要素时序特征序列挖掘天气系统的特征变化规律。通过参数重要性选择，把对预报结果影响权重大的参数筛选出来，在模型预测时赋予权重系数大的特征更高的参与度，更好地反映出气象要素变化特征规律，对 GRAPES-3 km 模式预报订正效果显著，具有更高的要素预报准确率，可为十四运会气象保障提供重要技术支撑。

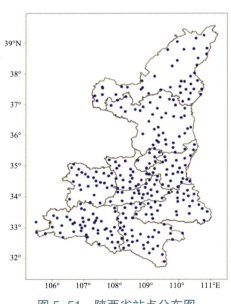

图 5-51　陕西省站点分布图

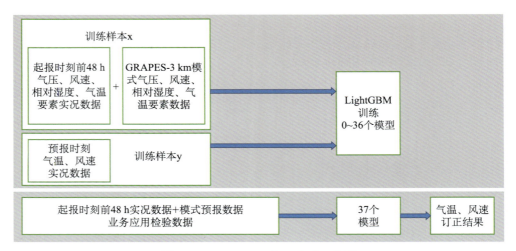

图 5-52　LightGBM 订正方法示意图

（二）气象保障服务开展情况及成效

1. 产品应用及检验情况

基于深度学习的分钟降水临近预报系统主要由 4 个模块构成，包括数据前处理模型、时空序列临近预报模块以及预报产品后处理模块，最终实现了 6 min 更新的 0～2 h 的 6 min/1 km 分辨率降水临近预报。在陕西省气象台的协助下，利用陕西省气象局现有的计算资源和存储资源对接十四运会气象预报预警系统，实现准实时降水临近预报产品的推送和显示（图 5-53）。

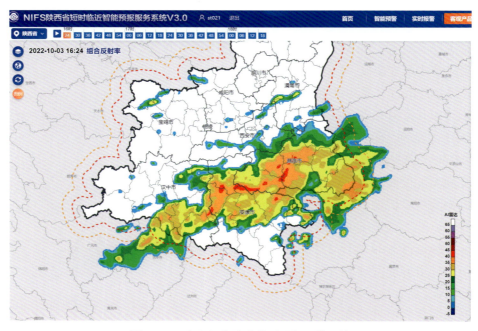

图 5-53　十四运会降水临近预报预警系统

利用测试集的地面观测对预报效果进行了检验，如图5-54所示，在千米网格降水临近预报中，大于1 mm/h的总体预报 TS 评分和 HSS 评分分别达到0.34和0.46，在较强降水预报上，大于5 mm/h的总体预报 TS 评分和 HSS 评分达到了0.10和0.17。

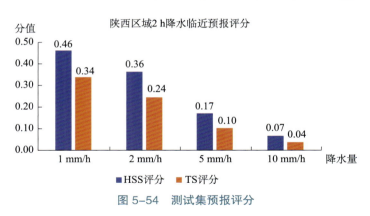

图 5-54　测试集预报评分

如图5-55所示，在逐6 min 降水临近预报产品中获得了较优的预报效果，60 min 的大于1 mm/h 降水预报 TS 评分和 HSS 评分分别达到0.33和0.45，120 min 大于1 mm/h 的降水预报 TS 评分和 HSS 评分分别达到0.24和0.33。

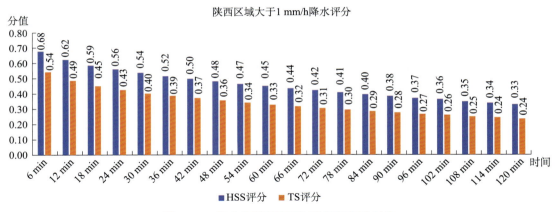

图 5-55　降水临近预报逐时次预报评分对比

精细化要素预报系统主要由3个模块构成，包括数据前处理模型、要素预报模块以及预报产品后处理模块，最终实现了36 h 站点气温和风速要素预报。在陕西省气象台的协助下，利用陕西省气象局现有的计算资源和存储资源对接十四运会气象预报预警系统，实现准实时气温和风速预报产品的推送和显示。

将十四运会9月1—27日的资料输入模型中，对预报效果进行测评。LightGBM 模型对 GRAPES-3 km 的风速和气温要素订正效果如图5-56和图5-57所示。

对于风速预报，1~36时效 GRPAES-3 km 的平均均方根误差为2.659，LightGBM 的平均均方根误差为0.943，订正改善率为64.5%。对于气温预报，1~36时效 GRPAES-3 km 的平均均方根误差为2.356，LightGBM 的平均均方根误差为1.526，订正改善率为35.2%。

获取十四运会9月15—27日的中央指导报（SCMOC）气温资料，与同时期 GRAPES-3 km 及 LightGBM 预报结果进行对比，如图5-58所示，气温 GRAPES-3 km

的预报准确率为 0.645，LightGBM 预报准确率为 0.857，SCMOC 预报准确率为 0.746，LightGBM 预报效果改进显著。

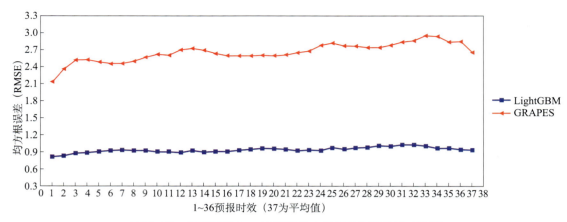

图 5-56　风速预报 1～36 时效均方根误差订正效果对比图

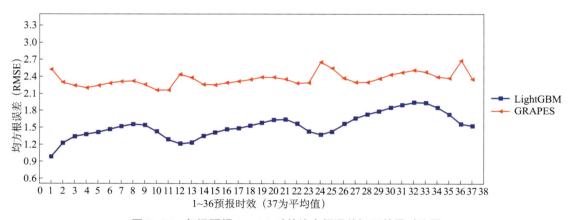

图 5-57　气温预报 1～36 时效均方根误差订正效果对比图

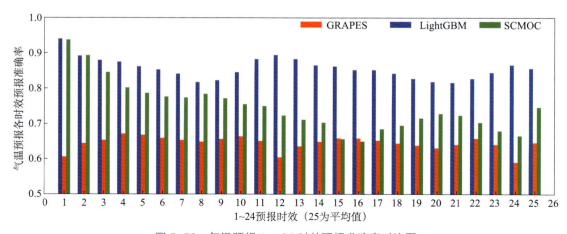

图 5-58　气温预报 1～24 时效预报准确率对比图
（红色为 GRAPES-3 km 预报准确率，蓝色为 LightGBM 预报准确率，绿色为 SCMOC 中央指导报
预报准确率）

2. 气象防灾减灾效益

基于人工智能技术的逐小时精细化要素预报系统和降水临近预报系统的落地和业务化为十四运会气象服务提供了重要的技术支撑，同时降水临近预报系统为陕西区域降水临近预报提供重要参考和决策工具。陕西省气象局致信表示，中国气象科学研究院"将最新研发的基于机器学习算法的分钟降水预报技术和数值模式要素订正技术对接十四运会气象预报预警系统，应用陕西本地数据实现业务化运行，提供逐 6 min 的分钟降水预报产品和逐小时的精细化要素预报产品，成为十四运会开幕式气象预报服务中的重要技术支撑，为开幕式精彩圆满举办贡献了气象力量"。

后续，基于深度学习的降水临近预报系统将根据陕西业务需求进行持续更新和改进，一方面，增加多源数据进一步提升预报精度；另一方面，增加短时强降水概率预报产品，助力陕西区域灾害性天气预警和预报服务。

八、中国气象局人工影响天气中心

2021 年 4 月以来，为了做好十四运会人影保障服务，中国气象局人工影响天气中心积极主动与陕西省人影办对接，根据需求，从思路建立、实施方案编写、方案设计、系统开发、外场组织、人员培训、演练及实战保障等方面开展了系列工作，制作发布人影作业条件预报、作业条件监测预警报、作业个例初步分析快报等专题指导产品 11 期，参加联合指挥（简称联指）中心组织的作业条件预报与作业建议应对等专题会商 8 次，派出专家姚展予研究员、技术骨干李琦到联指中心参加技术支持，调用国家级人影飞机 4 架参与外场作业，配合前方，圆满完成十四运会人影保障工作。

（一）气象保障服务筹备

1. 专家开展专题讲座，指导方案编写

2021 年 4 月 22 日，周毓荃等专家一行应邀赴陕西省气象局，围绕重大活动人影保障需求，针对"特定目标区云水资源开发利用关键技术暨新时期人影高质量发展"进行了专题讲座。各市县气象局积极参与，反响热烈。会后，听取了陕西十四运会消减雨作业实施方案，对编写具体思路和要点进行了详细指导。

2. 借鉴前期重大活动保障经验，领导率队赴陕开展技术交流指导

2021 年 7 月 14—17 日，李集明副主任带领条件预报、作业方案设计、效果分析评估、业务系统、飞机集成等方面的 7 位技术骨干，赶赴陕西省气象局，开展十四运会开幕式人影消减雨保障技术对接，从消减雨作业技术路线选择、工作难点及前期重大活动人影消减雨作业效果初步评估等方面开展了交流，并对陕西省消减雨作业实施方案进行了专题讨论，提出了进一步修改建议。

现场开展针对 7 月 17 日十四运会圣火延安采集活动的人影保障服务，共同利用CPAS 平台进行人影作业决策和指挥。

3. 指导三级指令的制作、完善技术流程

协助联合指挥中心（陕西人影中心）梳理决策分析指挥指令内涵和流程要求，提供了3、2、1号各级指令，会商重点和内容把握，实战指挥流程等具体的技术资料；进一步细化陕西人影的技术需求，明确国家级技术支撑各组和陕西人影保障各组任务分工和联系人，落实到人。

4. 开展针对性作业指挥人员的培训

2017年7月16日，史月琴、王飞分别从"CPEFS人影模式预报产品及在条件预报中的应用""人影作业合理性分析及效果检验"两个业务技术方面开展了现场培训，增强陕西人影业务技术人员的专业素养。

组织完成西北工程新建指挥系统省、市、县级一线业务人员操作培训，累计超过200人次，进一步保障了陕西各级人员对十四运会重大服务保障活动业务支撑能力。

（二）气象保障服务开展情况及成效

1. 开发升级专项指导产品，并发布指导

（1）提供专项精细云模式预报系统产品。鉴于业务发布的CMA-CPEFS模式将全国分为8大区域，陕西位于西北区域东部，不在模式中心地区，为提高精细刻画云宏微观场能力以及预报时效，根据需求，结合正在陕西开展的国家重点研发专项相关研究成果，设计专题模式预报区域范围，采用3km和1km高分辨率开展精细预报，并启动催化模拟，从2021年8月15日起开始提供精细化的十四运会专项预报产品。

（2）准备各项云监测反演产品。基于已有的FY卫星反演云参数研究，梳理了有可能提供的反演产品，结合卫星中心实时下发的数据，提供高频次云图产品与云宏微观结构监测反演产品。同时结合FY卫星、业务探空及特种观测资料，提供针对保障区域的云垂直结构分析产品。

（3）优化国家级专题指导产品。预报、监测和效果等各业务组，针对陕西需求，结合前期保障经验，从内容、时效及呈现方式等方面进一步优化了国家级预案、方案、预警和效果报等主观指导产品。

2. 开发各类专项业务系统，提供有力技术支撑

（1）开发CPAS_十四运会版，部署在国家级和十四运会指挥中心现场。围绕十四运会人影消减雨保障需求，在已有国家级业务系统（CPAS-WMC）的基础上，围绕十四运会特别需求开发相关功能，形成十四运会和残特奥会人影决策指挥系统（CPAS_十四运会版）。在完善飞机停靠地、地面火箭、高炮作业站点分布、空域信息、防区防线设计、作业情况统计显示等功能的基础上，强化了空地实时监控、指挥及作业效果实时分析等功能；并在国家人影中心和陕西省人影中心完整部署了CPAS_十四运会版。

对刚投入使用的2架新舟60国家级高性能飞机探测数据，进行数据源解析、开发显示、统计等操作，实现了实时下传的机载探测云降水设备AIMMS、CDP、CIP、PIP、LWC等探测数据在CPAS_十四运会版的显示分析功能，有力支撑了跟踪指挥阶段功能

需求。

（2）完成西北工程指挥系统在"天擎"和陕西的部署。西北工程指挥系统在陕西"天擎"云平台上部署后，通过对接陕西十四运会特种观测、当地站网布局、作业信息，并与"全国人影信息综合管理系统"开展数据交换，进一步形成"十四运会和残特奥会人影一体化指挥系统（西北工程指挥系统专版）"，即形成西北人影工程指挥系统针对陕西省十四运会重大活动保障开发的重大活动保障专版。系统可以承上启下将国家级的专项指导产品快速灵活地传递到每个作业端。同时，通过该系统 App 实现指导产品、作业实况的快速传达、辐射效应。

（3）完成"天镜"厅人影业务系统的集中展示设计和开发，圆满完成实战保障应用。十四运会人影保障服务时有 3 个场景：陕西联指中心、国家级和作业现场，国家级负责技术支撑和指导，联指中心主要承担实时指挥，飞机和地面作业点负责外场作业实施。在"天镜"厅展示人影保障 3 个场景和纵向到底的指挥流程，体现国省上下互动、内外场互动。

按照"天镜"厅综合指挥流程设计要求，共设计综合模式、实况与人影模式、人影专题模式 3 种应用场景，并对各应用场景具体系统、功能展示进行了设计（图 5-59）。

图 5-59　"天镜"厅人影业务系统展示工作剪影

主要工作包括：

设计完成国家—联指（省）—点（端）多级人影业务系统功能展示方案。

编写完成各级、各角色、各场景演示脚本。

同信息中心、陕西人影中心、陕西地面作业点、作业飞机等单位反复对接调试，实现相应功能。

基于已有综合信息系统，完善产品展示、指令生成互传及作业监控和信息收集等功能。实现国家—联指（省）—点（端）决策指导指挥作业重大服务实时业务互通展示。

基于人影综合信息系统，为便于体现产品指令传递时效、飞机地面作业信息，研发设计十四运会专版信息系统。

完成 CPAS 平台围绕特性目标不同应用场景增强功能开发，包括如下内容：①滚动显示监测信息（卫星、雷达、特种资料＋地面作业站点＋飞机停靠地＋防区防线）；②特定目标区的作业方案设计（预设飞行轨迹及作业影响范围、预设地面作业方案）；③实时监控显示作业实况（飞行轨迹、地面作业完整信息叠加雷达、卫星产品的实时动态显示＋机载探测信息显示）；④滚动制作地面作业指令：作业站点＋指令计算 & 交互修订（安全射界、方位角、仰角、用弹量）＋防线；⑤飞机催化实时评估：选择实时飞机轨迹，动态进行催化传输扩散计算，动态催化范围（每小时）显示。

3. 积极转化科技成果，指导开展演练和实战保障

将正在进行的国家重点研发专项"云水资源评估和利用示范""新一代人影数值模式系统研发"等相关科研成果及国家工程建设等获得的对特定目标区人工增（减）雨成套关键技术及产品及时应用到演练试验和实战保障中，提高了特定目标区人工增雨成套技术实时服务能力，圆满完成演练和实战保障服务。

（1）参加并指导开展演练和桌面推演。2021 年 8 月 15—16 日、8 月 22—24 日、9 月 4—6 日、9 月 12—13 日，按照联指中心的统一安排，指挥室参加了 4 次桌面推演、人影作业演练，开展专题会商 5 次，跟踪飞机作业，对轨迹数据、机载实时探测数据进行监视，针对演练进行复盘总结，就其中的实施方案和指令及流程规范等提出了进一步指导修改建议。

（2）指导和支撑开展实战保障服务。针对开幕式实战保障，按照陕西省气象局的统一安排，从 9 月 6 日开始，中国气象局人影中心就开幕式人影消减雨方案设计和不确定分析、作业条件潜势与应对建议、条件预报和作业预案建议等参加了 7 次综合会商，制作发布《人影作业条件预报》2 期、《作业条件监测预警》7 期。多项新技术应用于实战。

首次开展云条件趋势预报。按照开幕式天气综合会商安排，针对会商重点，从 9 月 9 日开始，利用每天 GRAPES_GFS 全球模式的中期预报场数据，应急启动人影中心 1 km 分辨率的 CPEFS-SEED 模式。针对 9 月 15 日开幕式当天云降水演变趋势，提前 1 周开展了云条件趋势滚动预报，为开幕式作业条件潜势与应对建议提供中短期预报（图 5-60）。

首次开展飞机液氮播撒仿真模拟和滚动方案效果数值预判 / 预估。组织专门力量开展数值催化模拟和数值预估。采用人影中心 1 km 水平分辨率的 CPEFS-SEED 三维中尺度催化模式，从 9 月 9 日开始，每日对预报的开幕式当日云降水过程滚动开展了 26 次不同催化剂类型、催化剂量、催化位置飞机作业预案的作业效果数值预判和预估，为作业策略和作业方案提供建议和指导（图 5-61）。

首次将国家重点研发专项的陕西区域云水资源评估研究成果应用到实战保障中。将近 20 年 9 月陕西区域平均云水资源的气候特征、近 5 年 9 月 14—16 日陕西云水资源评估结果及滚动预报的开幕式当日的云水资源特征结果，应用到综合会商中，为了解防区内水凝

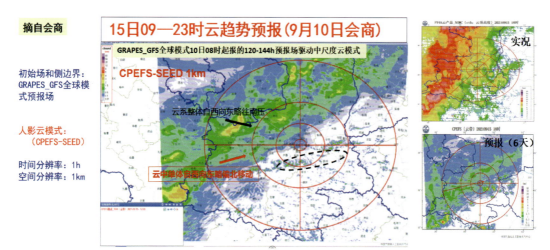

图 5-60 9月15日云趋势预报（摘自9月10日综合会商人影发言材料）

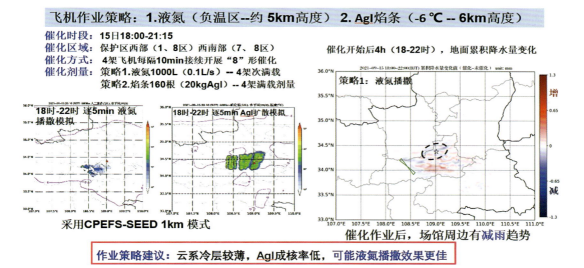

图 5-61 9月15日开幕式作业策略及效果预判（摘自9月10日综合会商人影发言材料）

物循环和转化特性提供依据（图 5-62）。

开展滚动监测预警。开展了逐 2 h 的滚动监测预警，将目前逐 5 min 的 FY-4 云特性产品和最新的 FY-4B 1 min 快速扫描监测产品应用到实际监测预警中，为更精准地识别云特性、云相态、云团的生消和云系的移向移速提供重要依据；此外，结合实时的雷达回波反射率及回波的垂直结构特征，为适时开展空中和地面作业提供参考。

开展作业效果的实时评估和数值模拟评估。针对开幕式当天飞机、地面作业，利用各类观测新资料及时组织实时作业效果物理评估，同步开展作业效果的数值评估（图 5-63）。

9月15日陕西云水转化特性（17—23时，14日08时起报）

范围	水汽平均状态量(mm)	水凝物平均状态量(mm)	降水量(mm)	水汽凝结率(%)	水凝物降水效率(%)	水汽更新周期(h)	水凝物更新周期(d)	云水资源(mm)
区域1(5°×5°)	10.1	0.27	0.5	1.7	5.2	4.1	9.7	8.3
区域2(3°×3°)	8.9	0.09	0.06	1.1	3.3	0.05	6.1	5.5

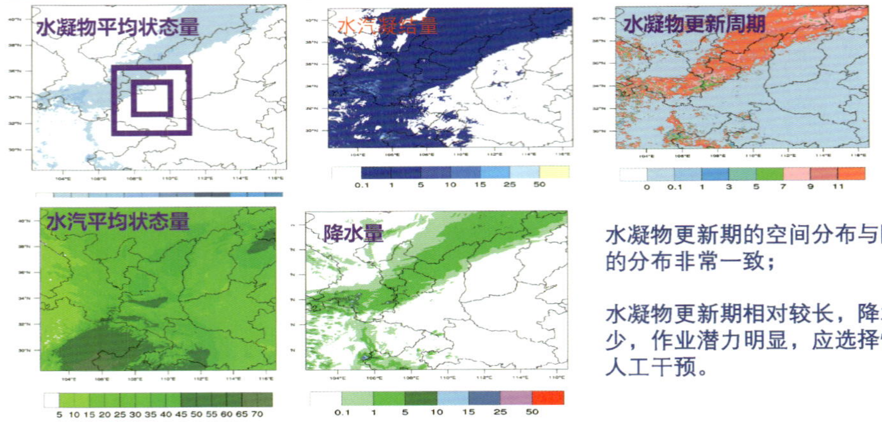

水凝物更新期的空间分布与降水带的分布非常一致；

水凝物更新期相对较长，降水量较少，作业潜力明显，应选择性开展人工干预。

图 5-62　9 月 15 日开幕式云水资源预报及水凝物转化特征（摘自 9 月 10 日综合会商人影发言材料）

图 5-63　保障期间内场指挥和效果评估工作剪影

4. 积极调集力量，组织飞机外场作业

（1）国家人影飞机总体保障情况

①国家人影飞机调度：十四运会和残特奥会人影保障服务期间调用国家人影飞机4架，随着2021年9月6日甘肃运行的国家高性能人影飞机B-651N抵达咸阳机场，4架高性能新舟60国家人影飞机齐聚咸阳机场（图5-64）。

图5-64　4架国家人影飞机齐聚咸阳机场

②国家人影飞机性能特点：新舟60增雨飞机以双发涡轮螺旋桨发动机支线客机新舟60飞机为平台，它的建造与加改装、适航要求，严格遵照中国民用航空规章《运输类飞机适航标准》（CCAR-25-R4）进行取证。作为首批人影增雨专用飞机，新舟60增雨飞机平台在其研制、定型、改装、试飞等各个环节都需要做大量的探索性工作。4架新舟60国家人影飞机是东北区域人影工程和西北区域人影工程先后建设的国家级人影飞机（图5-65），其中东北区域人影工程建设2架，于2015年12月加入业务运行，参加此次保障的国家人影飞机常驻省份为内蒙古自治区（B-3726）和辽宁省（B-3435）；西北区域人影工程建设的2架分别于2021年4月和2021年8月投入试运行，常驻省为陕西省（B-650N）和甘肃省（B-651N）。4架新舟60国家人影飞机均搭载有先进的大气探测设备和作业催化装置（表5-1）。先进的机载探测设备为十四运会保障提供了云微物理探测数据，确保人工影响天气作业的科学性，多种作业手段和催化方式确保了作业的有效性。

图 5-65　4 架国家人影飞机剪影

表 5-1　东北区域国家人影飞机主要探测和催化设备

序号	飞机编号	常驻省份	催化装置	探测设备
1	B-3726	内蒙古	冷/暖云焰条：40 根 冷云焰弹：220 枚 液氮：160 L（40 L×4）	云粒子探头（CDP） 云粒子后向散射探头（BCP） 云粒子图像探头（CIP） 降水粒子图像探头（PIP） 气象综合探头（AIMMS） 气溶胶粒子探头（PCASP） 云凝结核计数器（CCN）
2	B-3435	辽宁		
3	B-650N	陕西	冷/暖云焰条：40 根 冷云焰弹：220 枚 液氮：160 L（40 L×4） 暖云粉剂：1 t	云粒子组合探头（CCP） 三维云降水粒子图像探头（CPI） 二维云降水粒子图像探头（2D-S） 快速云粒子谱探头（FCDP） 气溶胶粒子探头（PCASP） 总水/液态水含量（TWC/LWC） 云凝结核粒子浓度（CCN） 大气参数综合采集（D/XAS-45） 气象综合探头（AIMMS）
4	B-651N	甘肃		

　　（2）人员参与情况与实战保障

　　2021 年 9 月 2 日中国气象局人影中心派周旭首先抵达西安，协助开展飞机保障进场前的保障工作，9 月 5 日首先开展了两个架次的试飞流程演练，B-3726 和 B-650N 参与全流程演练，共计飞行 5 h 37 min。4 架国家人影飞机全部抵达咸阳机场后，分别于 9 月 13 日开展 4 架飞机联合演练、9 月 14 日开展 2 架飞机联合演练。演练期间，人影中心装备室全程进行了演练保障、技术指导支持，排除了机载空地通信、AIMMS 等部分探头以及机载焰条播撒器等故障，进行了现场安全检查，积极排除作业安全隐患，带领省级业务技术人员共同保障机载探测设备的正常运行（图 5-66），演练期间共计飞行 16 h 12 min。

图 5-66　外场保障期间工作剪影

　　9 月 15 日实战保障期间，国家人影中心装备现场全力保障，紧盯安全，进行实时技术指导，4 架国家级人影飞机共计飞行 31 h 22 min，并登机作业 2 人次实时参与实战保障，首次实现了焰弹、焰条、制冷剂和粉剂 4 种催化方式同时播撒。

（三）服务案例：9 月 15 日实战保障典型过程初步分析

1. 天气和云降水实况

　　受短波槽、低层切变以及副高外围西南气流影响，2021 年 9 月 15 日陕西大部自西向东出现稳定性降水天气过程，降水云系为积层混合云，具有冷暖混合结构但冷层较薄，移动速度约 30 km/h，云中部分单体自西南向东北移动，0℃层高度约 4800 m。

　　图 5-67 为 12—23 时地面降水逐小时变化，12 时降水主体从保障区第一道防线西侧逐渐向东偏南向核心保障区移动，21 时开始进入核心保障区。虽然系统前部的对流造成

核心保障区西南侧 90 km 及周边一直存在局地降水，但是始终未移入核心保障区对场馆产生影响。对场馆不同距离范围内地面雨量进行统计（图 5-68），可以看出，13 时开始保障区第二道和第三道防线内出现少量降水，19 时后逐渐增强，核心保障区 22 时后开始产生降水。由于保障截止时间为 21:30，因此未对开幕式的演出带来降水的不利影响。

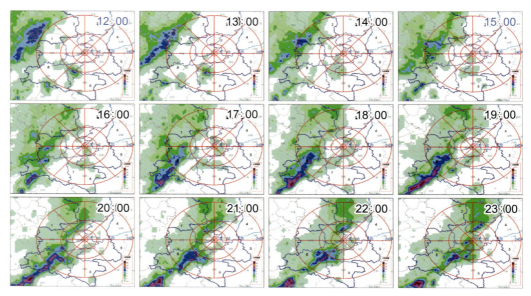

图 5-67　9 月 15 日 12:00—23:00 地面逐小时降水变化

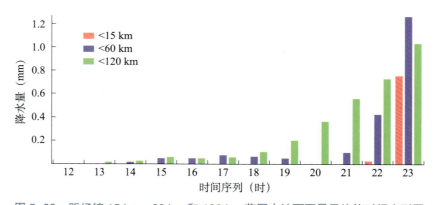

图 5-68　距场馆 15 km、60 km 和 120 km 范围内地面雨量平均值时间序列图

2. 作业概况和合理性分析

受降水天气系统影响，开幕式当日（9 月 15 日）共开展飞机作业 12 架次，累计飞行时长达 40 h，使用催化剂包括液氮、AgI 焰条和 AgI 焰弹；陕西、甘肃共开展地面作业 241 次，发射高炮炮弹 2928 发、火箭弹 1054 枚，详见图 5-69。

对上述作业进行初步分析，结果显示地面作业较合理的约 188 次，不合理的 39 次，无法判断的 14 次，地面作业合理率约 78%。

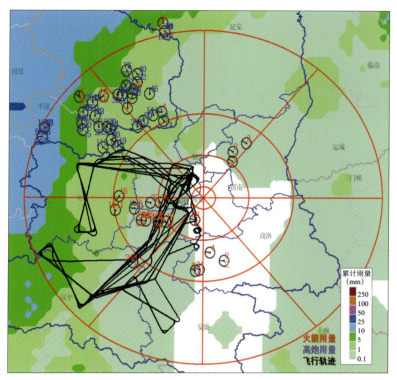

图 5-69　9 月 15 日人影飞机和地面作业叠加 08—22 时累计雨量
（黑色线条表示飞行轨迹，红色数字表示火箭弹用量，蓝色数字表示高炮炮弹用量）

3. 保障期间国家飞机探测数据初步分析

（1）B-3435 国家人影飞机探测数据

对东北区域人影工程建设的国家人影飞机 B-3435 在 9 月 15 日实战保障期间探测数据进行初步分析，B-3435 进行了两个架次的保障飞行，飞行轨迹见图 5-70。

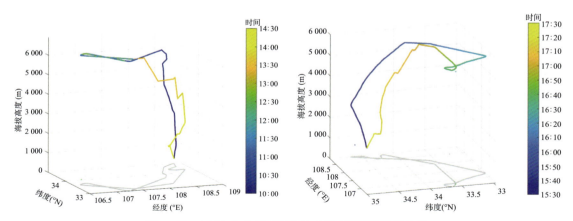

图 5-70　2021 年 9 月 15 日 B-3435 两架次飞行轨迹

保障期间 B-3435 两架次探测结果随时间的变化如图 5-71 所示。

图 5-71 中各英文名词含义如下。Alt：海拔高度（m）；LWC：液态水含量（g·m^{-3}）；RH：相对湿度(%)；T：温度(℃)；CIP：云粒子成像仪；PIP：降水粒子成像仪。

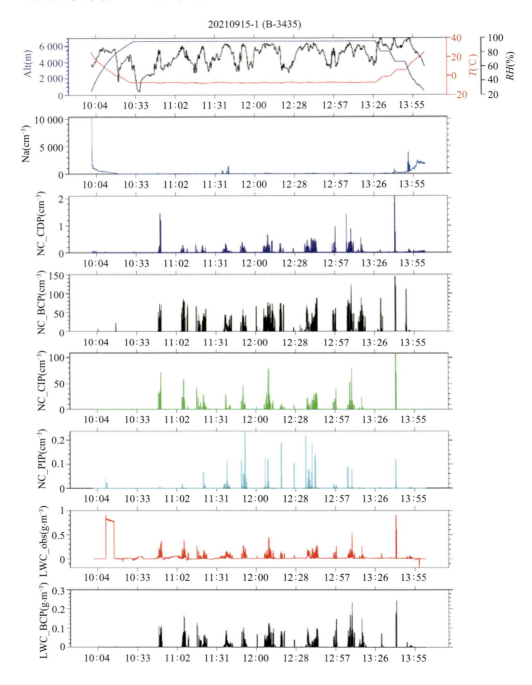

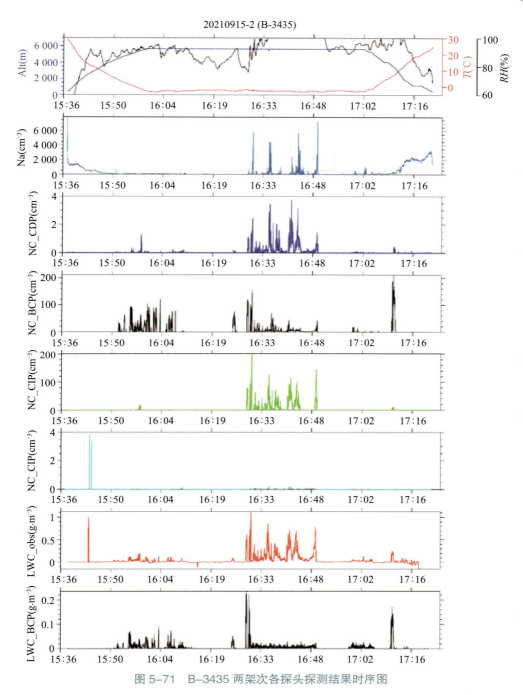

图 5-71 B-3435 两架次各探头探测结果时序图

图 5-72 和图 5-73 给出了 B-3435 保障期间探测到的不同高度和温度情况下的云粒子（CIP）和降水粒子（PIP）图像。

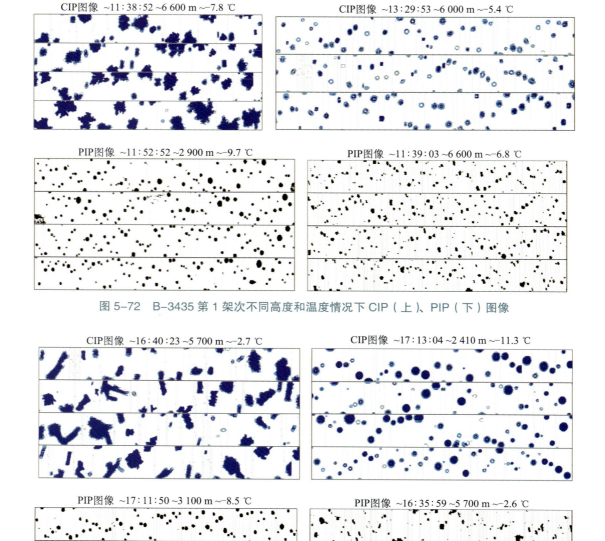

图 5-72　B-3435 第 1 架次不同高度和温度情况下 CIP（上）、PIP（下）图像

图 5-73　B-3435 第 2 架次不同高度和温度情况下 CIP（上）、PIP（下）图像

（2）B-650N 国家人影飞机探测数据

对西北地区人影工程建设的国家人影飞机 B-650N 在 9 月 15 日实战保障期间探测数据进行初步分析，图 5-74 为 B-650N 保障当天第 2 架次飞行轨迹。

保障期间 B-650N 各探头的探测结果随时间的变化如图 5-75 所示，保障飞行期间探测到的云粒子图像如图 5-76 所示。

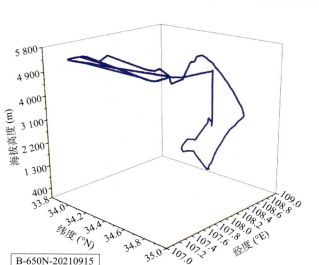

图 5-74　B-650N 保障飞行轨迹

图 5-75 中各英文名词含义如下。Altitude：海拔高度（m）；LWC：液态水含量（g/m³）；CCN：云凝结核粒子数；SS：过饱和度（%）；ED：气溶胶有效直径（μm）；PCASP：气溶胶粒子浓度 (N/cm³)；RH：相对湿度 (%)；T：温度 (℃)；CIP：云粒子成像仪；AIMMS：机载综合气象测量系统。

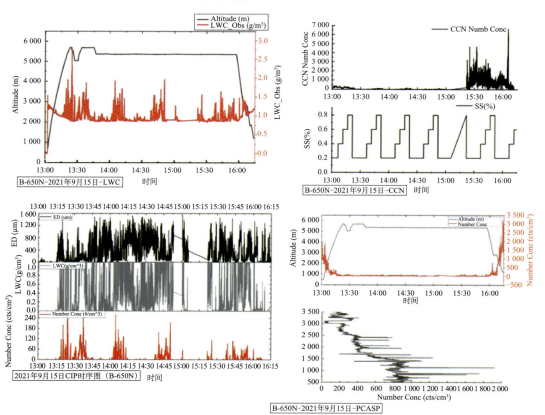

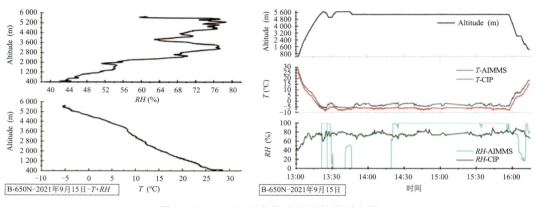

图 5-75　B-650N 各探头探测结果时序图

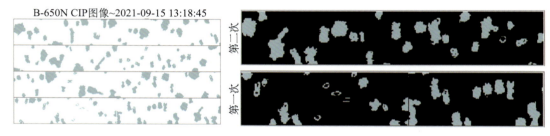

图 5-76　B-650N 保障飞行期间探测到的云粒子图像

4. 典型时段作业效果分析

（1）物理检验

以 9 月 15 日下午正西方向两架次飞机（B-650N 和 B-3726）作业为例，分析作业后云团的宏微观响应。两架新舟飞机的作业区域均在核心保障区正西方向约 180 km，催化时段飞行轨迹基本相同，作业时段为 13:37—17:35，作业层高度约 5200 m（图 5-77），共消耗 AgI 焰条 80 根，发射焰弹 440 枚，液氮 320 L，达到最大剂量催化（表 5-2）。

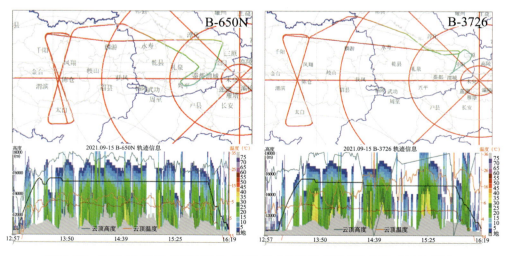

图 5-77　9 月 15 日 B-650N 和 B-3726 第 2 架次飞行航线和沿轨迹雷达回波、
云顶高度和云顶温度剖面示意图

表5-2　2021年9月15日B-650N和B-3726第2架次飞行作业信息统计表

飞机型号	飞机编号	催化开始时间	催化结束时间	AgI焰条	焰弹	液氮
新舟60	B-3726	15:47:00	17:35:00	40根	220枚	160 L
新舟60	B-650N	13:37:00	15:30:00	40根	220枚	160 L

利用FY-4B卫星可见光云图逐分钟分析云团变化，作业结束后一段时间（17:29—17:47），催化区域东北侧出现两条平行带状阴影，与周边云顶反差较明显，疑似"云沟"（图5-78）。结合飞行轨迹和系统的移向移速，判断可能与该时段的播云作业有关。

对FY-4A反演的云顶高度分析也可以得出近似的结论。16时左右飞机作业轨迹下风方向出现带状云顶高度低值区（<5 km），形状和长度与飞机播云轨迹近似，此时周边区域云顶高度约6 km（图5-79）。统计13—19时两架飞机作业区和影响区平均云顶高度发现，随着云团自西向东移动，影响区内云顶高度呈线性增加趋势。但15时后这种增加趋

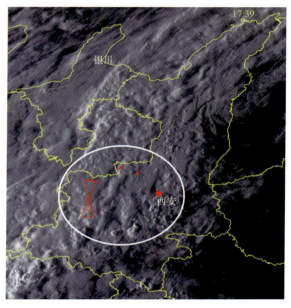

图5-78　FY-4B卫星可见光通道云图（9月15日17:39）（红色线条为B-650N和B-3726催化时段飞行轨迹，红色箭头为疑似"云沟"）

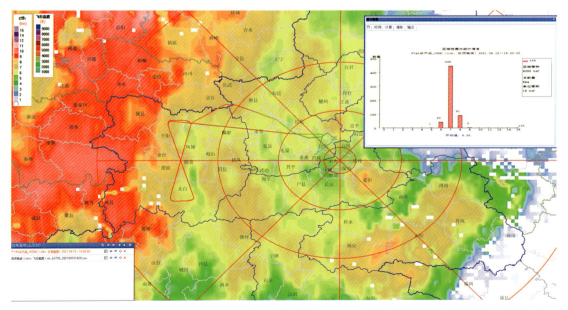

图5-79　9月15日16时FY-4A卫星反演云顶高度及13—19时影响区云顶高度平均值时间序列

势有所减缓，云顶高度平均值甚至出现短时降低。对雷达回波分析也得到类似结果，即作业时段影响区（根据回波移向移速，影响区定义为作业区西侧约 80 km 范围）组合反射率随时间逐渐增大，但各层的回波增加速率有所区别，5000 m 高度的 CAPPI 变化与组合反射率以及低层（3000 m 和 4000 m）的回波变化存在明显区别。主要表现在第 1 架次（B-650N）作业结束后，催化层（约 5000 m）回波强度停止增加，并维持在某一范围直到第 2 架次作业结束，之后回波强度恢复并迅速增加（图 5-80）。

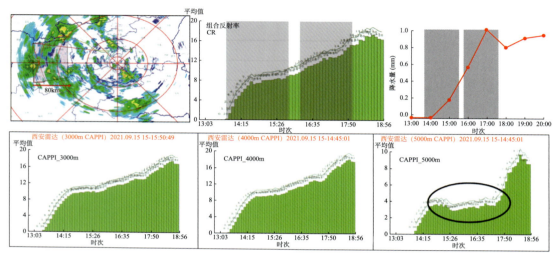

图 5-80　催化层雷达回波强度和作业影响区（左上），影响区组合反射率平均值时间序列（中上），影响区地面雨量时间序列（右上），影响区 3000 m CAPPI（左下），影响区 4000 m CAPPI（中下），影响区 5000 m CAPPI（右下）

初步分析认为，该时段云顶高度的降低很有可能与飞机催化作业有关，即播撒成冰剂和制冷剂造成云中液态水的消耗以及冰晶数量和大小的增加，冰晶长大后迅速下落，催化层云滴浓度降低，播云一定程度上加速了云水－雨水的转化，影响区地面降水的持续增加也从侧面印证了这一现象（图 5-80 右上）。但由于此次作业对象属于大范围系统性降水过程，消减雨难度较大，在系统上游开展以提前降水为目的的播云作业，是否会减少或推迟核心保障区降水，还需要进一步开展深入的分析研究。

（2）数值评估（图 5-81）

采用耦合冷云催化模块的 CPEFS_

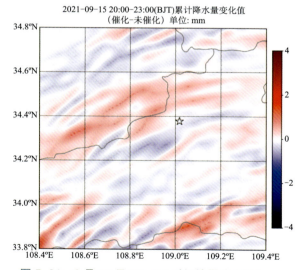

图 5-81　9 月 15 日 20—23 时场馆周边 100 km × 100 km 范围内，催化后地面累计降水量变化（增雨为红色，减雨为蓝色，单位 mm，图中☆为场馆位置）

SEED 模式，针对 9 月 15 日下午 B-10JQ、B-650N、B-651N、B-3435、B-3762 共 5 架次飞机冷云催化作业的效果进行了数值模拟评估，初步结果显示，20—23 时，场馆附近有减雨效果（减雨 0.1 mm），图 5-81 中所示区域内（100 km×100 km）最大减雨量约 1.03 mm。

5. 小结

9 月 15 日下午实战保障正西方向两架次飞机作业后云顶高度出现短时降低，除催化层外，各层雷达回波强度均随时间增加，FY-4B 可见光图疑似出现"云沟"。初步分析认为，飞机播撒成冰剂和制冷剂造成云中液态水的消耗以及冰晶数量增加和尺度增大，播云一定程度上加速了云水－雨水的转化，达到了提前降水的作业目的。对下午保障区正西和西南方向 5 架次飞机作业的模拟分析表明，保障时段内核心保障区出现了一定的减雨效果，最大减雨量约 1.03 mm。

九、中国气象局气象宣传与科普中心

为做好十四运会气象保障服务宣传，中国气象局气象宣传与科普中心联合陕西省气象局统筹媒体资源和新闻素材资源，于 2021 年 9 月 8—10 日邀请《人民日报》《中国日报》《科技日报》《中国科学报》、中国新闻网 5 家中央主流媒体赴西安、渭南深入调研采访气象保障服务情况，围绕气象部门筹备情况及服务实例、气象现代化成果、气象干部职工工作风貌等内容深度采访，讲好中国气象故事，展示丰富多彩、生动立体的中国气象人形象（图 5-82）。

图 5-82 媒体采访一线气象工作者

（一）气象保障服务开展情况及成效

1. 工作概述

互联网报道以文字、图片、视频等融媒体形式展现，利用报、网、新媒体等平台广泛传播。截至 2021 年 9 月 30 日，网络报道总量 3700 余篇，其中客户端报道量最大，占比 42.8%（图 5-83 左）。

图 5-83 气象新闻报道传播渠道分布（左）及相关报道热词（右）
（数据来源：中国气象局舆情监测平台）

从热词汇总（图 5-83 右）中可以看出，十四运会相关舆情主要关注开幕式、圣火传递、赛事气象保障服务，其中降水的影响关注最高。

2. 媒体报道成效

主流媒体关注报道有三点：一是关注气象部门服务筹备情况，二是关注智能气象预报系统为"科技全运"赋能，三是聚焦十四运会气象保障服务纪实盘点。报道内容覆盖了赛事前、中、后期气象保障全流程，将成效全景展现给社会和公众。

中央主流媒体从高位部署、科技应用、体制机制、精细服务等层面报道气象保障服务成效，并在其全媒体平台广泛展示推广。

《人民日报》客户端刊发《智慧气象赋能十四运会：气象"黑科技"应用、创新体制机制推行》，网页浏览量 3.9 万次，并在《人民日报》线下约 1.6 万块数字展示屏力推，线上线下广泛传播（图 5-84）。

《中国日报》发布整版英文报 道《Forecasters confident

图 5-84 人民日报报道海报（左）及数字展示屏（右）

of weathering all storms》，并关注气象保障人员的工作细节，在中国日报网首页头图展示，发布当日浏览量 5000 余次（图 5-85）。

《科技日报》刊发《智慧气象 护航全运会》《与天气"抢跑" 智慧气象为十四运会保驾护航》（图 5-86），《中国科学报》报道《智慧气象追天气 代天护佑十四运会》、中国新闻网报道《精确到分钟的十四运会天气预报是怎样炼成的？》、人民网发布《组图：舍小家为大家 中秋假期他们依然坚守在岗位》（图 5-87），中国新闻网发布图文报道《190 公里赛道 14 个气象站！ 十四运会运动员有专业赛道天气预报》。

图 5-85　《中国日报》（左）及中国日报网报道截图（右）

图 5-86　《科技日报》报道截图

图 5-87　《中国科学报》（左）、中国新闻网（中）、人民网报道截图（右）

中国气象网搭设 2021 年第十四届全国运动会气象服务保障专题，对赛事天气、精彩现场、全运动态、新闻动态等内容展开宣传，中国气象报社推出系列 vlog，微博话题 #vlog 带你全运看气象 #，阅读量达 251 万次以上，中国气象局和中国气象微信文章《关键！圆满！精彩！气象保障十四运会开幕式纪实》《提起儿子，十四运会气象团队的这对夫妻，眼框红了！》等 10 篇总计浏览量超过 3 万次（图 5-88）。

图 5-88　中国气象网专题（左上）、中国气象局微信文章（右上）、中国气象局微博话题（下）

省级媒体方面，以《陕西日报》为代表的当地媒体运用自身全媒体平台发布大量报道，《陕西日报》刊发《全运追天气，比赛添助力——记者探访十四运会和残特奥会气象台》等多篇文章，《三秦都市报》刊发《陕西打造智能气象预报系统　为科技全运赋能》，《西北信息报》刊发《全国"一盘棋"　气象保障准备就绪》，《华商报》报道《揭秘"十四运会"智慧气象的"十二时辰"》，陕西电视台《今日点击》栏目播出《采访十四运会气象保障服务》，陕西网报道《对标十四运会　织密观测站网——精密监测　陕西气象全力保障盛会成功举办》等多篇文章。

（二）反思和启示

此次十四运会气象保障服务宣传随着气象保障服务工作的圆满开展取得良好的社会反响，兼顾传统媒体和新媒体平台的联动策划，报道内容鲜活生动，并抓住机会对外展示中国气象科技工作者的风貌。中国气象局气象宣传与科普中心与陕西省气象局保持密切沟通，明确宣传纪律和舆情风险点，搭建专题，密切关注开幕式天气和特殊天气影响，开展舆情监测，做好预警研判，为"办一届精彩圆满的体育盛会"贡献宣传科普工作者的力量。

此次工作的顺利圆满也带给我们以下启示：一是提高站位，强化责任担当，围绕中国气象局党组的要求，在多次协调会的部署安排下明确责任，强化落实；二是国省联合发挥最大效益，在中国气象局办公室的指导下，中国气象局气象宣传与科普中心与陕西省气象局保持密切沟通，前期策划效率高，组织材料丰富，现场采访内容亮点突出，为不同类型的媒体记者提供充足多样的报道素材，为记者讲好气象保障服务和气象人物故事打下坚实基础；三是重大气象保障服务可视情况联合省委宣传部门进一步统筹当地中央主流媒体力量，在总结阶段着力挖掘，书写气象好故事，传播气象好声音。

第二节　外省兄弟单位技术支持与保障服务

一、山西省气象局

山西省气象局高度重视十四运会开幕式气象保障任务，从组织保障、方案演练、人影实战作业 3 个方面，全力保障十四运会开幕式圆满完成。

（一）组织保障到位

山西省政府高度重视本次专项保障任务，成立了以山西省气象局梁亚春局长为组长、王文义副局长为副组长的"十四运会开幕式人工消减雨领导小组"。2021 年 8 月 15 日组织召开动员会，传达会议精神，并对保障任务进行全面部署，明确职责分工，强化组织保障；8 月 23—25 日对参与保障的飞机、地面作业人员再次进行技术、安全培训，并对所有机载焰条存放库、地面作业装备及弹药储存点进行全面检查。

（二）演练培训细致

山西省气象局集结各类保障人员 240 余人，提前做好各项演练准备工作，2 架参演飞机均处于适航状态，各类弹药、催化剂储备充足，作业装备、空地通信系统、人影业务平台全部运行正常，地面作业人员全部在岗待命。演练前对飞行方案及应急程序在飞行前进行反复推演，确保演练方案执行高效顺畅，地面作业点严格按照演练方案完成保障任务。

9 月 13—14 日，山西运城 69 个作业点、49 门高炮、10 部火箭参加地面作业演练和保障。各作业点按要求提前做好各项准备工作。演练中迅速响应，按时完成演练作业。

（三）实战保障高效

9 月 15 日，山西省气象局收到陕西省气象局关于紧急商请山西省气象局增雨飞机赴陕参加十四运会开幕式消减雨作业保障的函后，立即协调空域组织调机，及时完成各项空地准备工作及调机的手续批复，并按照陕西省重大活动保障防疫要求在 3 h 内完成机组及作业人员的核酸检测；同日 13 时国王－350（机号 10JQ）准时降落西安咸阳机场，即刻按照十四运会活动保障指挥部的要求安装催化剂，完成空地传输系统调试，并于 15 时起飞执行十四运会活动保障飞行任务，累计飞行时间 3 h 49 min，作业时间 2 h 33 min，播撒碘化银焰条 24 根。保障期间，山西所有空地作业力量及时准确高效地完成了保障任务，保障结束后陕西省政府、中国气象局领导对山西的保障工作给予了高度评价。

二、内蒙古自治区气象局

内蒙古自治区气象局派出新舟 60（B-3726）国家级高性能人影飞机及保障团队赴陕参与十四运会气象保障任务，从组织领导、演练培训、精准实战保障等方面加强与陕西省气象局及各单位的配合，圆满完成了十四运会开幕式人影保障任务。

（一）加强组织领导，总体部署工作

2021 年 9 月 1 日，内蒙古自治区气象局召开重大活动人影保障动员和工作部署会议。会议要求严格执行联合指挥中心的各项任务命令，组建由领队、机组和作业人员组成的保障团队，明确飞机转场时间，要求加强工作作风、工作纪律和业务学习，统筹做好新冠肺炎疫情防控，提前做好核酸检测和物资准备，提前与陕西省人影部门对接办理相关证件手续，全面开展飞机和机载设备安全检查，确保安全精准执行好此次保障任务。

（二）注重演练总结，优化工作流程

9 月 5 日飞机准时起飞转场，在转场飞行过程中与陕西省人影中心进行卫星通信系统的对接和调试，为进一步做好卫星通信系统现场对接奠定基础。飞机转场落地 90 min 后，执行第一次演练任务，在演练过程中熟悉作业指令和作业方案的接收传达、催化剂运输安装、航前准备、作业过程中的方案修订、空地数据传输、作业情况监控、作业后的信息收集上报和航后收尾等工作流程。第一次演练任务结束后对作业指令和作业方案的接收传达、作业过程中的方案修订等工作提出建设性意见建议。

9 月 13 日、14 日保障团队全程执行演练任务，在飞行作业演练中，严格执行作业指令，在预定时间准时起飞，按预设航线在指定时间、位置和高度完成定量催化播撒任务。在前期总结基础上，演练任务中各环节的实施较之前更加流畅，为安全精准执行实战保障任务建立了更加充分的条件。

（三）严格遵照指令，精准实战保障

9 月 15 日，机组按照联合指挥中心发布的作业指令和要求，在奥体中心主会场正西向区域安全精准实施实战保障作业 2 架次，累计作业 7 h 21 min，十四运会开幕式精彩圆

满举行，保障任务圆满完成。

　　保障任务结束后，中国气象局对此次保障任务的圆满完成表示充分肯定。陕西省气象局和陕西省政府致信感谢，内蒙古自治区政府李秉荣副主席就陕西省政府感谢信作出批示"气象局工作到位，请继续保持"。

三、辽宁省气象局

　　根据中国气象局安排，2021年9月5—17日，辽宁省气象局派出1架新舟60飞机赴西安参加十四运会气象服务保障，在保障服务期间秉承"全国一盘棋、人影一家人"的理念，主动融入、担当作为，圆满完成各项任务。

（一）组织保障到位，前期准备精心到位

　　在接到保障任务后，辽宁省政府高度重视，分管副省长专门作出批示，要求切实做好人工影响天气支持保障工作。辽宁省气象局组织召开专题会议部署工作任务。省人影办作为直接实施单位，迅速抽调精兵强将，成立由总工程师、3名外场首席和2名技术骨干组成的保障小组，制定十四运会服务保障工作方案。保障小组在临行前与机组党员共同组成临时党小组，迅速融入十四运会联合指挥中心联合党支部，发挥党建引领作用。飞机抵达西安后，立即对机载设备进行维修维护，确保状态良好；积极配合十四运会联合指挥中心对通信系统进行调试，保证空地联络畅通。

（二）高度重视演练培训，确保安全毫不放松

　　保障期间保障小组瞻仰了中国飞行试验研究院功勋园，重温入党誓词，继续加强党史学习教育。同时，保障小组参加了在中航西飞民用飞机有限责任公司举办的飞机安全逃生演练，掌握飞机上应急设备的使用方法和应急处置能力。参加由陕西省气象局组织的人影安全管理培训，在思想上时刻紧绷安全这根弦。每次飞行前保障小组都对飞机反复检查，把安全放在首位。

　　保障小组作风严谨、素质过硬。受疫情影响，虽然保障任务繁重，但不管抵达基地后多晚都配合联指中心每48 h完成一次核酸检测，严守在基地待命不外出的要求。精准执行任务，及时接收各项指令，协调机组准确设定航线、准时到达拐点，作业结束后及时上报作业信息。

（三）团结协作，全力完成实战保障任务

　　9月15日十四运会开幕式当日，根据天气预报，会有一次降水过程出现。保障小组05时从基地出发早早赶到机场，做飞行前各项准备，确保飞行安全和作业、观测设备正常。为了能够抓住有利时机，最大限度地进行人工影响天气作业，保障小组在第1架次降落后连续进行第2架次飞行，克服强对流天气的不利影响，适时开展作业，在作业完成返

回基地已是 20 时，连续工作 15 h。

在西安保障期间，保障小组参加演练 1 架次，实战飞行 2 架次，共飞行 10 h 17 min，播撒焰条 30 根、焰弹 431 枚、液氮 160 L，高质量地完成了联指中心安排的各项任务，保障了十四运会的顺利开幕。

四、河南省气象局

2021 年 9 月 15—27 日，在中国气象局的领导下，河南省气象局高度重视，精心组织，积极协调，保障有力，为十四运会的成功举办发挥了重要的作用。

（一）高度重视，精心组织

河南省气象局为做好此次活动保障，根据工作需要，积极协助陕西省气象局明确了河南境内参与此次保障任务的地面作业点、作业装备分布情况。8 月下旬，接到正式通知后，河南省气象局高度重视，积极行动，按照中国气象局的要求，切实将此项工作作为一项重要任务抓牢、抓实，于第一时间作出安排部署，向各相关单位传达了此次保障的主要任务和工作要求，印发了《十四运会保障工作方案》，成立了以河南省气象局局长为组长的十四运会气象服务领导工作组，工作组下设观测网络保障、人影保障和综合协调 3 个工作小组，强化组织领导，明确目标任务，并就作业飞机协调、作业安全检查、作业人员培训、作业弹药供应及空域协调等工作进行安排部署。

（二）积极协调，周密部署

8—9 月份是河南飞机增雨作业的空档期，没有现成的飞机可供使用。为不影响此次保障任务，河南省气象局紧急联系航空公司协商运 -12 飞机租用事宜，最终在双方的一致努力下，蓝翔通航运 -12 增雨飞机提前进驻郑州上街机场。及时组织召开由军队、民航等空域管制部门参加的空域协调会。同时，三门峡市气象局为确保十四运会期间雷达站 24 h 开机，提前对雷达设备进行维护和检修，运行期间加强雷达设备及设施运行状况监控，发现问题及时处置，实时共享雷达探测数据，为十四运会气象服务提供实时数据支撑。

（三）科学调度，高效服务

开幕式活动前，根据活动组委会的统一部署，河南省气象局积极调用运 -12 飞机和三门峡 4 县 38 个作业点开展联合演练。为进一步做好保障服务，从 9 月 11 日开始，作业飞机时刻处于待命状态，坚持每天报送飞行计划，时刻做好作业准备。启动十四运会开幕式气象保障服务特别工作状态令，全体人员认真做好值班值守、作业条件监测、弹药供给、空域申请、信息报送、后勤保障等工作，形成"层层有人抓、事事有人管"的工作格局，为此次运动会安全、顺利、高效举办提供了坚实保障，同时进一步巩固提升了河南省气象局重大活动保障服务能力。

五、四川省气象局

十四运会开幕式前，陕西省政府、陕西省气象局紧急致函四川省气象局，请求协助开展人工消减雨联合作业。四川省气象局全程配合做好十四运会开幕式人工消减雨作业保障，最大限度地减轻不利天气对开幕式的影响，相关工作得到陕西省政府、陕西省气象局的发函致谢。

（一）周密做好组织协调

按照四川省政府工作要求，四川省气象局党组书记彭广第一时间安排部署，要求省人影办跟陕西省气象局加强沟通，配合开展飞机和地面作业，完成好保障作业服务。按照要求，省人影办立即开展相关组织协调工作：一是与陕西省人影办沟通，明确了飞机作业区域、时间以及地面作业的市、县和作业点；二是协调三星通用航空公司，调度作业飞机、安排作业机组；三是沟通协调西部战区空军参谋部航管处和民航西南空管局管制中心，落实空域保障；四是通知广元、巴中市气象局，安排相关县气象局和作业点，做好人影作业准备。

（二）精心制定作业方案

四川省气象局密切关注天气发展情况，根据天气分析预测9月15日晚西安天气状况。FY-2卫星监测反演云产品分析结果表明，四川盆地和川西高原有云系覆盖，云系自西向东移动，将给开幕式带来不利影响。四川省气象局精心制定飞机作业方案，发布人影作业指导产品5期，指导相关市气象局开展地面作业，调度飞机作业组赶赴广汉机场，按照方案实施飞机作业。

（三）及时开展作业服务

2021年8月15日13时57分，四川人影作业飞机国王B-9792从广汉机场起飞，在广元、绵阳等外围区域实施催化作业，飞行高度为5 km左右，16时15分结束返回地面，航时2 h 18 min，燃播碘化银焰条20根。省人影指挥中心指导广元、巴中等市，在10个地面作业点开展了作业，发射炮弹144发、火箭弹34枚，燃播碘化银焰条51根。省人影办在不利的天气条件下，通过紧密协作、联合作业，确保了开幕式现场无雨，开幕式取得圆满成功。陕西省政府致函感谢四川省政府"主动担当、积极作为"。

六、甘肃省气象局

在十四运会开幕式筹备和组织召开期间，甘肃省气象局按照中国气象局的部署，协同开展观测、会商、人工影响天气联合作业等工作，齐心护卫十四运会开幕式的圆满成功。

（一）部署到位，任务明确

为协同做好本次气象保障工作，甘肃省气象局召开十四运会气象保障服务工作协调会议，成立由省局主要负责人担任组长的气象保障服务工作领导小组。制定印发《甘肃省气象局第十四届全国运动会气象保障服务工作方案》《十四运会人工消减雨甘肃作业方案》，明确观测、会商和人工影响天气联合作业等工作任务及分工。另外召开专题视频会议，就天水、平凉、庆阳、陇南4市气象局相关任务进行再动员。

（二）精心调度，安全备战

平凉、庆阳作为第一道消减雨防区重要力量，共15个县（区）调派40门高炮、12部火箭发射装置、276名指挥及作业人员参加保障任务。并在任务执行前对人影工作进行全面的安全自查，对作业装备性能和安全射界图更新情况进行确认，对地面作业人员安全操作进行再教育。2021年9月14日，甘肃省气象局分管局领导带队赶赴平凉督查安全作业，指导人工消减雨保障工作，确保消减雨保障工作装备精良、人员精练、弹药充足、安全有效、万无一失。

另外，甘肃省气象局还调派新舟60国家增雨飞机进驻西安咸阳国际机场，参与执行十四运会消减雨保障任务。

（三）精准预报，精准作业

针对此次气象保障服务，兰州中心气象台多次组织全省开展加密会商，重点研判十四运会上游地区降水天气过程，每日发布逐小时精细化网格预报。平凉、庆阳市气象局开展逐3h间隔精细化预报，制作发布专题预报，为人工影响天气作业提供科学依据。

9月14日17时30分，甘肃省气象局宣布进入十四运会气象保障服务特别工作状态。随后，天水、平凉、庆阳、陇南市气象局相继启动特别工作状态，有序开展气象保障期间观测、会商、人工影响天气作业等工作。同日下午，平凉市部分具备作业条件的区域开展消减雨作业。15日08时起，平凉、庆阳两市多个作业点全面开展多轮次远端消减雨作业。同时根据天气形势变化，天水、陇南市部分区域作业点加入消减雨作业保障队伍。

保障服务期间，平凉、庆阳、天水、陇南共开展地面作业266点次，发射人雨弹3394发、火箭弹192枚。此次人工影响天气作业安全、高效地阻滞了降水系统移动速度和分解下游降水强度，减轻了宝鸡、咸阳等下游第二至第四道防区人工消减雨作业的压力，圆满完成了协同消减雨保障任务。

第六章
开（闭）幕式等重大活动保障

第一节　圣火采集和火炬传递气象保障

一、圣火采集气象保障

庆祝建党百年，延安作为革命圣地、中华文明发祥地及红色体育发祥地，在这里点燃圣火其意义十分重大。2021年7月17日是第十四届全运会倒计时60天，首次采用"两火合一"的火炬传递方式，天气情况成为圣火采集方案首要考虑因素。根据圣火采集活动方案，陕西省气象局提早就与十四运会组委会群众体育部对接，明确圣火采集仪式气象保障服务需求，量身定制了完备的气象保障服务方案和预案，全力保障圣火采集仪式顺利进行。

（一）组织管理

十四运会和残特奥会气象台深刻认识此次重大活动气象保障服务工作的重要性，7月15日上午，组织召开圣火采集仪式气象保障服务工作安排部署会，机关处室及直属单位负责人、十四运会和残特奥会气象台全体人员参会，会议要求以开幕式气象保障服务标准开展圣火采集仪式气象保障服务各项工作，同时要求十四运会及残特奥会气象台"一室三中心"领导及相关人员理清工作职责，落实责任分工；西安市气象台、市公共气象服务中心配合支持预报服务工作，市大探中心做好各类设备运行状态和数据监控，配合省大探中心调试移动气象台，办公室及机关服务中心全程做好食宿、车辆等后勤保障工作。对照服务清单和活动要求，各级领导靠前指挥，业务人员全体到岗，严密监视天气变化，积极对接气象服务需求，突出服务重点，体现本地特色，高效圆满完成此次气象保障服务任务。

（二）特别工作状态

为做好十四运会和残特奥会圣火采集仪式活动气象保障，陕西省气象局于 7 月 15 日 18 时启动气象保障服务特别工作状态响应命令（图 6–1）。接到命令后，十四运会和残特奥会气象台（西安市气象局）立即响应，进入特别工作状态，实行 24 h 值守班和领导带班制度，十四运会和残特奥会气象台全体到岗，全程参与，严密监视天气变化，关注高影响天气预警和服务，及时转发订正预报或短临预警，西安市气象局各单位值班领导及业务人员坚守岗位，严格按照《十四运会和残特奥会圣火采集仪式气象保障服务实施方案》开展各项保障工作，确保圣火采集仪式气象保障服务任务圆满完成。

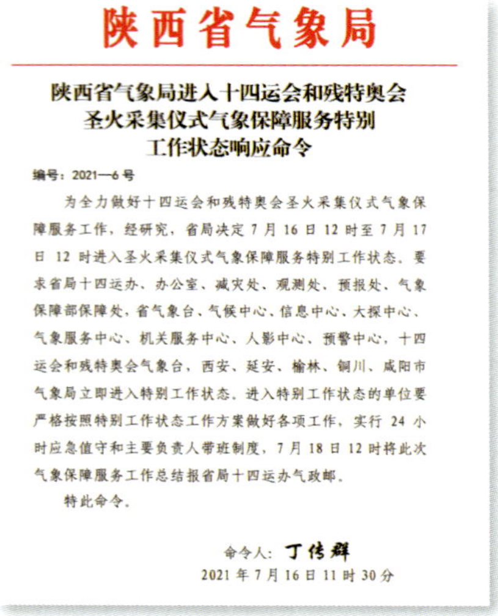
陕西省气象局

陕西省气象局进入十四运会和残特奥会圣火采集仪式气象保障服务特别工作状态响应命令

编号：2021—6 号

为全力做好十四运会和残特奥会圣火采集仪式气象保障服务工作，经研究，省局决定 7 月 16 日 12 时至 7 月 17 日 12 时进入圣火采集仪式气象保障服务特别工作状态。要求省局十四运办、办公室、减灾处、观测处、预报处、气象保障部保障处，省气象台、气候中心、信息中心、大探中心、气象服务中心、机关服务中心、人影中心、预警中心，十四运会和残特奥会气象台，西安、延安、榆林、铜川、咸阳市气象局立即进入特别工作状态。进入特别工作状态的单位要严格按照特别工作状态工作方案做好各项工作，实行 24 小时应急值守和主要负责人带班制度，7 月 18 日 12 时将此次气象保障服务工作总结报省局十四运办气政邮。

特此命令。

命令人：丁传群

2021 年 7 月 16 日 11 时 30 分

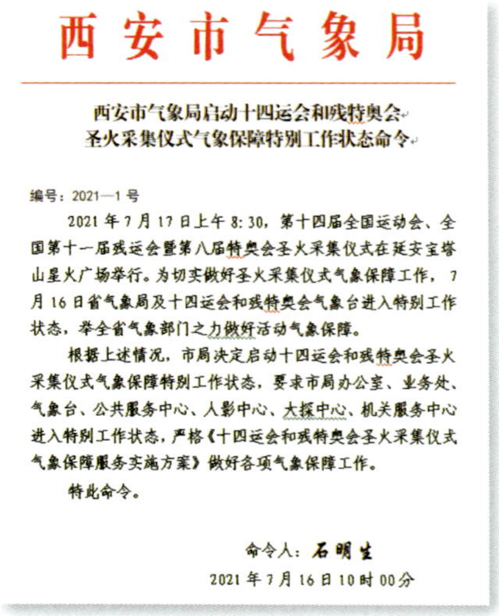
西安市气象局

西安市气象局启动十四运会和残特奥会圣火采集仪式气象保障特别工作状态命令

编号：2021—1 号

2021 年 7 月 17 日上午 8:30，第十四届全国运动会、全国第十一届残运会暨第八届特奥会圣火采集仪式在延安宝塔山星火广场举行。为切实做好圣火采集仪式气象保障工作，7 月 16 日省气象局及十四运会和残特奥会气象台进入特别工作状态，举全省气象部门之力做好活动气象保障。

根据上述情况，市局决定启动十四运会和残特奥会圣火采集仪式气象保障特别工作状态，要求市局办公室、业务处、气象台、公共服务中心、人影中心、大探中心、机关服务中心进入特别工作状态，严格《十四运会和残特奥会圣火采集仪式气象保障服务实施方案》做好各项气象保障工作。

特此命令。

命令人：石明生

2021 年 7 月 16 日 10 时 00 分

图 6–1　陕西省气象局和西安市气象局分别启动圣火采集仪式气象保障服务特别工作状态响应命令

（三）圣火采集仪式气象保障服务

1. 预报服务

十四运会和残特奥会气象台加强与中国气象局、陕西省气象局的会商沟通，7 月 14—15 日连续两天与陕西省气象台进行天气会商，16 日 08 时参加中央气象台全国会商并发言（图 6–2），17 时加密会商并连线中央气象台（图 6–3），做好针对 17 日活动当天 06—11 时延安宝塔山星火广场天气的分析研判，17 日 04 时 30 分再次组织省内相关单位会商，并电话中央气象台交流预报意见。陕西省气象局局长和西安市气象局局长、副局长等在十四运会和残特奥会气象台（西安市气象局）参加大会商。截至 17 日活动结束，共制作产品 15 期，提供逐日 / 逐小时天气现象、气温、降水量、风向风速、舒适度指数及穿衣指数要素情况，所有服务产品均第一时间发送至“十四运会网站信息发布”等微信群；通过西安气象官方微博、微信平台共发布预报 8 条，科普等信息 22 条，天气预报视频 8 条，在全市电子显示屏上发布预警信息及天气预报信息，共 4 屏次。期间，中国气象局党组高度关注并对保障工作作出批示，多次来电发信息进行指导和鼓励。

关于召开十四运会和残特奥会圣火采集仪式
预报视频会商的通知

省气象台、十四运会和残特奥会气象台、延安市气象局、榆林市气象台、移动气象台：

为全力做好十四运会和残特奥会圣火采集仪式气象保障服务工作，提高预报准确率和服务效果，定于2021年7月17日召开圣火采集仪式预报视频会商，现将有关事项通知如下：

一、**会商时间**
2021 年 7 月 17 日 04 时 30 分
二、**会商内容**
7 月 17 日上午 08 时-10 时天气
三、**发言单位及顺序**
本次会商由十四运会和残特奥会气象台主持。
1. 十四运会和残特奥会气象台发言；
2. 省气象台发言；
3. 延安市气象局发言；
4. 榆林市气象局发言；
5. 省人影中心发言；
6. 十四运会和残特奥会气象台总结发言。
四、**技术保障单位**
十四运会和残特奥会气象台、省局信息中心、西安市局大探中心

十四运会和残特奥会气象台
2021 年 7 月 16 日

关于召开十四运会和残特奥会圣火采集仪式
预报视频会商的通知

省气象台、十四运会和残特奥会气象台、延安市气象局、移动气象台：

为全力做好十四运会和残特奥会圣火采集仪式气象保障服务工作，提高预报准确率和服务效果，定于2021年7月16日召开圣火采集仪式预报视频会商，现将有关事项通知如下：

一、**会商时间**
2021 年 7 月 16 日下午 17 时
二、**会商内容**
7 月 17 日上午 08 时-10 时天气
三、**发言单位及顺序**
本次会商由十四运会和残特奥会气象台主持。
1. 请前方现场保障团队通报圣火采集仪式现场情况及组委会现场保障要求；
2. 十四运会和残特奥会气象台发言；
3. 省气象台发言；
4. 延安市气象局发言；
5. 十四运会和残特奥会气象台总结发言。
四、**技术保障单位**
十四运会和残特奥会气象台、省局信息中心、西安市局大探中心

十四运会和残特奥会气象台
2021 年 7 月 16 日

图 6-2　十四运会气象台与中国气象局、陕西省气象局进行会商

图 6-3　7月17日凌晨，延安市气象台、十四运会气象台、陕西省气象台、陕西省人工影响天气中心进行加密会商

2. 移动气象台现场保障服务

十四运会和残特奥会气象台（西安市气象局）于7月14日10时30分向延安市气象局、省大气探测技术保障中心、省气象信息中心下达了圣火采集仪式移动气象台现场保障任务单，要求7月16—18日移动气象台进驻延安宝塔山星火广场开展现场气象保障服务，随车携带便携式气象站（图6-4、图6-5）。

图 6-4　移动气象台服务保障车在圣火采集仪式现场开展监测服务

图 6-5　技术人员对圣火采集仪式现场气象站进行设备维护

　　16 日 21 时 22 分，组委会及各部门驻会领导登上圣火采集仪式现场的移动气象台车，与延安市气象台连线会商了解天气情况。22 时，组委会执行副秘书长连续 5 次向圣火采集气象服务保障小组询问天气情况，并最终根据气象部门的预报分析建议将原定于 09 时进行的圣火采集仪式时间提前半小时，08 时 30 分开始。

二、火炬传递气象保障

（一）西安火炬传递气象保障（首站，8 月 16 日）

1.组织管理

　　陕西省气象局党组高度重视火炬传递气象保障工作，省局主要负责人对火炬传递起跑仪式的气象服务工作非常重视，亲自召集专题会议进行研究和部署，局领导先后多次赴十四运会和残特奥会气象台检查指导工作。8 月 15 日，省局主要负责人两次带队赴十四运会和残特奥会气象台检查指导火炬传递气象保障服务，对本次保障服务工作提出要求；各单位、各岗位已全面进入特别工作状态，大家要提高政治站位，上下联动，内外沟通，切实落实岗位职责；十四运会和残特奥会气象保障服务力求"监测精密、预报精准、服务精细"，十四运会和残特奥会气象台要全力以赴做好 8 月 15 日火炬传递西安首站实地演练与 8 月 16 日火炬传递点火起跑仪式、西安首站火炬传递活动的气象服务保障。

十四运会和残特奥会气象台深刻认识此次重大活动气象保障服务工作的重要性，8月14日晚上，西安市气象局主要负责人组织召开专题会议安排部署气象服务保障工作，市局分管局长主持复盘总结会议并对15日的工作内容进行了安排部署，机关处室及直属单位负责人、十四运会和残特奥会气象台全体人员参会。会议要求：切实提高政治站位，落实习近平总书记重要指示和批示精神，以饱满的工作热情投入十四运会的气象服务保障中去；各负其责、各司其职、密切配合、精诚合作，确保气象服务保障工作万无一失；加强上下联动，保持与中国气象局、省局的紧密联系，最大限度地争取他们的支持和支援。

2. 特别工作状态

为做好十四运会和残特奥会火炬传递点火起跑仪式气象保障，十四运会和残特奥会气象台提前制定了《十四运会和残特奥会火炬传递起跑仪式及开幕式倒计时30天冲刺演练气象保障实施方案》和《十四运会和残特奥会火炬传递点火起跑仪式及开幕式倒计时30天冲刺演练气象保障服务特别工作状态方案》，并于8月14日18时启动气象保障服务特别工作状态响应命令。接到命令后，十四运会和残特奥会气象台及西安市气象局各直属单位立即响应，进入特别工作状态，实行24 h值守班和领导带班制度，十四运会和残特奥会气象台全体到岗，全程参与，严密监视天气变化，关注高影响天气预警和服务，及时转发订正预报或短临预警，市局各单位值班领导及业务人员坚守岗位，严格按照《十四运会和残特奥会火炬传递点火起跑仪式气象保障服务暨十四运会人影模拟演练特别工作状态方案》开展各项保障工作，确保火炬传递点火起跑仪式气象保障服务任务圆满完成。

3. 火炬传递点火起跑仪式气象保障服务

预报服务： 十四运会和残特奥会气象台加强与中国气象局、陕西省气象局的会商沟通，14—16日连续3天与陕西省气象台、中央气象台进行天气会商，15日08时参加中央气象台全国会商并发言，15日16时电话连线中央气象台会商，并加密与省气象台视频连线会商，做好针对15日、16日活动当天05—11时西安市永宁门—丹凤门区域天气的分析研判，16日04时30分再次组织省内相关单位会商，并致电中央气象台会商预报意见。西安市气象局局长、副局长等在十四运会和残特奥会气象台参加大会商。截至16日活动结束，共制作产品9期，提供逐日/逐小时天气现象、气温、降水量、风向风速、舒适度指数及穿衣指数要素情况，所有服务产品均第一时间发送至"十四运会网站信息发布"等微信群。通过西安气象官方微博、微信平台共发布预报9条，科普等信息24条，天气预报视频6条，在全市电子显示屏上发布预警信息及天气预报信息共6屏次。

移动气象台现场保障服务： 十四运会和残特奥会气象台按照方案与省大探中心、省气象信息中心共同组建火炬传递点火起跑仪式现场服务团队，13日组织现场服务团队对移动气象台进行了全面检测、维护，确保一切运行稳定。8月14—15日驾驶应急保障车，随车携带便携式气象站，进驻西安市—永宁门南广场附近开展现场气象保障服务。移动气象台将现场气象监测实况及时发送给十四运会和残特奥会气象台和相关服务人员；调试车载摄像头，及时将火炬传递首发现场实况通过视频形式实时传回十四运会和残特奥会气象台，供预报人员综合研判；全体现场服务人员和远程工作人员一起收听收看中国气象局、省气象台会商，并进行加密会商，商讨现场服务要点和细节；现场服务人员实时监测现场实况，并进行综合研判，每2h向十四运会和残特奥会气象台反馈现场天气情况。

（二）渭南火炬传递气象保障（8月18日）

为充分做好火炬传递日气象保障服务工作，渭南市气象局于5月28日制定了《渭南第十四届全国运动会、第十一届残运会暨第八届特奥会圣火采集和火炬传递气象保障实施方案》。8月6日，渭南市气象局利用临渭区气象监测站建站（1959年）以来62年的气象资料，分析了临渭区8月下旬主要天气气候特征，重点对28日主要天气气候事件进行了统计分析，并对2021年8月下旬气候趋势进行了预测，对火炬传递日气象影响风险进行了预评估，并以专报形式报送市委市政府。8月16日07时30分，渭南市气象局宣布进入火炬传递气象保障服务特别工作状态，提前在渭南市体育中心设置移动气象站，做好现场的气象要素观测和服务保障工作。活动保障期间，渭南市气象台联合十四运会和残特奥会气象台共同发布《十四运会火炬传递逐日专题气象服务预报》10余期，全力保障火炬传递顺利进行。

（三）韩城火炬传递气象保障（8月20日）

韩城市气象局提前制定《韩城市第十四届全国运动会、第十一届残运会暨第八届特奥会火炬传递气象保障服务方案》，服务保障期间，韩城市气象台联合十四运会和残特奥会气象台、渭南市气象台共同发布《十四运会火炬传递逐日专题气象服务预报》10余期，保障火炬传递活动顺利完成。

（四）延安火炬传递气象保障（8月22日）

延安市气象局提早制定《十四运会和残特奥会火炬传递延安气象保障特别工作状态实施方案》，并于8月21日08时00分进入火炬传递延安市区站气象保障服务特别工作状态。延安市气象局自8月15日开始滚动制作《火炬传递专题天气预报》，渐进式提供逐日、逐3h、逐小时火炬传递活动起跑仪式和收火仪式现场定点预报及火炬传递路线天气预报，并通过微信发送至火炬传递工作组微信群，累计制作专报9期，为火炬传递准备工作提供气象保障。21日15时40分宝塔区降水开始，15时30分至19时向火炬传递工作组实时通报短临预报和降水实况，工作组根据预报将原计划于21日17—18时进行的实地火炬传递全流程演练改为室内进行。21日16时50分与十四运会气象台加密会商，经讨论，一致认为降水将于22日03—05时结束，对火炬传递影响较小。延安市气象局及时将这一结论告知火炬传递工作组。22日02时，宝塔区降水结束。工作组于05时加班加点布置道路围挡及地面标贴，完成最后准备工作。08时火炬传递顺利进行。延安市气象局精准的预报、精细的服务得到工作组的一致好评。

（五）榆林火炬传递气象保障（8月24日）

根据火炬传递实战化工作需要，榆林市气象局与火炬传递活动榆林站筹备工作组保持密切联系，制定《十四运会和残特奥会火炬传递（榆林市区站）气象保障服务实施方案》《十四运会火炬传递预报服务工作流程》，落实责任分工，明确工作要求和岗位职责，8月23日榆林市气象局进入特别工作状态，根据点火起跑仪式的传递路线、重点关注时间段开展沿线定点、定时、精准、精细的气象保障服务。

榆林市气象台提前制作服务模板，确保气象服务规范有序开展，加强与十四运会气象台会商。8月13日起，每日滚动制作未来10 d火炬传递路线区域的专题天气预报；8月21日起制作未来3 d逐12 h要素预报；8月23—24日制作逐3 h预报、逐小时预报，火炬传递线路预报。服务期间累计制作发布《火炬传递专题天气预报》18期，并通过微信工作群的方式向执委会、竞委会报送。

8月23日，榆林市气象局选派预报员进行现场服务，应急探测车及现场保障人员于当日下午进驻榆林市世纪广场，开展现场监测和实况气象服务。8月23—24日，现场保障服务组依托应急指挥车大屏幕、防灾减灾多媒体智慧服务系统以及融媒体传播平台等渠道，向活动现场、接待酒店、社会公众及时推送天气实况、大风蓝色预警信号、火炬传递沿线逐小时预报等气象服务产品。天气预报和气象服务能力均获得执委会的高度好评。8月27日，榆林市执委会办公室特地向市气象局致感谢信，对在火炬传递活动期间，气象部门主动、提前、全方位的气象保障服务表示感谢。

（六）铜川火炬传递气象保障（8月27日）

为做好火炬传递气象服务，铜川市气象局从8月26日10时起进入特别工作状态，以饱满的热情、精准的预报、精细的服务迎接圣火的到来。根据赛事气象保障方案及火炬传递气象保障方案要求，制定了《铜川市气象局十四运会气象保障服务业务工作流程》。按照时间节点细化工作，明确工作职责和责任人，制作了《铜川市气象局十四运会气象保障服务工作任务单》。26日10时，铜川市气象台参加全省气象会商，省气象台首席预报员指导《铜川火炬传递专题天气预报》。26日16时，铜川市气象台主动连线陕西省十四运会气象台，再次会商铜川天气，进一步订正《铜川火炬传递专题天气预报》。26日17时，召开十四运会火炬传递铜川市区站气象信息发布会，市气象台向与会人员介绍了十四运会铜川市新区火炬传递点所在区域的逐小时天气预测情况，并对8月27日火炬传递路线相关地点天气预测情况进行了说明。截至8月27日，铜川市气象局共制作发布《火炬传递专题天气预报》5期，圆满完成气象保障任务。

（七）咸阳火炬传递气象保障（8月29日）

为做好火炬传递服务，自8月23日开始，咸阳市气象局气象保障部以服务专报形式每天两次向活动组委会提供7 d滚动预报；8月27日发布6 h精细化预报，同日下午，咸阳市气象局在火炬传递咸阳站起点统一广场架设七要素便携式移动气象站，实时采集风向、风速、相对湿度、降水、温度、气压、天气现象等要素，为精细化预报服务提供数据支撑；8月28日08时咸阳市气象局进入十四运会和残特奥会火炬传递咸阳站气象保障服务特别工作状态，并开始发布3 h精细化预报；8月29日06—07时，每小时发布活动地点逐小时精细化预报。服务期间，延安市气象台与省气象台、十四运会气象台加密天气会商，分析研判火炬传递期间咸阳市区天气情况，并特邀省气象台首席预报员进行现场技术指导，共发布《未来7天精细化专题预报》5期、《咸阳市火炬传递专题预报》7期、制作发布火炬传递路线逐10 min精细化天气预报服务产品及短信，向执委会提供天气变化影响火炬传递特别提示，圆满完成气象保障服务。

（八）西咸新区火炬传递气象保障（8月31日）

西咸新区气象局为顺利完成火炬传递气象服务保障工作，筹备工作组提前编写《西咸新区火炬传递气象保障方案》，配合十四运会气象台开展气象服务培训及测试演练，设计西咸新区火炬传递气象服务产品模板，通过服务实操，锻炼队伍，提高技能。火炬传递活动筹备期间，筹备组与十四运会气象台及西咸新区执委会火炬传递活动相关负责人进行对接沟通，就火炬传递活动气象服务形式、实况气象服务、现场保障等工作进行深入交流。活动开始前一周，筹备组积极协调十四运会气象台制作发布火炬传递气象服务专报，并每日更新气象信息，共制作气象服务专报9期及加密气象服务信息6期，为火炬传递活动及相关准备工作提供气象保障。8月30日，筹备组与十四运会气象台加密会商，及时向新区执委会报告最新预报信息，经分析研判，建议火炬传递活动提前20 min举行。8月31日火炬传递期间，加密分析雷达资料及相关数据，研判天气形势，逐小时发布天气实况及预报信息，为火炬传递活动提供精准精细气象保障，最终火炬传递活动有效避开降雨，取得圆满成功。

（九）杨凌示范区火炬传递气象保障（9月2日）

杨凌气象局成立火炬传递气象保障工作领导小组，制定和印发了《十四运会火炬传递气象保障工作实施方案》，明确分工、细化职责，将责任落实到岗到人。工作组积极与示范区十四运会执委会有关部门对接，及时了解火炬传递相关工作安排、气象保障需求，综合协调服务对象、信息发布渠道等，做好火炬传递气象保障服务组织工作。杨凌气象局提前在火炬传递起跑仪式现场（教稼园）安装调试便携式移动气象站及电子显示设备，实时采集各类气象要素，并通过电子显示屏滚动更新，为火炬传递提供精密的气象监测服务。8月26日进入火炬传递气象保障准备工作状态，开始滚动制作逐日气象要素预报服务产品，重点关注火炬传递当天杨凌及周边高影响天气对火炬传递活动和交通等造成的不利影响。8月29日，针对火炬传递当天开展精细化预报、高影响天气分析以及对活动带来的相关影响决策分析。8月31日全面进入火炬传递气象保障特别工作状态，开展逐小时精细化气象要素预报、线路预报、实况通报服务等，及时组织和参加专题天气会商，做好高影响天气的预报预警，并通过微信、微博、抖音等各类媒体开展公众气象服务。9月2日凌晨气象保障人员进驻火炬传递现场，开展现场服务，确保"前店后厂"信息传递及时、准确，进一步强化服务效益。最终活动当天天气实况与预报基本一致，获得了执委会领导、广大新闻媒体以及社会各界的认可和好评。

（十）宝鸡火炬传递气象保障（9月4日）

2021年4月初，宝鸡市气象局为十四运会宝鸡执委会提供9月上旬气候特征和高影响天气风险评估分析，并制定《十四运会火炬传递及赛事气象服务保障方案》，细化预报预警产品清单，不断了解收集服务需求，完善相关方案。积极利用比赛场馆周边新建微波辐射计、大气电场仪、天气现象智能观测仪等新型气象设备开展服务。

自火炬传递开始前一周（8月28日），宝鸡市气象局每日制作精确到小时和路线的定时、定点、定量气象服务产品，为参加火炬传递的团体提供活动筹备、彩排及正式活动期间的天气监测信息和预报预警信息。9月1日开始，宝鸡市气象台每天两次与省气象台、十四运会气象台加密天气会商，分析研判火炬传递期间宝鸡天气情况。宝鸡新一代雷达和火炬传递附近区域自动气象站全部开展加密观测，气候资料及背景分析、实时监测信息、精准预报服务为十四运会火炬的到来打足"提前量"。9月2日上午，全市气象部门进入十四运会气象保障服务特别工作状态，同日市局组派业务骨干提前进驻宝鸡市青铜器博物院广场开展现场气象保障服务。9月3日降雨还在持续，下午16时宝鸡市气象局提升重大气象灾害（暴雨）Ⅳ级应急响应为Ⅲ级，气象保障团队冒雨安装调试便携式移动气象站，为火炬传递提供更精密的气象监测服务；同日20时30分召开火炬传递工作对接会，保障团队最终报出了9月4日多云转晴的预报结论，为宝鸡市执委会安排火炬传递工作提供了重要决策依据。9月4日上午，预报与实况完全吻合，09时至10时10分十四运会和残特奥会火炬传递（宝鸡站）按照执委会事先预定的方案和路线顺利完成。

宝鸡市气象局为火炬传递活动提供了精密、综合的气象监测，精准、无缝的气象预报和精细、智慧的气象服务，得到宝鸡市副市长李瑛和执委会副秘书长韩景钰的充分肯定，表扬火炬传递期间气象保障到位、服务积极、预报精准。

（十一）汉中火炬传递气象保障（9月6日）

9月6日，十四运会汉中站火炬传递天气复杂——预报4—6日有一次区域性暴雨过程。于是，是否佩戴雨具，需要决策领导提前部署，更是直接关系火炬传递效果。火炬传递气象保障工作组兵分三路，一是向市执委会提供逐小时加密预报；二是为公众提供气象服务信息，开展科普宣传；三是在火炬传递站点开展现场气象监测。特别是传递前夜，汉中市气象局主要负责人实时为市政府主要领导传递天气情况。直到05时，降水依然明显，"经研判，07—08时有零星小雨，08—09时降水间歇，建议不佩戴雨具"。市气象局向执委会提供了重要决策信息。经实况监测，与预报吻合，确保了火炬传递的良好效果。

（十二）安康火炬传递气象保障（9月8日）

安康市政府成立了十四运会和残特奥会安康站火炬传递领导小组，领导小组下设综合组、仪式组、景观组、运行组、新闻宣传组、安全保障组、医疗保障组、后勤保障组、火炬手管理组、志愿者工作组、赞助商服务组11个办事机构。活动保障期间，安康市气象局气象服务保障人员参加了十四运会安康市执委会组织的培训会、全流程演练及多次安排部署会。

自9月1日起，市气象局十四运会气象台滚动制作传递《安康火炬传递专题天气预报》共8期，包括未来3～7 d天气预报、高影响天气提示等内容。9月7日，市气象局召开火炬传递安康市区站活动气象服务保障再安排部署会，进一步夯实气象服务人员、责任。火炬传递当日06时制作逐小时精细化气象要素预报及主要传递站点气象要素预报1期，并架设现场便携式应急气象观测站设备，开展了现场应急气象服务保障。火炬传递当天清晨安康市高新区有轻雾，08时后逐渐消散转为晴到多云天气，与逐日滚动预报趋势及当日精细化逐小时预报结论一致。

（十三）商洛火炬传递气象保障（9月10日）

2021年9月6日，商洛市气象局副局长组织召开十四运会（商洛赛区）专题会议部署安排火炬传递气象保障工作。9月7日，商洛市气象局主要负责人再次组织召开十四运会（商洛赛区）专题会议并宣布进入十四运会气象保障服务特别工作状态。9月8日，为做好火炬传递现场气象保障服务，工作人员对应急保障车网络联通情况开展测试调试，确保现场应急期间，可以实现气象服务产品调用以及同气象台开展会商。9月9日，市大探中心完成保障车辆、监测设备现场保障前检查，备足车辆油料；联系协调第一比赛日保障车辆停放地点、设备用电等事宜。市气象台制作发布9月9日专题天气预报。市气象服务中心向赛事执委会和竞委会等传递当日专题天气预报。9月10日07时，市局气象保障现场服务团队将应急保障车停到商洛市体育中心指定位置，并完成车辆设备供电、车载探测设备运行、网络调试等工作；08时，气象台准点发布火炬传递逐小时线路预报，气象保障现场服务团队及时将信息更新在应急保障车外屏，市气象服务中心则制作火炬传递专题预报发布至微信、微博及城区大屏负责人；08时30分，火炬传递商洛市区站如期在商洛市体育中心起跑，经过70余位火炬手传递，在望江楼顺利收火，火炬传递气象保障服务圆满结束。

（十四）西安火炬传递气象保障（末站，9月12日）

6月下旬，十四运会和残特奥会气象台制作发布《西安市9月气候背景分析及2021年9月气候趋势预测》，对历年西安市9月中旬降水、大风、雷暴等高影响天气概率进行分析。9月10日和12日，十四运会和残特奥会气象台联合省大探中心、省信息中心共同组建火炬传递点火起跑仪式现场服务团队，团队共分为两组，携带便携式气象站分别进驻国际会展中心（起点）、奥体中心中央体育场（终点），开展现场服务保障。移动气象台将现场活动进行情况、气象监测实况等及时发送给十四运会和残特奥会气象台，供预报人员综合研判。9月8—12日连续5天与陕西省气象台、中央气象台进行天气会商，做好针对10日彩排、12日火炬传递活动当天08—11时国际港务区天气的分析研判，为组委会提供逐日/逐小时天气现象、气温、降水量、风向风速等要素预报，截至12日活动结束，共制作预报服务产品8期。

第二节　十四运会开（闭）幕式气象保障

一、十四运会开幕式气象保障

9月15日晚，万众瞩目的十四运会开幕式在陕西西安圆满结束。这一晚，可容纳6万人的西安奥林匹克体育中心座无虚席，从中共中央总书记、国家主席、中央军委主席习近平宣布运动会开幕，到全运会圣火点燃，全场掌声、欢呼声经久不息，仿佛一片欢乐的海洋。西安市委常委、常务副市长、组委会执行副秘书长玉苏甫江·麦麦提在开幕式结束后评价说："天气状况与气象预报吻合，气象服务有力有序、精准高效，为开幕式顺利举行发挥了重要决策支撑作用。"

（一）组织领导

中国气象局及陕西省气象局党组高度重视开幕式气象保障服务工作。8月31日，中国气象局党组书记、局长庄国泰在十四运会气象保障服务视频会议上再部署、再检查、再落实，要求进一步贯彻落实习近平总书记在陕考察时重要指示和对气象工作重要指示精神，勉励气象保障服务人员，用实际行动为"办一届精彩圆满的体育盛会"交上一份满意的气象答卷。

9月13日09时，庄国泰局长宣布中国气象局进入十四运会开幕式气象保障服务特别工作状态，加密观测、专题会商、滚动预报、跟进服务，国家级业务单位和相关省（自治区、直辖市）气象局立即响应。

9月14—15日，中国气象局余勇副局长连续3次参加十四运会开幕式专题天气会商。陕西省气象局主要负责人多次赴十四运会和残特奥会气象台现场研究部署，副局长于9月3日起在十四运会和残特奥会气象台坐镇指挥开幕式气象保障服务工作，多位省局副局长也先后多次赴十四运会和残特奥会气象台检查指导工作。

15日16时，庄国泰通过视频再次与十四运会气象台连线，对预报服务进行指挥调度，并感谢为此奋战的一线工作人员。在十四运会气象台里，预报员正密切关注、科学研判未来几小时的天气情况。那片云团的发展变化，牵动着所有人的心绪。

十四运会和残特奥会气象台（西安市气象局）深刻认识开幕式气象保障服务工作的重要性，迅速贯彻落实中国气象局、陕西省气象局领导和西安市政府领导讲话精神，把十四运会气象保障服务作为当前最大的一项政治任务，全力以赴抓实抓细。进一步强化底线思维和风险意识，从最不利天气着手，充分做好风险应对和防范准备工作。9月12日十四运会开幕式综合天气会商后，按照余勇副局长讲话要求，再次安排部署，进一步细化任务和岗位责任，确保十四运会开幕式及赛事、重大活动气象保障服务不缺项、不漏项。

9月10日，西安市气象局主要负责人组织召开十四运会开幕式气象保障服务冲刺动员及工作调度部署会，市局班子成员及局机关、直属单位班子成员参加会议。市局主要负责人强调：要提高站位，进一步增强对办一届"安全、简约、精彩"全运会的思想认识；保持战斗状态和冲刺的姿态，决战决胜十四运会气象保障服务，全力以赴确保胜利；要坚守阵地，各负其责，协同配合，共同做好十四运会气象保障服务工作。

（二）制度保障

为确保开幕式各项工作顺利圆满，在组委会和中国气象局的领导下，依托国家级业务科研单位技术支持，举全省乃至全国气象部门之力扎实做好开幕式气象保障服务工作，陕西省气象局于2021年9月3日印发了《第十四届全国运动会开幕式气象保障工作方案》。全省各级气象部门按照方案开展监测、预报预警、气象服务、现场保障和人工消减雨等各项气象保障服务工作，助力开幕式圆满成功。

9月11日，为贯彻落实庄国泰局长、余勇副局长在中国气象局十四运会气象保障服务工作视频会议上的批示要求，根据开幕式气象保障服务需求，陕西省气象局印发《十四运会开幕式气象保障服务特别工作状态方案》，明确特别工作状态期间省局领导和各单位工作职责和具体任务，确保开幕式气象保障服务各项工作顺利圆满。

（三）预报工作机制建设

十四运会气象台主动对接，跟进服务，9月以来为9月15日开幕式重大活动一共提供了208期专题预报，通过多种渠道为组委会、执委会、各竞委会、运动员、裁判、群众等人员提供气象服务保障材料。十四运会气象台短临方面及时跟进，将每一天当作是开幕式，认真负责，随时根据需求更改服务内容。

根据《陕西省气象局办公室关于进入十四运会开幕式气象保障服务工作状态的通知》（陕气办发〔2021〕42号）要求，从9月3日起十四运会气象台进入十四运会开幕式气象保障服务工作状态。十四运会气象台接到任务后，主动倒排工期，制作分时段每日的工作计划表、责任到人的岗位工作任务表，并根据各岗位工作职责做好每日工作记录。

按照要求，十四运会气象台每日上班时召开会议安排部署工作，对当天工作任务进行细化安排；并且每日下班前召开工作复盘总结分析会（图6-6），对当天的气象保障服务工作进行复盘总结、验证分析并改进完善（图6-7）。

图 6-6　复盘总结会议现场　　　　　　　　图 6-7　复盘 PPT

另外，按照服务要求，及时调整十四运会气象台预报服务流程、预报制作服务流程、重大活动服务制作流程等，优化多项服务流程（图 6-8），提高工作效率，避免重复工作和遗漏任务。

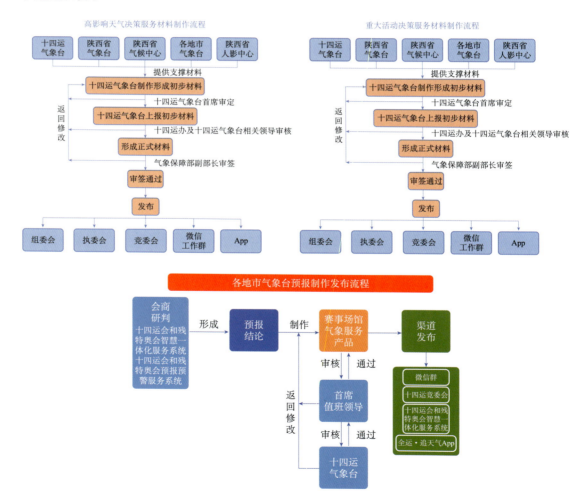

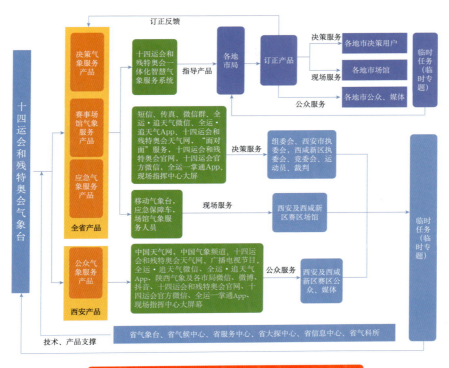

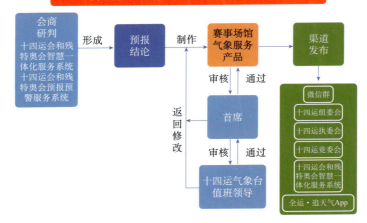

图 6-8　各类服务材料制作与发布流程

　　针对当天为开幕式、第二天为开幕式，制定模拟开幕式气象服务工作流程，针对不同服务对象制作决策专报、公众专报、交通专报、观众专报、重大气象信息专报及开幕式逐小时滚动预报模板。

　　在开幕式特别工作状态初期，十四运会气象台按照省局的工作指导意见，通过每天工作开始阶段的细化部署和工作结束后的复盘总结，查找工作运行中的问题，切实完善预报工作机制，优化工作岗位职责，有力地保证了 9 月 15 日预报发生突发调整的背景下，各项预报工作的迅速应对。

（四）天气会商

按照《第十四届全国运动会开幕式气象保障工作方案》，并结合实际情况，十四运会气象台在 9 月 5—6 日就西安奥体中心 6 日开幕式彩排天气及开幕式期间 14—16 日的高影响天气进行会商研判，并适时组织省内加密会商；10—14 日，每日进行开幕式天气专题会商，重点分析开幕式当日逐小时天气预报及天气风险；人影作业条件分析；开幕式当日（15 日）04:30，省内加密会商；08:40 和 16:00 开幕式天气专题会商，分析当日逐小时天气预报及天气风险；16:00 至开幕式活动结束，庄国泰局长连线指导气象保障服务工作；21:40 调度工作总结视频会。

9 月 6—15 日，十四运会气象台每日与陕西省生态环境厅针对十四运会期间的环境空气质量开展联合会商。

中央气象台首席预报员马学款、国家卫星气象中心服务首席任素玲、国家气象信息中心首席师春香、中国气象局气象探测中心首席郭建侠等以"国家队队员"身份前来支援，帮助预报团队准确把握开幕式天气。

（五）开幕式预报技术分析

2021 年汛期，陕西降水有点"怪"——整个 7 月降水偏少，但进入 8 月后形势急转，仅 8 月底到 9 月初，包含西安在内的陕西南部就迎来了三轮大范围系统性强降水，华西秋雨发生时间偏早 11 天。

中央气象台预报首席马学款介绍，十四运会开幕式选定的 9 月中旬，西安正处于华西秋雨的影响之下，西边有携冷空气而来的西风带系统掣肘，东边有势力强大的副热带高压压阵，两股势力拉锯，任何一方的减弱增强都会给预报带来较大的不确定性。但降水是否会对开幕式造成直接影响，这个组委会最关心的问题，气象工作者必须回答。

对于 9 月 15 日西安奥体中心开幕式天气状况，十四运会气象台高度重视，就当日的降水起止时间、大风和雷电发生的概率等情况进行不断的研判和多方会商。

9 月 6—14 日，开展多模式预报检验工作，每日 17 时进行当日天气预报复盘总结工作，针对多模式预报与实况的对比情况进行分析，根据实况评选预报较好的预报模式，并应用于开幕式当天的天气预报，并总结分析预报随着预报时效的靠近，预报结论差异的变化幅度。

15 日当天主要客观模式对前期预报结论进行了较大调整，最新调整结果对当天夜间预报较为精准，确保了十四运会开幕式预报的精准。但模式前期预报与 15 日预报调整较大，给 15 日当天的预报工作带来了一定程度的困难。因此，在充分信赖客观预报的同时，要针对重大保障的特殊性及主要的高影响天气提前做好预报工作应对预报，在预报工作中要坚持分析可能的风险，要明确指出预报结论不确定性。

（六）监测预报服务

十四运会气象台主动对接，提前准备，进行预报服务。十四运会气象台关于开幕式制作的产品按服务对象的不同主要分两大类：开幕式彩排和开幕式服务产品。

9月4—14日，针对开幕式开展气象预报服务演练，基于"十四运会和残特奥会一体化智慧气象服务系统""十四运会和残特奥会一体化气象预报预警系统""陕西气象综合监测与分析系统"共制作模拟开幕式专报及预报 208 期，其中模拟开幕式专报 90 期（决策专报 23 期、公众专报 22 期、交通专报 23 期、观众专报 22 期）、重大气象信息专报 28 期、开幕式逐小时滚动预报 90 期。

开幕式方面：8月31日至9月15日，共制作奥体中心未来 7 天逐日和逐 12 h 气象服务专报共 28 期，上午、下午各 1 期。并提醒主席台飘雨风险。

9月3—14日，制作西安奥体中心 9 月 14—16 日逐日气象服务专报共 23 期，上午、下午各 1 期。提醒主席台飘雨风险及降雨对观众入场、疏散等系列活动造成不利影响。

9月6—15日，制作西安奥体中心未来 3 d 逐 3 h 气象服务专报共 20 期，上午、下午各 1 期。提醒主席台飘雨风险及降雨对观众入场、疏散等系列活动造成不利影响。

从9月13日，开始制作开幕式当天逐小时预报，共制作 12 期开幕式气象服务专报。开幕式当天，十四运会气象台分别在 05 时、11 时、14 时、17 时制作当天实况和逐小时天气预报，对当日气象风险及其影响提出防御建议等，重点关注当日 18—23 时。

结合服务需求，汾渭平原环境预报中心撰写了《十四运会和残特奥会环境气象服务方案》，9月12—15日，汾渭平原环境预报中心与省生态环境厅通过视频会议共进行了 6 次视频会商，每日制作会商 PPT 向十四运会气象台提供技术支撑。

开幕式彩排方面：从 7 月 22 日开始，向组委会提供开幕式彩排活动气象专题预报。7月22日至9月13日，制作开幕式分篇章排练气象服务专报共 103 期，上午、晚上各 1 期。气象部门严密监视天气变化，滚动发布最新天气预报信息；根据指挥长令（2 号），9 月 6 日有开幕式带妆彩排，十四运会气象台立即跟进服务。9月2—6日，制作西安奥体中心 5 日、6日逐 3 h 天气服务专报共 7 期。

（七）服务工作

场馆服务中心深入学习贯彻习近平总书记关于十四运会和残特奥会重要指示精神，积极落实中国气象局、陕西省气象局、西安市执委会有关工作部署，积极对标"精彩圆满"，在中国气象局和陕西省气象局领导、省气象局相关处室和十四运会办的有力指导下，与西安市执委会、各竞委会密切配合，积极开展场馆气象保障服务工作，并根据《十四运会开幕式关键时间节点综合会商方案》，做好值班值守工作，圆满完成十四运会开幕式气象保障服务工作。

9月4日，按照省气象局统一安排，场馆服务中心进入开幕式气象保障服务工作状态，实行 24 h 应急值守和主要负责人在岗值班制度，全力做好十四运会开幕式气象保障服务。

值班服务首席参加十四运会和残特奥会气象台当日所有会商及下午复盘，务必熟悉当日和后续各赛区天气情况以及当日比赛项目等。

9月4—15日，中心及个人均建立每日工作计划表、任务清单，任务细化分解到小时，并确保各项工作落实到岗到人有序开展。每日发布《十四运会和残特奥会全省气象服务快报》，将开幕式气象保障服务情况及时报送十四运会和残特奥会组委会、陕西省委、陕西省人民政府、十四运会和残特奥会开（闭）幕式指挥部、十四运会赛事指挥中心、十四运会安保联合指挥部及中国气象局十四运会和残特奥会气象服务工作协调指导小组。

9月2—15日，移动气象台在奥体中心为开幕式彩排、火炬传递等活动提供现场气象服务保障。9月10日移动气象台进驻奥体中心；9月12—14日，现场服务团队通过移动气象台视频会商系统参加中国气象局、省气象局、十四运会气象台等各类会商，及时了解开幕式当天的天气情况。

9月15日，西安奥体中心现场服务团队实时查看奥体中心天气变化及开幕式活动进展，为活动举办方提供当面服务3次，并电话、微信及时跟进服务；编发现场服务快报17份，并及时报送至3个微信工作群，为记者提供服务材料6份；开展人工观测10次，并将人工观测记录及时报十四运会气象台；通过电话向省局、十四运会气象台、西安市局报告现场天气状况23次。开幕式当天服务至晚上11:30，圆满完成各项工作任务。

随着圣火点燃，开幕式迎来高潮。与此同时，那波令人揪心的云团也逐渐逼近，场馆开始下雨。根据气象预报，十四运会组委会、执委会一早启动应急预案，演职人员、运动员、观众都提前收到注意防雨、防滑、保暖的温馨提示，提供给观众的便携包里准备了雨衣，主席台桌面和席位上也覆盖了防雨防湿薄膜。

（八）经验总结

一是服务流程的全面梳理和技术准备工作对重大活动的贡献尤为重要。针对十四运会开幕式，预报预警服务中心积极提前准备、理顺并优化相关业务流程，安排部署每日任务，责任到人，能为气象保障服务工作提供坚实的基础。

二是每日任务前一天进行梳理细化，可以更好地减少第二天的任务负担，更好地完成每日常规任务和临时派发任务。

三是在各项重点工作开展前，进行部署安排会、动员会必不可少，可以有效提升团队战斗力和凝聚力。

四是提前排好班期，遇事不慌，可有效避免重复性工作，加强团队间协作，有效提升工作效率。

五是在工作实施过程中，围绕核心目标，及时调整服务内容，保证各方提出的气象需求，并及时跟进，确保气象服务圆满。

二、十四运会闭幕式气象保障

9月27日20时，十四运会闭幕式在西安奥体中心体育馆举行。中共中央政治局常委、国务院总理李克强宣布，中华人民共和国第十四届运动会闭幕。在十四运会会歌《追着未来出发》的乐曲声中，十四运会会旗缓缓落下，燃烧了13天的主火炬渐渐熄灭。

十四运会和残特奥会气象台组织技术力量，分析闭幕式当日天气及气候背景，大雨、暴雨、大风、雷暴、雾、霾等高影响天气的发生概率，及时上报组委会和西安市执委会。

9月25—27日，共制作7期闭幕式服务专题预报材料（图6-9），提供逐3 h精细化气象预报服务，最大程度规避不利天气对活动举办的影响。

比赛当日从08时到21时每小时发送天气实况共13次，从08时开始逐小时滚动发布未来2 h天气预报文字播报共12次。

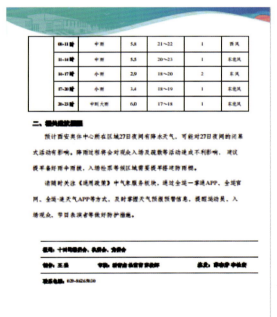

图 6-9　十四运会和残特奥会气象服务专题预报示例

第三节　残特奥会开（闭）幕式气象保障

一、组织管理

　　制定全国第十一届残运会暨第八届特奥会（简称残特奥会）开幕式现场保障工作行动序列，任务责任落实到岗到人；根据开幕式现场保障工作行动序列，编制开幕式气象保障服务工作脚本和应急演练脚本，进一步细化和规范工作流程，确保残特奥会开幕式正常、有序开展；开展残特奥会开幕式期间气候背景分析和开幕式气象专报服务；筹划现场气象服务，配合办理气象应急保障车和现场工作人员证件，协调应急保障车停放点位，气象应急保障车于 10 月 20 日提前开赴奥体中心指定工作点位。

二、成立执委会残特奥会气象服务专班

　　气象服务专班作为"一办十一专班"重要成员，在西安市执委会现场保障组领导下，负责开展残特奥会筹备期、开（闭）幕式和赛事期间的气象服务工作，提供气象监测预报

预警和个性化气象服务。气象服务专班下设预报预警团队、现场监测服务团队两个保障团队，预报预警团队主要负责开展气象风险分析研判，根据需求制作气象预报预警服务产品，遇有转折天气或高影响天气，及时制作发布订正预报、高影响天气专报和预警信号；现场监测服务团队主要负责面向赛事、开（闭）幕式等活动，派驻气象应急保障车、气象首席服务官和预报专家，开展现场气象保障服务等工作。气象服务专班统筹协调，细化分工，从气象监测、气象预报预警、现场服务、网络通信保障、数据传输等领域全方位保障残特奥会开（闭）幕式顺利召开。

三、残特奥会各项赛事气象保障服务准备

赛前，积极对接残特奥会各项目竞委会，就比赛具体时间、地点、气象服务需求、大屏分辨率等方面进行沟通，协商确定气象保障服务内容和服务方式，制定各赛事气象保障服务任务清单，按照"一赛一册"原则提供专题气象保障服务工作。梳理现场气象服务工作任务，配合办理现场气象服务人员和车辆证件，筹划现场气象保障工作的开展。

四、特别工作状态

为做好残特奥会开（闭）幕式气象保障服务工作，领导高度重视，进入特别工作状态后，要求全员在岗在位，全程参与，迅速组织开展开（闭）幕式气象保障服务各项工作准备情况及自查，落实工作纪律，协调解决短板和不足，完善预报及现场服务工作流程；严密监视天气变化，及时发布订正预报或短临预警，严格按照职责分工及工作流程开展各项保障工作，确保开（闭）幕式气象保障服务任务圆满完成。

五、开（闭）幕式及赛事气象保障服务

（一）开幕式气象保障服务

十四运会和残特奥会气象台积极开展残特奥会开幕式专题会商、加密会商，密切关注天气变化，加强分析研判。一是制作高影响天气风险分析评估报告，并提前一周开始制作发布残特奥会开幕式气象服务专报；二是开幕式当天，加密发布气象服务专报；三是逐2 h发布短临预报，主要包括奥体中心未来2 h天气预报和降水风险情况。十四运会和残特奥会气象台与省大探中心共同组建开幕式现场监测服务团队。10月20日下午，现场监测服务团队提前将气象应急保障车开赴奥体中心指定工作点位，完成接电、设备架设、系统调试等工作。开幕式当日，连线十四运会气象台进行开幕式综合天气会商，开展奥体中心现场天气实时监测、气象保障服务需求收集和信息反馈，逐小时发布移动气象台现场服务快报，服务快报主要包括开幕式现场天气实况和现场主要服务情况，确保开幕式气象保

障服务工作精准高效开展。

（二）闭幕式气象保障服务

10月26—29日，十四运会和残特奥会气象台针对闭幕式开展气象预报服务演练，制作闭幕式专报并通过多种渠道为组委会、执委会、各竞委会、运动员、裁判、群众等人员提供气象服务保障材料。根据闭幕式气象保障的需求，十四运会气象台召开工作安排部署工作，对工作任务进行细化安排；并且每日下午下班前召开工作复盘总结分析会，对当天的气象保障服务工作进行复盘总结、验证分析并改进完善。同时，针对需求，向组委会提供闭幕式当天逐小时实况播报以及各类天气预报产品。10月28日，按照省局统一安排，移动气象台共4人进入残特奥会闭幕式气象保障服务工作状态，实行24 h应急值守和主要负责人在岗值班制度，全力做好残特奥会闭幕式气象保障服务。

10月20—29日共制作材料198期，其中开幕式专报7期，闭幕式专报10期，残特奥会运动员村和未来7 d专题预报10期，西安市未来7 d专报10期，交通专报10期，赛事157期，高影响专报1期，审核地市材料91期；发布服务信息91期，其中场馆专题气象服务图片70期，实况预报语音播报信息21次，包括移动气象台残特奥会开幕式现场（西安奥体中心）服务快报14期、马拉松比赛播报信息7次。同时，1名首席进驻西安奥体中心开展残特奥会开幕式、闭幕式现场服务保障。

第四节　其他重大活动气象保障

一、倒计时一周年活动气象保障

为满足"十四运会和残特奥会"倒计时一周年系列活动的精细化气象服务保障工作，陕西省西安市气象局组织业务人员开展西安赛区气象条件及气象风险分析，提前演习制作足球比赛赛场气象服务专报等气象服务产品。2020年9月1日，十四运会办公室明确十四运会倒计时一周年启动仪式气象服务活动专报制作类型与发布时间节点。预报服务中心在国、省气象部门相关技术支撑下，制作全运会倒计时一周年启动仪式气象服务活动专报产品。并通过全运·追天气App以及微信工作群等实时发布信息。9月5日起，"十四运会和残特奥会气象台"启动倒计时一周年活动服务，西安市气象局与国家气象中心和陕西省气象台开展专题会商，滚动更新制作专题气象预报服务产品共15期。

9月15日21时，第十四届全国运动会、第十一届残运会暨第八届特奥会倒计时一周年活动圆满结束。现场实况监测数据与当天"十四运会和残特奥会气象台"发布的专题天气预报结论几乎一致。

9月14日，在第十四届全国运动会、第十一届残运会暨第八届特奥会倒计时一周年来临之际，十四运会和残特奥会气象台正式启动。中国气象局党组成员、副局长余勇，陕西省人民政府副秘书长吴聪聪，十四运会和残特奥会筹委会气象保障部部长、陕西省气象局局长，西安市人民政府副市长、十四运会和残特奥会筹委会办公室驻会副主任，十四运会和残特奥会筹委会气象保障部副部长、陕西省气象局副局长及十四运会和残特奥会西安市执委会气象保障部部长、陕西省气象局党组成员、西安市气象局局长出席启动仪式。陕西省气象局局长主持启动仪式。

二、倒计时 100 天系列活动气象保障

（一）组织管理

十四运会和残特奥会气象台高度重视倒计时 100 天活动气象服务保障工作，于 2021 年 6 月 4 日下午，组织召开十四运会倒计时 100 天活动气象保障安排部署会，要求十四运会和残特奥会气象台"一室三中心"领导及相关人员对照省气象局十四运会办制定的十四运会和残特奥会倒计时 100 天气象保障任务单理清工作职责，落实责任分工。对照服务清单和赛事要求，各级值班领导靠前指挥，值班员提前到岗，严密监视天气变化，积极与组委会对接气象服务需求，滚动发布西安奥体中心活动现场及 7 个关键场所的降水、气温、风向风速等精细化天气预报及高影响天气预报，突出服务重点，体现本地特色，高效圆满完成各项气象保障服务任务。

（二）特别工作状态

为做好十四运会和残特奥会倒计时 100 天活动气象保障，陕西省气象局于 6 月 6 日 08 时启动重大活动保障特别工作状态响应命令，十四运会和残特奥会气象台立即响应，进入特别工作状态，履行职责，细化服务措施，夯实责任到人，扎实开展气象监测预报预警与专题服务保障，确保"倒计时 100 天活动"气象服务任务圆满完成。

（三）倒计时 100 天活动气象保障服务

1. 预报服务

十四运会和残特奥会气象台加强与中国气象局、陕西省气象局的会商沟通（图 6-10），6 月 5—6 日连续 2 天与陕西省气象台进行天气会商，6 月 7 日 08 时参加中央气象台全国会商并发言，做好针对 6 月 7 日活动当天 19—21 时西安奥体中心天气的分析研判。截至 7 日活动结束，共制作预报服务产品 27 期，提供逐小时天气现象、气温、降水量、风向风速、舒适度指数及穿衣指数要素情况，其中全运会倒计时 100 天活动逐日预报 19 期、全运会倒计时 100 天活动逐 3 h 预报 5 期、全运会倒计时 100 天活动精细化预报 3 期，活动期间值班首席向嘉宾组织工作应急领导小组及下设专班各位领导发送赛事服

务短信 2 期，在"十四运会网站信息发布微信群"发送服务产品 47 期。

图 6-10 十四运会和残特奥会气象台与中国气象局、陕西省气象局进行会商

2. 移动气象台现场保障服务

接到省气象局的任务单后，移动气象台保障人员及时联系西安市十四运会执委会，协调现场服务保障场地，以及服务现场的市电，提前测试观测设备、通信系统、视频会商系统及车辆的工作状态，确保一切工作正常。6 月 6 日 16 时，来自省大探中心、省气象信息中心及西安市大气探测中心的 5 名现场保障人员将移动气象台开赴奥体中心大院内，架设、调试好所有设备。6 月 7 日早上与执委会气象保障部领导一同参与 08 时国、省、市局的天气会商，了解奥体中心周边全天的天气形势，积极与西安市执委会对接，了解服务需求。

活动期间，十四运会和残特奥会气象台平台与移动气象台开展加密会商 3 次，全程对活动现场开展监测保障服务。11 时，针对高温情况，与十四运会气象台加密会商高温气象服务；17 时 20 分，应急管理部处长到移动气象台了解活动期间的天气状况，现场保障人员进行了详细讲解，并与十四运会气象台进行了天气会商。20 时 30 分，针对天气雷达显示的西安东部地区出现的回波，与十四运会气象台加密会商，综合研判在活动结束时（21 时）出现降雨的可能性，综合分析后，认为 22 时前不会出现降水，现场服务人员及时向执委会进行了汇报。

保障期间，全体现场服务人员冒着炎热酷暑，坚守在移动气象台内，实时监测天气变化，每 3 h 向西安市执委会提供《全运会倒计时 100 天活动专题预报》，全天共发送 7 份。副台长陪同西安市十四运会执委会信息技术部驻会副部长、应急管理部驻会副部长先后到移动气象台调研工作情况，现场保障人员认真讲解了现场服务保障的流程，并汇报了当天的天气状况。

3. 服务宣传

十四运会和残特奥会气象台准确预报了活动期间西安奥体中心及重点场所天气情况，

科学评估天气对活动的影响，提出细致的应对建议，成功保障了十四运会和残特奥会倒计时 100 天活动的顺利开展。6 日下午，配合省局新闻记者做好新闻信息采集，稿件被中国气象局内网首页采用。

三、"双先"表彰、代表团会议、"我要上全运"等活动气象保障

（一）"双先"表彰、代表团会议气象保障

针对十四运会和残特奥会开（闭）幕式等重大活动和正式比赛项目，开展高影响天气的防范应对工作。编制《第十四届全国运动会、全国第十一届残运会暨第八届特奥会高影响天气应急预案》，在"双先"代表观摩惠民工程观摩点及代表团会议召开时发生高影响天气时，针对影响程度的大小，采取的措施有：开展人工影响天气作业，同时保证道路交通畅通；局部调整"双先"代表观摩惠民工程观摩点或会议日程，储备应急物资（雨伞、雨衣等）；根据组委会开幕式调整情况，及时调整"双先"表彰活动日程，根据组委会应急安排，简化"双先"表彰活动内容等。同时针对"双先"活动观摩惠民工程观摩点及会议制作气象服务专报 1 期。

（二）"我要上全运"系列群众活动气象保障

2021 年 7 月 30 日，十四运会办向省台下发活动服务任务单，按需求开展服务；8 月 2 日，根据群众体育部临时需求，通知省台 2 日上午增发一期 5 日 15—21 时逐 3 h 预报，并在原预报内容上增加 5 日 15—21 时逐 3 h 预报；3 日下午根据群众体育部临时需求，通知省台增发一期 5 日 15—21 时逐 3 h 预报；3 日晚上根据群众体育部最新需求变化，通知省台从 4 日开始每天分别制作两期服务专报，增加了风要素预报，预报的时间精度为 48 h 内逐 3 h 预报、48 h 外逐 24 h 预报，专题预报制作时间延长到 8 月 9 日上午。期间累计发布专题预报产品 18 期。

第七章
开幕式人工消减雨演练和保障

按照十四运会组委会关于做好开幕式人工消减雨作业保障要求，针对今年全国极端天气多发频发重发、十四运会开幕式人工消减雨作业保障风险挑战极大等不利条件，陕西省气象局统筹使用军地、国省人影专业力量资源，构建军民一体、空地结合、多层配置、联合高效的人影作业体系，科学设计防线区域，合理部署力量装备，有效选用作业方式，精准实施指挥管理，严密组织空地联合作业行动，对可能影响开幕式的降雨云团实施了有效拦截和消减，确保了开幕式精彩圆满。

第一节　重大活动消减雨作业方案设计与编制

一、作业方案编制

为做好本次重大活动人工消减雨保障工作，陕西省人工影响天气中心先后调研了2008年北京奥运会、2016年杭州G20峰会、2018年天津全运会、2019年武汉军运会和2021年北京建党100周年等重大活动人影保障服务情况，根据陕西省气候特征和人影装备力量，编制第十四届全国运动会开幕式人工消减雨保障工作方案和技术方案。

2019年8月，组织业务人员对泾河站20年8月份的降水日数、降水量级、雷达回波进行统计分析。11月，完成十四运会人影保障方案第一稿。12月，完成十四运会人影保障方案第二稿。12月20日，召开十四运会人影保障方案第一次技术咨询会。

2020年1月,赴湖北调研武汉军运会气象保障服务工作。3月,根据技术咨询会专家意见及多方调研结果,对十四运会人影保障方案进行完善,形成第三稿。4月,根据专家意见,完成十四运会人影保障专项工作方案。5月,邀请专家对专项工作方案进行技术咨询并进行修改。9月,省局罗慧副局长带队赴中国气象局汇报工作,减灾司组织专题会议进行技术指导,与中国气象局人影中心对接十四运会人工影响天气保障任务需求,补充完善十四运会人工消减雨作业天气条件风险评估报告。10月,人影保障专项工作方案和作业条件风险报告上报省局十四运会办。12月22日,省气象局邀请并组织中国气象局人影中心、国家气候中心以及北京、内蒙古、甘肃、青海、宁夏等省(区、市)气象局专家论证十四运会人影保障技术方案。

2021年1月21日,省气象局分别邀请军方和国省气候、天气、人影专家对十四运会人影保障专项工作方案进行了现场和视频论证(图7-1)。2月22日,省气象局组织召开局长办公会,审定了《专项工作方案(签报稿)》。5月,在省气象台、省气候中心支持下,进一步补充分析西安奥体中心9月份天气背景和降水特征。5月12日,省气象局主要负责人在十四运会组委会主任办公会议上专题汇报《第十四届全国运动会开幕式人工影响天气服务专项工作方案》。

图7-1 十四运会人影保障方案前期准备工作

6月29日至7月14日,根据建党100周年北京保障经验,进一步修订完善《第十四届全国运动会开幕式人工消减雨作业保障工作方案》和《十四运会开幕式人工消减雨作业保障技术方案》。

8月2日,省气象局向省政府正式上报《第十四届全国运动会开幕式人工消减雨作业保障工作方案(送审稿)》。

8月9日,联合指挥中心召开第一次工作会议。会议确定了十四运会开幕式人工消减雨工作方案和十四运会倒计时30天冲刺演练活动人工消减雨实战演练方案。明确了联合指挥中心各成员单位职责。

8月20日,在8月16日第一次实战演练经验的基础上,优化了地面作业力量的部署方案,调整了移动作业车的作业布局,增加了机动作业队伍和应急作业队伍人员名单。

9月3—13日,在多次桌面推演和实战演练经验总结的基础上,不断调整、优化作业防线、飞机作业方案和地面作业力量部署。

二、方案设计及力量部署

围绕开幕式保障关键期，在省气象台和省气候中心支持下，认真研究了 9 月上中旬近 10 年影响西安奥体中心的天气系统及各种探测资料，重点分析了近 10 年 21 个降雨天气过程，凝练形成了 4 个主要天气系统来向、3 种不同降水特征的 12 套作业预案，安排了不同的空地作业力量布局和作业方案，对人影作业对象做到心中有数。9 月 15 日，影响西安奥体中心降水系统为西南来向、副高外围型天气形势、混合云降水，与各类统计中出现概率最高的降水类型结论一致。

根据降水系统移动路径，由远及近设置三道防区，梯次开展人影保障作业。在重点保护区西南、西北、西和偏南地区重点设防，其他地区一般设防，考虑飞机作业能力和地面作业点间距及催化剂影响范围等因素，进行空地作业力量安排。

一是按照"分散布局、集中优势、统一指挥"布局原则，安排部署 8 架飞机投入保障，包括国家建设新舟 60 高性能作业飞机 4 架，地方建设空中国王 350 高性能作业飞机 1 架、运 -12 作业飞机 1 架，均部署在西安咸阳国际机场；山西省、河南省运 -12 作业飞机各 1 架，部署在山西临汾机场和郑州上街机场。人影保障飞机作业防区如图 7-2 所示。

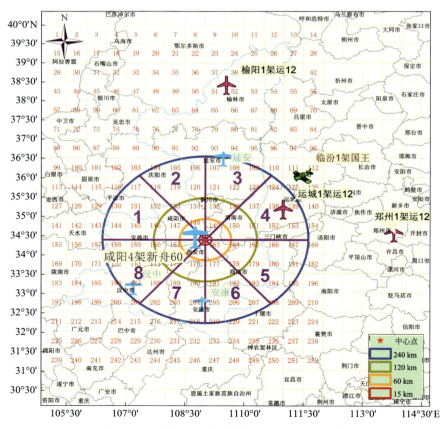

图 7-2 十四运会人影保障飞机作业防区示意图

二是按照"打远、打早、打小、打足"原则，以西安奥体中心半径15 km为重点保障区，划设距离重点保障区240 km范围为作业防区，作业防区包括陕西、甘肃、河南、山西4省。在第二道防区的西北、正西、西南和正南重点来向的布设骨干作业点，每个站点布设3套火箭发射装置，形成3~4套集中火力网（图7-3）。

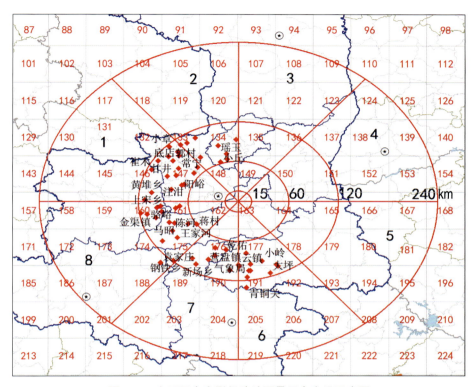

图7-3　十四运会人影保障地面骨干点布设示意图

综合天气形势、专家意见和保障条件，本次消减雨作业力量部署原则如下：

一是为充分发挥高性能增雨飞机规模化作业效益，满足多种物资集中供应需求，确保多架飞机按时起降，将多架飞机集中布局到保障条件好的咸阳国际机场。

二是为集中优势装备，重点加强主要来向作业力量，部署依托现有布局，在天气系统的重点来向部署骨干作业点，通过抽调移动装备、配备骨干专业队伍的方式，增强骨干作业点作业力量。

三是充分利用陕西及周边省份近年来气象观测、预报、信息网络等气象现代化建设成果，集约十四运会期间加密建设和国家高性能作业飞机空中观测数据，形成空地联合云降水立体观测，为人影监测预警、决策指挥、效果评估提供精细宏微观探测数据支持。

四是针对不同降水特征分别估算作业规模，推荐概率高混合云降水的作业方案为首选方案，结合重大活动人影保障经验和陕西实际情况，提出物资储备和经费需求，并根据国、省、市、县分工不同给出资金筹措方案，根据人影作业消耗统计，实际消耗与估算基本一致，各方协调事项和资金基本落实。

第二节　十四运会人工消减雨保障实战演练

按照陕西省政府和省气象局的要求，省人工影响天气中心结合 7 月庆祝中国共产党成立 100 周年及十四运会和残特奥会圣火采集仪式气象保障服务，组织开展了一系列实战演练及桌面推演地面和飞机协同作业服务。7 月以来，组织开展全流程桌面推演 20 次、实战演练 3 次，发布演练指令 17 期，制作服务产品 36 期，开展探测、训练、作业飞行共计 11 架次，复盘发现问题 8 项，改进业务流程 5 个，确立了开幕式人工消减雨作业全流程全要素技术状态。反复打磨人影作业条件专题会商、指挥决策、指令下达、空域协调、地面机动作业力量集结与部署、弹药配送、作业计划申报与批复、作业实施等人工消减雨各个环节和实施流程中任务执行、衔接和配合水平，发现内部运行中的薄弱环节和短板，进一步改进工作和业务流程，为开幕式人工消减雨作业实战保障顺利实施奠定基础。

一、庆祝中国共产党成立 100 周年人影保障

根据《陕西省气象局庆祝中国共产党成立 100 周年气象保障服务实施方案》和省气象局庆祝活动领导小组调度会议工作要求，为做好庆祝中国共产党成立 100 周年气象保障服务工作，省人影中心结合工作实际，重点针对"7·1"和"7·6"两个节点人工影响天气开展了相关服务工作。

2021 年 6 月 29 日至 7 月 1 日，根据省局领导小组特别工作状态要求，人影中心针对延安固定目标区和固定时间段人影保障任务，编制了实战演练脚本，并成立空中作业组、地面作业组、专家技术组，在省局赵光明二级巡视员指导下，开展桌面推演，制作重大活动保障人影服务产品。6 月 30 日下午，根据延安局部强对流天气实况，结合保障和防雹作业需要，指导延安市气象局开展人工防雹作业，累计 5 县（区）共发射三七炮弹 851 发、火箭弹 135 枚，作业及影响区没有灾情。通过桌面推演和实战演练，对活动保障组织体系、业务流程和实施指挥有了直观认识，针对存在问题和不足及时开展了复盘和分析。

7 月 6 日保障期间，陕西省延安市黄龙、延长、黄陵、子长、志丹、宜川、洛川、宝塔、安塞、富县、甘泉、吴起，榆林市靖边，铜川市耀州区、印台区、宜君，宝鸡市陇县、麟游县，咸阳市彬州、淳化、长武、旬邑，渭南市韩城、合阳、蒲城、澄城、富平等 6 市 27 县（区）气象部门共组织人影地面作业 134 轮次，共发射三七炮弹 2485 发、火箭弹 176 枚；甘肃省庆阳市开展联合保障作业，发射三七炮弹 102 发。截至延安活动结束，现场为多云天气，温度适宜，18 时以后无降水，活动顺利进行。

二、残特奥会圣火采集仪式人影保障

根据《十四运会和残特奥会圣火采集仪式人工消（减）雨作业保障紧急实施方案》和省气象局圣火采集仪式领导小组会议工作要求，人影中心结合工作实际，重点做好了2021年7月16—17日圣火采集仪式人工影响天气相关服务工作。

7月15日，协调中飞通航和西飞民机等飞行保障单位，配合中心飞机作业团队做好省级新舟60高性能人影飞机调机准备和各项飞行安全检查，确保飞机保持适航状态。7月16日，紧急协调西部机场集团做好飞机焰弹等催化剂物资进出机场特别许可手续和临时作业人员进出场证件，陕西人影各工作人员严格进行核酸检测，做好飞行前各项物资储备、设备检查和任务系统调试，同时积极商请空军西安辅助指挥所并协调民航空中交通管制部门优先受理并审批延安保障人影作业空域，确保重大活动作业效果。

7月17日04—08时，榆林神木、佳县、米脂、横山4县（市）开展地面火箭作业，共发射火箭弹32枚，保障区没有降水。截至延安活动结束，现场为多云天气，温度适宜，风力1级，相对湿度70%，活动顺利进行。

三、9月4—5日实战演练

2021年9月4日08—10时，针对6日20时西安奥体中心彩排活动，十四运会联合指挥中心启动实战演练。针对6日20时西安奥体中心人工消减雨保障开展桌面推演，模拟了人影作业方案专题会商。并发布针对6日20时西安奥体中心人工消减雨作业的三号指令，安排了空中和地面作业准备。10—16时，分析次日预报资料，桌面推演次日20时保障，模拟制订作业条件分析和作业预案方案。20时，根据天气系统发展研判，十四运会联合指挥中心9月4日决定将原定于9月6日的人工消减雨实战演练提前到9月5日实施，并发布人工消减雨作业二号指令，并安排B-650N高性能增雨飞机在西南防区实施消减雨作业1架次，立即安排地面机动力量按照实施方案开始集结。

5日早上，与中国气象局人影中心、甘肃分指挥中心进行了人影作业方案专题会商，发布了一号作业指令，要求B-650N机组09时按照批复航线开展飞机人工消减雨飞行作业。按照9月4日发布的二号指令实施地面作业力量调动，5日15时将机动作业力量布设到眉县、武功、杨陵区、周至、宁陕县气象局的17个骨干作业点，各作业点处于临战状态；第二道防区内固定作业点装备、人员处于待命状态；地面作业按照联合指挥中心的指令实施。

根据天气系统的最新演变，B-650N飞机执飞第一架次作业任务时，十四运会联合指挥中心决定让刚转场西安咸阳国际机场的B-3726、B-3848飞机立即参与多架增雨飞机同时作业的实战演练。

5日16时30分，根据地面作业组统计的机动作业力量实际集结情况，要求周至县马召作业点立即实施人影作业。16 时 57 分马召作业点实施了地面人工消减雨作业，发射火箭弹 20 枚。

5 日 21 时，发布撤场指令，结束本次演练。所有参演作业点结束演练，所有机动作业车和派出人员于 9 月 6 日 18 时前返回原单位。

本次实战演练，联合指挥中心组织新舟 60 高性能增雨飞机 B-650N、B-3726 开展 3 架次人工消减雨演练作业。08 时 46 分至 12 时 10 分，B-650N 飞机在 188、203 区域（西乡、洋县、汉阴）开展作业；15 时 13 分至 17 时 44 分，B-3726 飞机在 188、203 区域（西乡、洋县、汉阴）开展作业；15 时 59 分至 18 时 29 分，B-650N 飞机在 172、187 区域（留坝、汉台区、城固）开展作业。3 架飞机累计作业时间 8 h 25 min，消耗焰条 94 根、焰弹 400 发。周至县马召作业点 16 时 57 分实施地面人影作业，发射火箭弹 20 枚。

四、9 月 6—12 日桌面推演

9 月 6 日，各机组机长、领队召开交流会，让机组了解飞行航线设计思路，指挥人员掌握飞机作业航线设计注意事项。制定各机组作业信息上报模板，王瑾负责收集飞机作业信息，仇莉负责收集地面作业信息，吴宇华负责汇总后报领导。与中国气象局人影中心召开保障专题讨论会，李集明副主任主持，联指中心人员和专家技术组组长郭学良研究员参与讨论 9 月 5 日地面作业 20 发火箭弹前后雷达回波分析和 9 月 15 日保障演练安排，建议试用液氮等制冷剂作业。

9 月 8 日，专家技术组组长郭学良研究员指导设计多机接续的飞机作业方案；进一步细化三、二、一号指令内容；准备 9 月 9 日空域协调会相关材料；专家技术组认为 9 月 15 日降水的可能性变大，应做好充分的应对准备。

9 月 9 日，参加某部队组织的空域协调会，向各机组机长通报空域协调会的内容；调试各作业飞机的北斗通信，实现了 5 架飞机的实时轨迹在北斗系统中的显示；完成指挥中心 UPS 与发电机电路连接改造，确保临时断电时指挥平台可正常工作；联指中心决定 9 月 12—14 日开展实战演练，进一步完善飞行预案。

9 月 10 日，参加早间开幕式保障专题会商，中央气象台、中国气象局人影中心、十四运会气象台、人工消减雨联合指挥中心发言，认为 15 日降水系统偏西来向可能性大；讨论了地面作业指挥流程，9 月 15 日保障时段，各市人影办主任到指挥平台负责地面作业指挥；进一步完善三、二、一号指令内容；明确了山西、河南、甘肃人影保障联系人员。

9 月 11 日，根据空域协调会的内容，进一步完善天气系统主要来向（西北、西、西南）的飞机作业预案；讨论地面作业弹药的配送时间、路线等；晚上 20 时左右，省气象台首席预报员提醒，9 月 15 日东部、东南部的对流云团可能会影响奥体中心，建议做好应对准备。

9 月 12 日，参加早间开幕式保障专题会商，中央气象台、中国气象局人影中心、十四运会气象台、人工消减雨联合指挥中心发言,认为 15 日西安受副高外围西南气流影响,降水云系自西或西南来向概率高,西安位于大范围积层混合云系边缘,有小雨或阵雨;联指中心决定针对 9 月 13 日开展西南来向天气系统的实战演练,制定了《9 月 13 日实战演练实施方案》,发布了三号指令,13 日在西南方向使用同一航线、多机接续的飞行方案,各飞机均以对地速度 300 km/h 飞行。

五、9 月 13 日实战演练

9 月 13 日 08 时 40 分,开幕式保障专题早间会商,中央气象台、中国气象局人影中心、十四运会气象台、人工消减雨联合指挥中心发言。中央气象台认为,15 日西安为零星小雨或阵雨,降水最有可能出现在 22 时之后。十四运会气象台结论为多云转阵雨。09 时 30 分,联合指挥中心发布了演练一号指令,要求空中作业组于 9 月 13 日 10 时前完成驻咸阳 B-650N、B-651N、B-3726、B-3435、B-3848 飞机作业准备工作,各机组 11 时起按照批复航线开展飞机人工消减雨飞行作业;地面作业组于 9 月 13 日 15 时前将机动作业力量布设到宁陕县、周至县、眉县、扶风县、杨陵区、武功县、永寿县、乾县集结地 21 个骨干作业点。

13 日 10—16 时,联合指挥中心组织新舟 60 陕西 B-650N、甘肃 B-651N、内蒙古 B-3726、辽宁 B-3435 四架高性能增雨飞机,先后从咸阳机场起飞,开展同一航线多机接续飞行的人工消减雨实战演练探测作业,榆林运－12 B-3438 从咸阳机场起飞,在宝鸡地区上空开展暖云催化实战演练。5 架飞机共开展演练飞行 13 h 27 min,燃烧暖云焰条 2 根,冷云焰条 8 根,播撒液氮 57 L,膨润土 700 kg,影响面积覆盖陈仓、太白、佛坪、宁陕、洋县、西乡、城固、镇巴等 8 个县大部分地区。

17 时,发布 13 日实战演练撤场指令。

20 时,联合指挥中心根据最新的天气形势研判、结合中国气象局人影中心和专家技术组建议,修订了 15 日的飞机作业方案:正西方向 2 架飞机、西南方向 2 架飞机分别以"8 字形"作业方案接续飞行。计划 14 日下午,在上述 2 个区域开展探测飞行。

第三节　十四运会开幕式人工消减雨保障

9 月 13 日,按照陕西省气象局进入十四运会开幕式气象保障服务特别工作状态响应命令(2021-09 号)和十四运会人工消减雨作业三号指令要求,十四运会开幕式人工消减雨作业联合指挥中心立即进入十四运会开幕式气象保障服务特别工作状态。由重大活动人工消减雨工作专班自上而下统筹协调军地、国省、行业之间实行联动;联合指挥中心各成员单位积极发挥作用,气象、应急、工信、公安、军队、民航等单位相关负责人就位联合指挥大厅合署办公，迅速形成了密切配合、高效协作、演战结合的工作机制。各工作小组和分指挥中心分工明确、执行流畅、反馈及时，做好了各项消减雨实战保障前的各项准备工作。中国气象局人影中心、中国科学院大气物理研究所、中国气象科学研究院、成都信息工程大学、北京市气象局等单位派出专家和技术团队进驻联合指挥大厅，作为"智库"参与本次保障。

决策指挥方面，按照递进式气象服务要求，联合指挥中心开展不间断地会同中央气象台、中国气象局人影中心、十四运会气象台等服务首席和专家共同会商，研判开幕式前后天气形势，不断调整优化开幕式当天人工消减雨作业方案。充分利用省气象局"秦智"智能网格预报和短临NIFS预警产品、中国气象局人影中心迭代更新云降水精细化分析系统、西北人影工程指挥系统十四运会专版、成都信息工程大学天气雷达组网协同观测系统等进行作业条件分析、方案设计、决策指挥及效果评估等工作。

监测预警方面，省人影中心自主研发的三维可视化决策指挥及配套的单兵作战监控系统，相控阵双偏振天气雷达组网加密观测资料、风云4B卫星提供每分钟的高清云图等资料全部到位，为作业指挥提供决策支撑。

空中作业力量方面，国内4架新舟60高性能作业飞机及一架省级运-12作业飞机齐聚陕西咸阳国际机场（图7-4），河南和山西3架飞机也准备就绪。4种不同类型的催化剂悉数进场。

图7-4 国内4架新舟60高性能作业飞机首次同框

地面作业力量方面，1782枚火箭弹、5100发炮弹、684根焰条、2168发焰弹、20部固定火箭发射系统、40套移动火箭发射系统全部完成配送及调试工作。

一、开幕式前一日探测飞行及地面保障情况

9月14日08时40分，参加早间和下午开幕式保障专题加密会商，中央气象台、中国气象局人影中心、十四运会气象台、人工消减雨联合指挥中心发言。中央气象台、十四

运会气象台结论与 13 日一致，预报结论为 17 时奥体中心开始出现弱降水，20 时降水会增大。在较为严峻的天气形势下，联合指挥中心安排空中作业组 2 架高性能飞机 14 日开展空中云水资源探测飞行。安排甘肃省分指挥中心组织平凉市和庆阳市于 14 日下午开始实施远端增雨作业。

10 时，中国气象局余勇副局长赴咸阳机场视察 B-650N、B-651N、B-3726、B-3435、B-3848 作业飞机（图 7-5）。

图 7-5　中国气象局副局长余勇、陕西省气象局局长丁传群一行视察、指导工作

10 时 40 分，根据会商结论和专家研判，联合指挥中心制作并发布 15 日十四运会人工消减雨作业联合指挥中心二号指令。要求空中作业组安排 B-650N、B-651N、B-3726、B-3435、B-3848 五架增雨飞机完成作业和探测设备安全检查。地面作业组所有固定作业点做好装备、弹药安全检查，作业人员待命。机动作业力量按照二号指令要求集结于宁陕县、周至县、眉县、扶风县、杨陵区、武功县、永寿县、乾县气象局，弹药全部配送到位。

14 日 15 时至 18 时 30 分，人工消减雨联合指挥中心根据最新的天气形势研判，结合中国气象局人影中心和专家技术组建议，组织新舟 60 陕西 B-650N、内蒙古 B-3726 两架高性能增雨飞机先后从西安咸阳国际机场起飞，在宝鸡、汉中、安康等地以"8 字形"飞行方案开展作业探测，两架新舟飞机共探测飞行 5 h 10 min。甘肃分指挥中心实施了地面人工消减雨增雨作业。发射人雨弹 96 发，崆峒区增雨作业 1 点次，发射火箭 4 枚。

实施飞行探测作业的同时，联合指挥中心演战结合，在专家指导和军队、民航多部门的努力下，进一步验证了同一空域下多架飞机接续作业方案，这在陕西飞机增雨作业的历史上尚属首次。

二、开幕式当天实战保障

9 月 15 日 04 时，联合指挥中心与十四运会气象台、中央气象台进行人影作业条件分析会商。预报结论：降水系统移动出现加快趋势，降水范围扩大，云系移动速度整体加速，预计 17 时奥体中心开始出现弱降水，20 时降水会增大，不排除系统前期有对流性降水。

根据会商结论联合指挥中心经过专家研判，提出作业方案如下：飞机和地面继续做好作业准备，机载催化剂要兼顾冷暖混合云催化方式。甘肃分指挥中心继续在防区上游开展联合消减雨作业。飞机作业时间提前，飞机作业区域在西、西南象限（图7-6）。

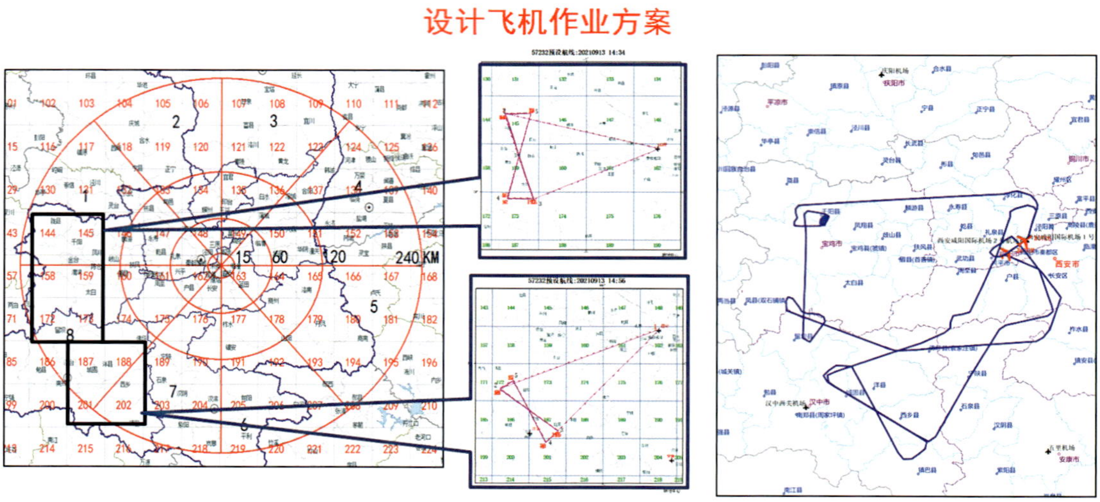

设计飞机作业方案

图 7-6 十四运会开幕式人工消减雨飞机作业方案设计

05时30分，联合指挥中心制作并发布15日十四运会人工消减雨作业一号指令（图7-7）。针对西偏南来向降水系统实施空地联合消减雨作业，要求空中作业组于05时30分前完成驻咸阳B-650N、B-651N、B-3726、B-3435、B-3848飞机作业准备工作，06时30分各机组严格按照批复航线实施飞机人工消减雨作业。山西、河南省3架飞机于原机场待命；06时所有地面作业力量进入临战状态，机动作业力量完成西、西北及西南象限部署，西、西北及西南象限站点完成弹药配送，按照联合指挥中心实时指令开展作业；甘肃分指挥中心平凉和庆阳两市若出现对流云降水，立即实施过量催化作业，抑制云团发展增强，配合其他防区的人影保障作业；协调指挥组和专家技术组，跟踪分析监测数据，动态评估，实时调整空地作业方案。空中作业组在飞机作业完成后10 min内完成作业信息收集，协调指挥组通过人影综合信息系统上报飞机作业信息。地面作业开始后，地面作业组每小时上报一次作业动态，直至作业结束。

08时30分，联合指挥中再次与中央气象台、十四运会气象台、中国气象局人影中心进行人影作业条件专题会商，汇报当前空中作业组和地面作业组作业实况。庄国泰局长、余勇副局长参加了会商。预报结论：开幕式期间降雨可能性加大、时段提前。

针对上述天气形势变化，为了最大程度保障开幕式顺利进行，加强人工消减雨作业力度，中国气象局局长庄国泰紧急协调调用山西空中国王飞机B-10JQ至咸阳机场，安排四川空中国王C90飞机B-9792至陕西西南区域开展消减雨支援作业。经过专家讨论，联合指挥中心指挥长及时更改了第三道防线地面作业力量布局，第一时间协调中天火箭弹药配送车辆开展机动弹药配送。

十四运会开幕式人工消减雨作业工作专班

十四运会开幕式人工消减雨作业联合指挥中心
三号指令

编号：2021—1号

联合指挥中心各成员单位，协调指挥组、空中作业组、地面作业组、专家技术组，甘肃、山西、河南、榆林分指挥中心，十四运气象台，各市气象局：

根据9月13日08:30人影作业过程专题会商结论，西安奥体中心周边9月15日08时—23时有降水天气过程，为保障十四运会人工消减雨工作顺利实施，现将有关工作安排如下：

一、飞机作业准备

驻咸阳机场B650N、B651N、B3726、B3435、B3848五架飞机做好观测设备、作业物资和人员安排等准备，西安咸阳机场、延安机场、汉中机场、安康机场、庆阳机场做好起飞和备降等准备。

二、地面作业准备

第一、二、三道防区涉及的所有市县做好地面作业点、作业物资、人员安排等准备。

三、完成准备时限

各实施组、各市请于9月13日15时前完成三号指令落实

十四运会开幕式人工消减雨作业工作专班

十四运会开幕式人工消减雨作业联合指挥中心
二号指令

编号：2021—2号

中国气象局人影中心，协调指挥组、空中作业组、地面作业组、专家技术组，甘肃、山西、河南、榆林分指挥中心，十四运气象台，各市气象局：

根据9月14日9时十四运会开幕式天气第五次综合会商意见，以及中国气象局副局长、组委会副主任余勇现场指示精神，联合指挥中心组织中国科学院大气物理研究所、国家气象中心首席预报员、中国气象局人影中心、北京市人工影响天气办公室、成都信息工程大学的专家，经过综合讨论研究，现将空地联合消减雨作业安排如下：

一、空中作业准备及14日作业方案

1. 协调指挥组和空中作业组于9月14日15时前，申报驻咸阳机场B650N、B651N、B3726、B3435、B3848五架飞机9月15日06时30分至18时位于第1和8象区的飞行计划。

2. 空中作业组于9月14日15时前，组织B650N和B3726两架飞机按照批复的作业方案开展人影保障探测作业。

3. 空中作业组于9月14日20时前，安排B650N、B651N、B3726、B3435、B3848五架飞机机组完成作业和探测设备安全检查。

十四运会开幕式人工消减雨作业工作专班

十四运会开幕式人工消减雨作业联合指挥中心
四号指令

编号：2021—3号

中国气象局人影中心，协调指挥组、空中作业组、地面作业组、专家技术组，甘肃、山西、河南、榆林分指挥中心，十四运气象台，各市气象局：

根据9月15日04时十四运会开幕式天气综合会商意见，联合指挥中心决定针对西偏南系统的降水系统实施空地联合消减雨作业，现将有关工作要求如下：

一、飞机作业

1. 空中作业组于9月15日05时30分前完成驻咸阳B650N、B651N、B3726、B3435、B3848飞机作业准备工作。

2. 06时30分各机经严密按照批复航线实施飞机人工消减雨作业。山西、河南省三架飞机于源机场待命。

3. 请B650N、B651N、B3726、B3435飞机实时下传飞机探测数据。

二、地面作业

9月15日06时，所有地面作业力量进入临战状态，机动作业力量完成1、8、7象限部署，1、8、7象限站点完成弹药配送，按照联合指挥中心实时指令开展作业。

三、其他要求

十四运会开幕式人工消减雨作业工作专班

十四运会开幕式人工消减雨作业联合指挥中心
撤场指令

编号：2021—4号

协调指挥组、空中作业组、地面作业组、专家技术组，甘肃、山西、河南、榆林分指挥中心，各市气象局：

十四运会开幕式人工消减雨作业联合指挥中心于9月15日22时结束本次空地联合作业，现要求如下：

一、空中作业组组织各机组结束本次保障任务，撤场。

二、地面作业组组织所有参与本次地面作业保障任务的人员和装备撤场。

三、空中作业组、地面作业组、专家技术组于9月18日18时前上报本次保障过程总结。

特此命令。

命令人：赵克明
2021年9月15日22时

图7-7　作业指令发布

（一）空中指挥及作业情况

03时30分起，空中作业组5个机组及作业人员相继从驻地出发前往机坪安检口。进场后立即开始做航前准备工作，包括探测设备检查和清洁、催化剂的装填（图7-8）等。5架飞机共计装填200根焰条、800余枚焰弹、液氮600余升、吸湿性催化剂2000余千克。

图7-8　空中作业人员进场和安装催化剂

06时起，5架作业飞机准备完毕（图7-9），等待起飞开展催化作业。持续分析最新气象资料，密切研判天气系统演变，跟踪指挥作业飞机。06时10分，新舟60飞机B-651N起飞，拉开了开幕式消减雨作业的序幕。随后，新舟60飞机B-650N、运-12飞机B-3848、新舟60飞机B-3726、新舟60飞机B-3435相继起飞，开展第一轮次探测及催化作业。

图7-9　9月15日消减雨飞机作业现场

第一轮次作业完毕的飞机返回后立即开展催化剂残骸卸载和新一轮次的催化剂装填工作。

13时02分，新舟60飞机B-651N起飞，在西、西北象限开展第二轮次探测及催化作业。随后，新舟60飞机B-650N、运-12飞机B-3848、空中国王B-9792、空中国王

B-10JQ、新舟 60 飞机 B-3726、新舟 60 飞机 B-3435 相继起飞，开展第二轮次探测及催化作业。

余勇副局长坐镇联指中心，调遣山西 B-10JQ 前来咸阳机场进行支援，11 时 05 分至 13 时 25 分，B-10JQ 落地。由于 B-10JQ 是空中国王，焰条的型号与国家高性能飞机不同，空中作业组及时安排中天火箭调配不同型号焰条的供给和进场。在机组人员结束航前工作的同时，催化剂到位装填，B-10JQ 在 14 时 52 分至 16 时 56 分顺利实施一架次消减雨作业。

19 时 08 分，参与保障的 7 架飞机：陕西 B-650N、辽宁 B-3435、内蒙古 B-3726、甘肃 B-651N 新舟 60 高性能飞机、榆林 B-3848 运-12 飞机、山西 B-10JQ 空中国王 350 飞机和四川 B-9792 空中国王 C90 飞机全部安全落地。消减雨飞机作业航线如图 7-10 所示。

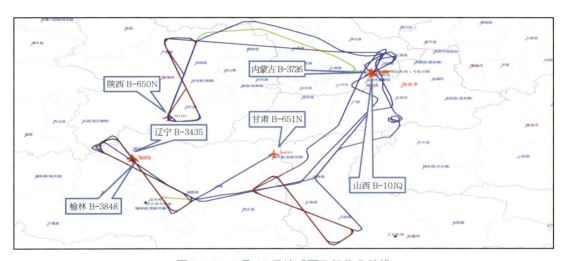

图 7-10　9 月 15 日消减雨飞机作业航线

共计实施 13 架次空中人影保障作业，累计作业飞行 49 h 4 min，燃烧焰条 360 根，发射焰弹 1540 发，播撒液氮 1280 L、吸湿性催化剂 4000 kg。

（二）地面指挥及作业情况

根据天气形势和作业条件的变化和专家建议，联合指挥中心调整了地面作业方案。安排在第三道防线开展地面作业。考虑到距离奥体中心太近，专班致函西安和咸阳市政府，加强第三道防线内配合，将在西安市周至、鄠邑、长安、蓝田等区县和咸阳市泾阳、三原、高陵等区县设立人工消减雨作业第三道防线，若上述区域出现影响奥体中心的降雨云系，将组织该区域内地面火箭作业点实施人工影响天气作业，要求协调区（县）政府和公安、应急管理等部门做好十四运会开幕式人工消减雨作业安全保障工作。

9 月 14 日晚，甘肃境内部分地区已出现降水，甘肃指挥分中心下达作业指令，开始地面作业。

15 日 06 时 10 分，联合指挥中心下达地面实时作业指令（图 7-11）。根据雷达资料分析，未来 30 min 内，佛坪县、宁陕县二县有作业云系，命令上述二县作业点立即实施第一轮火箭作业（图 7-12），每个火箭发射装置发射火箭弹 4 枚，作业后及时上报作业信息。

图 7-11　9 月 15 日消减雨地面作业指挥界面

图 7-12　9 月 15 日消减雨地面作业现场

07 时，加强人工消减雨作业力度，中国气象局局长庄国泰协调甘肃省气象局加派移动火箭车赶赴天水、平凉和庆阳市，作为移动补充力量。

08 时，移动作业车按人工消减雨作业一号指令要求，从集结点前往对应调度作业点。固定作业点做好装备检查、应急队伍到位、弹药配发等最后地面准备。固定作业点弹药全部配送到位。机动弹药配送车辆从最远端骨干作业点开始配送。

12 时 40 分，下达钢铁乡、广货街、江口镇、新场乡、旬阳坝镇、蒋村作业点实时作业指令。

13 时 42 分和 14 时 27 分，分别下达黄良镇作业点实时作业指令。

15 时 30 分，下达马召、骆峪、集贤镇、袁家庄作业点实时作业指令。

18 时 20 分，下达广货街镇、皇冠乡、江口镇、新场乡、旬阳坝镇作业点实时作业指令。

18 时 30 分，下达太乙宫、鸣犊、阳光雨露、黄良镇、石砭峪水库作业点实时作业指令。

18 时 35 分，下达扶风作业点、眉县气象局、金渠镇作业点实时作业指令。

18 时 47 分，下达袁家庄、岳坝、谭家河、纸坊坪作业点实时作业指令。

19 时 02 分，下达眉县气象局、金渠镇、汤峪镇作业点实时作业指令。

19 时 05 分，下达马召、二曲镇、骆峪、金渠镇、汤峪镇作业点实时作业指令。

19 时 35 分，下达五泉镇椒生村、揉谷镇白龙村作业点实时作业指令。

19 时 52 分，下达武功县作业点实时作业指令。

20 时 15 分，下达周至、兴平作业点实时作业指令。

20 时 44 分，下达周至、鄠邑作业点实时作业指令。

本次重大活动消减雨作业保障，陕西省及周边的甘肃、四川针对十四运会开幕式实施了地面消减雨作业。陕西省共有 8 市 / 区（安康、汉中、西安、商洛、宝鸡、渭南、杨凌、咸阳）13 县 / 区（宁陕、佛坪、鄠邑、柞水、镇安、长安、周至、眉县、蒲城、扶风、杨凌、武功、兴平）30 个作业点实施了地面人工消减雨作业，消耗火箭弹 880 枚。甘肃省 4 市（天水、平凉、庆阳、陇南）20 县 / 区（甘谷、张家川、麦积、清水、华亭、灵台、崇信、泾川、崆峒、静宁、庄浪、西峰、庆城、镇原、宕昌、武都、华池、合水、宁县、正宁）80 个作业点开展地面作业，消耗高炮弹 3298 发，火箭弹 188 枚。四川省组织广元市、巴中市 2 市共计 5 个作业点，发射高炮弹 144 发、火箭弹 38 枚，燃烧地面焰条 51 根。

（三）保障效果

15 日 22 时，开幕式人工消减雨联合指挥中心指挥长签发人工消减雨作业撤场指令，宣布开幕式人工消减雨保障正式结束。此次重大活动保障任务，在陕西省政府和中国气象局的坚强领导下，在中国气象局人影中心及兄弟省份的充分支持、全体保障人员的齐心协力下，提前计划，精密部署，严密实施，人影飞机作业任务均按时按质圆满完成。

针对西向、西北向和西南向的天气系统，按照预设的飞行航线，多轮次、分时段地组织了多架次的飞机消减雨作业，在降水回波前端过量播撒催化剂，保障十四运会开幕式场馆保障时段无降雨。

地面对层状云进行了连续火箭作业，最早作业时间为 18 时 38 分，宝鸡市的扶风、眉县、金渠作业点发射火箭弹 48 枚，作业后的 40 min 后两块云团合并，加强，达到了提前增雨的目的。19 时 43 分至 21 时 45 分，在云层移动的过程中前沿作业点的武功、兴平、周至等火箭点进行了连续阶梯式的阻挡作业，发射火箭弹 429 枚，作业后云团减弱、分散，改变了部分云层移动方向，延迟了回波移动速度。

这是国内首次在系统性、稳定性、大尺度天气系统下成功开展的人工消减雨作业，保障了开幕式活动和文艺演出在良好天气条件下圆满举行。在精准预报和人工消减雨作业的共同努力下，9 月 15 日晚，十四运会开幕式顺利举行，期间西安奥体中心没有明显降水，开幕式活动和文艺演出在良好天气条件下圆满举行。活动结束到降雨开始间隔不到 5 min，开幕式人工消减雨保障取得圆满成功（图 7-13）。中国气象局庄国泰局长指出，陕西首次在稳定性天气条件下实施了人工消减雨作业，十四运会开幕式气象保障为今后的保障工作提供了参考和借鉴。省长赵一德称赞，人工消减雨作业取得显著成效，为十四运会顺利开幕做出了重要贡献。

图 7-13　领导慰问联指中心保障人员

第八章
十四运会赛事气象保障

第一节 赛事服务机制和服务流程

一、赛事服务机制

（一）服务原则

"统一制作、分级发布、属地服务"。由于十四运会和残特奥会赛事涉及场馆和行政区较多，为保证更有针对性地进行气象服务，气象服务原则为：十四运会和残特奥会气象台统一制作各类气象服务产品，西安及各地市赛区分级发布和属地化开展服务。

十四运会和残特奥会气象台承担西安赛区（包括西咸新区）现场气象服务任务，其他各地市气象局承担所辖地市赛区现场气象服务任务。

（二）服务对象

各地市委、市政府、市（区）执委会、项目竞委会、各代表团、全运村、媒体村和各场馆等。

（三）服务类型

赛事气象保障服务：针对不同赛事举办运行需求，为筹委会及执委会提供决策气象服务，为比赛场馆提供赛事及场馆气象服务，为应急部门提供应急服务及风险管理。

（四）服务方式

十四运会和残特奥会现场气象保障服务按照产品种类通过以下方式开展现场气象保障服务工作。

1. 决策气象服务

主要通过现场指挥中心大屏幕、书面报告、短信、传真、全运一掌通 App、精彩全运气象 App、十四运会官方微信、陕西智慧气象微信、十四运会官网、十四运会天气网等渠道发布。

2. 赛事及场馆气象服务

主要通过短信、传真、全运一掌通 App、精彩全运气象 App、十四运会官方微信、陕西智慧气象微信、十四运会官网、十四运会天气网等渠道发布；提供赛场大屏图片预报，根据赛事需要，增加面对面服务或者文字播报。

3. 应急气象服务

主要通过现场指挥中心大屏幕、书面报告、短信、传真、全运一掌通 App、精彩全运气象 App、十四运会官方微信、陕西智慧气象微信、十四运会官网、十四运会天气网等渠道发布；根据比赛需要，安排移动气象台进驻，开展现场应急气象服务保障。

二、赛事服务流程

陕西省的天气特点为，9—10 月处于汛期，且灾害性天气地域特性强，区域性暴雨、局地性强降水、华西秋雨、雷电大风等天气及其次生、衍生灾害发生的概率较大，可能给十四运会赛事造成严重影响。

十四运会既有室内项目，也有室外项目（图 8-1），不同的赛事对气象条件有不同的需求。根据组委会需求，室内项目需做好温度、湿度等要素的精细化预报服务，室外项目需做好降水、气压、风向风速、气温、能见度、紫外线等要素精细化预报服务以及雷电潜势预报分析服务。例如，马拉松等比赛项目需要提供比赛线路的路面状态、能见度、降水、雷电等气象要素预报；高尔夫球项目需要提供雷电、风向风速等气象要素预报；沙滩排球项目需要提供沙温、风向风速等气象要素预报。

不同比赛项目受天气影响的程度不同，户外比赛项目受天气的影响更大，需要结合主要室外赛事对气象条件敏感程度，开展天气对户外赛事的影响评估和分析，确定天气对逐项户外赛事的影响指标。为此，十四运会和残特奥会气象台、陕西省气象台、各地市气象局密切协作配合，为各项比赛提供现场气象要素实况观测、滚动预报、预警及应急保障服务（图 8-2），包括以下内容。

第十四届全国运动会竞赛总日程（3.0版）

开幕式前及异地办赛决赛安排

序号	大项	分项/小项/组别	金牌数	比赛日期	赛期	比赛场地
1	游泳	跳水U14组	4	7月12-13日	2天	西安奥体中心游泳跳水馆
2		花样游泳	3	8月31-9月2日	3天	西安奥体中心游泳跳水馆
3		跳水成年组	12	9月6-14日	9天	西安奥体中心游泳跳水馆
4		男子水球	1	9月9-14日	6天	宝鸡市游泳跳水馆
5		马拉松游泳	2	9月12-13日	2天	安康汉江公开水域
6	足球	男子U18组	1	8月29-9月7日	10天	渭南市体育中心体育场、渭清公园足球场
7		女子U18组	1	9月1-10日	10天	宝鸡市体育场、宝鸡职业技术学院体育场
8	体操	男子U17组、女子U14组	2	7月11-14日	4天	陕西奥体中心体育馆
9		蹦床	4	9月4-6日	3天	西北大学长安校区体育馆
10		艺术体操	2	9月11-13日	3天	西北大学长安校区体育馆
11	排球	男子成年组	8	8月12-22日	11天	榆林职业技术学院体育馆
12	武术	套路	7	9月1-3日	3天	咸阳职业技术学院体育馆
13	手球		2	8月31-9月12日	13天	西安体育学院新校区手球馆
14	网球		5	9月1-9日	9天	杨凌网球中心
15	射击	飞碟	6	9月2-9日	8天	长安常宁生态体育训练比赛基地
16	棒垒球	垒球	1	9月3-10日	8天	西安体育学院新校区垒球场
17		棒球	1	9月4-12日	9天	西安体育学院新校区棒球场
18	篮球	女子五人制成年组	1	9月1-14日	6天	西安城市运动公园体育馆
19	滑板		4	9月10-11日	2天	阎良区户外运动滑板场地
20	现代五项		2	9月12-14日	3天	陕西省体育训练中心
21	皮划艇	激流回旋	1	9月1-14日	4天	四川米易国家皮划艇激流回旋训练基地
22	帆船		17	9月4-10日、9月19-25日	14天	山东潍坊滨海欢乐海景区、浙江宁波象山亚帆中心
23	冲浪		2	9月8-14日	7天	海南省万宁市日月湾
24	自行车	场地自行车	13	9月10-14日	5天	河南省洛阳市体育中心自行车馆
25	击剑		12	9月16-22日	7天	天津蓟州体育训练中心
26	霹雳舞		2	9月25日	1天	江苏南京溧水极限运动馆

开闭幕式期间陕西决赛安排

序号	大项	分项/小项/组别	金牌数	六 4	日 5	一 6	二 7	三 8	四 9	五 10	六 11	日 12	一 13	二 14	三 15	四 16	五 17	六 18	日 19	一 20	二 21	三 22	四 23	五 24	六 25	日 26	一 27	比赛场地
1	游泳	游泳	37																5	5	4	5	4	5	4	5		西安奥体中心游泳跳水馆
2		女子水球	1																		1							宝鸡市游泳跳水馆
3	射箭		5																		1	1	1	2				长安常宁生态体育训练比赛基地
4	田径		52																	6	9	9	9	8	9	2		西安奥体中心体育场、西安市马拉松场地
5	羽毛球		7								2					5												西安电子科技大学体育馆
6	篮球	男子五人制U22组	1																							1		铜川市体育馆
7		男子五人制U19组	1																		1							西安城市运动公园体育馆
8		女子五人制U19组	1																			1						渭南师范学院体育馆
9		三人制U19组	2																2									西安城市运动公园比赛场地
10		三人制成年组	2																							2		西安城市运动公园比赛场地
11	拳击		13													2	2	2	3	4								榆林职业技术学院体育馆
12	皮划艇	静水	14																			4		5	5			陕西省水上运动管理中心
13	自行车	公路自行车	6																				2	2	1	1		商洛公路自行车场地
14		山地自行车	2																	2								黄陵国家森林公园山地自行车场地
15		小轮车	4													2		2										西咸新区小轮车场地
16	马术		6													1		1		2		1		1				西咸新区秦汉新城马术比赛场地
17	足球	男子U20组	1														1											咸阳奥体中心体育场、咸阳职业技术学院体育场
18		女子成年组	1					1																				陕西省体育场、陕西省体育场副场
19	高尔夫球		4																					4				西安秦岭国际高尔夫球场
20	体操	体操	14																	1	1	1	1	5	5			陕西奥体中心体育馆
21	曲棍球		2																					1	1			西安体育学院新校区曲棍球场
22	柔道		15													5	5	5										韩城西安交大基础教育园区体育馆
23	赛艇		14															4	10									陕西省水上运动管理中心
24	橄榄球		2															2										西安体育学院新校区橄榄球场
25	射击	步手枪	13								2	4	1	2		1	3											长安常宁生态体育训练比赛基地
26	乒乓球																					1		2	1	2		延安大学体育馆
27	跆拳道		8																			2	2	2	2			汉中体育馆
28	铁人三项		3													2		1										汉中铁人三项场地
29	排球	女子成年组	1																							1		西北工业大学翱翔体育馆
30		女子U19组	1														1											商洛市体育馆
31		男子U20组	1																					1				西安中学体育馆
32		沙滩排球	4																			1	1	1	1			大荔沙苑沙滩排球场地
33	举重		14													2	2	2	1		2	2	2	1				渭南市体育中心体育馆
34	摔跤		18																			4	5	5	4			延安体育中心体育馆
35	空手道		8													3	3	2										西安工程大学临潼校区文体楼
36	攀岩		6																									阎良区户外运动攀岩场地
37	武术	散打	5																				5					安康市体育馆
	金牌数		296								2	2	4	1		12	22	23	26	18	26	21	31	37	40	30	1	

注：将根据相关情况对总日程做动态调整。

图 8-1　第十四届全国运动会竞赛总日程

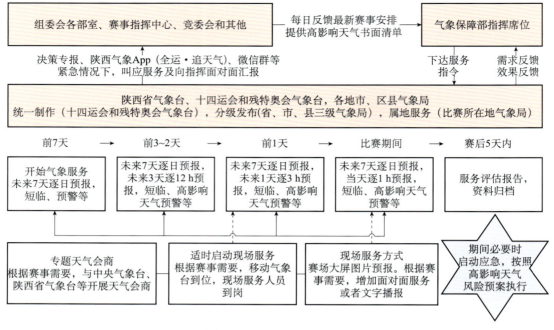

图 8-2　赛事指挥中心气象保障赛事服务流程图

（一）专题天气会商

根据赛事需要，与中央气象台、陕西省气象台等开展天气会商。

（二）适时启动现场服务

根据赛事需要，移动气象台到位，现场服务人员到岗。

（三）现场服务方式

赛场大屏图片预报。根据赛事需要，增加面对面服务或者文字播报。

（四）服务频次

比赛前 7 天，开始气象服务，提供未来 7 天逐日预报，短临、预警等；

比赛前 3～2 天，提供未来 7 天逐日预报，未来 3 天逐 12 h 预报，短临、高影响天气预警等；

比赛前 1 天，提供未来 7 天逐日预报，未来 1 天逐 3 h 预报，短临、高影响天气预警等；

比赛期间，提供未来 7 天逐日预报，当天逐 1 h 预报，短临、高影响天气预警等；

比赛后 5 日内，提供服务评估报告，资料归档。

（五）应急启动

期间必要时启动应急，按照高影响天气风险预案执行。

第二节　西安赛区保障服务

十四运会及残特奥会期间，西安赛区有西安奥体中心体育场，西安秦岭国际高尔夫球场，西安城市运动公园体育馆，阎良区户外运动攀岩场地，长安常宁生态体育训练比赛基地，陕西省体育场，西安体育学院曲棍、棒、垒、橄榄球四场地，西北工业大学翱翔体育馆等 26 个场馆。承办 14 个大项比赛，包括十四运会和残运会的田径、马拉松比赛，十四运会游泳、跳水、花样游泳比赛，残运会的游泳比赛，十四运会篮球（女子成人组、男子19 岁以下组）、三人制篮球、攀岩、滑板和高尔夫球比赛。

按照"全流程、全要素、全方位"的竞赛组织要求，十四运会测试赛期间，十四运会和残特奥会气象台与各项目竞委会主动沟通，充分调研，明确、细化赛事高影响天气及预警指标，细化气象服务流程，落实双方人员责任，确保服务环节有效衔接，保证赛事服务有序开展，取得实效。并向竞委会介绍、推荐使用"全运·追天气"App 及微信小程序中实况监测、预报预警及自动告警提醒，确保竞委会掌握的动态天气信息来源可靠、准确精细。在中国气象局、陕西省气象局的大力支持下，西安市气象局圆满完成了各项气象保障服务工作。

一、服务开展情况及成效

（一）预报预警服务情况

活动期间，共制作西安赛区各项测试赛（正赛）气象服务专题预报 752 期（图 8-3），其中包括高影响天气专报 94 期、西安马拉松服务产品 34 期、城墙马拉松服务产品 4 期、全运会未来 3 天精细化预报 345 期、全运村专题服务材料 130 期、西安 24 日专题预报 10 期、西安奥体中心全流程演练（9 月 6 日）逐小时精细化专报 13 期、西安奥体中心专题预报 91期、马拉松定向决策专题 10 期、各类活动专题 7 期、西安赛区交通预报专题 14 期。

（二）现场服务情况

十四运会和残特奥会气象台的现场气象服务由场馆服务中心承担，场馆服务中心人员由 8 名省、市级气象服务首席及 7 名技术骨干组成。2021 年 3 月开始，场馆服务中心紧密联系执委会、竞委会，精准发力，多措并举，通过"六进"（进 MOC、进场馆、进赛场、进地铁、进手机、进微信），累计服务 55 项测试赛及西安赛区 29 项正式比赛。

图 8-3 西安赛区气象服务专题预报示例

1. 进 MOC

在组委会赛事指挥中心（MOC），通过电子屏展示 MOC 气象服务可视化系统（图 8-4），智能播放各地场馆天气影响实况；在执委会办公大厅设立气象预警屏，显示最新十四运会气象服务专报；在西安市执委会官方网站加入气象服务信息板块，提供各赛场天气实况及预报预警信息等。

2. 进场馆

针对不同赛事设计个性化图片模板及语音播报文字模板。十四运会和残特奥会期间，场馆服务中心共制作发布场馆大屏专题服务产品 395 期，包括十四运会测试赛 133 期、正赛 155 期和残特奥会 107 期，如图 8-5 所示。

图 8-4 电子屏展示 MOC 气象服务可视化系统

图 8-5 场馆服务中心制作发布的不同场馆大屏专题服务产品

3. 进赛场

根据需要，派出移动气象台和便携式气象站进驻赛场（图 8-6），比赛期间驻场服务工作人员可以随时掌握赛场的最新天气状况并进行赛事服务。活动期间，共组织 8 名服务首席和 7 名业务人员先后进驻西安奥体中心、秦岭国际高尔夫球场、城市运动公园等地开展田径、马拉松、高尔夫球、篮球、轮椅篮球等项目的现场保障服务工作（图 8-7），累计 113 人次参与现场保障，后方服务人员与现场保障人员全力配合打好"前店后厂"组合拳。

图 8-6　移动气象台和便携式气象站进驻赛场　　图 8-7　气象业务人员进驻赛场开展服务保障工作

4. 进地铁

新建西安地铁专项气象监测站，构建地铁气象观测系统，针对地铁沿线有影响的灾害性天气，在地铁运营指挥大厅，通过气象服务系统实现对包括十四运会专线在内的地铁沿线重点区域 24 h 不间断全天候气象灾害监测和服务（图 8-8）。

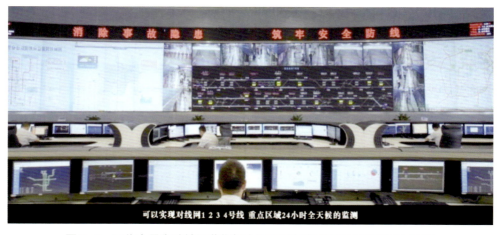

图 8-8　工作人员在地铁运营指挥大厅通过气象服务系统监测天气实况

5. 进手机

2021 年 7 月，场馆服务中心组织培训各竞委会气象联络员，推广"全运·追天气"App 和微信小程序（图 8-9），让他们通过手机就能随时随地获取赛场天气实况、天气预报预警等信息。

图 8-9 向竞委会气象联络员推广"全运·追天气"App 和微信小程序

6. 进微信

一赛一策，针对单项比赛成立专项服务微信群，各类服务产品通过微信的形式实现快速传播，气象联络员可以随时掌握相关赛事的最新天气状况，并在群里反馈信息，实现互动。

"六进"实现了十四运会和残特奥会期间的气象服务信息的多向发布，面向组委会、赛事指挥中心、执委会、竞委会、全运村、场馆、公众、媒体等受众的不同需求，提供个性化、针对性的气象服务。

（三）应急服务情况

根据陕西省气象局统一安排，十四运会气象台快速响应，按照十四运会开（闭）幕式特别工作状态及残特奥会开（闭）幕式特别工作状态要求，实行 24 h 应急值守和主要负责人在岗值班制度。参加综合天气会商、加密天气会商，参与撰写十四运会专题重大气象信息专报 15 期、残特奥会专题重大气象信息专报 2 期，并报送陕西省委省政府、组委会。活动期间，派出移动气象台赴现场开展气象服务，包括高尔夫球测试赛、训练赛、正赛以及马拉松起点的气象服务保障等。高尔夫球比赛对雷电、暴雨等敏感，为做好高尔夫球测试赛、正赛等现场应急保障服务，十四运会气象台出动应急保障车，组建应急保障现场服务团队，开展应急保障服务。6 月 17—20 日高尔夫球测试赛、9 月 18—19 日高尔夫球训练赛（图 8-10）、9 月 23—24 日高尔夫球正赛（图 8-11）均出动了应急保障车。

图 8-10 9 月 18—19 日高尔夫球训练赛现场应急保障服务

图 8-11　9 月 23—24 日高尔夫球正赛现场气象应急保障服务

此外，应高尔夫球竞委会工作要求，十四运会气象台从 9 月 11 日开始，派出 1 名服务人员进驻竞委会进行封闭管理直至比赛结束，协助竞委会对高影响天气预警信息进行汇总分析，共同研判高影响天气可能对赛事活动产生的影响，提供有关技术保障及决策支持。

二、服务案例

案例 1：秦岭高尔夫球场高尔夫球比赛根据预报推迟

9 月 24 日上午秦岭高尔夫球场地降雨强度大，08—09 时降雨量为 7.1 mm，过去 24 h 降水量大（图 8-12），地面积水明显。在"前店后厂"的密切配合下，十四运会气象台得出强降水时段主要集中在 24 日上午、11 时之后降雨强度有所减弱、雷电风险低的预报。期间，逐小时向高尔夫球竞委会通报场地降水实况及预报。竞委会根据精准预报，连发 4 条通告，及时调整比赛时间，将原定于 09 时 00 分开赛时间推迟至 11 时 45 分，采用 18 洞

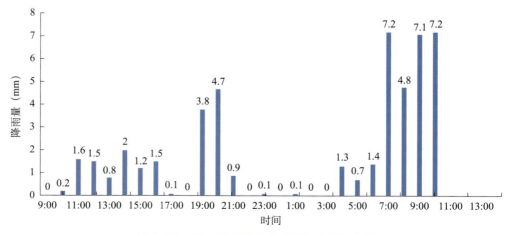

图 8-12　23—24 日高尔夫球场逐小时降水量

同时开球的方式，成功避开上午降雨强度大、球场地面积水的影响，最终确保了比赛精彩圆满完成。此次优质的气象服务（图8-13）得到竞委会、裁判长及各级领导的一致好评。

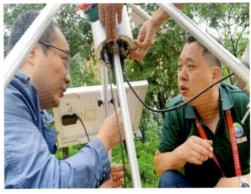

图8-13　现场气象服务仪器架设及移动气象台布设线缆

案例2：西安阎良极限运动中心攀岩比赛根据预报推迟

17日，西安阎良极限运动中心攀岩比赛场地雨势逐渐减弱，上午为成年组攀岩赛预赛，下午为难度赛预赛，20时开始速度赛决赛。17时，现场降水逐渐增强，应攀岩竞委会副总指挥要求，提供未来3 h逐小时预报及18日逐小时预报，图8-14为区领导来办公室了解天气情况。根据最新气象资料分析强降水主要集中在18日全天，经竞委会竞赛处商裁判长，竞赛处处长后上报时执委会，取消18日晚上决赛，18日比赛延期举行。18日，极限运动中心持续中雨天气（无比赛），并逐小时进行实况和预报信息发布（图8-15、图8-16），市十四运会气象台19日逐小时预报考虑11时左右降水结束，12时转晴，19日下午比赛正常进行。20日20时，阎良区出现了强对流天气过程，小时雨强大，并伴有7级大风，根据逐小时预报考虑过程持续时间短，竞委会及时疏导观众暂时避雨，暂停1 h后比赛有序进行。

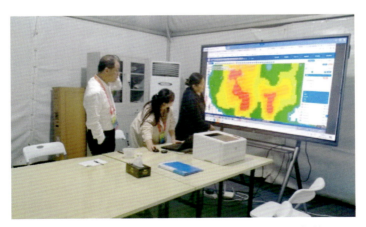

图8-14　区委书记王育选来气象监测办公室了解天气情况

图 8-15　便携式六要素移动气象站数据采集及分析

图 8-16　预报信息发布及设备巡检

国家体育总局登山运动管理中心主任韩建国对十四运会攀岩赛事组织情况进行了评价，他表示，此次比赛能够取得成功，得益于十四运会组委会、西安执委会的大力支持和正确领导，更得益于阎良赛区的强有力保障。阎良区委、区政府投入大量人力物力财力，高效率建成比赛场地、高质量推进城市品质提升、高水准做好赛事组织筹备工作，比赛首日出现持续降雨、比赛中期突发雷电大风情况，阎良区气象部门精准预测、实时播报，攀岩项目竞委会竞赛团队充分研判、果断决策，将比赛整体推迟一天，为安全、公平、圆满地举办赛事提供了有力保障。

图 8-17　国家体育总局登山运动管理中心主任韩建国对气象服务工作充分肯定

国家体育总局登山运动管理中心主任韩建国对十四运会攀岩赛事组织情况给予了高度评价（图 8-17）。他表示，此次比赛能够取得成功，得益于十四运会组委会、西安执委会的大力支持和正确领导，更得益于阎良赛区的强有力保障。阎良区委、区政府投入大量人力物力财力，高效率建成比赛场地、高质量推进城市品质提升、高水准做好赛事组织筹备工作。比赛首日出现持续降雨、比赛中期突发雷电大风情况，阎良区气象部门精准预测、实时播报，攀岩项目竞委会竞赛团队充分研判、果断决策，将比赛整体推迟一天，为安全、公平、圆满地举办赛事提供了有力保障。特别是 20 日晚突遇极端天气，场馆瞬间遭遇 1 h 左右强降雨，并伴有 7 级左右大风，经及时研判并快速启动应急预案，迅速将观众疏导至安全区域，同步有序开展应急处置各项工作，连夜对损坏的设施设备和工作流线进行了完善恢复，确保后续赛事的正常进行，充分展现了阎良效率、阎良担当和阎良作为。

案例 3：长安常宁生态体育训练比赛基地射箭比赛根据预报推迟举行

23 日 20 时至 24 日 20 时，常宁生态体育训练比赛基地 24 h 降水 77.2 mm（图 8-18）。24 日 08 时 50 分，长安区气象台发布暴雨蓝色预警信号：目前长安区常宁生态体育比赛基地降水量已达 50 mm 以上，预计未来 12 h 内长安区降雨将持续，请注意防范。根据降雨实况和预报，原定于 24 日 08 时开赛的射箭比赛，竞委会口头通知等雨小后举行。最终当日比赛按照原计划全部结束。

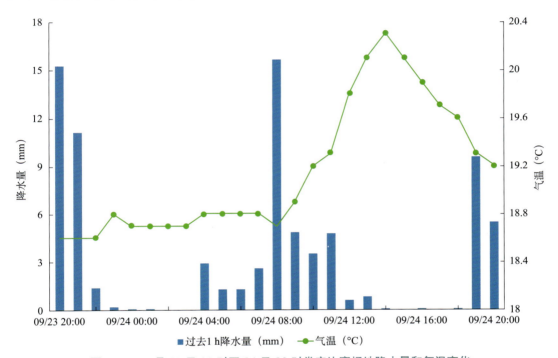

图 8-18　9 月 23 日 20 时至 24 日 20 时常宁比赛场地降水量和气温变化

第三节　渭南赛区保障服务

十四运会期间，渭南赛区有渭南市体育中心体育场、渭清公园足球场、渭南市体育中心体育馆、韩城西安交大基础教育园区体育馆、渭南师范学院篮球馆、大荔沙苑沙滩排球场等 6 个场馆，承办 5 个大项比赛，包括十四运会和残运会的足球（男子 U18）、柔道、举重、篮球（女子 U19）、沙滩排球（简称沙排）。

渭南市气象局对标"圆满精彩"的总体目标，切实提高政治站位，立足气象部门职能职责，强化底线思维，压实主体责任。党员冲锋在前，市县密切协作，紧紧围绕"监测精密、预报精准、服务精细"的总体要求，扎实推进，提早部署，周密安排，倒排工期，挂图作战，全力以赴做好十四运会气象服务保障工作。

一、气象服务保障筹备

（一）加强组织领导

渭南市气象局在 2019 年 10 月成立了渭南市气象局十四运会气象服务保障筹备工作领导小组，确保十四运会气象服务保障筹备工作有章可循。2021 年 3 月成立渭南市第十四届全国运动会、第十一届残运会暨第八届特奥会气象台，由主要负责同志任台长，分管局长任副台长，气象台下设综合协调办公室、预报服务中心、场馆服务中心、应急保障中心 4 个工作机构，明确 4 个机构人员组成和职责任务。

（二）夯实工作任务

制定《现场气象保障服务方案》《执委会气象保障处工作实施方案》《足球项目测试赛气象服务工作方案》《现场气象保障服务团队组成方案》《高影响天气风险应急预案》等方案预案，确保十四运会气象保障工作安全高效推进。

（三）赛事需求引领，细化预报服务

对室内外不同比赛开展针对性气象保障服务，与渭南师范学院篮球竞委会就赛事气象服务需求和测试赛气象服务是否存在短板等内容进行探讨和交流。与沙排测试赛技术代表座谈了解气象服务需求，共同研讨沙排赛事气象服务保障工作。为满足沙滩排球比赛需求，成立骨干预报员研发团队，建立沙温预报方程等方式，创新研究沙温预报方法，进一步提高沙温预报技术。

（四）加强系统培训，提促业务能力

针对陕西省气象局研发的十四运会智慧气象服务系统、一体化预报系统开展本地化研发应用，多次组织线上线下培训，在市、县两级气象局加强测试应用，及时反馈意见。

（五）强化服务意识，靠前主动作为

韩城市气象局、大荔县气象局作为十四运会柔道、沙滩排球竞委会成员单位，每周参加十四运会柔道竞委会工作例会，大荔县气象局派驻服务保障工作队于驻会闭环管理 11 天。测试赛前，市县气象局通过微博、微视频、天气预报节目、体育场显示屏，提前发布十四运会宣传片以及相关赛事信息。与十四运会执委会沟通，提前收集汇总整理了十四运会执委会、各项目竞委会通信录，加入陕西省突发事件预警信息发布平台和云 MAS 平台。按照执委会要求建立了赛事气象信息发布微信群，及时上传最新预报服务材料。集成气象服务信息获取渠道总和，由竞委会印制在竞赛指南、秩序册和媒体手册内派发给赛事

工作人员。

（六）对标监测精密，率先建成渭南十四运会综合气象监测系统

2020年9月底全面完成渭南十四运会气象监测系统建设，在渭南、大荔、韩城赛事举办地建设十四运会多要素气象站5套、天气现象仪2套、沙温监测仪1套、微波辐射计1套，完成所有全运站点绿化、围栏布设及指示标牌安装，建成十四运会气象发布显示屏3个，自建城市实景监控仪14套、共享实景监控530套，14处城市积水自动监测站投入运行。有效提高了渭南城区各项赛事气象监测保障能力，为保障渭南城区比赛赛事、参赛人员和观众的交通出行提供有力保障。

（七）复盘深入分析，及时查找不足

5项测试赛赛事结束后均在3天内召开技术复盘会，渭南市气象局领导和渭南市十四运会气象台全体成员、大荔县气象局、韩城市气象局、临渭区气象局业务人员参加会议，并邀请陕西省气象局十四运会办和十四运会气象台通过视频会议方式现场指导，为正式比赛打下良好基础。

二、服务开展情况及成效

（一）预报预警服务情况

活动期间，共制作发布渭南赛区各项测试赛（正赛）气象服务产品246期，其中举重专题气象服务42期，篮球专题气象服务44期，柔道专题气象服务38期，沙滩排球气象服务49期，足球（男子U18）专题气象服务43期，高影响天气预报5期，气象灾害风险评估服务材料4期，气候特征分析3期，气候预测18期。

（二）现场服务情况

渭南市气象局和渭南十四运会气象台在测试赛各项气象保障服务工作中积累经验，2021年7月开始，按照"一场馆一团队"的要求建立了针对每个场馆的气象保障服务专家团队，由预报专家、服务专家、技术保障专家等组成服务团队，分工协作，形成合力。在渭南十四运会气象台最新预报产品发布后，由各个团队紧密联系执委会、竞委会，精准发力，提供气象决策和信息咨询、气象服务产品等专业气象服务，并根据各竞委会具体需求派驻现场服务人员，一对一、点对点开展各项赛事服务保障，多措并举，通过"进场馆、进赛场、进酒店、进手机、进微信"，累计服务5项测试赛及渭南赛区5项正式比赛。

（三）应急服务情况

8月20日，为做好十四运会各比赛赛事高影响天气的气象保障工作，强化高影响天

气气象保障服务，渭南十四运会气象台以足球比赛遇高影响天气为背景进行了全流程应急演练，提前模拟赛事期间突遇高影响天气时的应急状况，起到了锻炼队伍、测试系统、积累经验的良好作用。

正赛期间，按照陕西省气象局十四运会开幕式特别工作状态要求，渭南市十四运会气象台启动 3 次气象保障服务特别工作状态，实行 24 h 应急值守和主要负责人在岗值班制度。参加综合天气会商、加密天气会商，逐小时发布实况和预报，圆满完成十四运会 5 项赛事专题服务。

三、服务案例

案例 1：渭南市气象局十四运会足球（男子 U18）比赛气象保障服务

2021 年 8 月 29 日至 9 月 7 日，中华人民共和国第十四届运动会足球（男子 U18）比赛在渭南圆满举办，为全面做好赛事气象保障工作，渭南市气象局积极贯彻落实中国气象局、陕西省气象局和陕西省委省政府、渭南市委市政府有关要求部署，扎实推进，提早部署，周密安排，全力做好足球比赛气象服务保障工作。具体气象保障服务工作开展情况如下。

1. 组织保障到位，对接积极主动，实施方案完善

2019 年成立了渭南市气象局十四运会气象服务保障筹备工作领导小组，指定专职驻会人员。2021 年 3 月成立渭南市十四运会气象台，由主要负责同志任台长，分管局长任副台长，下设综合协调办公室、预报服务中心、场馆服务中心、应急保障中心四个工作机构，明确四个机构人员和职责任务。

加强与足球竞委会工作衔接，积极对接渭南赛区竞委会相关部室，市局负责同志和分管局长多次与执会会、竞委会负责人进行会谈，进一步了解不同阶段的气象服务需求。在组委会对足球项目测试赛的评估工作会上，评估组对渭南市气象局汇报的服务保障工作给予好评。

先后制定《足球比赛气象服务工作方案》《高影响天气应急预案》《现场气象保障服务方案》《人工影响天气保障实施方案》等，确保各项赛事气象保障服务工作有序开展。为赛事专门组建了现场气象服务保障团队，对接足球竞委会场地环境处和竞赛组织处。

2. 特聘专家指导，注重细节保障，精细服务贴心

特聘重大活动气象服务工作经验丰富的山西省气象局国家级首席预报员、国家自然科学基金项目评审专家赵桂香来渭指导气象服务保障工作。赵首席亲自前往渭南体育中心足球比赛场馆，从环境风、降水等气象要素对比赛的影响等方面对气象服务细节进行详细指导。

从 2021 年 4 月份开始，渭南市气象局通过微博、微视频、天气预报节目、体育场显示屏等渠道，提前发布十四运会宣传片以及相关赛事气象服务信息，营造十四运会气象服务宣传氛围。建立了足球项目比赛气象信息发布微信群，及时上传最新预报服务材料。与三个接待酒店建立了十四运会接待酒店天气预报发布群，每天定时向微信群发布多种形式

的专题预报产品，接待酒店安排专人通过电子显示屏、广告机、短信等形式，每日2次更新酒店大屏气象信息，3个赛事服务酒店大屏滚动播放天气预报274期。足球赛事期间，制作十四运会足球（男子U18）逐日、逐时专题气象服务专题26期，高影响天气预报5期。

集成气象服务信息获取渠道总和，由竞委会印制在竞赛指南、秩序册和媒体手册内派发给赛事工作人员。每日巡视气象监测设备，为体育中心新建的十四运会气象设施设立保护标志和围栏并粘示全运追天气二维码。制作"全运追天气"微信小程序二维码桌牌，放置于体育场馆及运动员入住宾馆，方便工作人员、运动员及时快捷了解体育场馆天气实况及天气预报。

3. 开展应急演练、启动特别工作状态

由于足球比赛是户外赛事，受天气变化影响较大，为做好赛事期间高影响天气的气象保障工作，最大限度地减轻或者避免气象条件对十四运会足球比赛造成的影响，建立快速有序的高影响天气风险防范应对机制，2021年8月20日，渭南气象局模拟户外足球比赛遇高影响天气进行了应急演练。按照渭南市十四运会高影响天气风险应急预案职责分工，渭南市十四运会气象台"一室三中心"分工协作，完成高影响天气风险应急处置。演练强化了高影响天气气象保障服务，为十四运会和残特奥会安全顺利举行提供了坚实保障。

8月29日至9月8日，为全力做好十四运会和残特奥会足球比赛气象保障服务工作，渭南市气象局启动了足球比赛气象保障服务特别工作状态，各相关单位进入特别工作状态，气象保障全力服务足球赛事顺利进行。

4. 高影响天气过程及时开展"点对点"叫应服务，精准预报确保比赛顺利进行

足球比赛期间，渭南城区出现两次强降雨天气过程（2021年8月30—31日，9月4—5日），渭南局为了做好复杂天气形势下十四运会足球比赛气象服务保障工作，提前召开足球比赛暨暴雨应急气象服务工作部署会；与陕西省十四运会气象台加密天气会商，提高足球比赛期间渭南逐时预报的精准度；在进入足球赛事高影响天气气象保障特别工作状态后，按照"一场馆一团队"的特别服务模式开展"点对点"叫应：渭南市气象局负责人多次电话联系执委会领导，通报最新天气变化趋势，足球场馆气象服务团队多次电话叫应足球竞委会领导及联络员；在发布十四运会足球比赛逐日、逐时专题预报的同时，根据天气形势及时制作发布足球比赛高影响天气专题服务材料。同时通过不间断动态会商，开展动态精细服务，切实做好与足球竞委会场地环境处负责人和联络员的电话叫应，以及微信群服务等多渠道沟通联系，圆满完成了十四运会渭南赛区18场足球比赛的气象服务保障工作。其中9月3—6日明显降水天气过程中，高影响天气叫应服务效果显著。

2021年9月2日16时，渭南市十四运会气象台发布十四运会和残特奥会高影响天气预报（图8-19），根据最新气象资料分析得知9月3—6日渭南市有一次明显降水天气过程，3日夜间和5日夜间为此次降水过程的主要降水时段，而足球（男子U18）比赛恰好于5日16时和19时在渭清公园露天比赛场地进行，预计降水过程会对比赛会造成一定不利影响。

图 8-19　2021 年 9 月 2 日 16 时发布高影响天气预报

　　9 月 3 日 11 时，渭南市十四运会气象台迭进式提供足球（男子 U18）比赛场地逐 12 h 专题天气预报（图 8-20），维持 3 日夜间和 5 日夜间比赛场地预计出现较大降水的结论，同时考虑到前期 8 月 31 日夜间渭南南部强降水已经造成渭清公园比赛场地积水的情况，渭南十四运会气象台加密监测，并通过微信群、微信公众号、电话叫应等渠道及时发布专题预报产品，将最新实况及预报告知十四运会足球竞委会相关人员。

　　9 月 5 日 10 时，渭南市十四运会气象台发布 24 h 灾害性天气预报，预计渭清公园在 5 日白天到夜间将出现 10～30 mm/h 短时暴雨，并伴有雷暴天气。11 时迭进式更新最新比赛场地逐时专题天气预报（图 8-21），预计强降水时段从 18 时开始。在不断关注雷达回波发展的同时，渭南市气象局主要负责人多次叫应执委会领导，十四运会气象台多次电话叫应足球（男子 U18）竞委会场地环境处和竞赛组织处负责人，赛事方根据渭南十四运会气象台提供的最新预报结论及时更换了比赛场馆，由原先的渭清公园换为渭南市体育中心。从渭南高新区站点实况降水演变（图 8-22）来看，从 14 时开始高新区逐小时降水量不断增加，主要降水时段出现在 18—20 时，最大小时降水量达 6.7 mm，预报与实况基本符合。20 时后，雨水间歇，转为毛毛雨，直至 6 日 01 时雨势明显增大。及时调整比赛场地之举，成功避开了受前半夜较大强度降雨及球场地面积水的影响，最终确保了比赛精彩圆满完成。

图 8-20　2021 年 9 月 3 日 11 时发布足球（男子 U18）专题逐 12 h 天气预报

图 8-21　2021 年 9 月 5 日 11 时发布足球（男子 U18）专题逐 1 h 天气预报

5. 疫情防控工作

赛事期间，在竞委会安排下渭南十四运会气象台全体正赛工作人员进行了 15 次核酸检测，同时坚持每日全员全运通平台健康打卡，良好的气象保障服务风貌也深获各界好评。

渭南市气象局十四运会足球比赛气象保障服务工作（图 8-23）获得渭南市执委会、

足球竞委会等多方肯定，先后收到渭南市执委会、中国足球协会的感谢信。

图 8-22　2021 年 9 月 5 日高新区（距离渭清公园最近站点）降水逐小时实况演变图

图 8-23　渭南市气象台夜间加密监测会商

案例 2：渭南市气象局十四运会沙滩排球比赛气象保障服务案例

2021 年 9 月 17 日，中华人民共和国第十四届运动会沙滩排球比赛在大荔沙苑正式开赛，9 月 25 日圆满落幕。渭南市气象局切实提高政治站位，立足气象部门职责，强化底线思维，压实主体责任。紧紧围绕"监测精密、预报精准、服务精细"的总体要求，气象服务保障工作队于 9 月 14 日开始驻会闭环管理，共计驻会服务 11 天，及时、精准的气象保障服务工作受到赛事竞委会各处室、部门和技术代表的肯定。具体气象保障服务工作

（图 8-24、图 8-25）开展情况如下。

图 8-24　沙排场馆外显示屏滚动播放天气预报

图 8-25　业务人员现场检查仪器及风速监测

1.省市县三级联动，密切协作、通力配合

邀请了重大活动气象服务工作经验丰富的山西省气象局国家级首席预报员、国家自然科学基金项目评审专家赵桂香等气象专家指导气象服务保障工作，并与十四运会沙排测试赛项目赛事裁判长王雷钧、沙排赛技术代表沈阳体育学院院长刘征进行了座谈，共同研讨沙排赛事气象服务保障工作。测试赛期间，移动气象监测保障车和省市气象部门技术服务人员驻扎赛区，移动气象站与新建沙苑八要素气象站、沙温站等设备组建完成，为做好赛事气象服务工作提供数据支撑。

陕西省气象局提供技术支持，市县气象局随时开展天气会商，在省市县三级密切协作下，提前一个月向竞委会每日提供未来7天专题天气预报。截至赛事结束，共计发布各类专题服务材料94期，包括当日逐小时精细化专题服务材料10期、未来7天逐日专题服务材料39期、气象信息快报43期、高影响天气预报2期。此外，每日通过场馆外气象显示屏发布最新天气预报。

2.“方案”＋“预案”，确保工作扎实有力

成立了第十四届全国运动会（沙滩排球）气象服务保障工作领导小组，制定了高影响天气气象服务保障工作应急预案、十四运会沙排比赛气象服务保障日工作流程、现场气象服务保障工作方案，全面落实陕西省气象局和十四运会沙排竞委会对气象服务保障工作的要求。多次召开业务工作会，安排布署赛事专项气象设备维护、后勤保障，明确气象服务保障岗位职责和工作流程，使赛事气象服务保障工作环环相扣、严密细致。

测试赛和正赛期间，领导小组组长下沉一线，靠前指挥，全体组员各负其责，形成“全民全运”的浓厚工作氛围；测试赛后，及时复盘总结工作亮点和不足，明确下一步工作改进方向，为正赛的到来做足准备。

3.围绕赛事气象服务需求，重点做好监测预报工作

由于场馆内外环境差异大，考虑气象要素监测值存在误差，根据比赛对沙温监测的特殊要求，购置安装了多要素移动气象站。在比赛主场地布设3组沙温传感器和1组气温传感器以及地面最高温度表，经过对移动气象站的沙温传感器测量值与地面最高气温表测量值数值对比分析，得出移动气象站监测数据可用的结论。随后，组织开展每日08—18时逐小时监测数据收集整理，并与场馆外设备监测数据进行对比分析，为正赛期间沙温监测和预报工作提供科学依据。

4.及时开展“叫应”，有效应对高影响天气

2021年9月16日，预计18日白天大荔沙苑沙排场馆所在区域将出现暴雨天气，根据这一情况，驻馆服务人员及时启动“叫应”机制，第一时间向赛事场地环境处、竞赛组织处负责人通报天气形势。9月17日，递进式提供沙滩排球比赛场地信息快报以及实况产品，实况资料可见，17日06时至17时，降雨量已达到23.1 mm，量级已达到中到大雨，十四运会气象台进一步加密监测，并通过微信群、微信公众号等渠道及时发布信息快报，将最新实况及预报告知十四运会沙滩排球竞委会相关人员。

17 日下午，驻馆服务人员就此次暴雨天气过程向高雪燕副县长作专题汇报。同时，要求业务人员赛事前 1 h 开始提供雨情、沙温、气温、风向、风速等要素的小时数据，至当天赛事结束，为场地环境处决策提供服务。同时继续每日 07 时巡视仪器并做好记录，同步更新场馆外显示屏的天气预报。沙排竞委会各处室、部门以雨情为令，场地环境处启动专项工作应急预案，实行 24 h 值班和巡查制度，清除积水、排查漏水、冒雨抢修；交通运输处提醒司机雨天路滑，赛事保障运输车辆注意出行安全；临电设备做好防雨保护，临建棚体及时处理"兜水"以防倒塌；户外志愿者、安保人员、医疗保障人员提前做好个人防护保暖，有效防范高影响天气对赛事各方面造成的不利影响。

本次强降水天气过程及时叫应和部署，有效防范高影响天气对赛事各方面造成的不利影响，最终确保了比赛精彩圆满完成。沙滩排球竞委会为气象局送来了感谢信。

5. 工作扎实有力、宣传及时跟进

驻会工作期间，工作队策划拍摄十四运会沙排赛气象工作短视频 2 个，阅览量达千人。9 月 22 日，大荔县融媒体制作一期题为《沙排赛场的气象人》的宣传短视频，得到市县领导的点赞。此外，《人民日报》、中国气象局网站、《中国气象报》、《陕西日报》、《渭南日报》均对大荔沙排比赛气象服务保障工作做了新闻报道。

第四节　延安赛区保障服务

十四运会期间，延安赛区有延安市全民健身运动中心（延安体育中心体育馆）、延安大学新校区体育馆、黄陵国家森林公园 3 个场馆，承办摔跤、乒乓球、山地自行车 3 项比赛。

延安市气象局深入学习贯彻习近平总书记关于十四运会和残特奥会重要指示精神，积极落实中国气象局、陕西省气象局、十四运会组委会气象保障部和延安市委市政府工作部署，对标"精彩圆满"，按照"全流程、全要素、全方位"工作要求，强化组织领导，发挥党员先锋模范带头作用，应用气象科技成果精细服务，在各单位大力支持和配合下，圆满完成各项赛事的气象保障服务工作。

一、气象保障服务筹备

（一）组织领导

延安市气象局早谋划、早部署，2018 年 11 月成立第十四届全运会气象服务保障筹备工作领导小组，积极与十四运会延安赛区筹委会多次对接服务需求。2020 年延安市气象局进入全面筹备阶段，经延安市委、市政府批准成立十四运会气象保障部，明确了工作职责与任务。延安市气象局筹备工作领导小组多次召开专题会议，研究部署气象保障服务

工作，统筹全市力量备战十四运会气象服务，确保各项工作、各项任务、各个环节无缝对接。陕西省气象局丁传群、薛春芳、罗慧等多位领导亲临延安调研指导筹备工作（图8-26），减灾处、观测处、十四运会办等处室多次给予具体指导。延安市气象局成立十四运会气象预报预警和气象服务保障两支党员先锋队，发挥党员干部先锋模范作用，以强有力的组织保障十四运会气象服务。

图 8-26　2021 年 6 月，陕西省气象局领导在宝塔区星火广场调研指导十四运会气象服务

（二）方案完备

2019 年，开始通过开展走访、需求问卷调查、座谈等多形式、多渠道对接十四运会赛事气象服务需求。根据服务需求编制了《延安市第十四届全国运动会和全国第十一届残运会暨第八届特奥会气象保障服务总体工作方案》《延安市气象局十四运会气象服务保障筹备工作领导小组办公室工作规则》等 13 个工作方案，按照"一赛一策"要求，制定了气象保障服务任务排期表。2021 年 8 月延安市执委会印发了《第十四届全国运动会延安赛区高影响天气风险应急预案》（图 8-27），明确气象保障服务目标、任务、职责，细化了应急保障流程，落实了叫应制度。

（三）培训与测试赛瞄准实战

2020 年 9 月，组织业务人员参加全省十四运会气象保障服务集中培训，2021 年 5 月，多名业务骨干赴十四运会气象台开展调研学习。先后开展山地自行车、摔跤和乒乓球 3 项测试赛气象保障服务，提供全流程迭进式服务，特别是对天气影响大的户外赛事——山地自行车赛开展突发事件专项应急演练，通过测试赛和演练发现问题、完善机制、锻炼队伍，提高赛事保障服务实战水平。

1　总则

1.1　编制目的

　　为最大限度地减轻或者避免气象条件对十四运会延安赛区造成的影响，建立快速、有序的高影响天气风险防范应对机制，为十四运会安全顺利举行提供坚实保障。

1.2　编制依据

　　深入贯彻落实习近平总书记"办一届精彩圆满的体育盛会"以及关于气象工作的重要指示精神，落实十四运会和残特奥会组委会、十四运会延安市执委会和中省气象局有关工作部署，依据《国家突发公共事件总体应急预案》、《国家气象灾害应急预案》、《陕西省气象灾害应急预案》、《突发事件应急预案管理办法》、《第十四届全国运动会总体工作方案》、《第十四届全国运动会暨第八届特奥会突发事件总体应急预案》，结合延安赛区实际，针对十四运会需要重点防范应对的高影响天气风险，制定本预案。

1.3　适用范围

　　本预案属于十四运会和残特奥会应急预案体系中的专项应急预案，适用于十四运会期间出现在延安市赛区范围内，可能影响十四运会筹备工作、赛事保障和比赛进行的高

图 8-27　第十四届全国运动会延安赛区高影响天气风险应急预案

（四）对标服务需求，强化气象科技支撑

　　为满足赛事气象保障服务需求，在宝塔区布设 1 部微波辐射计，在黄陵县布设 3 部微波辐射计，山地自行车赛道布设 1 套八要素气象监测站、4 套六要素气象监测站和 1 套天气现象视频智能观测仪（图 8-28），与卫星和雷达组成立体化监测网，实现对十四运会赛事期间高影响天气的全天候、无缝隙监测。发挥十四运会和残特奥会一体化气象预报预警系统和智慧气象服务系统支撑作用，上下联动、前后联动，建立各项赛事高影响天气应急

图 8-28　2022 年 6 月，调试山地自行车赛气象监测站

响应指标和措施，开展精细到场馆（场地）的逐日、逐时天气预报和生活指数预报服务。向运动员、裁判和工作人员推广十四运会天气网、陕西气象 App 及"全运・追天气"微信小程序，利用电子显示屏、传真、微信、微博、12121 电话等手段扩大气象信息覆盖面，实现气象信息快速、精准发布和实时查询，满足全民需求。

二、服务开展情况及成效

（一）预报预警服务情况

十四运会赛事期间（测试赛、正式赛），延安市气象局应用十四运会和残特奥会一体化智慧气象服务系统共制作发布各类赛事气象服务专题预报 122 期（图 8-29），包括高影响天气预报 2 期、短时临近预报 2 期、专题预报 118 期。赛事期间，滚动发布逐日、逐小时天气预报和生活指数预报。

图 8-29　延安赛区各项赛事气象服务专报

（二）现场服务情况

  积极对接竞委会、各场馆、酒店等单位，实现气象服务进场馆、进酒店、进手机。气象保障服务团队和气象应急指挥车提早进驻比赛现场开展现场气象保障服务。向运动员、裁判和工作人员推广陕西气象 App 和"全运·追天气"微信小程序，确保天气信息快速、及时、可靠、精准传达。比赛期间，现场服务人员每小时通过微信群实时播报天气信息，包括天气实况、未来天气预报以及防范提示等，各项赛事共发送气象信息 1400 余条，报送专题预报 500 余份。通过电视、广播、微博等广泛传播赛事气象信息。

1. 气象服务进场馆

  各项赛事期间，针对不同赛事制作气象服务图像文字模板，在各项赛事场馆大屏滚动播报（图 8-30）。现场气象服务人员和移动气象台提早进驻赛事现场，严密监视天气，实时掌握赛场天气变化，多次与后方连线会商天气，现场开展面对面气象服务（图 8-31）。

图 8-30　赛事场馆大屏气象服务产品

图 8-31　现场气象服务人员和移动气象台进驻赛场

2. 气象服务进酒店

赛事期间，气象服务人员进驻酒店面向裁判、运动员、工作人员报送气象服务产品，提醒做好赛事高影响天气，并在酒店电子显示屏上实时滚动播报天气信息（图8-32）。

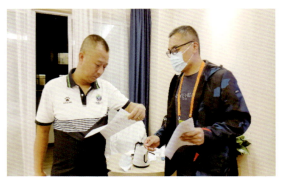 

图 8-32 气象服务人员在酒店开展气象服务

3. 气象服务进手机

针对各项赛事，延安市气象局分别建立了专项服务微信群，各类服务产品通过微信实现快速传播。现场气象服务人员通过微信实时向竞赛委员会播报赛事逐小时气象信息。

（三）应急服务情况

比赛期间，延安市气象局启动气象保障服务特别工作状态，实行 24 h 应急值守和主要负责人在岗值班制度，各岗位细化服务措施，夯实责任到人，扎实开展气象保障服务。前方和后方服务保障人员强化综合天气会商分析研判，逐小时滚动发布实况和预报，以"监测精密、预报精准、服务精细"的要求做好赛事高影响天气服务，圆满完成十四运会赛事气象保障服务。

三、服务案例

案例1：精准预报保障山地自行车赛顺利举行

2021年9月21日，第十四届全国运动会山地自行车赛在黄陵国家森林公园举行，山地自行车赛道全长 5.2 km，赛道围绕黄陵国家森林公园自然山体特点设计，设有下山路段、爬坡路段、砾石路段、森林路段、水域路段等各种地段。2021年黄陵县的降水集中在9月中旬至10月上旬，加之黄陵国家森林公园秋季大雾天气多发，天气因素对山地自行车赛的举行影响非常大。9月20日，山地自行车赛前训练，黄陵国家森林公园天气为晴天转多云，气温9~27℃，17—19时赛事现场出现阵雨天气，降水量1.1~1.5 mm。9月21日，黄陵国家森林公园天气晴天间多云，07—09时出现大雾，气温7~30℃，风力1级，风向南风。

　　山地自行车比赛期间，现场气象保障服务团队和气象应急保障车提前进驻赛事现场，开展气象监测，多次与延安市气象台会商研判，做好赛事精细化气象保障服务。自9月10日起逐日、逐时预报山地自行车赛事现场天气状况、降水量、气温、风向、风速、穿衣指数、舒适度指数等要素，并持续严密监测天气变化。9月20日山地自行车运动员进行赛前训练，气象服务人员监测到午后有对流性天气发展，于17时15分发布高影响天气预报：预计未来0~2 h，赛事区域有雷暴天气，并伴有6级以上短时大风和弱降水（0~5 mm），对流天气对赛事设备、运动员训练、工作人员抵离有一定影响。现场保障服务人员及时通过多种渠道将气象信息报送至运动员、工作人员等。17时40分左右出现大风、雷阵雨天气，降水持续约1 h。由于预报的准确及时，防范措施启动早，确保了运动员和赛事设施的安全。9月21日07时，现场监测有大雾天气发展，及时发布高影响天气预报：预计未来0~2 h大雾天气将逐渐消散，并于09时结束，请做好防范措施。现场保障服务人员及时气象信息报送至运动员、裁判和工作人员，并告知竞委会"大雾将于09时结束后天气转晴，大雾对比赛影响不大"。竞委会根据气象信息提前做好赛事准备和调度，09时比赛现场天气转晴，山地自行车赛顺利进行（图8-33）。

图8-33　山地自行车比赛现场天气分析研判（左）和现场气象服务（右）

案例2：精细服务保障乒乓球比赛圆满举行

　　2021年9月17日，十四运会乒乓球比赛在延安大学新校区体育馆正式拉开帷幕。9月下旬宝塔区出现持续阴雨天气，18—19日、22—23日、24—26日连续出现3次降雨天气，降水以小雨到中雨为主，24日13—14时出现大于10 mm/h的短时强降水，最大小时雨强达到18.1 mm。

　　面对降雨和因降雨造成的降温天气，延安市气象局及时与执委会、竞委会对接，提醒做好防范降雨和降温措施。从9月6日起发布乒乓球比赛专题预报，提供逐日、逐小时天气现象、温度、降水量、风向、风速等要素预报；同时，以服务需求为导向，优化调整预报服务内容，增加体感舒适度、穿衣、感冒等各类生活气象指数以及交通天气预报。现场气象保障服务人员按期提前进入乒乓球赛事现场开展现场气象服务，加强气象风险研判及预报会商，全天候、全方位、精准化地做好赛事气象服务。9 月 16 日起连续发布高影响天气预报 7 期，提示竞委会、运动员、裁判和工作人员，比赛期间宝塔区降雨过程持续时间长、降水量大、降温明显，需做好降雨、降温等准备，注意交通安全。比赛期间，滚动精细、准确的气象服务为竞委会应对赛事高影响天气提供决策依据，使现场工作人员、运动员等提前做好了防范措施，圆满护航十四运会乒乓赛顺利进行（图 8-34）。

新区书院（V1671）
2021年09月17日 08:00:00 至 2021年09月27日 08:59:59

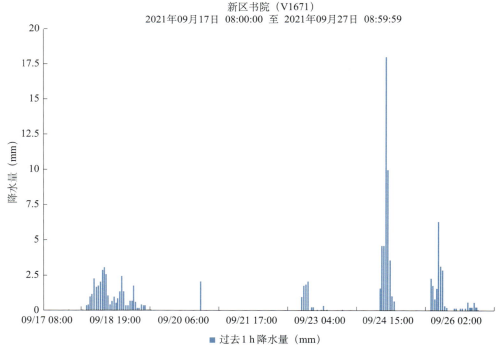

图 8-34　乒乓球赛事现场气象服务团队（上）和赛事期间逐小时降水量（下）

第五节 榆林赛区保障服务

十四运会榆林赛区共承办男子排球和拳击两项赛事，赛事活动场地在榆林职业技术学院体育馆。榆林市气象局作为赛事重要保障单位之一，围绕"精彩圆满"的办会目标，按照陕西省气象局"比赛到哪里，气象保障服务就跟到哪里"的服务要求和执委会相关工作要求，结合本地实际，系统谋划、主动对接、积极作为，以"数据＋技术＋服务""精密＋精准＋精细"的优质服务圆满完成了各项保障任务，赢得十四运会榆林赛区执委会的高度认可。

一、气象服务保障筹备

1. 加强组织领导，科学谋划部署

榆林市气象局成立了十四运会气象服务保障工作机构，以党组书记、局长为组长，分管领导为副组长，下设综合组、预报服务技术组、现场气象保障服务组，明确任务分工，落实责任到人。制定气象保障重点工作进度安排作战图，将十四运会气象保障服务工作内容细化至月，逐月对照完成工作并销号。

组织相关人员赴陕西省十四运会气象台进行赛事预报技术和服务思路及流程等方面学习，开展陕西省十四运会和残特奥会一体化智慧气象服务系统的学习和操作应用、气象服务保障培训，提高十四运会气象保障业务能力和水平。选派1人去十四运会执委会综合保障处驻会工作。

2. 主动对接需求，健全服务机制

赛事筹备阶段，多次与执委会下设的综合协调处、信息工作部、场地环境处、运维公司、开（闭）幕式工作部以及4家定点接待酒店对接，梳理服务需求（图8-35）。制定《第十四届全国运动会（榆林赛区）气象保障服务方案》《高影响天气风险应急预案》和驻会服务工作方案。建成气象、场馆、酒店十四运会气象信息通联群、十四运会产品发布公

图 8-35　气象业务人员对接需求

共邮箱，明确气象保障服务需求、服务产品传输时间、显示方式、信息发布责任人等，建成了多终端高效同步快速传播气象预报预警信息的机制。

二、服务开展情况

1. 强化内外联动，精准精细服务

为满足赛事气象保障服务需求，在职业技术学院安装 2 套六要素自动气象站、2 套实景监控。在 4 家定点接待酒店和体育馆安装防灾减灾气象显示服务终端 6 台。派出现场保障团队、应急气象保障车进驻场馆，实时监测气象要素，开展全方位气象保障服务（图 8-36）。

图 8-36　气象业务人员开展服务保障工作

按照服务方案，榆林市气象局提前 10 天制作场馆所在区域未来 10 天专题天气预报，提前 3 天制作未来逐 12 h 要素预报，提前 1 天制作逐 1 h 预报。十四运会保障期间，累计制作测试赛（正赛）服务专题预报 162 期，其中十四运会气象服务专题预报 137 期、高影响天气预报 5 期、短临天气预报 2 期、火炬传递专题预报 18 期。及时通过运动员和技术专员住宿酒店，竞委会办公区、裁判长办公室气象防灾减灾服务显示终端（图 8-37），场

图 8-37　气象服务显示终端

馆大屏、手机短信、微博、微信、抖音、快手等渠道发布赛场天气实况及十四运会专题气象预报预警信息，为赛事提供精准精细的预报服务。

2. 复盘优劣得失，传承智慧经验

召开5次赛事复盘会议，就测试赛、正赛期间气象保障服务工作流程及服务效益进行梳理讨论，查找岗位运行管理措施以及"产品、渠道、流转、服务"过程中存在的问题，并分析原因，结合实际，制定多项改进措施，总结成果，为榆林市气象局针对体育赛事气象保障工作积累经验。

3. 及时广泛宣传，树立良好形象

十四运会赛事及其保障活动期间，榆林市气象局抓焦点、抓亮点、抓与众不同点，先后在《中国气象报》刊稿1篇、中国气象局网站刊稿2篇、陕西气象刊稿5篇、综合管理系统刊稿9篇、《三秦都市报》刊稿2篇、西部网刊稿1篇、美篇刊稿6篇。抖音发布短视频46期、快手发布短视频36期，制作工作短视频8条。

三、服务成效

十四运会气象保障服务，是榆林市气象部门首次开展的大型体育赛事气象保障工作，是对全市气象部门业务服务能力的重要检验。在赛事与汛期服务叠加并重的特殊时期，通过精细、周密的气象保障工作受到十四运会榆林执委会、竞委会高度肯定，他们向榆林市气象局发来感谢信，对气象监测、预报预警、现场服务、应急保障等方面助力十四运会赛事圆满举办发挥的重要作用表示感谢。

通过十四运会气象保障服务，榆林市气象局全面提高了重大活动保障服务能力，也为2022年在榆林市举办的陕西省第十七届运动会积累了经验、锻炼了队伍、储备了资源。

四、服务案例

精准服务，十四运会火炬传递榆林站圆满顺利

十四运会和残特奥会火炬传递榆林站于2021年8月24日08时在榆林市进行。为保障火炬传递活动圆满顺利，榆林市气象局提前与火炬传递活动榆林站筹备工作组联系，制定《十四运会和残特奥会火炬传递（榆林市区站）气象保障服务实施方案》《十四运火炬传递预报服务工作流程》，设立气象保障服务工作组，细化明确具体职责和工作流程。

自8月13日起，每日滚动制作未来10天火炬传递路线区域的专题天气预报，8月21日起制作未来3天逐12h要素预报。8月23—24日进入特别工作状态，制作逐3h预报、逐小时预报，火炬传递线路预报，及时向执委会、竞委会传递。

8月23日下午，移动应急气象保障车及现场服务保障团队进驻火炬传递起点榆林市世纪广场，架设七要素便携式移动气象站1套，开展现场实况监测和预报预警气象服务。

8月24日05时，榆林市气象局局长白光明亲临现场坐镇指挥（图8-38），与陕西省十四运会气象台加密天气会商，06时，向执委会提供最新预报信息"火炬传递起点世纪广场目前晴间多云，气温14℃，西北风4级，气温偏低注意保暖。预计08—09时，世纪广场到滨河公园所在区域晴间多云，气温14～16℃，西北风2～3级"（图8-39）。

图 8-38　榆林市气象局局长白光明现场指导气象保障服务

图 8-39　火炬传递精细服务产品

本次气象服务提前部署、有序开展、预报精准、服务形式多样、服务结果有效，为十四运会火炬传递的顺利举行提供了可靠的气象保障。榆林市执委会特地向榆林市气象局致感谢信，对火炬传递活动期间榆林气象部门主动、提前、全方位的气象保障服务表示感谢。

第六节　铜川赛区保障服务

十四运会及残特奥会期间，铜川赛区有铜川市体育馆1个场馆，承办十四运会篮球（男子22岁以下组）比赛1项、残特奥会盲人跳绳比赛1项，均为室内赛事。

十四运会测试赛期间，铜川市气象局主动与十四运会铜川市执委会和市体育局沟通，参加十四运会筹备会，了解服务需求，就具体服务进行商讨，细化气象服务流程，夯实双方人员责任，确保服务环节有效衔接，保证赛事服务有序开展。并向竞委会介绍、推荐使用"全运·追天气"App及微信小程序中实况监测、预报预警及自动告警提醒，确保竞委会掌握的动态天气信息来源可靠、准确精细。在陕西省气象局的正确领导下，在陕西省气象局十四运会气象保障筹备工作领导小组办公室的大力支持下，铜川市气象干部职工弘扬"准确、及时、创新、奉献"的气象精神，把党史学习教育成效转化为工作动力，默默坚守、辛勤付出，圆满完成了各项气象保障服务工作。

一、气象服务保障筹备

铜川市气象局将十四运会及残特奥会气象筹备和保障服务作为全局重点工作，并以此为契机推进气象防灾减灾体系建设、助力铜川气象事业高质量发展。

（一）加强组织领导

成立了铜川市气象局十四运会气象服务保障工作机构，以党组书记、局长为组长，分管领导为副组长，相关科室及单位负责人为成员的铜川市十四运会气象服务保障工作专班，明确职责任务，按照陕西省气象局要求和铜川市气象局安排积极开展工作。市气象局分管领导参加铜川市十四运会筹委会有关会议，详细及时汇报气象服务保障工作事宜。

（二）夯实工作任务

制定了气象保障服务2021年工作要点和任务清单，将工作任务落实到各单位、各责任人。制定了《铜川市十四运会现场气象服务保障实施方案》《第十四届全国运动会铜川赛区气象保障服务实施方案》《气象保障工作新闻发布管理办法》《重大活动网络安全保障工作方案》等，进一步夯实工作责任。工会组织开展"我为十四运会做贡献"劳动竞赛，市气象局党建办组织开展"党建＋气象保障，护航十四运会精彩圆满"活动。

（三）强化学习培训

铜川市气象局领导及预报技术骨干在陕西省气象局干部培训学院参加了知识培训并开展两次培训交流，多次邀请省气象局专家指导授课并参加省气象局气象大讲堂，强化十四运会气象保障业务能力和水平，做好技术准备。选派 1 人长期在省十四运会气象台工作。

（四）加强督查监督

组成气象、农业联合检查组，对印台区人工影响天气作业点进行专项督查。铜川市气象局党组纪检组全程参与监督，印发《关于进一步严明纪律做好汛期和十四运会气象保障工作的通知》，落实党史学习教育成果，监督做好十四运会气象保障工作，以实际行动践行"两个维护"。开展十四运会应急值班值守工作督查 3 次。

二、服务开展情况及成效

（一）预报预警服务情况

活动期间，组织开展了铜川赛区测试赛、男子 U22 篮球赛气象保障服务，制作发布铜川篮球测试赛专题预报 12 期，铜川赛区篮球（男子 U22）比赛专题天气预报 18 期、铜川赛区盲人跳绳专题天气预报 8 期。

（二）应急服务情况

根据陕西省气象局统一安排，铜川市气象局按照十四运会开（闭）幕式特别工作状态及残特奥会开（闭）幕式特别工作状态要求，实行 24 h 应急值守和主要负责人在岗值班制度，参加综合天气会商、加密天气会商。活动期间，组织应急保障人员开展赛事场馆六要素自动气象站巡检 2 次，成立气象、农业联合检查组对印台区人影作业点进行专项督查 1 次，开展应急值班值守工作督查 3 次。

（三）赛区气象保障举措

1. 织密监测站网

在铜川市体育馆建设六要素自动气象站 1 套，在十四运会火炬传递沿线建设六要素气象监测站 5 套，在热门旅游景点等关键场所建设气象预报预警显示屏 5 块。

2. 注重技术储备

组织业务服务人员多次开展十四运会气象服务交流讨论，对服务产品模板配置进行完善；邀请省气象服务中心技术分队来铜开展业务系统应用技术指导，针对"十四运会和残特奥会一体化气象预报预警系统"和"十四运会和残特奥会一体化智慧气象服务系统"的应用开展实操培训；开展灾害性天气历史个例复盘分析总结，针对十四运会期间有可能出现的高影响天气进行分析总结。

3. 设立预报首席

为了充分发挥预报高工、专家的作用，进一步提升十四运会铜川赛区赛事天气预报预测准确率和服务材料针对性，设立 4 名预报首席承担所有关于十四运会及残特奥会铜川赛区赛事天气气候预报预测业务及决策气象服务材料的技术指导和把关。发挥预报首席专家"传帮带"作用，培养年轻预报员预报预测分析能力和新资料新技术新手段的应用能力，提高预报准确率和重大活动气象服务水平。

4. 实行清单管理

为做好十四运会气象服务工作，根据赛事气象保障方案要求，制定了铜川市气象局十四运会气象保障服务业务工作流程，在赛事期间每日制定铜川市气象局十四运会气象保障服务工作任务单，按照时间节点细化工作，明确工作职责和责任人。

5. 及时复盘总结

在测试赛及正式比赛结束后，立即组织业务服务人员进行复盘总结，对赛事组织保障、气象保障、工作流程等方面进行全面深入分析，查漏补缺，改进工作，及时将经验转化为能力。

6. 强化疫情防控

铜川市气象局借助十四运会铜川市执委会后勤保障组成员单位的便利，全市最早安排气象部门干部职工接种新冠疫苗。截至 2021 年 8 月 10 日，全市气象部门干部职工新冠疫苗接种率达到 95.3%。

（四）服务亮点

1. 建立"气象牵引、政府参与"的气象服务保障机制

与铜川市体育局建立定期沟通机制，就十四运会自动气象站建设、预报预警信息服务等事宜沟通联系。市气象局与印台区农业局组成联合检查组，针对十四运会人影保障服务中的薄弱环节，对印台区 6 个人工影响天气作业点进行专项督导检查、整改提高。

2. 全省率先建立高影响天气"熔断"机制

第十四届全国运动会铜川市执委会办公室于 7 月 2 日印发《第十四届全国运动会、全国第十一届残运会暨第八届特奥会铜川赛区高影响天气气象保障应急预案》（全运铜执办发〔2021〕36 号），是全省第一家建立高影响天气气象保障应急预案的地市级赛区。《中国气象报》《铜川日报》等多家媒体进行了宣传报道。

3. 创新设立十四运会预报首席专家

据统计，十四运会是历届全国运动会期间降水量、降水日数最多的，汛期气象服务和十四运会气象服务叠加，任务艰巨、人员紧张，为确保打赢防汛和十四运会气象服务两场硬仗，设立了预报首席，加强技术把关和年轻预报员"传帮带"；充实预报员队伍，重新起用离开预报岗位的"老预报员"。

（五）服务成效

1. 十四运会气象筹备和保障服务获肯定

第十四届全国运动会铜川市执委会办公室向铜川市气象局专门发来感谢信，向筹备服务工作中服务大局、精益求精、追求卓越、不辱使命的铜川气象人表示衷心感谢。

2. 进一步提升气象部门形象

以精准高效优质的气象服务赢得了铜川市执委会高度赞誉，并以此为契机，广泛宣传气象工作和气象科普知识，进一步强化了气象部门在人们心中高科技、专业化的形象。铜川市委、市政府领导专题调研十四运会气象服务工作 4 次，批示服务材料 13 次。市体育局在多个场合表扬气象工作。加强气象服务宣传，在《中国气象报》《铜川日报》、"铜川发布"微信公众号等媒体刊发赛事气象保障服务报道 20 余篇。

3. "好人之城" 再添气象人

精准高效优质的气象保障服务赢得了铜川市委、市政府、第十四届全国运动会铜川市执委会的高度肯定和表扬，由于表现优异，十四运会气象服务牵头负责人张淑敏被市委宣传部、市文明办推荐为 2021 年度"陕西好人"候选人。

三、赛事服务案例

铜川市气象局专门设立了十四运会和残特奥会预报首席专家，承担十四运会和残特奥会铜川赛区赛事天气气候预报预测业务及决策气象服务材料的技术指导和把关。自 8 月 20 日起，市气象台开始滚动制作未来 7 天逐日天气专题预报，提前 3 天制作逐 12 h 专题预报，提前 1 天制作逐小时专题预报；8 月 26 日 10 时，市气象局启动了特别工作状态，要求各相关单位加强值守，严密监视天气变化，做好精细化服务。同时做好与省十四运会气象台的加密天气会商，为十四运会火炬传递做好全过程跟踪、全链条服务和全方位保障。市气象台共制作发布十四运会火炬传递专题天气预报 9 期，铜川气象人紧密携手，全力以赴，全程预报精准及时、服务积极主动，为火炬传递活动的顺利开展提供了高质量气象服务，保障了铜川火炬传递精彩圆满举行。

十四运会铜川赛区篮球（男子 U22）比赛气象保障

篮球（男子 U22）比赛于 9 月 22—26 日在铜川新区举行。比赛期间，铜川市出现持续降雨情况，其中 22 日 14 时至 28 日 16 时全市降水量在 90.5～237.4 mm，9 月份铜川市整体降水量超过历史极值，超过历史同期平均值 2～3 倍，雨强最大，属历史少见。

1. 组织部署

9 月 22 日 11 时，经综合研判，铜川市气象局启动重大气象灾害（暴雨）Ⅳ级应急响应，各区县气象局，市气象局业务科、气象台、大探中心、服务中心立即进入重大气象灾害（暴雨）Ⅳ级应急响应状态。

24 日 18 时，向市政府办公室报送《关于贯彻落实市政府领导批示精神 做好 22—27 日强降水天气过程气象服务工作》报告。24 日 22 时，2 位市气象局副局长来气象台检查值守班及气象服务情况。25 日 13 时，市气象局局长组织检查各区县气象局、市气象局各应急响应单位值守情况并发布通报。25 日 16 时，副局长组织加密天气会商，26—27 日 10 时 30 分组织参加全省天气会商。如图 8-40、图 8-41 所示。

图 8-40 气象业务人员组织开展天气会商　　图 8-41 气象保障人员检查监测设备

2. 预警及决策服务

期间铜川市气象台发布雷电、暴雨、大雾黄色预警信号共 5 期。22 日 22 时收到市政府副市长对本次降水过程批示：要求气象部门提高站位、积极应对，抓好落实。期间铜川市气象台发布各类决策服务产品共 16 期。

3. 应急联动

22 日与铜川市自然资源局开展会商，联合发布预警 1 期；联合铜川市交通运输局发布路况信息 2 期。铜川市气象局局长、副局长组织气象台预报服务值班人员加密会商十四运会男子篮球赛天气预报，指导暴雨应急预报预警及雨情通报信息。26 日和 27 日 10 时 30 分，组织参加全省天气会商。

4. 公众和专业气象服务

及时通过短信、传真、大喇叭、显示屏、微信、微博、网站向政府决策部门、社会公众、专业用户发布各类预报预警信息 164246 条次。

第七节　咸阳赛区保障服务

十四运会咸阳赛区承办足球男子 U20 组和武术套路两个竞技比赛项目、羽毛球比赛一个群众赛事，承担火炬传递咸阳站、"双先"观摩等活动任务。涉及咸阳奥体中心体育场、咸阳职业技术学院体育馆、礼泉县体育馆等比赛场地，咸阳统一广场、渭河廊道、五环广场等活动区域。自 2021 年 5 月 14 日武术套路测试赛开赛至 2021 年 9 月 26 日群众羽毛球比赛落幕，咸阳赛区比赛及活动共历时 136 天。

为做好十四运会咸阳赛区气象保障服务工作，咸阳市气象局在陕西省气象局十四运会办和咸阳市执委会坚强领导和大力支持下，深入学习贯彻习近平总书记来陕考察重要讲话以及"办一届精彩圆满体育盛会"指示精神，提高政治站位、加强组织领导，严密监视天气形势、精准把脉天气变化，为咸阳地区承担的武术套路、足球（男子 U20）比赛、十四

305

运会火炬传递咸阳站、"双先"观摩、群众羽毛球比赛等赛事活动提供精准、精细、及时的气象服务，圆满完成气象保障服务工作。

一、气象服务保障筹备

（一）成立工作领导小组

2019年10月，成立十四运会咸阳赛区气象保障服务工作领导小组。领导小组下设综合协调组、预报预警组、气象服务组、装备保障组、专题宣传组、后勤保障组等6个服务专项小组，组建现场气象保障团队，明确工作职责，任务细化到人，确保十四运会赛事及活动气象保障有力有序。

（二）设立气象保障部

2020年7月，全国十四运会咸阳市执委会下发《关于调整执委会工作部门及组成人员的通知》（全运咸执〔2020〕4号），设立十四运会咸阳市执委会气象保障部，由市气象局牵头主要负责赛事期间咸阳赛区的天气预报服务工作，拟定大型活动人工消雨方案并组织实施。

（三）制定工作方案

2020年8—12月，制定《第十四届全国运动会、第十一届残运会咸阳市赛区现场气象保障服务方案》，制作《咸阳气象保障部重点工作进度安排作战图》。明确比赛场馆、比赛现场、应急气象服务内容和任务，明确服务对象、服务类型和服务方式。将十四运会气象保障服务工作内容细化至月，逐月对照完成工作并销号。

（四）广泛开展需求调研

积极开展气象保障服务调研。咸阳市气象局主要负责人多次带队赴市执委会、赛事竞委会、赛事场馆以及陕西省十四运会气象台等进行考察调研、交流学习。广泛征求十四运会气象服务需求和意见。加强与市执委会相关部室、竞委会相关处室、省气象局十四运会办、十四运会气象台等对接联系，提前做好气象保障服务各项准备。

二、服务开展情况及成效

（一）预报预警服务

自2021年5月14日首场测试赛开赛以来，根据十四运会气象保障服务需求，气象保障部提前10天制作测试赛、正式比赛、"火炬传递"、"双先"观摩等赛事及活动预报服务产品。十四运会保障期间共发布未来 10 天专题预报 31 期（图 8-42），未来 7 天专题预报 7 期，未来 5 天专题预报包括比赛场馆及交通日滚动预报 7 期，高影响天气预报产品 3 期（图 8-43），未来 3 天、未来 48 h、未来 24 h、场馆 12 h、场馆 6 h 预报和比赛期间各场馆逐小时专题预报 33 期（图 8-44），咸阳市火炬传递专题预报 7 期，十四运会"双先"代表观摩咸阳全运惠民工程活动专题预报 3 期，共计 84 期。内容包括天气现象、降水、气温、风向、风速及未来天气可能产生的影响等。服务场地包括比赛场馆、机场、高铁、火车站等主要交通要点及提供服务的酒店。

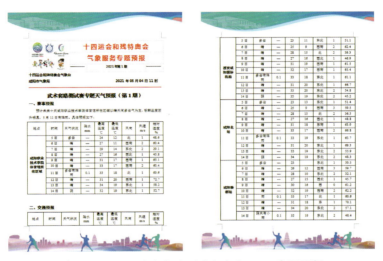

图 8-42 咸阳武术套路测试赛未来 10 天专题预报

图 8-43 高影响天气预报　　　　图 8-44 咸阳足球（男子 U20）比赛逐小时专题预报

（二）气象公众信息服务

十四运会赛事及活动期间通过咸阳气象公众号十四运会菜单微信专栏、咸阳气象微博、咸阳气象抖音、咸阳今日头条等新媒体广泛推送服务信息，同时通过微信工作群向咸阳市执委会、赛事竞委会及时推送专题预报服务信息。累计发布微信消息 60 条，受众 3670 人；微博信息 61 条，受众 139535 人；抖音 6 条，受众 1.3 万人；头条 61 条，受众 9146 人。在短信发布群组中，包括市执委会各部室负责人、联络员、竞委会各处室负责人、联络员等。同时加入突发事件预警信息发布系统，每天发布 72 h 预报、不定期推送短临、灾害性天气、重要天气报告、雨情信息、预警信号等，共计发布各类信息 454 条，累计接收 5 万余人次。

（三）启动特别工作状态

根据保障需要，及时启动并进入气象保障服务特别工作状态。2021 年 7 月 17 日十四运会圣火采集、2021 年 8 月 16 日十四运会和残特奥会火炬传递点火起跑仪式及开幕式倒计时 30 天冲刺演练、2021 年 8 月 29 日火炬传递咸阳站（图 8-45）、十四运会开幕式期间（图 8-46），咸阳市气象局启动特别工作状态响应命令 5 次，制定下发相应特别工作状态方案。市气象局领导、各相关科室及单位负责人、各县气象局相关人员等累计进入特别工作状态 11 天、165 人次。

图 8-45　十四运会火炬传递咸阳站气象预报服务现场　　图 8-46　十四运会开幕式咸阳市气象局人工消减雨作业指挥现场

（四）开展现场服务

先后以正式文件下发十四运会武术套路、足球男子 U20 组测试赛、正式比赛、火炬传递咸阳站等气象保障服务工作方案 11 个，分别制定现场气象保障服务团队组成及任务清单，现场保障任务责任到人。在陕西省气象局提供移动气象监测车期间成立移动气象台工作组，加密开展现场、省气象局、十四运会气象台、市气象局四方会商（图 8-47、图 8-48）。累计开展现场保障服务 25 天，参与人员 300 余人次。

在咸阳奥体中心场馆外配备八要素气象监测站（图 8-49），实时获取现场气温、风向风速、湿度、能见度等气象数据，通过大屏提供逐小时实况及预报；现场天气预报员结合观测数据、卫星云图、天气雷达等资料，围绕灾害性天气提前会商研判，多渠道向执委会、竞委会报送高影响天气专报。在咸阳职院体育馆外架设六要素便携气象站（图 8-50）及移动气象显示屏，及时提供现场气象监测实况及预报信息。

图 8-47 气象业务人员开展服务保障工作

图 8-48 与陕西省气象台、十四运会气象台会商

图 8-49 咸阳奥体中心场馆八要素气象监测站

图 8-50 在咸阳职院体育馆外架设六要素便携气象站

三、服务案例

案例 1：建立高影响天气熔断机制

十四运会足球男子 U20 测试赛高温气象保障服务获肯定

6 月 26—28 日，十四运会足球男子 U20 测试赛在咸阳奥体中心和咸阳职业技术学院举办，期间遇上连续 35℃以上高温天气，对运动员比赛及各项赛事保障都造成不利影响。为做好赛事高影响天气服务保障工作，气象保障部高度重视，围绕咸阳市执委会、足球竞委会工作部署，在陕西省气象局的大力支持下，建立高影响天气熔断机制，精心精细提供监测预报预警服务，全力保障测试赛圆满举行，得到市执委会和足球项目竞委会的高度肯定。

1. 工作开展情况

（1）加强组织领导，统筹谋划测试赛气象保障（图 8-51）

图 8-51　咸阳市气象局局长周林、副局长牛乐田
与竞委会领导对接工作

召开专题工作会 2 次，组建现场气象保障团队和应急移动气象台工作组，明确综合协调组、预报预警组、气象服务组、装备保障组、专题宣传组、后勤保障组等工作职责，任务细化到人，确保测试赛气象保障有力有序

（2）主动积极对接，确保各项准备到位

多次与市执委会相关部室、竞委会相关处室、奥体中心和咸阳职业技术学院等进行现场协调与对接，提前解决气象应急车辆停放、电力保障、现场应急服务内容与方式等事项。

（3）聚焦高影响天气风险，创新建立熔断机制

推进市执委会印发《第十四届全国运动会、第十一届残运会咸阳赛区高影响天气风险应急预案》。在十四运会足球男子 U20 竞赛指南中加入高影响天气熔断机制相关内容，明确当降雨、连阴雨、高温、雷电等天气对赛事产生影响时，各部门按照各自职责开展应急处突，加强风险研判和评估，适时启动熔断机制。

（4）提前发布专题预报，开展全流程气象服务

在奥体中心场馆外现场配备应急保障车（移动气象台）及八要素气象站，实时获取现场气温、风向风速、湿度、能见度等气象数据，通过大屏提供逐小时实况及预报；现场天气预报员结合观测数据、卫星云图、天气雷达等资料，围绕高温天气提前会商研判，多渠道向执委会、竞委会报送高影响天气专报。在职院体育场外架设六要素便携气象站及移动气象显示屏，及时提供现场气象监测实况及预报信息。同时，在两个场地赛前有主持人播报天气，在场馆大屏滚动显示天气预报。

6 月 16 日开始制作发布未来 10 天专题预报、未来 3 天精细化天气预报；6 月 26 日发布测试赛逐小时精细化预报；26—28 日每天 11 时、16 时通过短信将场馆实况及预报向竞委会各处室领导及联络员发送；27 日，针对赛事期间高温天气，及时发布高影响天气专报，提请做好防暑降温措施。同时，利用微博、微信、微信群、短信等做好公众服务。累计制作发布气象服务产品 18 期。

2. 服务保障效果

十四运会足球男子 U20 竞委会在测试赛竞赛规程中将比赛时间定在下午 16 时开赛，规避高温天气不利影响。6 月 28 日，十四运会和残特奥会组委会足球男子 U20 测试赛气象保障服务工作顺利通过组委会足球测试赛评估组验收，并得到评估组专家的肯定和好评，这标志着足球测试赛气象保障服务圆满收官。十四运会咸阳赛区赛事及活动结束后，市执委会向市气象局发来感谢信。

案例2：气象保障精准把脉，十四运会火炬传递咸阳站圆满顺利

十四运会和残特奥会火炬传递（咸阳站）于2021年8月29日08时在咸阳市区开始。活动分为起跑仪式、路线传递、收火仪式三部分，从咸阳市统一广场南广场出发，沿咸阳湖向西，途经亲水平台、咸阳桥、滨河湿地公园、秦都桥、滨河西路，最终抵达两寺渡公园（咸阳植物园）北门，全程约5.8 km，历时约1 h 15 min，68名火炬手参与传递。

为保障火炬传递活动圆满顺利，十四运会咸阳市执委会气象保障部制定下发《十四运会和残特奥会火炬传递咸阳站气象保障工作方案》，设立气象保障服务工作组，细化明确具体职责和工作流程。

1. 工作开展情况

（1）细化工作任务，全力投入火炬传递气象保障

自8月23日开始，气象保障部以服务专报形式每天2次向活动组委会提供7天滚动预报，8月27日发布6 h精细化预报，8月28日发布3 h精细化预报，8月29日06时至07时，每小时发布活动地点逐小时精细化预报。8月27日下午，在火炬传递咸阳站起点统一广场架设七要素便携式移动气象站（图8-52），实时采集风向、风速、相对湿度、降水、温度、气压、天气现象等要素，为精细化预报服务提供数据支撑。

（2）强化技术支撑，凝聚保障强大合力

与陕西省气象台、十四运会气象台加密天气会商，分析研判火炬传递期间咸阳市区天气情况。特邀陕西省气象台首席预报员现场技术指导（图8-53）。

图8-52　在火炬传递咸阳站起点统一广场架设七要素便携式移动气象站

图8-53　特邀陕西省气象台首席预报员现场指导预报工作

（3）全方位积极主动服务，彰显气象担当

共发布未来7天精细化专题预报5期、咸阳市火炬传递专题预报7期（图8-54），制作发布火炬传递路线逐10 min精细化天气预报服务产品及短信，受众2000余人次，向执委会提供天气变化影响火炬传递特别提示，为组委会决策提供气象支撑。

图 8-54 咸阳市火炬传递专题预报

8月24日，咸阳市执委会召开火炬传递工作推进会，会上气象保障部通报未来7天天气预报，并就火炬传递当天（29日）天气做重点汇报。8月28日20时许，在咸阳市火炬传递联席会上，气象保障部副部长牛乐田通报最新火炬传递天气预报"明天上午08—09时，我市多云间阴天，气象条件对火炬传递活动比较有利"，为组委会决策提供气象支撑。8月29日06时，气象保障部向执委会提供最新预报信息"火炬传递起点统一广场目前多云，气温20℃，东北微风；预计08—09时，统一广场到两寺渡公园所在区域多云间阴天，气温20～21℃，东北风1～2级"。8月29日05—10时，5名气象业务人员进驻咸阳市统一广场开展火炬传递现场气象保障。

2. 服务保障效果

8月29日09时许，十四运会和残特奥会火炬传递咸阳站顺利圆满结束。咸阳市气象局科学研判、精准预报、及时服务，积极主动、优质高效的气象保障服务，受到活动各成员单位高度赞誉。在咸阳市十四运会筹办工作表彰中市气象局获评先进集体，1人获评先进个人。

第八节　西咸新区保障服务

十四运会西咸赛区主要承办马术及小轮车两个大项比赛，西咸新区气象局筹备工作组作为十四运会西咸新区执委会成员单位，负责协调比赛期间气象保障等相关工作，编写完成了《第十四届全国运动会西咸新区赛区气象保障服务工作实施方案》《西咸新区十四运会气象保障服务工作流程》。筹备工作组主动对接、积极协调、精细服务，顺利完成十四运会西咸赛区各项活动气象服务保障工作。

一、服务开展情况及成效

（一）责任分工

按照赛事气象服务保障需求，设置气象服务协调岗、现场服务岗、应急保障岗等岗位开展工作，具体内容如下。

1. 气象服务协调岗

由西咸新区气象局筹备工作组安排专人负责，将十四运会和残特奥会气象台提供的赛事气象服务产品及时提供给现场服务岗。与西咸新区执委会、竞委会及相关部门对接，将气象服务需求反馈至十四运会和残特奥会气象台，十四运会气象台完成后再发给现场服务岗。

2. 现场服务岗

由西咸新区执委会场地环境处安排专人负责，根据气象服务指导产品开展气象保障服务工作，将赛事气象服务产品及时分发给西咸新区执委会、竞委会及相关部门，收集各部门气象服务需求，及时反馈给气象服务协调岗。

3. 应急保障岗

由西咸新区气象局筹备工作组安排专人负责，协调西安市气象局技术保障部门完成气象探测设备保障、数据正常传输工作，承担临时应急性气象服务任务。

4. 岗位职责

（1）服务产品由十四运会和残特奥会气象台统一制作，第一时间发送至各相关岗位。各岗位人员进驻服务地点后及时反馈各级各类用户需求，按照职责通过书面报告、短信等方式向各级各类用户及各赛事场馆发送对应的服务产品，开展赛会赛事的决策和咨询等气象服务。

（2）现场服务岗负责面向西咸新区管委会、执委会、竞委会、运动员、裁判员、媒体开展现场气象保障服务；及时向气象服务协调岗反馈服务需求，由气象服务协调岗与十四运会气象台对接，完成后由现场服务岗根据下发的指导产品开展面向新区管委会、执委会及马术、小轮车比赛场馆等现场气象保障服务。

（3）现场应急保障。应急保障岗位人员负责马术、小轮车比赛场馆的现场气象服务综合保障工作。

（二）赛事气象服务情况及成效

按照赛事气象服务保障需求，西咸新区气象局筹备工作组协调十四运会气象台，于赛前 7 日至比赛结束每日制作发布马术、小轮车场地未来 7 日逐日天气预报及未来 3 日逐 12 h 天气预报，并于比赛日制作当天逐小时天气预报，期间共制作马术比赛气象服务专报 41 期、小轮车比赛气象服务专报 34 期，制作天气预报图片 66 张，制作发布高影响天气服务专报 9 期及短时临近气象服务信息 2 期。

二、服务案例

西咸新区小轮车比赛因雨延迟举行

2021 年陕西省秋淋开始时间偏早，比赛期间降水偏多、持续时间长、天气形势复杂，9 月 16 日，西咸新区有明显降雨天气，对小轮车比赛影响较大，原定于 16 日开赛的小轮车比赛延期举行，针对赛事竞委会所提需求，西咸新区气象局筹备工作组与十四运会气象台多次加密会商，及时准确提供加密气象预报服务。17 日中午，组委会办公室副主任主持召开十四运会小轮车项目气象保障专题（视频）会，竞赛组织部副部长、市场开发部相关领导在主会场参会，陕西省气象局副局长、气象保障部副部长带领首席团队参加，汇报近 3 天气象保障情况，并与各单位就比赛日期调整进行综合分析研判。中国自行车协会、西咸新区执委会、陕西省航管中心相关负责人，小轮车项目裁判长，小轮车项目竞委会负责人及各处室负责同志在分会场视频参会。根据预报结果，小轮车竞委会将小轮车项目比赛调整至 9 月 19—20 日举行。

19 日上午，十四运会气象台加密制作小轮车场地逐小时专题预报 3 期，预报下午 16—17 时有小阵雨。14 时，小轮车项目开赛，15 时 40 分，十四运会气象台发布短临提示，预报未来 2 h 小轮车场地有短时阵雨，16 时小轮车项目停赛 30 min，恢复比赛后又因下雨于 18 时停赛，最终当日比赛于 21 时全部结束。精准及时的气象服务保障工作极大限度避免了天气对比赛的影响，为竞委会合理安排比赛时间提供了科学依据。

第九节 杨凌赛区保障服务

十四运会和残特奥会期间，杨凌赛区有杨凌网球中心和陕西省水上运动管理中心 2 个场馆（地），承办网球、赛艇、皮划艇（静水）3 项比赛。

杨凌气象局认真贯彻落实习近平总书记关于"做好筹办工作，办一届精彩圆满的体育盛会"的重要指示精神，按照杨凌农业高新技术产业示范区党工委管委会、十四运会杨凌执委会和陕西省气象局安排部署，围绕十四运会"简约、安全、精彩"的办赛目标，在上级气象部门的协调指导和技术支持下，举全局之力，积极谋划，主动对接，从气象监测、预报预警、现场服务、应急保障等方面开展全方位的精细化气象保障服务，圆满完成了十四运会网球、赛艇、皮划艇（静水）比赛各项气象保障工作。

一、服务开展情况及成效

（一）预报预警服务情况

组织技术力量，分析十四运会杨凌赛区比赛期间气候背景及高影响天气大雨、暴雨、大风、雷暴、雾、高温的发生概率（图 8–55），及时上报杨凌示范区执委会。

附件：

十四运会杨凌赛区正赛期间

天气气候评估报告

十四运会杨凌赛区正赛期间，正值夏秋季节转换，天气气候形势复杂，为做好赛事气象保障工作，我局依据近 30 年气象观测资料，对杨凌 9 月气候特征、比赛期间气候特点及高影响天气发生规律进行了分析评估。

结果表明：网球比赛期间（9 月 1–9 日），杨凌出现降雨的概率为 38 %；日最高气温超过 30℃的概率为 28. 9%；极大风速达 6 级及以上（≥10. 8m/s）的概率为 2%；出现大雾天气的概率为 4. 8%；出现雷暴天气的概率为 2. 2%。赛艇、皮划艇（静水）比赛期间（9 月 14–26 日），杨凌出现降雨的概率为 44 %；日最高气温超过 30℃的概率为 4. 4%；极大风速达 6 级及以上（≥10. 8m/s）的概率为 3%；出现大雾天气的概率为 6. 7%；出现雷暴天气概率为 1. 8%。现将赛期天气气候评估情况详细报告如下：

一、9 月气候概况

1. 降水

逐日降水概率大于 25%，最大日降水量 101. 4 毫米；月均出现连阴雨过程 1. 1 次，最长持续时间达 17 天。

气象要素	平均值	最大值	最大值出现时间	最小值	最小值出现时间
降水量	101. 4 毫米	416. 7 毫米	2011 年	14. 4 毫米	1993 年
降水日数	11. 7 天	21 天	1992 年	5 天	1995 年

2. 温度

日最高气温超过 35℃的概率为 3. 7%，主要出现在上旬；日最高气温超过 30℃的概率为 38. 3%。

气象要素	平均值	最大值	最大值出现时间	最小值	最小值出现时间
气温	19. 7	36. 8	1997 年 9 月 5 日	7. 2℃	1997 年 9 月 27 日
地表温度	22. 0℃	62. 2℃	1997 年 9 月 5 日	4. 9℃	1997 年 9 月 27 日

3. 风向风速

平均风速 1. 2m/s，平均最大风速 4. 1m/s，极大风速 16. 7m/s。4 级及以上（≥5. 5m/s）的日数占 39%，6 级及以上（≥10. 8m/s）的日数占 3%。偏东风出现频率最高，其次为偏西风，具体如图 1 所示。

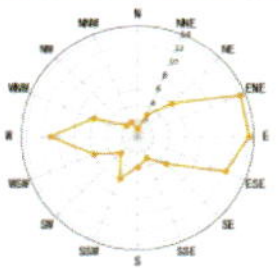

图 1　9 月极大风速风向频率玫瑰图（单位：%）

4. 能见度

日平均最小水平能见度为 6. 7km，低于 1km 的大雾天气出现概率为 17. 3%，低于 500 米的浓雾天气出现概率为 7. 0%。

5. 雷暴

雷暴天气发生概率为 5. 0%。

二、网球赛期（9 月 1-9 日）气候特点及高影响天气发生规律

1. 降水

图 8–55　十四运会杨凌赛区正赛期间天气气候评估报告

网球赛事比赛地点杨凌国际网球中心，预报服务时间 8 月 23 日至 9 月 9 日，共制作发布 31 期专报、2 期高影响天气专报。

赛艇、皮划艇（静水）赛事比赛地点陕西省水上运动管理中心，预报服务时间 9 月 5—26 日，共制作发布 33 期专报、3 期高影响天气专报。

根据各比赛项目对气象保障服务的要求，分别制作了十四运会赛艇、皮划艇（静水）项目比赛专题气象服务材料清单。比赛前，及时制作发布气候分析及趋势预测产品及逐日天气预报。针对气象要素对网球、赛艇、皮划艇（静水）比赛的影响进行分析研究，按照提前 20 天、10 天、7 天、3 天及赛事期间分阶段制作不同的精细化专题气象服务材料、大屏显示产品等。

杨凌赛区正赛期间，共制作服务专题预报 69 期，包括高影响天气专报 5 期、网球服务产品 31 期、赛艇服务产品 19 期、皮划艇（静水）服务产品 14 期，此外，赛艇、皮划

艇（静水）比赛期间，每半小时进行实况气象监测要素通报，非比赛日每两小时通报天气实况，共计通报实况材料211期。

十四运会网球、赛艇和皮划艇（静水）正式比赛期间，杨凌出现多次降雨天气过程。杨凌气象局及时发布高影响天气预报，做好现场保障，积极向竞委会和裁判、仲裁提出赛事建议。根据气象信息，网球比赛首日开赛时间从原来的10时提前至09时，当日比赛延长至当晚22时，避免了后期降雨天气对赛事的影响。

（二）现场服务情况

8月31日，陕西省气象监测车进驻场馆开展现场气象服务，进一步增强了气象要素观测及气象保障服务能力。

杨凌气象局提前安排专人进驻网球场馆开展赛事筹备工作，根据赛程安排，制定了十四运会网球、赛艇、皮划艇（静水）比赛气象服务任务表及保障人员值班表，安排专人驻竞委会办公室及赛艇、皮划艇仲裁室做好比赛现场气象保障工作，执委会选派2名志愿者专职协助现场气象保障工作，及时传达比赛相关信息、分发服务产品、改进和完善气象保障服务内容。共分发网球赛气象服务专报756份，2次向裁判长当面汇报对赛事产生影响的降雨天气情况，裁判长及时调整赛程安排。每天按时参加竞委会工作调度会，及时明确工作要求，针对性开展保障工作。通过微信群、现场电子显示屏、宣传栏纸质材料、"全运·追天气"App等多种方式为网球、赛艇、皮划艇（静水）项目竞委会各处室、裁判员、运动员提供全方位气象服务。

（三）服务组织情况

1. 全面融入赛事组织网

十四运会杨凌示范区执委会成立气象保障部，进一步完善工作运行机制，印发高影响天气应急预案，开展高影响天气应对专题培训，气象工作全面融入赛事组织。杨凌气象局成立了十四运会气象保障服务工作领导小组，联合开展"党建＋十四运会精彩圆满"党员誓师活动，业务骨干多次赴十四运会气象台、气象服务中心对接赛事保障相关技术问题，按照"一赛一策"原则，制定专题气象保障服务方案，多次召开专题讨论会、推进会、复盘会，全面安排部署气象保障服务工作。

2. 全力织密气象预报网

按照服务方案，杨凌气象局提前制定十四运会气象保障任务排期表，提前10天开始制作场馆所在区域天气现象、降雨量、气温、风向、风速预报，并根据天气情况提出有针对性的影响及建议，以传真、微信工作群等方式向执委会、竞委会发送。赛期临近，8月30日开始，预报的时间分辨率升级为逐小时；受阴雨天气影响，专报从每天1期变成每天3期，期间不定时发布高影响天气专题预报。

3. 全效打造直通服务网

建立面向执委会、竞委会的"直报"机制，确保重要服务信息第一时间送达。赛事期间，杨凌气象局局长、分管副局长主动向裁判长当面沟通高影响天气 2 次，建议其提前采取应对措施，科学合理安排赛事。与竞委会场馆服务处沟通，利用网球场馆、运动员住宿酒店、技术官员住宿酒店电子显示屏，竞委会办公区、裁判长办公室移动触摸式显示屏等设备，滚动显示最新的精细化气象服务产品，确保气象信息发布高密度、多渠道、广覆盖。

（四）大力开展宣传，提升影响力

提前成立新闻宣传小组，制定十四运会宣传方案，针对十四运会赛事气象保障服务开展全方位宣传策划，统筹做好相关宣传报道工作。在网球、赛艇、皮划艇项目比赛期间，加强各级新闻媒体沟通，及时报送新闻线索。《中国气象报》、陕西广播电视台、澎湃新闻、《三秦都市报》、华商网、陕西科技传媒、杨凌融媒体中心等十多家媒体针对气象保障服务进行了文字、图片以及视频报道，其中国家级媒体 4 篇、省级媒体 21 篇、地方级媒体 8 篇、陕西气象局官网十四运会专栏 5 篇，同时接受陕西广播电视台采访进行视频报道，宣传效果良好。制作宣传视频 4 个、气象与体育竞技科普视频 1 个，通过短视频媒体平台进行宣传报道，加大气象科普力度。

（五）服务成效

在测试赛、正式比赛等赛事结束后，杨凌气象局及时召开复盘总结会，认真总结工作经验，查找工作中存在的问题，制定整改措施，为在后期开展的气象保障工作中不断改进完善，不断提升气象保障服务水平。

精细、周密的气象保障工作受到十四运会杨凌执委会、竞委会高度肯定，网球、赛艇、皮划艇（静水）项目竞委会分别向杨凌气象局发来感谢信，对气象监测、预报预警、现场服务、应急保障等方面助力十四运会赛事圆满举办发挥的重要作用表示感谢。

二、服务案例

精准预报为网球比赛提供决策参考

2021 年 9 月 1 日，十四运会网球比赛在杨凌正式拉开帷幕。开赛前夕的 8 月 31 日，杨凌网球中心为中到大雨。根据 8 月 31 日下午 17 时杨凌气象局十四运会气象服务专报"9 月 1 日上午降雨停止，1—2 日降雨暂歇，3—5 日持续降雨"的决策参考信息，为了确保后期赛事不受降雨影响，竞委会主任、裁判长将原定 9 月 1 日开赛时间"不早于 10 时"提前至 09 时开始比赛，赛事"战表"随即出炉，首日即安排了 55 场比赛，一直进行到晚上 22 时。

9 月 5 日午后雨势增强，赛事转场到室内球馆，当天取消了 7 场比赛。每日例会上，气象保障部汇报"降雨将持续到 6 日凌晨 04—05 时，之后天气逐渐转好，晴好天气将持续到 9 号比赛结束"，裁判长表示："这是条令人振奋的消息，趁着好天气咱们争取把比赛进度赶一赶。"

每一份专题预报看似只是数据的堆砌，但背后却是预报员认真的分析、笃定的研判和用心用情的服务。所幸的是，9 月 1—6 日杨凌虽阴雨相间、出现了 5 个降雨日，但多数降雨发生在夜间，白天受影响的比赛场次并不多，确保了整个赛事未出现大面积推迟和延期，杨凌气象局圆满护航十四运会网球赛顺利进行。

第十节　宝鸡赛区保障服务

2021 年 6 月 25 日至 9 月 22 日，宝鸡分别在市游泳跳水馆、市体育场、市职业技术学院体育场等场馆举办了十四运会足球测试赛、水球测试赛、十四运会足球（女子 U18 组）、水球、群众赛事乒乓球等比赛。十四运会期间，宝鸡市气象局对标"精彩圆满"和"监测精密、预报精准、服务精细"要求，全面贯彻落实陕西省气象局和宝鸡市委、市政府以及执委会有关要求，不断提高政治站位，牢固树立"一盘棋"思想，以时不我待的紧迫感、责无旁贷的使命感、全运有我的自豪感，全力以赴投身十四运会和残特奥会气象保障服务中，为办一届精彩圆满的体育盛会贡献了应有的气象力量。

一、服务开展情况及成效

（一）服务开展情况

1. 加强组织领导，积极谋划服务

成立了第十四届全国运动会宝鸡分赛场气象保障服务工作领导小组。宝鸡市气象局党组书记、局长任组长，分管副局长任副组长，相关机关科室、直属单位负责人为成员。领导小组下设预报预警组、现场服务组、信息保障组、后勤保障组、科普宣传组。明确各组工作职责，挑选精兵强将，任务细化到人，确保十四运会气象保障有力有序。

2021 年 4 月 28 日，宝鸡市气象局组织召开十四运会气象保障服务工作领导小组全体会议，安排部署气象保障服务工作（图 8-56）。市局先后 6 次召开专题会议，安排部署、积极推进十四运会和特奥会保障服务工作。从测试赛到正式比赛全体业务服务人员在岗值班，全市气象部门 5 次进入保障服务特别工作状态，6 次进行复盘总结，全力做好赛事气象保障服务工作。

2. 主动沟通对接，做好各项准备

2021 年 5 月 6 日，赴陕西省气象局十四运会办、十四运会气象台、气象服务中心、大探中心对接保障服务相关技术、设备、流程等问题。组织参加 5 次十四运会足球（女子

图 8-56　十四运会气象保障演练工作检查部署动员会

U18 组）全流程演练，协调解决了场馆周边、检录大厅、接待酒店电子显示屏气象信息发布，省气象局应急保障车辆停放位置等问题。按照十四运会安保要求，与省气象局信息中心、大探中心及时对接，为省气象局应急观测车、移动气象台以及省气象局现场保障人员办理车辆人员证件。与竞赛部对接，解决了特奥会足球比赛、十四运会足球测试赛、水球测试赛、十四运会足球（女子 U18 组）、水球和群众赛事乒乓球比赛秩序册中天气预报信息印制前的更新。与电力保障部对接，解决了移动气象台到达现场后的供电问题。与行政接待部对接，解决了现场保障人员餐食问题，确保全流程服务无死角。

3. 提前安排部署，全流程开展服务

制定了《十四运会和残特奥会宝鸡气象保障服务工作方案》，印发了《十四运会和残特奥会高影响天气应急预案》等，制定赛事项目预报预警产品清单和模板，不断提升赛事本地高影响天气预警能力。多次与陕西省气象局十四运会气象台、气候中心会商，向市委、市政府、市执委会、竞委会报送比赛天气预报和专题服务材料，提供决策依据。8 月20 日至 9 月 22 日，为女子足球（U18 组）、水球和群众乒乓球比赛期间每日制作未来比赛场地所在区域天气现象、气温、风向、风速预报以及温馨提示，以传真、微信工作群、手机短信的方式向执委会、竞委会工作人员发送，方便科学合理安排赛前各项准备工作。同时在场馆电子显示屏、检录大厅移动触摸式显示屏上滚动显示气象服务产品，包括 24 h预报（逐小时显示），48～168 h 预报（逐 24 h 显示）。整个比赛过程累计制作发布十四运会专题天气预报 76 期，发送短信 3500 余条，市执委会、竞委会、各部室工作人员以及十四运会志愿者安装"全运·追天气"App 1820 多人次。

4. 加快能力建设，提升监测服务水平

与宝鸡市执委会积极对接，争取市财政资金 80 余万元完成了十四运会地面气象监测站网建设项目、十四运会和残特奥会一体化智慧气象服务系统建设项目，市局投入 20 万元开展微波辐射计数据融合应用等技术研发。在宝鸡市体育场、市职业技术学院体育场、市会展中心等主要场馆周边建成微波辐射计、大气电场仪、天气现象智能观测系统并安装3套八要素自动气象站，完成场馆周边半径10 km内的10套区域站多要素升级改造。2名业务人员加入陕西省气象局气象观测技术创新研发中心和创新团队，开展微波辐射计等新型探测设备资料的应用研究。市局自立科研项目开展赛事高影响天气高温、强对流天气本地化预报预警方法技术研究。选派1名骨干预报员到十四运会气象台工作，积累赛事预报服务经验。

5. 争取上级支持，现场保障到位

工作组先后3次赴陕西省气象局汇报十四运会气象保障服务情况，请求省气象局业务单位予以技术、设备等支持。5月15—21日，省气象局移动气象台应急保障车、便携式观测设备、手持观测设备到达足球测试赛现场，进一步增强了现场服务手段。市气象台、市气象局服务中心与省气象局大探中心、信息中心业务人员组成的现场保障服务团队，充分应用现场观测数据开展现场保障服务（图8-57）。在移动气象台应急保障车上，通过卫星连线省气象台开展足球比赛颁奖仪式期间降水天气会商。整个赛事期间共开展现场气象保障服务8次。

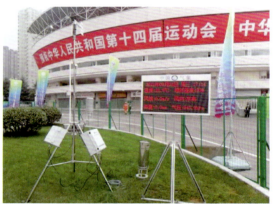

图 8-57　气象业务人员开展服务保障工作

6. 积极融入宣传，服务效益显著

先后接受陕西广播电视台、《宝鸡日报》、宝鸡新闻网多次采访，通过多途径、全媒体在《中国气象报》、地方党报党刊、省市气象新闻网等共发布十四运会保障服务有关宣传报道14篇，制作美篇6篇、短视频8个，全方位展示宝鸡气象现代化发展成就。分管副市长李瑛和宝鸡执委会副秘书长韩景钰多次在市执委会工作推进会、协调会议上对气象保障部工作给以充分肯定，表扬火炬传递和赛事期间气象保障到位、服务积极、预报精准。

（二）服务成效

十四运会气象保障服务，是宝鸡市气象部门首次开展的大型活动气象保障工作，是对全市气象部门业务服务能力的重要检验。围绕保障任务和服务需求新建的多个探测仪器设

备，进一步提升了宝鸡城区气象监测站网密度和监测能力，对防御城市内涝和研究城市高影响天气预警技术意义重大。移动观测设备由一套增加到两套，锻炼了技术保障水平、提升了预报员应用新型探测资料技术和应对大型活动保障能力，促进了气象融入社会和政府职能的深度，让地方政府、社会各界对气象工作有了更加深入认识，进一步提高了气象部门社会影响力。宝鸡市气象局以高度的政治责任感和只争朝夕的使命感，快速响应、高效及时，主动作为、攻坚克难，圆满完成十四运会保障服务任务，受到十四运会宝鸡市执委会的充分肯定，宝鸡市执委会专门致信感谢组委会气象保障部和宝鸡市气象局。十四运会保障服务取得的一系列成果，为今后大型活动和体育赛事气象保障服务积累了丰富的实战经验。

二、服务案例

精细化短临预报为足球（女子 U18 组）比赛如期开赛提供决策依据

9 月 1—10 日，十四运会足球（女子 U18 组）比赛在宝鸡市体育场、宝鸡职业技术学院体育场同时进行。1—2 日宝鸡天气以阴天间多云天气为主，比赛顺利进行。9 月 3 日 16 时开赛的比赛如期举行，16 时 20 分开始，市区出现短时降水，市气象台发布短时临近预报，第一时间通知足球竞委会工作人员。强降水一直持续，18 时 29 分市气象台发布暴雨黄色预警信号。短时强降水使得足球比赛场地积水严重，同时因 16 时比赛在雨中完成，足球场地出现坑坑洼洼情况，原计划 19 时 30 分开赛的比赛是否推迟开赛，需要精细化的短时临近预报提供决策依据。市气象台从预警信号发布后一直与竞委会人员保持电话沟通状态，及时报告天气演变形势。根据 19 时 30 分后市区强降水将减弱的预报结果，19 时 16 分竞委会安排比赛如期进行。比赛开始后，市区降水明显减弱，比赛顺利完成。总结 9 月 3 日服务情况，9 月 4 日起，市气象台增加服务时段，在每场比赛开始前 1 h 发布比赛期间 2 h 短时临近预报产品，为比赛开赛及进行提供依据（图 8-58）。

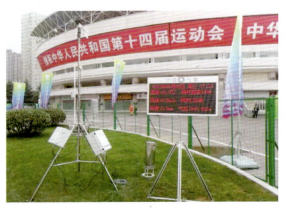

图 8-58　足球（女子 U18 组）比赛现场应急保障服务

第十一节　汉中赛区保障服务

十四运会和残特奥会汉中赛区有天汉湿地公园铁人三项比赛场地和汉中体育馆承办十四运会铁人三项和跆拳道 2 个大项比赛。

按照中国气象局、陕西省气象局、汉中市委市政府对十四运会气象服务保障工作的指示及要求，汉中市气象局结合本地实际，认真组织，精心服务，圆满完成各项赛事的气象服务保障工作。

一、气象服务保障筹备

（一）组织领导

2019 年 10 月，汉中市气象局成立了第十四届全运会气象服务保障筹备工作领导小组，负责落实市委、市政府和陕西省气象局第十四届全运会气象服务保障筹备工作领导小组对气象保障服务的要求，负责组织全市气象服务筹备工作。

（二）需求调研

一是赛前主动对接执委会、竞委会，摸清摸细需求，组织服务团队赴省十四运会气象台等单位开展工作调研学习借鉴服务经验；二是组建预报服务支撑团队、现场应急保障团队、后勤保障团队等各司其职、分工合作，赛事服务有条不紊；三是赛中跟进分析评估，科学应变，及时调整服务策略和优化服务产品，充分满足不同用户群体的个性需求；四是测试赛后及时开展问卷调查、总结复盘，查漏补缺，不断完善服务流程、改进服务方式、优化服务产品，为后期的正赛储备技术，积累了丰富经验。

（三）方案编制

结合汉中市比赛项目和场地对气象服务的需求，汉中市气象局先后编制印发了十四运会相关气象服务保障方案 10 份、十四运会赛事气象服务任务及产品清单、十四运会气象服务保障工作规则、十四运会高影响天气应急保障预案、气象专用监测设备故障应急预案等各项规章制度，绘制了汉中市十四运会赛场气象保障作战图，做到工作安排有序、时间清晰明了、责任落实到人，确保各项准备工作有力推进。

（四）责任分工

领导小组下设预报服务技术组和现场气象保障服务组。预报服务技术组负责汉中市十四运会气象服务产品制作，根据执委会、竞委会需求，提供专项服务产品等。现场气象保障服务组负责开展现场气象监测、服务和应急保障，负责现场服务复盘分析和总结等。

二、服务开展情况及成效

（一）预报预警服务情况

活动期间，共制作汉中赛区各项测试赛（正赛）服务专题预报 77 期，包括测试赛专题天气预报 32 期、正赛气象服务专题预报 45 期。

（二）现场服务情况

汉中市气象局现场气象服务由直属单位各业务骨干组织，成立临时党支部，确保人员政治过硬。2021 年 3 月开始，市局紧密联系执委会、竞委会，精准发力，多措并举，通过"五进"，服务测试赛和正赛（图 8-59）。

图 8-59　十四运会汉中赛区开展"五进"式气象服务

（三）应急服务情况

根据陕西省气象局统一安排，汉中市气象局快速响应，按照十四运会开（闭）幕式特别工作状态及残特奥会开（闭）幕式特别工作状态要求，实行 24 h 应急值守和主要负责人在岗值班制度，参加综合天气会商、加密天气会商（图 8-60）。

图 8-60　火炬传递当天凌晨，汉中市气象局与十四运会气象台加密会商

（四）赛区气象保障举措

1. 加强监测支撑

一是围绕赛事特点，在铁人三项比赛主场地和水域建设了八要素自动气象站和水体浮标站开展专项监测；二是安装 2 套六要素移动式便携气象站，布设于自行车赛道两端，开展高影响区域精密观测；三是实施气象卫星、雷达和气球探空、无人机等手段的分钟级加密精细观测，为整个赛事的进行搭建了空、天、地一体化的立体高时空分辨率精密观测，可以及时捕捉天气变化的"蛛丝马迹"，保障高影响天气监测不漏网。

2. 强化预测预报

依托十四运会一体化气象预报服务系统和十四运会高影响天气预报预警系统，强化省市联动和上下游协同，开展信息共享和天气会商，提前 10 天对竞赛期间的气象要素和天气条件进行了精确的分析评估；探索建立了竞赛水域的水温预报指标；临近一周开展比赛主场地和车站、机场、运动员驻地的逐日多要素精细化天气预报，为赛事准备、观众出行等提供及时准确的气象信息；竞赛期间，实施逐小时滚动的全线路实况监测和气象条件预报，保障赛事的安全高效进行。

3. 狠抓细节服务

以赛事需求为导向，以满足赛事组织者、运动员、观众等不同人群的个性化需求为目标，充分利用户外电子显示屏、传真、电话、微信、微博、客户端、12121 电话等手段，第一时间将各类气象监测、预报预测服务信息精准发布到决策者和各类用户群体手中。面向公众在主会场电子大屏上滚动显示气象监测预报服务信息 38 期，发布气象服务短信1169300 人次，预警信息 1066 条次，12121 电话拨打 50518 次。最大限度提高信息覆盖面和精准度，为赛事的成功举办提供了有力支撑。

4. 开展风险分析

成立科级攻关小组，编制完成《汉中市近十年气象灾害及领域风险分析》，向市政府和执委会报送《第十四届全国运动会汉中分会场赛事气象条件分析及风险预评估的报告》。建立了铁人三项赛事气象条件风险评估分级指标。开展 4 次预评估和评估服务，受到市政府、市十四运会办公室的肯定，市政府领导 2 次进行了批示。

5. 营造舆论氛围

主动联合市文旅局制作富有汉中特色的气象宣传片，并通过各类官媒和自媒体推介宣传汉中宜居宜游宜业宜养的优越气象条件和良好的自然人文生态环境；赛事期间，在陕西广播电视台直播中实时播报气象信息数十条。同时全员动员，共制作撰写发表各类视频、文字、图片宣传稿件 15 篇，其中《中国气象报》发表 1 篇，中国气象局网站十四运会气象保障服务专题发表 4 篇，为赛事成功举办营造了良好的氛围。

三、服务案例

铁人三项赛事服务案例 1：精准预报　细算水账

襄河水库惊险调度　保障十四运会铁人三项比赛顺利举办

2021 年 9 月 17—19 日，第十四届全运会铁人三项比赛项目在汉中举行。铁人三项比赛是一项户外竞赛项目，包含 1.5 km 公开水域游泳、40 km 自行车比赛和 10 km 跑步 3 个竞赛内容。第十四届全运会铁人三项比赛场地位于汉江上游汉中段一江两岸湿地公园，其中公开游泳赛道位于汉中龙岗大桥下游 1 km 处的汉江主河道，上游 3 km 便是汉江在汉中境内主要支流襄河的汇入点。距汇入点上游 18 km 的襄河河道上建有库容总量 1.098 亿 m³ 水库一座，名为石门水库，库坝呈弓形紧扼两山之间，是一座以灌溉为主，兼顾发电、防洪的大型水库。

每年 9 月是汉中华西秋雨时节，当地又称"秋淋"。据后来统计，2021 年汉中"秋淋"持续时间 51 天，降水总量为 614.9 mm，较常年偏多 1.5 倍，为 1961 年以来历史第 1 次。"秋淋"期间共叠加 5 次区域性暴雨过程，出现暴雨和大暴雨 32 站次，造成境内主要江河水位暴涨。而这次比赛时段，恰逢汉中遭遇"秋淋"天气中叠加一次区域性强降水过程，汉江上游及襄河全线水位暴涨，对比赛能否按期顺利举办带来巨大挑战。在 2021 年这个不平凡的 9 月，汉中市气象局围绕科学建议石门水库分洪，保证比赛如期安全举办，展开了一次争分夺秒、惊心动魄、载入史册的气象保障服务。

精准预报指导预泄调度　下好赛事保障"先手棋"

9 月 13 日，市气象台预报：9 月 15—18 日，全市有一次区域性强降水过程，汉江上游宁强、留坝将出现总量超 150 mm 的降水过程，预计将造成汉江上游和襄河涨水，极大可能影响 17—19 日铁人三项比赛举行。市气象局主要负责人袁再勤第一时间当面向市长张烨进行汇报，市气象台同时制作赛事服务精细化专题天气预报向赛事组委会、竞委会各成员单位分发。在接到市气象局的报告后，张烨市长立即召集应急管理局、体育局、水文局、水利局、石门水库管理局等单位紧急研判，研究应对措施。

自 8 月 30 日起，此时的汉中已经连续下雨超过 22 天，汉江汉中段水位较高运行，对赛事保障本就造成较大压力。13 日晚间的调度会上，大家神情严肃，市气象局在会上第一个发言，袁再勤局长结合全市前期雨量、当前汛情形势及后期天气做了详细发言，重点对河水上涨可能对比赛造成影响进行了提醒。市长张烨说："这次比赛能否顺利举办，是对全市组织调度管理综合水平的一次大考，关乎汉中形象展示，我们必须想尽一切办法克服困难，保证比赛按照赛程如期高质量举办。"会议最终形成了石门水库开闸分洪的决定，决定自 14 日 00 时起，石门水库提闸下泄腾空库容，保证 17 日和 19 日两个比赛日，褒河水不进入汉江主河道，汉江主河道流量控制在 1000 m^3/s，确保游泳赛段符合竞赛要求。

14 日，褒河水库提闸放水，累计下泄流量 0.607 亿 m^3，实现库容腾空。

实时调度拦洪削峰护周全

15—16 日是两个连续降雨日，石门水库闸门紧闭，没有一滴水流入汉江，保证汉江水位始终维持在安全线以下。市气象局逐时向竞委会提供精细的预报服务产品，依托对未来天气的了解，竞委会组织对赛道各项设施进行了最后一次加固和检查，确保了 17 日第一个比赛日顺利完赛。然而，17 日夜间至 18 日白天，汉江、褒河上游又是一次暴雨过程，石门水库库容激增，水位超 605 m，即将达到 615 m 警戒水位，开闸放水已刻不容缓。

铁人三项最后一个比赛日将于 19 日 07 时 30 分鸣枪开赛，游泳赛段预计在 08 时 30 分结束，石门水库如马上提闸放水，势必造成比赛赛段流量过大，浮标设施冲毁，比赛无法举行。如不放水，水库一旦超警戒水位运行则如"达摩克利斯之剑"高悬，危及下游百万群众生命安全。在政府的指挥调度室内，政府主要领导与各部门紧急研判，围绕放不放水、什么时候放水展开激烈讨论。在这次会议上，市气象局还是第一个发言单位，面对巨大压力，市气象局给出了精准预报：留坝的降水过程将于 19 日 00 时以后减弱，不再会形成更大强度的地面径流。市气象局袁再勤局长基于对当前气象预报技术的深刻了解，建议将石门水库开闸放水时间定在 19 日 08 时以后。

18 日夜注定是一个漫长的不眠夜。大家紧紧盯着雨量和水位，市气象局每 10 min 报告一次雨量，每小时做出一份天气预报，这一份份材料承载着气象人守望风雨的初心使命。19 日凌晨，雨慢慢停了，上游来水减小，石门水库水位缓缓上升，但始终没有超过警戒水位。19 日 06 时，初升的太阳将第一缕阳光洒在天汉大地，天汉湿地公园碧空如洗。07 时 30 分，比赛准时开始，随着一声令下，数十名运动员集体跃入水中，一时间鱼翔浅底，追风蹑影，好不激烈。08 时 15 分，石门水库水位来到 612 m，市长下令开闸放水，洪峰 08 时 45 分抵达赛道，江面浮标被冲毁（图 8-61），而此时，运动健儿们已经安全离开水面，开始了自行车赛段的比赛。

图 8-61　洪峰抵达后游泳赛道浮标被冲毁

这次竞赛对水库的调蓄，是赛事能否举办的关键，气象预报的精准度和提前量使水库调度突破时间和空间的"禁锢"，使桀骜不驯的洪水变得温顺。在这次全运会铁人三项比赛气象服务保障中，省市气象系统充分运用气象精细化数值预报与气象水文耦合洪水预报成果，加强雨水情测报，做好中短期和临近预测预报，有效提高了预报精度，延长了预见期，为政府科学调度决策当好耳目、做好侦查，用优异的表现完成了这项不容有失的"政治任务"，成为赛事如期顺利举办的"关键招"。

铁人三项赛事服务案例 2："失而复得"的水体浮标站

水清岸碧，鱼翔浅底，长桥卧波，9 月 17 日，十四运会铁人三项比赛在汉中市天汉文化公园和天汉湿地公园拉开帷幕，赛场既有如诗如画的自然风景，又有健身休闲的运动氛围，独具汉中自然人文特色。

然而就在 9 月 4 日，却发生了让参与十四运会气象服务保障的汉中气象人心急如焚的事情：水体浮标站丢失了！"近期天气复杂多变，持续强降水，汉江水位直线飙升，水体浮标站丢失，该如何是好？！"第一个发现水体浮标站数据异常的市气象台值班员心里万分着急、如坐针毡。同样十万火急的，是立即按市气象局领导要求前往现场的汉中市大气探测与技术保障人员老孟等人。

5 日 11 时汉江水位下降，水体浮标站终于在汉江彩虹桥桥闸处"浮出水面"。此时，老孟他们已在岸边寻找 21 个小时，步行约 20 余千米。"找到了！幸亏卡在桥闸上了。""50 kg 的锚已经卡死，必须破坏锁链才能保证水体浮标站顺利打捞。"顾不上激动的他们，立即向局领导汇报"好消息"和"坏消息"。市气象局局长袁再勤、副局长胡相林第一时间抵达现场，联系一江两岸办，协调桥闸关停等问题。在唯一一处适合打捞点，老孟他们与闻讯而来的一江两岸办工作人员把绳子捆在手上、拴在胳膊上、搭在肩膀上……"一二，加油！""一二，加油！"脚下江水湍急奔流，空中雨丝浅唱低吟，为让大家劲儿往一处使，他们一起喊起了响亮的口号。很快，80 余千克的水体浮标站被打捞了起来（图 8-62）。

图 8-62　气象局工作人员进行水体浮标打捞现场

经过检查，丢失了近 1 天 1 夜的水体浮标站已"伤痕累累"。这是汉中首个水体浮标站，风向、风速和降水等传感设备不同程度受损，怎么维修？如何确保维修好的水体浮标站不被江水冲走、移位？一系列问题困扰着老孟他们。不会修，那就学！时间紧，那就夜以继日！"与自动气象站设备原理类似，可以采取居中法进行维修。""采集器电池电压仅 10 V，需要立即更换。"10 min、20 min、30 min……，每 10 min 一组的标校数据，技保人员测试了近 100 组后，确定水温传感器数据读取正常、数据准确。经过多次与厂家沟通、自行测试，水体浮标站维修顺利完成，可以恢复运行。

但又一个难题接踵而至，9 月 10 日，汉中市气象局定制的 300 kg 海用锚通过空运抵达汉中，普通船根本载不动，如何把水体浮标站和新锚重新放回赛区江面观测位置，成了大家关心的又一个难题。"江上救援队有冲锋舟，而且有经验丰富的海员，可以请他们协助！"参加水体浮标站打捞的技保中心主任姜宗元提出建议。9 月 11 日，水体浮标站和 300 kg 海用锚顺利归位，"十四运会和残特奥会一体化智慧气象服务系统"水体数据恢复正常。大家悬着的心，终于放下了。

"水温 21.3℃，气温 17.9℃，负氧离子浓度 6289 个 /cm³，风向西，风力 1 级……"比赛当天，十四运会铁人三项赛气象服务产品在赛场大屏滚动播放。铁人三项运动员们在舒适的天气条件下，完成 1.5 km 游泳赛段后，在天汉湿地公园进行 40 km 自行车骑行和 10 km 跑步，深度感受真美汉中。

第十二节　安康赛区保障服务

十四运会安康赛区共有公开水域 10 km 马拉松游泳（7 月 3 日测试赛，9 月 12—13 日正赛）、武术散打（5 月 7—9 日十四运会武术散打项目测试赛暨陕西省青少年邀请赛，9 月 21—24 日正赛）两项赛事，赛事活动分别在瀛湖生态旅游区翠屏岛水域和安康市体育馆举行。在陕西省气象局、十四运会安康市执委会的正确领导、大力支持下，圆满完成了各项气象保障服务工作。

一、气象服务保障筹备

（一）加强组织领导

2019 年 10 月，安康市气象局成立了十四运会气象服务保障筹备工作领导小组，领导小组下设十四运会气象台（挂靠市气象台）、通信装备保障组（挂靠市大气探测技术保障中心）、综合协调组（挂靠市气象局业务科）3 个小组。从市气象局业务科、市气象台、市大气探测技术保障中心、市气象服务中心、市人工影响天气办公室等部门抽调兼职工作人员 17 人，组成 3 个小组及临时组成的十四运会开幕式人工消减雨工作专班，服务保障十四运会。领导小组成立以后，局领导带头亲自抓赛事气象保障工作，先后 10 余次当面或手机短信向省气象局、十四运会安康市执委会汇报十四运会安康气象服务保障工作情况，征求气象服务保障需求等。市气象局被纳入十四运会安康市执委会成员单位，为综合协调保障部的组成单位，气象服务为马拉松游泳、武术散打两个竞委会外围环境保障处工作内容。1 人为执委会成员，1 人为综合协调保障部副部长、赛事指挥中心成员，1 人为联络员。

（二）强化学习培训

安康市十四运会气象台抽调 4 名县（区）气象局业务骨干参与市气象局十四运会气象服务，选派 1 人参加省十四运会气象台工作。先后组织 8 人次到省十四运会气象台现场培训、36 人次参加省气象局组织的十四运会相关预报预警远程技术培训，增强安康市十四运会高影响天气预报预警能力。

（三）增建十四运会气象监测设备

为做好马拉松游泳赛事的气象保障服务，降低赛事气象服务保障风险，市气象局多方争取相关经费、技术支持，增建八要素气象监测站、水体气象浮标仪、沙温仪、智能视频天气现象仪等相关赛事专用监测设备 5 套，购置气象应急移动保障车 1 辆和马拉松游泳赛场雷电监测设备——大气电场仪 1 部，自筹资金升级安康气象 App、本地化十四运会气象服务保障系统等，及时在赛前完成采购安装和资料积累，为赛事保障提供监测数据支撑。

（四）编制方案及规章制度

为确保各项气象服务保障准备工作有序开展，市局先后组织编制印发了十四运会安康赛场气象服务方案、十四运会武术散打项目测试赛暨陕西省青少年邀请赛现场气象服务方案、马拉松游泳测试赛现场气象服务方案、十四运会安康赛事气象服务任务及产品清单、十四运会气象服务保障工作规则、十四运会高影响天气应急保障预案、气象专用监测设备故障应急预案等方案和规章制度，绘制了安康市十四运会赛场气象保障任务排期表（图8-63），做到工作安排有序、时间清晰明了、责任落实到人，确保各项准备工作有力推进。

329

十四运会安康武术散打测试赛气象保障服务任务排期表

日期	时间	任务	单位	责任人
5月1—5日	7:00—7:30	巡查安康国家基本气象观测站仪器设备	汉滨区局	张亮
	7:30—8:30	收看中央台天气会商	市气象台	当班值班员
	8:30—16:30	监测天气，及时服务	市气象台	李静睿、当班值班员
	16:30—17:00	与省十四运气象台会商天气，接收省十四运气象台的指导预报	市气象台	李静睿、当班值班员
	17:00—17:30	订正制作发布安康城区未来七天逐日天气趋势及气象要素预报、周边城市未来三天天气趋势及气象要素预报	市气象台	李静睿、当班值班员
5月6日	7:00—7:30	巡查安康国家基本气象观测站仪器设备	汉滨区局	张亮
	7:10—8:00	收看中央台天气会商，与省十四运气象台会商天气，接收省十四运气象台的指导预报	市气象台	当班值班员
	7:30—8:00	订正制作安康城区逐小时天气趋势及气象要素预报	市气象台	李静睿、当班值班员
	8:00—17:30	监测天气，及时服务	市气象台	李静睿、当班值班员
	14:00—18:00	安装体育馆现场便携式气象应急监测设备、电子触摸气象信息显示屏	市气象信息技术保障中心	田光普
5月7—9日	7:00—7:30	巡查安康国家基本气象观测站仪器设备	汉滨区局	张亮
	7:10—8:00	收看中央台天气会商，与省十四运气象台会商天气，接收省十四运气象台的指导预报	市气象台	当班值班员
	7:20—8:00	订正制作安康城区逐小时天气趋势及气象要素预报，维护体育馆现场便携式气象应急监测设备、电子触摸气象信息显示屏信息更新	市气象台、市气象信息技术保障中心	李静睿、田光普、当班值班员
	8:00—17:30	监测天气，及时服务	市气象台	李静睿、当班值班员
5月10—12日	/	复盘分析，逐项改进	业务科、市气象台	周宗涓、李静睿
		完成总结，报十四运动	业务科	周宗涓

图 8-63　气象保障服务任务排期表

（五）主动征求气象服务需求意见

2021年3月下旬，向十四运会安康市执委会综合协调处提供征求气象服务保障需求表，由综合协调处面向执委会相关处室征求赛场气象服务保障需求意见，收集到十四运会执委会转来的意见需求4条，分别为针对马拉松游泳比赛的瀛湖翠屏岛2016—2020年（7—9月）历史天气、气温情况及2021年7—9月天气、气温情况，针对武术散打比赛的安康市体育馆2016—2020年4月28日至5月10日、9月1—10日历史天气、气温情况及2021年同时间段天气、气温等情况。

测试赛期间，安康市气象局组织预报、技术保障人员察看安康市体育馆武术散打测试赛现场（图8-64）、瀛湖公开水域10 km马拉松游泳赛场，与竞委会综合协调处、外围环境处、信息技术处、场地环境处等处室对接，将气象服务保障工作任务具体到人，落实到点。

图 8-64　气象服务保障人员察看安康市体育馆比赛现场

（六）开展气象风险统计分析，建立技术指标

安康市十四运会气象台认真分析了比赛场馆以及区域5—10月温度、降水、风等主要气象要素均值、各月气候概况及高温统计，分析了武术散打以及马拉松游泳的气象风险，为科学有效地开展赛事气象服务保障工作提供了有力支撑。分别针对武术散打、10 km马拉松游泳赛建立了高影响天气预报预警技术指标，强化精准预报的能力。市气象台对"十四运会和残特奥会一体化气象预报预警系统"中每日安康公开水域水温预报产品和水体浮标站的实况数据，进行记录、对比检验分析，并总结形成报告，为订正水温预报提供主观经验方法。

二、服务开展情况及成效

十四运会赛事以来，安康市气象局组织预报、服务、保障技术人员开展测试赛气象服务保障工作复盘2次，针对测试赛中出现的问题，建立气象服务保障工作整改台账，做到立查立改，坚决将各项气象保障风险隐患整改到位。采取"前店后厂"方式，严格遵循"重大灾害性天气监测无漏网、预报无漏报、服务无失误"的赛事气象服务保障要求，高质量完成了气象保障任务。

（一）党建引领十四运会气象服务保障

在十四运会专用监测设备勘查选址、十四运会人影临时作业点勘查选址及十四运会开幕式人工消减雨作业指挥等"急、难、险、重"任务前，各小组党员干部主动请缨，全力以赴完成各项工作任务。十四运会气象服务保障期间，共制作标语2条、先锋保障队旗1幅、党员先锋岗（图8-65）桌牌1个，拍摄"党建＋气象保障 精彩护航十四运会"短视频1条，制作气象服务保障宣传美篇2期（图8-66），参加安康市广播电台"我为全运会加油"短视频拍摄1次及十四运会访谈节目1期，十四运会安康执委会媒体宣传处拍摄采访视频2期。

（二）竭尽全力做好气象预报预警

精准发布各类气象灾害预警信息。2021年4—9月，市十四运会气象台共提前发布涉赛高温、暴雨等气象灾害预警信号64期，重要天气报告16期，赛事各类专题预报产品72期。

马拉松游泳正赛气象服务产品内容为：9月6—13日未来7 d逐日天气预报；9月12—13日05—11时每2 h向竞委会更新上报实时水温、气温和未来2 h预报。武术散打正赛气象服务产品内容为：9月16—24日未来7 d逐日天气预报；9月21—22日07时和17时每日两次发布逐时专题预报，9月23—24日07时发布逐日专题预报。

7月3日，陕西水体气象浮标观测站首次正式服务安康十四运会马拉松游泳赛，将实时、连续、自动观测水温及距离水面3米的气温、湿度、风向、风度等数据，增强十四运会水上赛事天气监测预警能力和精细化气象服务能力，填补了陕西大型湖泊气象观测空白。

万里 赵艳妮 摄

图 8-65　十四运会现场气象服务保障党员先锋岗　　图 8-66　十四运会气象服务保障宣传刊稿

在做好预报制作发布工作的同时，积极开展预报检验工作，及时总结，分析复盘，促进提高预报水平。马拉松游泳比赛逐时预报产品检验结果为：≤1℃水温（水下10 cm）预报准确率为94.4%；≤2℃气温预报准确率为94.4%；晴雨准确率为100%。武术散打比赛逐时预报产品检验结果为：≤2℃气温预报准确率为83%，晴雨准确率为87%。

（三）凝心聚力服务保障赛事圆满

按照"一赛一策"原则，每次赛前，市气象局均召开专题气象保障服务会议，梳理、制定、安排专项气象保障服务任务清单，排查高影响天气隐患，专题部署各环节工作任务防范措施。赛事期间，市十四运会气象台对照马拉松游泳、武术散打正赛气象保障服务任务清单，梳理赛事期间各项任务，形成细化到逐小时的《武术散打正赛气象保障服务任务排期表》《马拉松游泳正赛气象保障服务任务排期表》。赛事期间，制作武术散打、马拉松游泳等赛事专题气象服务产品72期（逐日、逐小时精细化趋势预报），联合生态环境局制作空气质量预测预报131期，为两项赛事场馆大屏制作天气趋势预报图片产品25期（赛事期间每2 h滚动制作）。

每天滚动提供水温实况监测信息32条（每天1条），参加马拉松游泳测试赛水位气象保障监测及会商5次，出动气象应急监测车1辆3次，开展现场气象保障服务人员50余人次。

气象信息发布以无纸化电子档传递为主，发布渠道为十四运会安康竞委会联络员群、外围环境处工作群（负责提供气象信息保障）以及通过"安康气象""陕西气象"微信公众号和赛事场馆大屏、电视屏及赛事运动员教练员裁判员驻地酒店显示屏等渠道发布。竞委会各处室根据需要在竞委会联络员群获取信息后参考应用和再传播。发布时间为预报信息制作签发完成后即发布，由安康市气象台值班人员直接放置到上述微信群。

（四）练兵测试赛，复盘促整改

十四运会 10 km 马拉松游泳、武术散打比赛前，为检验赛事筹备及运行情况，十四运会组委会组织了两场测试赛，分别是十四运会武术散打项目测试赛暨陕西省青少年邀请赛、十四运会马拉松游泳测试赛暨陕西省青少年游泳赛，安康市气象局组织全程参与赛事气象服务保障，赛后组织了气象服务复盘，分析查找问题，及时整改，为进一步做好正赛气象服务保障奠定基础。十四运会武术散打项目测试赛暨陕西省青少年邀请赛具体服务情况如下。

十四运会安康赛区第一次测试赛为 5 月 7—9 日的十四运会武术散打项目测试赛暨陕西省青少年邀请赛，赛事场馆为安康市体育馆（室内），该场馆位于安康市高新区，距安康国家基本气象站直线距离 6.3 km，下垫面环境基本相似。根据前期对十四运会安康市竞委会各处室的气象服务需求调查（提供天气实况与天气预报），使用安康国家基本气象站的实况监测资料替代体育场馆附近天气实况进行天气趋势预测及实况显示依据。在体育馆外围设置便携式移动应急监测设备 1 套（监测要素包括风向、风速、气温、湿度及雨量），便携式移动应急监测设备放置地点为体育馆二层观众入口外广场围栏处。5 月 6 日，应急保障人员完成体育场馆便携式气象应急监测设备和多媒体气象信息触摸屏的安装架设工作。

武术散打在室内举行，综合考虑气象风险影响，测试赛未安排现场气象台。竞赛期间，每天早晨在场馆开赛准备时间段，由气象信息技术装备保障人员对便携式移动应急监测设备进行一次巡检维护，确保应急实况监测设备运行正常。

同时，对接十四运会安康竞委会信息处，专门制作供场馆大屏、电视屏显示的气象预报图片，供信息处在场馆大屏显示操作使用。在观众入口内通道放置立式多媒体触摸屏一个，用于显示竞赛期间制作的安康城区逐小时气象要素精细化趋势预报，与场馆内固定的电子显示设施互为补充。信息更新由气象巡检维护人员负责完成。

根据前期对十四运会安康市竞委会相关处室赛事气象服务保障需求调查意见，以及与陕西省十四运会气象台的协商意见，安康武术散打测试赛赛事天气趋势预测保障按照"前七后三"提供安康城区逐日天气趋势预测、竞赛期间（白天）逐小时气象要素精细化趋势预报、重要天气报告、短时临近预报、气象灾害预警信号等。天气趋势预报制作采取"前店后厂"方式，由安康市气象台（安康市十四运会气象台）在省十四运会气象台指导预报的基础上，在市气象局四楼业务大厅订正制作传递。

（1）逐日天气趋势。5 月 1—12 日，每天 17 时左右制作十四运会安康武术散打测试赛逐日专题天气预报，包括未来 7 天安康城区天气预报、未来 3 天安康周边城市天气预报。其中城区天气气象要素包括天气现象、相对湿度、最高气温、最低气温 4 个要素，安康周边城市包括西安、商洛、汉中 3 个城市，以文字 + 表格方式呈现。

（2）逐小时气象要素精细化趋势预报。5 月 7—9 日测试赛竞赛期间，增加制作安康城区逐小时气象要素精细化趋势预报，每天上午制作发布一期，气象要素内容同逐日天气趋势预报，根据天气变化适当增加风向风速、雷电概率等内容以及制作发布频次。

（3）重要天气报告。根据天气实况监测及数值天气预报，预测预报区域内有区域性降水、降温及大风、强对流天气、雷暴等灾害性天气可能发生时，提前48 h以上制作发布，以图文形式呈现。

（4）短时临近预报。预测预报区域内有短时阵风、短时强降水等天气可能发生时，提前2～0 h制作发布，以文字形式呈现。

（5）气象灾害预警信号。预测预报区域内有《气象灾害预警信号发布办法》中指定的灾害性天气可能发生时，提前12～0 h以上制作发布，以文字形式呈现。

十四运会安康武术散打测试赛期间，安康市气象台制作天气趋势预报服务产品10期，联合生态环境局制作空气质量预测预报20余期。其中逐日未来7天安康城区、未来3天周边城市天气趋势预报5期，竞赛期间安康城区逐小时精细化天气趋势预报产品3期。此外，专为场馆内大屏显示制作天气趋势预报图片产品9期，为行政接待处提供行政接待指南印制5月3—8日天气趋势预报产品1期，为保障预报服务的准确性和及时性，在原有逐小时预报与逐日预报产品的基础上，增加针对影响赛事场馆区域短时临近突发性天气的滚动短时临近预报1期，及时应对回复竞委会处室联络员天气影响区域问题需求1次。转发县区雷电气象灾害预警信号2期。与安康市生态环境气象局联合制作发布十四运会和残特奥会安康市空气质量预测预报20余期。

（五）领导关怀

赛事筹备及赛事期间，陕西省气象局领导多次指导十四运会安康气象服务保障工作（图8-67）。马拉松游泳赛事现场气象保障期间，安康市委常委、市政法委书记王安中看望了现场气象服务保障工作人员（图8-68），现场气象服务先锋队队长、市气象局局长王莽汇报了现场气象监测及预报服务情况。王安中称赞"气象预报很准、服务很到位"。赛后，十四运会安康市执委会专门为市气象局发来表扬信，并为市十四运会组委会气象保障部、市十四运会气象台发送了感谢信。

图8-67　陕西省气象局薛春芳副局长（左图中间）、杜毓龙副局长（右图右二）
指导十四运会气象服务保障工作

图 8-68　安康市委常委、市政法委书记王安中（右二）看望现场气象服务保障工作人员

三、服务案例

精准预报赛前降水过程，保障马拉松游泳赛事出发平台搭建和赛事顺利举行

根据赛程安排，十四运会马拉松游泳测试赛暨陕西省青少年游泳赛于 2021 年 7 月 3 日在安康水电站库区瀛湖翠屏岛公开水域举行。但是 2021 年入汛以后，降水偏少，加之安康中心城区及汉江下游沿江集镇防汛度汛要求，安康水电站库区水位一直低水位运行。6 月 8 日库区水位低至 309 m，而竞赛出发平台搭建及竞赛举行要求，库区水位最好保持 320 m。实际水位与竞赛要求水位差距较大。6 月 8 日，十四运会安康市执委会瀛湖水位气象水文联络保障组召开会商研判协调会，预测 6 月中旬（15—17 日左右）、6 月下旬（24—25 日、28—29 日左右）各有一次降水天气过程，有利于产流和水库蓄水抬升水位（实况为该两个时间段均出现降水天气过程）。

6 月 24 日，安康市气象局十四运会气象台向 10 km 马拉松游泳竞委会综合协调处、竞赛组织处制作报送了 6 月 28 日至 7 月 3 日天气趋势分析预报，指出 7 月 2—3 日有一次降水天气过程。7 月 2 日上午天气会商指出"本次降水天气过程，强度较强，移速较快，降水主要集中在 2 日 14—20 时，3 日夜间降水天气过程结束"。实况为 7 月 2 日中雨，降水晚上结束，7 月 3 日多云到晴天，赛事如期顺利举行。

根据天气预报，安康水电厂及时与省调度部门沟通协调，将水位由 309 m 逐步抬升，并于 7 月 3 日稳定在 316 m，较好地保障了赛事水位需求。

四、经验及反思

一是安康承办的大型赛事少，赛会组织人员与参赛运动队对气象服务的需求理解及要求不同，需要多层次长时间地跟进服务。本次赛事的承办为安康积累赛事保障经验提供了难得的机会，从前期气象部门主动上门"找服务"到后来的竞委会处室"要服务"，一方面气象部门准备充分，从容应对；另一方面也是宣传引导和面临实际的现实需求所致。

二是赛事期间无高影响天气，一方面使得气象服务保障压力较小，另一方面对赛事专用设备（如大气电场仪）的应用检验不够，有待后期进一步加强。同时，赛事高影响天气的雷电精细化预报预警技术支撑能力无提升。

三是地方政府的赛事资金投入有限，市气象局争取到的资金不足，制定的赛事气象服务方案落实有折扣。如赛场气象信息显示屏改为共用竞赛信息屏（这也导致气象实况与预报信息显示屏显示发布只能跟着竞赛流线安排走，增加了协调配合难度，减弱了气象信息的及时性），安康赛事专用气象服务系统改为十四运会气象服务系统本地应用等。

第十三节　商洛赛区保障服务

2021年9月8—18日，十四运会（商洛赛区）女子排球（U19）项目比赛在商洛市体育馆举办。9月10日，十四运会和残特奥会火炬在商洛市区站传递。9月24—26日，十四运会（商洛赛区）公路自行车比赛在商洛市商州区境内举办。

商洛市气象局严格按照比赛的各项要求，在陕西省气象局的有力指导下，与市执委会场地环境处密切配合，按照精密监测、精准预报、精细服务的具体要求，积极扎实做好气象服务保障工作，圆满完成十四运会（商洛赛区）气象保障服务。

一、服务开展情况及成效

商洛市气象局为了做好十四运会（商洛赛区）气象保障服务工作，与市执委会场地环境处先后进行了多轮对接：就比赛期间气象保障服务需求、气象专报模板、气象信息发布方式和发布频次等事宜进行了详细沟通，并将服务对象联系方式在商洛市灾害性天气预警服务一体化平台上导入，可实现短信、传真、邮件的一键式发布；商洛市气象局积极配合市执委会场地环境处办理比赛气象保障现场服务人员工作证件；协调气象应急保障车停放位置，落实了现场气象保障服务人员工作点位。在对接和调研的基础上，商洛市气象局统筹推进十四运会公路自行车赛各项准备工作。一是组织制定《第十四届全国运动会（商洛赛区）气象保障服务方案》，把各项保障任务落实落细；二是下发《关于做好十四运会

（商洛赛区）气象保障服务工作的通知》，进一步明确各项工作任务和要求；三是成立商洛十四运会现场气象保障团队，制定《商洛市气象局十四运会（商洛赛区）现场气象服务保障工作安排及流程》；四是深刻汲取 2021 年甘肃石林马拉松越野赛事故的惨痛教训，组织制定《第十四届全国运动会（商洛赛区）高影响天气应急预案》。加强气象应急保障和现场气象服务工作，细化岗位职责，把控服务产品时间节点，全力保障赛事圆满举办。

（一）十四运会（商洛赛区）女子排球（U19）赛事气象保障服务情况

2021 年 9 月 6 日，商洛市气象局主管业务副局长瑚波组织召开十四运会（商洛赛区）专题会议部署安排女子排球（U19）比赛气象保障工作；9 月 7 日，商洛市气象局局长王卫民再次组织召开十四运会（商洛赛区）专题会议并宣布进入十四运会气象保障服务特别工作状态。期间，市气象台共发布专题预报 36 期，其中未来 10 天滚动预报 19 期（8 月 28 日至 9 月 15 日每天 17 时），未来 3 天天气预报 3 期（9 月 16—18 日每天 17 时），排球专题逐小时精细化预报 11 期，高影响天气专题预报 1 期。预报要素涵盖温度、湿度、降雨量、风速、风向等气象要素。小时预报于每日 08 时发布，更加精细化地预报赛场每个小时的天气状况。两类专报通过传真、短信、微信全方位服务于十四运会商洛市执委会及各工作组、U19 女子排球项目竞委会和参加比赛的运动员、裁判员、教练员和技术官员。9 月 8 日起，安排专业气象服务保障人员随气象应急保障车进驻比赛现场，开展面对面的现场气象服务工作。此外在应急保障车上启动应急移动气象观测站，实时开展多要素气象观测，为 U19 女子排球赛提供第一手气象观测数据。赛事服务过程中，市气象局严格按照"全流程、全要素、全方位"的竞赛组织要求，形成了快速响应的现场气象服务机制，使智能监测、智慧预报在保障赛事服务中发挥最大效益。

（二）十四运会商洛赛区公路自行车赛事气象保障服务情况

2021 年 9 月 6 日，商洛市气象局主管业务副局长瑚波组织召开十四运会（商洛赛区）专题会议部署公路自行车赛气象保障服务工作。自行车比赛时间为 9 月 24—26 日，共计 3 天，期间天气较为复杂：9 月 24—26 日出现降雨天气过程，市气象台加强与省十四运会气象台会商，经综合研判提前发布公路自行车比赛高影响天气专报（降雨）1 期，对 24—26 日降水天气过程进行预报。自行车比赛期间市气象台累计发布专题预报 18 期，其中未来 10 天预报 3 期，未来 7 天天气预报 2 期，未来 3 天天气预报 6 期，逐小时精细化路线预报 6 期，高影响天气专报 1 期，自 23 日（训练赛）起，比赛日每天赛事期间逐小时发布天气实况与未来 1 h 天气预报，并安排人员进行现场保障工作。

通过赛前积极与市执委会对接，比赛期间开通城区公共区域大屏、商业大屏以及运动员和赛事服务人员入住酒店显示屏等发布渠道；同时建立了大屏发布、酒店发布、执委会气象服务等微信群。根据气象台提供的未来 10 天预报，制作了针对大屏和酒店显示屏的预报产品，每天下午发布一次，发布公路自行车项目比赛产品共 6 期；制作了 6 个县（区）和市十四运会专题气象影视节目 44 套；通过华商网新媒体平台发布"气象主播追全运"

短视频 4 期，商洛气象抖音号发布短视频 1 期，商洛气象官方微博发布十四运会气象服务信息 36 条，推送十四运会相关微信公众号 1 期。

赛事期间，充分发挥气象应急保障车具备现场气象观测、可视会商、移动通信以及保障灵活等功能和特点，严格按照《十四运会（商洛赛区）公路自行车比赛现场气象保障工作安排及流程》开展现场气象保障服务，实时开展多要素气象观测，监测现场天气状况，发布赛道沿途实况天气预报，并积极做好应对高影响天气准备工作。同时组织业务支部党员模范岗赴保障一线开展气象保障服务工作。通过精心组织，扎实工作，全面顺利完成技术保障任务。具体保障服务情况如下。

1. 赛前训练日、第一及第二比赛日（9 月 23—25 日）训练赛、个人计时赛、团体计时赛

现场保障地点：商洛东高速出口中石化加油站。该地点为训练赛、个人计时赛、团体计时赛 3 项比赛的必经点，且距各比赛项目折返点位置相对居中，能较好地代表比赛折返点天气实况。

保障工作任务：一是开展现场气象观测；二是发布赛道逐小时天气预报；三是同气象台保持可视会商连线；四是做好高影响天气应急准备。

2. 第三比赛日（9 月 26 日）个人赛

现场保障地点：罗公砭中石化加油站。该地点为 2 项比赛绕圈必经点，能较好地代表比赛折返点天气实况。

保障工作任务：一是开展现场气象观测；二是发布赛道逐小时天气预报；三是同气象台保持可视会商连线；四是做好高影响天气应急准备。

赛事服务过程中，市气象局严格按照"全流程、全要素、全方位"的竞赛组织要求，形成了快速响应的现场气象服务机制，使智能监测、智慧预报在保障赛事服务中发挥最大效益。

二、服务案例

精准预报为公路自行车赛事提供决策参考

1. 基本情况

9 月 14—18 日，商洛连续强降雨造成公路自行车赛道蟒岭绿道段山体松动，出现 23 处塌方和水毁险情，虽经抢修保畅，但仍有随时发生滑坡、落石风险；24 日、25 日新一轮降水又造成赛道沿线 42 处塌方（图 8-69）、滑坡和路面悬空；特别是经气象专家预测，26 日、27 日涉及蟒岭绿道段比赛期间将面临中到大雨、局地将有暴雨，赛道沿线地质灾害风险隐患极大，给赛事安全保障带来了巨大挑战。

图 8-69　公路自行车赛道沿线塌方

2. 省市气象部门联动情况

为保障公路自行车赛顺利进行，陕西省气象局、省气象局十四运会办公室和省十四运会气象台悉心指导。省气象局罗慧副局长亲自来商洛检查指导十四运会气象保障服务筹备等工作，省气象局十四运会办公室来商洛指导加密气象监测站点建设，省十四运会气象台加强会商，指导自行车赛专题预报产品制作。

3. 赛事组织调整情况

为保证十四运会安全圆满顺利举行，25 日 15 时，商洛市组织在市行政中心召开十四运会公路自行车竞赛委员会对接会（图 8-70），听取市气象局、市自然资源局关于比赛期间天气情况和地质灾害情况的汇报，为安全比赛考虑，建议对赛事时间进行调整，得到了

图 8-70　商洛市十四运会公路自行车竞赛委员会对接会

中自协、十四运会公路自行车项目竞委会及市政府领导的大力支持。随即中自协、商洛市执委会会同气象、地质、应急等部门专家，反复查勘路线，多次研判会商，征求部分运动队代表意见，报请十四运会组委会赛事指挥中心同意，决定将 26 日、27 日经由蟒岭绿道段的线路调整为 G312 国道蟒岭绿道入口至商鞅大道转盘的绕圈线路，26 日竞赛日程不变，27 日竞赛日程调整到 26 日 14 时进行。

4. 公路自行车赛气象服务情况

根据赛事调整意见，25 日 17 时，市气象局迅速组织召开十四运会气象服务保障专题会议，对赛事调整气象服务工作进行安排部署，加强与省十四运会气象台会商，并派出气象应急保障车入驻比赛现场开展保障（图 8-71）。组织技术人员迅速调整《中华人民共和国第十四届运动会公路自行车比赛气象保障服务工作手册》《气象信息服务产品发布时间表》等预案和气象服务流程，全体气象业务服务人员进入特别工作状态。

25 日 18 时以后，逐小时向"赛道应急保障"提供预报预警和天气实况信息，为保障赛道畅通提供依据。26 日 05 时发布《公路自行车比赛专题天气预报》（第 31 期），06 时继续逐小时发布天气信息，直到赛事圆满成功。

26 日 08 时 30 分，公路自行车赛顺利开赛，期间 26 日上午阴天有小雨，26 日下午阴天有小雨。面对降雨，商洛市气象局积极采取应对措施，全力做好气象保障服务工作，多措并举为公路自行车赛"战雨"护航，保障比赛圆满成功，得到了竞委会和市委、市政府领导的一致好评。

图 8-71　商洛市气象局与省十四运会气象台会商（左）、商洛气象应急保障车入驻现场开展保障服务（右）

第九章
残特奥会赛事气象保障

第一节　西安赛区保障服务

　　2021 年 10 月 22—29 日，残特奥会在陕西举办。西安、宝鸡、铜川、渭南、杨凌 5 个赛区承接 29 项比赛任务（图 9-1）。

全国第十一届残运会暨第八届特奥会竞赛总日程（4.0）

图例：A 代表队报到及分级日　C 比赛日　D 离会日期　（蓝色）开闭幕日

提前比赛项目总日程

序号	项目名称	比赛场馆	说明
1	马拉松	西安市马拉松场地	9月：24日 A，25日 A，26日 D
2	射击(含飞碟)	西安市长安区常宁生态体育训练比赛基地	10月：18 A，19 A，20 C，21 C，22 C，23 C，24 D
3	射箭	西安市长安区常宁生态体育训练比赛基地	10月：8 A，9 A，10 C，11 C，12 C，13 C，14 D
3	射箭(盲人)	西安市长安区常宁生态体育训练比赛基地	10月：16 A，17 A，18 C，19 C，20 C，21 D
4	跆拳道	西安工程大学临潼校区文体楼	10月：8 A，9 A，10 C，11 C，12 C，13 D
5	轮椅篮球	西安城市运动公园体育馆	10月：8 A，9 A，10 A，11 C，12 C，13 C，14 C，15 C，16 C，17 C，18 C，19 D
6	轮椅击剑	陕西奥体中心体育馆	10月：8 A，9 A，10 C，11 C，12 C，13 D
7	皮划艇	陕西省杨凌水上运动管理中心	10月：8 A，9 A，10 C，11 C，12 C，13 D
8	赛艇	陕西省杨凌水上运动管理中心	10月：16 A，17 A，18 C，19 C，20 C，21 D

开闭幕期间比赛项目总日程（10月）

序号	项目名称	比赛场馆	说明
1	盲人足球	陕西警官职业学院足球场	19 A，20 A，21 A，23-28 C，30 D
2	田径	西安奥体中心体育场	19 A，20 A，21 A，23-28 C，30 D
3	游泳	西安奥体中心游泳跳水馆	19 A，20 A，21 A，23-28 C，30 D
4	硬地滚球	西北大学长安校区体育馆（副）	19 A，20 A，21 A，23-28 C，30 D
5	乒乓球	陕西奥体中心体育馆	19 A，20 A，21 A，23-28 C，30 D
6	羽毛球	西安电子科技大学体育馆	19 A，20 A，21 A，23-28 C，30 D
7	盲人门球	西北大学长安校区体育馆	19 A，20 A，21 A，23-28 C，30 D
8	聋人篮球	西安中学体育馆	19 A，20 A，21 A，23-28 C，30 D
9	盲人柔道	西安工程大学临潼校区文体楼	19 A，20 A，21 A，23 C，24 C，25 C，26 D
10	坐式排球	西北工业大学长安校区体育馆	19 A，20 A，21 A，23-28 C，30 D
11	飞镖（群体）	渭南市临渭区体育中心体育馆	20 A，21 A，23 C，24 C，25 C，26 D
12	盲人跳绳（群体）	铜川市体育馆	20 A，21 A，23 C，24 C，25 C，26 D
13	特奥田径	宝鸡市体育场	20 A，21 A，23-27 C，29 D
14	特奥游泳	宝鸡游泳跳水馆	20 A，21 A，23-27 C，29 D
15	特奥乒乓球	宝鸡体育馆	20 A，21 A，23-27 C，29 D
16	特奥羽毛球	宝鸡市凤翔区体育馆	20 A，21 A，23-27 C，29 D
17	特奥举重	宝鸡会展中心（中心馆）	20 A，21 A，23-27 C，29 D
18	特奥滚球	宝鸡会展中心（西馆）	20 A，21 A，23-27 C，29 D
19	特奥轮滑	宝鸡会展中心（中心馆）	20 A，21 A，23-27 C，29 D
20	特奥篮球	宝鸡篮球馆	20 A，21 A，23-27 C，29 D

图 9-1　全国第十一届残运会暨第八届特奥会竞赛总日程

提前比赛项目 9 项，其中，西安赛区 7 项，杨凌赛区 2 项。开（闭）幕期间比赛项目 20 项，其中，西安赛区 10 项，渭南赛区与铜川赛区各 1 项，宝鸡赛区 8 项。各项赛事从 10 月 10 日开始，持续到 10 月 28 日。西安市气象局深入贯彻落实习近平总书记"办一届精彩圆满的体育盛会"办会目标和"简约、安全、精彩"办赛要求，为残特奥会各项赛事活动和开（闭）幕式活动圆满、成功举行提供了有力气象保障。

一、气象服务保障筹备

（一）组织管理

为做好残特奥会西安赛区赛事气象保障工作，根据陕西省气象局十四运会气象服务保障筹备工作领导小组办公室印发的《十四运会和残特奥会圣火采集仪式气象保障服务实施方案》，西安市气象局制定了《全国第十一届残运会暨第八届特奥会西安市气象保障服务工作实施方案》，成立了残特奥会气象服务领导小组和气象服务保障团队，并对各项任务进行了全面细致的安排。

（二）应急演练

为了进一步加强高影响天气对赛会赛事影响的防控能力，通过模拟残特奥会马拉松赛事气象保障服务全过程，加强磨合联动机制，锻炼应急队伍，同时高度凝练和总结各项赛事的气象保障服务工作，西安市气象局组织了"残特奥会马拉松赛事气象保障服务应急演练"活动。活动于 2021 年 10 月 15 日 09 时举行，活动地点为十四运会和残特奥会气象台（西安市气象局 9 楼业务平台），参演及观摩人员包括西安市执委会应急管理部驻会副部长、西安市应急管理局副局长、西安市执委会竞赛组织部副部长、西安市体育局副局长、西安市执委会气象保障部驻会副部长、西安市气象局副局长、十四运会和残特奥会气象台全体人员。

（三）气候特征分析

为了更好地做好残特奥会气象保障服务工作，西安市气象局组织制作了 22 日、29 日残特奥会开（闭）幕式西安奥体中心以及马拉松赛事最佳举办时间的气候特征及相关高影响天气决策分析报告，提出相关意见建议，专报报送给残特奥会执委会。

二、服务开展情况及成效

残特奥会大部分为室内项目。不同的赛事对气象条件有不同的需求，室内项目需做好温度、湿度等要素的精细化预报服务，考虑到残疾人和特殊人群的特点，服务中更加关注气温、体感温度等，体现个性化服务和人文关怀。为此，十四运会和残特奥会气象台、西安市气象局密切协作配合，为各项比赛提供现场气象要素实况观测、滚动预报、预警及应急保障服务。

（一）市执委会现场保障组气象保障部

气象保障部对接各赛事组织单位，根据赛事需求，制作气象服务保障任务清单，前后共制作17份。

（二）预报服务中心

按照残特奥会服务安排和接到的任务清单，残特奥会期间共制作发布各类气象服务材料373期，包括田径、硬地滚球等17类比赛项目服务材料276期，交通、运动员、来宾驻地等服务材料97期（图9-2）。

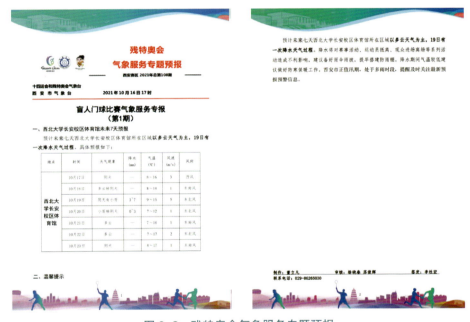

图9-2　残特奥会气象服务专题预报

（三）场馆服务中心

1. 精心设计场馆气象服务产品，彰显赛事文化特色

比赛场馆、场地电子屏是现场实时画面转播和各类信息展示的首要载体，紧扣赛事特点及场馆文化，精心设计各类赛事场馆电子屏图片产品，在直观显示天气信息的基础上，凸显出艺术体操的轻盈优美、田径及球类等力量型对抗性运动的激烈，展现户外运动场地及高校场馆的人文特色。通过电子屏滚动播放监测实况及天气预报，为比赛现场工作人员、运动员、观众及媒体第一时间提供最为可靠的天气预报，全方位满足比赛和观赛需求。残特奥会期间，共制作发布场馆大屏专题服务产品107期。

2. 主动沟通、密切协作，高效开展现场保障服务

按照"全流程、全要素、全方位"的竞赛组织要求，场馆服务中心与项目竞委会主动沟通，充分调研，进一步明确赛事高影响天气及预警指标，细化气象服务流程，夯实双方人员责任，确保服务环节有效衔接，保证赛事服务有序开展，取得实效。调研期间还向竞委会介绍讲解"全运·追天气"App 及微信小程序中实况监测、预报预警及自动告警提醒，确保竞委会掌握的动态天气信息来源可靠、准确精细。

根据任务清单及赛事特点，充分考虑活动及赛时天气变化，及时响应组委会、竞委会工作需求，组织 8 名服务首席和 7 名业务人员先后进驻西安奥体中心、城市运动公园等开展田径、轮椅篮球等项目现场保障服务，累计 35 人次参与现场保障，后方服务人员与现场保障人员全力配合打好"前店后厂"组合拳。遇有降雨、高温、大风等各类高影响天气时，现场保障人员及时与竞委会沟通赛事进展情况，明晰准确服务需求，同时利用便携式气象站开展实时加密观测，后方服务人员与现场保障人员及时会商并反馈最新临近预报。现场保障人员向竞委会"面对面"解答其高度关注的影响赛事筹备组织、人员进场散场及赛事进行的各类高影响天气，实时通报天气实况，结合高影响天气指标及时分析评估各类风险并提出相应建议。残特奥会期间，制作发布实况预报语音播报信息 21 次。

3. 重大活动应急气象保障服务响应快速

根据省气象局统一安排，场馆服务中心快速响应，按照残特奥会开（闭）幕式特别工作状态要求，实行 24 h 应急值守和主要负责人在岗值班制度。

（四）应急保障中心

十四运会和残特奥会气象台应急保障中心按照《第十一届残运会暨第八届特奥会气象保障服务实施方案》要求，全力做好全国第十一届残运会暨第八届特奥会气象保障服务工作。

1. 工作实施复盘

应急保障中心按照《第十一届残运会暨第八届特奥会气象保障服务实施方案》要求，加强领导，强化分工协作、技术支撑和联动保障，提前进入残特奥会开（闭）幕式气象保障服务特别工作状态。全力做好全省 2200 多套设备的运行监控、全市 200 多套气象观测设备维护保障，全力做好全市通信线路、智能化坐席系统、视频会商和大屏系统、"雪亮工程"及网络安全系统的运行和维护工作，全力做好天气雷达、相控阵雷达、风廓线雷达、探空雷达及其他设备的观测工作，为残特奥会开（闭）幕式气象保障工作的圆满进行提供了有力技术支撑。

（1）2021 年 10 月 20 日上午，十四运会和残特奥会气象台应急保障中心参加残特奥会开幕式气象保障专题会商后，立即召开残特奥会开幕式气象服务保障工作安排部署会。会上应急保障中心负责人提出四点要求：一是应急保障中心作为数据、技术支撑部门，应走在其他部门前列，从 20 日 14 时起，提前进入特别工作状态；二是做好特别工作状态期间工作安排和日复盘总结；三是加强值守班，认真做好综合观测、信息网络、十四运会和残特奥会业务平台及泾河探测基地各项保障工作；四是全员 24 h 手机畅通，应急保障岗全员核酸检测，随时准备开展应急服务保障工作，全力以赴确保残特奥会开幕式精彩圆满。各科室立即行动，开展对残特奥会气象观测系统和综合观测各类气象探测设备及设施进行全面维护保养检修，充分做好风险应对和防范准备。20 日 14 时技术保障人员前往奥体中心综合观测场、运动员村、高陵耿镇进行残特奥会相关监测设备维护保障工作，守护盛会精彩圆满。

（2）残特奥会期间，各岗位人员 24 h 值班，泾河气象站等业务一线人员 24 h 值班。主动担当、积极作为，做到思想认识到位、组织到位、信息网络技术装备到位和保障服务到位。按照要求提供了通信网络、残特奥会设备运行监控、天气实况监测等气象保障。提供每日上午下午的加密会商系统保障。全天依托现有综合气象观测系统监控仪器设备、相控阵雷达图和多普勒雷达图，以及各类实况资料、"雪亮工程"资料等，向领导决策提供依据。以上工作持续至闭幕式结束，全力以赴确保残特奥会闭幕式精彩圆满。

（3）把疫情防控作为当前首要任务。10 月 27 日上午，十四运会和残特奥会气象台应急保障中心在西安市气象局的统一组织下，全员核酸检测，结果全为阴性，为开展闭幕式应急服务保障工作做好疫情防控安全保障。

（4）10 月 27 日 14 时至 29 日 22 时，十四运会和残特奥会气象台应急保障中心进入特别工作状态。领导高度重视，明确工作要求和岗位职责，细化工作台账，以高度的政治责任感，全力以赴、精益求精完成气象保障任务。

（5）强化分工协作。各岗位开展对残特奥会气象观测系统和综合观测各类气象探测设备及设施进行全面维护监控，发现异常及时排查处理，确保资料准确及时可靠（图 9-3）。

（6）强化技术支撑。10 月 27 日再次与相控阵雷达厂家沟通，提醒全力配合做好相控阵雷达设备监控、数据采集和数据传输。

（7）加强联动服务保障。27、28、29 日 08 时保障全国天气早间会商结束后，08 时 30 分开始保障由残特奥会气象台与中央气象台、省气象台进行残特奥会闭幕式专题天气会商，针对 29 日闭幕式 16—22 时天气风险进行实况资料支撑。

（8）全力做好气象服务保障。全力做好多套设备的运行监控、多套气象观测设备维护保障，全力做好全市通信线路、智能化坐席系统、视频会商和大屏系统、"雪亮工程"及网络

图 9-3　技术人员在西北工业大学和高新一中
国际部气象观测站点进行保障作业

安全系统的运行和维护工作，全力做好天气雷达、相控阵雷达、风廓线雷达、探空雷达及其他设备的观测、数据传输和可视化产品展示等工作，向预报员、服务人员和领导决策提供支撑。

2. 取得成效

（1）圆满完成了残特奥会期间气象信息网络系统、十四运会和残特奥会气象台指挥平台的监控运行和系统监视，特别是视频会商系统、相控阵雷达系统、"雪亮工程"视频数据及指挥大屏的信息展示，在工作中发挥了重要作用，达到了预期效果。

（2）各站点数据传输接入及数据共享，为残特奥会实况数据采集、传输、获取提供了有力支撑。尤其是开（闭）幕式当天，相控阵雷达和"雪亮工程"视频实况数据，对提高分钟级预测有很好的支撑作用。

（3）可视化展示的风廓线雷达、相控阵雷达、微波辐射计等新型探测设备数据和高分辨的多源融合实况产品、视频产品资料，在预报预测、决策服务中发挥了重要作用。

3. 经验总结

（1）以基于影响的天气预报服务，搭建稳定、安全的数据传输通道，保障数据及时性、完整性，实现各类新型观测资料对业务单位的共享和应用，为残特奥会提供全面、及时、精准的气象数据支撑至关重要。

（2）各类新型设备的建设投入，极大地增强了气象服务保障的硬核实力，加强各类新型探测资料产品的学习应用，让科技成为气象事业发展的强大基石。同时业务人员加强新设备的学习应用，让监测产品成为气象服务保障新的武器。

（3）借智引技，多源数据产品融合应用至关重要，同时加强学习，熟练掌握各大业务系统的功能，针对不同的需求提供针对性的实况产品，将天地空多源数据、观测与模式、多技术进行"大融合"，实现"温压湿风雨"等基本要素站点、格点、三维无缝隙"一张网"和重要天气自动识别和任意位置格点化产品，让残特奥会气象服务更加科学精细。

（五）移动气象台现场保障

为做好移动气象台现场保障工作，2021 年 9 月 26 日，应急保障中心组织宝鸡、杨凌气象局技术人员在西安举行了移动气象应用培训。根据现场气象保障服务需求，应各市气象局申请，十四运会气象台派遣移动气象台和应急保障车赴各赛场进行现场保障。先后共派出 3 次，分别为：10 月 14—17 日，应杨凌气象局申请，应急保障车前往杨凌为赛艇项目比赛提供现场服务；10 月 22—30 日，应残特奥会开（闭）幕式现场服务需求，移动气象台开赴西安奥体中心开展现场服务；10 月 24—28 日，应宝鸡市气象局申请，应急保障车前往宝鸡为残特奥会田径、羽毛球、篮球、滚球、举重、轮滑、游泳、乒乓球 8 个比赛项目提供现场服务。

三、服务案例

案例 1：西安轮椅篮球比赛气象服务保障

残运会轮椅篮球比赛项目于 10 月 12—19 日在城市运动公园体育馆举办，十四运会气象台积极与竞委会场地环境处协商，按照保障任务清单完成残运会轮椅篮球比赛气象服务。具体保障工作如下：

10 月 5—8 日 17 时前以气象服务专报（图 9-4）形式向市执委会、轮椅篮球项目竞委会、运动员、裁判员、技术官员发布未来 7 天逐日预报，10 月 9—18 日 17 时前发布未来 3 天逐 12 h 天气预报，10 月 12—19 日每日 08 时前发布当日白天逐小时天气预报（08—18 时）。

10 月 12—19 日比赛期间，在城市运动公园开展现场气象监测服务，利用便携式气象站开展现场监测，利用显示屏发布气象信息，保障该项赛事圆满结束。

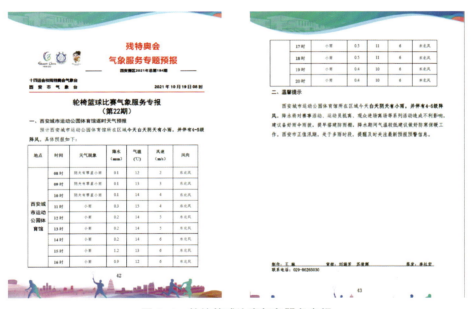

图 9-4　轮椅篮球比赛气象服务专报

案例 2：残特奥会马拉松赛事气象服务保障

根据残特奥会马拉松赛事服务清单及方案（图 9-5）进行全程保障服务。具体如下：

在残特奥会马拉松赛因大雨改期后，气象保障部提早谋划，安排十四运会和残特奥会气象台组织技术力量，分析 10 月份逐日气候背景，高影响天气大雨、暴雨、大风、雷暴、雾、霾等逐日发生概率，及时上报组委会和西安市执委会，确定比赛日期。

10月18—26日期间，每日开展马拉松比赛气象服务保障，共制作发布各项马拉松比赛天气专报服务材料17期。其中残特奥会马拉松比赛（25—26日）专题天气预报8期；马拉松比赛未来7天逐日专题天气预报4期；马拉松比赛未来3天逐12 h专题天气预报4期；马拉松比赛逐小时专题预报1期。比赛当日从07时开始每小时发送天气实况及未来2 h天气预报文字播报7次。比赛当日08—20时每小时发送天气实况共13次，从08时开始逐小时滚动发布未来2 h天气预报文字播报共12次。

第十一届残运会暨第八届特奥会
马拉松项目比赛气象保障工作方案

全国残疾人运动会暨特殊奥林匹克运动会是国内规格和水平最高、辐射带动作用最强的综合性残疾人运动会。2018年4月，经国务院批复同意，陕西省将承办全国第十一届残运会暨第八届特奥会（简称残特奥会），为贯彻落实习近平总书记"做好筹办工作，办一届精彩圆满的体育盛会"的重要指示精神，落实市委、市政府和西安市执委会有关工作部署，根据《第十四届全国运动会、第十一届残运会暨第八届特奥会西安赛区气象保障服务总体方案》有关要求，结合残特奥会马拉松项目实际，特制定本方案。

一、比赛时间

2021年10月26日8:30开跑

二、比赛地点

陕西省西安市河堤路（起/终点：河堤路雕塑广场；折返点：雕塑广场以东21公里处）

三、气象预报服务

围绕残特奥会马拉松项目气象保障需求，将10月19日开始到10月26日比赛当天分为3个时段，渐进式提供全过程跟踪、全链条服务、全方位保障。

（一）10月19日—22日天气预报服务。十四运气象台联合中央气象台、省气象台每日会商分析研判天气趋势，制作马拉松比赛未来7天逐日预报，每日形成《马拉松比赛气象服务专报》1期，每日17:00前，报送执委会及竞委会相关部门。

（二）10月23日—25日天气预报服务。十四运气象台加密与中央气象台、省气象台等天气会商，针对26日可能出现的降温、降雨、大风、大雾等高影响天气风险进行逐一研判，提出针对性提醒和对策建议，制作马拉松比赛未来3天逐12小时天气预报，每日形成《马拉松比赛气象服务专报》1期，每日17:00前，报送执委会及竞委会相关部门。

（三）10月26日天气预报服务。7:00前提供马拉松比赛当天逐小时天气预报（08:00—14:00），形成《马拉松比赛气象服务专报》，并根据天气对交通及观众聚集提出针对性的提醒和建议，报送执委会及竞委会相关部门。

四、现场气象保障

残特奥会马拉松比赛项目前一日16:00前移动气象台、便携式自动站、保障人员、现场气象服务人员到达服务现场。开展现场气象观测，查收气象资料，制作气象服务材料，逐小时开展气象服务。

图9-5 残特奥会马拉松正赛气象保障工作方案

案例3：残特奥会田径赛事保障服务

残特奥会田径赛事在西安奥体中心体育场举行，为做好田径赛事的气象服务保障工作，十四运会气象台及时对接残特奥田径赛事竞委会，了解赛事安排和气象服务需求，与场地环境处保持密切互动协作。十四运会气象台严密监视天气变化，细密分析研判天气形势演变，及时制作和发布赛事气象服务信息。由场地环境处负责气象信息现场发布传播和现场信息反馈，并通过语音播报的形式，及时发布气象要素实况信息和预测预报信息，为赛事的正常举行和赛事各方的活动安排，提供了及时准确、优质高效的气象服务。

2021年10月15—17日每日17时发布残特奥会田径赛未来7天天气预报，共发布3期。

2021年10月18—27日每日17时发布残特奥会田径赛未来3天天气预报，共发布10期。

2021年10月22—28日每天07时、11时两次迭进发布逐小时天气预报，并制作成逐小时天气预报图片，在田径赛场大屏幕上滚动播放，共发布14期（图9-6）。

图 9-6　西安奥体中心 10 月 26 日逐小时天气预报

第二节　宝鸡赛区保障服务

2021 年 5 月 15—21 日宝鸡市筹办了第八届特奥会足球比赛，10 月 22—29 日又相继筹办了特奥会田径、羽毛球、篮球、滚球、举重、轮滑、游泳、乒乓球 8 个体育比赛项目和"两活动一计划" 3 个非体育项目。对标"精彩圆满"和"监测精密、预报精准、服务精细"，宝鸡市气象局认真贯彻落实陕西省气象局和宝鸡市执委会有关要求，主动作为，勇于担当，攻坚克难，以高度负责、精益求精的态度，高标准、高质量保障服务特奥会赛事顺利进行，为特奥会成功举办提供了有力支撑、贡献了气象力量。

一、气象服务保障筹备

（一）加强组织领导，积极谋划服务

成立了全国第十一届残运会暨第八届特奥会宝鸡分赛场气象保障服务工作领导小组，宝鸡市气象台成立特奥会预报服务专班和特奥会预报服务党员先锋队。宝鸡市气象局党组书记、局长郭清厉任领导小组组长，分管副局长张小峰任副组长，相关科室、直属单位负责人为成员，全力做好特奥会气象服务保障工作。领导小组下设预报预警组、现场服务组、信息保障组、后勤保障组、科普宣传组。明确各组工作职责，任务细化到人，确保特奥会气象保障服务有力有序。

从 2021 年 9 月 28 日起，宝鸡市气象局提前安排部署转换期各项工作（图 9-7）。市气象局党组先后召开理论学习中心组会议、主要负责人会议和特奥会气象保障服务专题会议，安排部署特奥会气象保障服务筹备工作。市气象局副局长、气象保障部副部长张小峰 3 次参加市执委会关于特奥会工作推进会，向执委会汇报转换期气象保障服务重点工作安排。10 月 15 日完成气象服务意识、方案预案、人员队伍、系统平台等四个方面的全要素

转换，实现了防汛防灾到特奥会保障服务的无缝衔接。10月20日全市气象部门相关单位全员上岗、各司其职，进入特奥会气象服务"战时"状态。

图 9-7　宝鸡市气象局特奥会气象保障服务安排部署会

（二）及时检修设备，确保监测精密

对宝鸡市体育场、市职业技术学院体育场、市会展中心等主要场馆周边建成的微波辐射计、大气电场仪、天气现象智能观测系统以及3套八要素自动气象站进行巡检和调试，并模拟开展演练保障，确保特奥会赛事期间气象探测设备运转和信息采集传输正常。

二、服务开展情况及成效

（一）服务开展情况

1. 多方征求意见，全面复盘总结

向宝鸡市执委会、竞委会、各部室工作人员以及特奥会志愿者征求6条气象保障服务意见建议，梳理4个方面问题与不足，全面复盘总结十四运会保障服务经验，及时修订完善《十四运会和残特奥会宝鸡气象保障服务工作方案》。10月13—14日，陕西省气象局副局长、气象保障部副部长罗慧率张树誉、张向荣和毕旭一行赴宝鸡调研检查特奥会气象保障筹备工作，强调进一步完善服务方案，细化工作职责，充分运用十四运会服务手段，为做好特奥会保障服务工作提出更有针对性、建设性的意见建议。

2. 争取上级支持，现场保障到位

在陕西省气象局领导的大力支持和关怀下，借调外用的贺瑶和李玉婷2名同志回到宝鸡市气象台支援特奥会保障服务工作。10月21日市气象局2名工作人员驻会开展现场保障服务。10月24—28日省气象局应急观测保障车、便携式观测设备到达赛事现场，进一

步增强了现场服务手段。市气象台、市气象局服务中心组成的现场保障服务团队，充分应用现场观测数据开展现场保障服务（图9-8）。

图9-8　气象业务人员开展现场服务保障工作

3. 优化服务方案，开展定制化服务

特奥会气象保障服务任务重、时间长，不同赛事的服务需求差异大。市气象台重点围绕降雨、降温、大风、大雾等高影响天气对赛事活动和交通等造成的不利影响，针对特奥会室内和户外田径等8项赛事，开展气候背景分析和高影响天气风险评估，指出2021年宝鸡遭遇近30年最强秋淋天气，且还将出现降雨降温天气过程，建议市执委会、竞委会提前做好防范应对工作。从10月20日起，市气象台每天与省十四运会气象台加密会商天气，分析研判比赛期间宝鸡天气情况。市气象台提前一周制作发布特奥会气象服务专题预报，21日开始滚动发布赛事期间逐小时天气现象、温度、湿度、降水量、风向、风速等要素预报、未来天气趋势分析及建议。以残疾人运动员身体状况、赛事特点和服务需求为导向，在与竞赛团队充分对接、磨合后，开启"量身定制"服务模式。及时调整预报服务内容，增加了体感舒适度、穿衣、感冒等各类生活气象指数。整个比赛过程累计制作发布特奥会气象服务专题预报83期，发送短信2300余条，市执委会、竞委会、各部室工作人员以及特奥会志愿者安装"全运·追天气"App 3500多人次。

4. 强化疫情防控，提高应急处置能力

针对全国疫情防控特点和严峻形势要求，进一步加强重点人群管控，严禁保障服务人员擅自离开行政区域，认真做好信息审核和外出报备审批。从10月8日到28日比赛结束，

共组织全体保障服务人员进行核酸检测 5 轮次 80 人次。协调市执委会为 16 名气象保障人员办理特奥会工作证。组织服务保障人员学习《十四运会和残特奥会高影响天气应急预案》，及时发现存在隐患，强化"闭环管理"措施，进一步提高应急处置能力。

5. 积极融入宣传，服务效益显著

先后全网发布特奥会气象保障服务有关宣传报道 6 篇，制作美篇 3 篇、短视频 4 个。残特奥会宝鸡执委会副秘书长、宝鸡市残联理事长高清苗多次在市执委会工作推进会、协调会议上对气象保障部工作给予充分肯定，表扬赛事期间气象保障到位、服务积极、预报精准。

（二）取得的成效

第八届特奥会气象保障服务，是继十四运会之后宝鸡气象部门开展的又一大型活动气象保障工作，是对全市气象部门业务服务能力的重要检验。宝鸡市气象局快速响应、高效及时、精准到位，省市县三级联动，圆满完成特奥会保障服务任务，受到十四运会和残特奥会宝鸡执委会的充分肯定，宝鸡市执委会专门致信感谢组委会气象保障部和宝鸡市气象局。本次保障服务取得的一系列成果，将为今后大型活动和赛事气象保障服务提供丰富的实战经验。

三、服务案例

精细化气象服务为特奥会健康计划工作人员提供决策参考

特奥会健康计划是特奥会设置的一个非体育比赛项目，也是针对特奥会运动员的一项人文关怀。它由来自国内的 12 名著名医疗专家及宝鸡市抽调的 75 名专业医护人员组成，为参加特奥会的 1199 名运动员分别进行健康微笑、明亮眼睛、健美双足、营养提升、趣味健身、灵敏听力 6 个项目的健康筛查。2021 年秋季宝鸡气温持续偏低且多雨，天气气候对特奥会运动员身体状况和比赛状态都有一定的影响。这不仅需要医疗、电力、气象等部门的通力配合，更要将精准预报和精细服务结合起来。收到宝鸡市执委会的服务需求后，宝鸡气象保障服务团队进一步完善服务方案，细化责任分工，主动作为，迎难而上（图 9-9）。

重点围绕降雨、降温、大风、大雾等高影响天气的不利影响，从 10 月 25 日起发布宝鸡特奥会健康计划气象服务专报 5 期，逐小时提供天气现象、温度、湿度、降水量、风向、风速等要素预报及温馨提示。此外，特奥会各项赛事对气象服务需求各异，精细服务首先体现在"一项一策""一馆一策"和"对症下药"。同时以服务需求为导向，在与竞赛团队充分对接沟通后，开启"量身定制"服务模式，及时优化调整预报服务内容，除按照《特奥会气象保障服务方案》提供常规预报服务外，还增加了体感舒适度、穿衣、感冒等各类生活气象指数。特奥会执委会、赛事指挥中心和健康计划工作专班工作人员每日根据

气象服务专报预测的气温，提醒运动员添加衣物，并在场地增设临时取暖设施，避免运动员在比赛和健康筛查时脱衣导致感冒，保证了运动员的身体健康、按时参赛，也确保了健康计划和比赛顺利进行。

图 9-9　气象业务人员比赛现场开展应急保障服务

第三节　渭南赛区保障服务

第十一届残运会暨第八届特奥会期间，渭南赛区有渭南市临渭区体育馆 1 个场馆承办飞镖比赛 1 个项目。在中国气象局、陕西省气象局的大力支持下，渭南市气象局圆满完成了残特奥会各项气象保障服务工作。

一、气象服务保障筹备

为做好残特奥会渭南赛区赛事气象保障工作，渭南市气象局在 2019 年 10 月成立了渭南市气象局十四运会和残特奥会气象服务保障筹备工作领导小组，确保十四运会和残特奥会气象服务保障筹备工作有章可循。2021 年 3 月，成立渭南市第十四届全国运动会、第十一届残运会暨第八届特奥会气象台，由主要负责同志任台长，分管局长任副台长，气象台下设综合协调办公室、预报服务中心、场馆服务中心、应急保障中心 4 个工作机构，明确 4 个机构人员组成和职责任务。制定《第十一届残运会暨第八届特奥会飞镖赛事气象保障服务实施方案》《现场气象保障服务团队组成方案》《高影响天气风险应急预案》等方案，确保十四运会和残特奥会气象保障工作安全高效推进。

二、服务开展情况及成效

（一）渭南十四运会气象台综合协调办公室

按照"全流程、全要素、全方位"的竞赛组织要求，综合协调办公室与项目竞委会主动沟通，充分调研，进一步明确赛事高影响天气及预警指标，细化气象服务流程，夯实双方人员责任，确保服务环节有效衔接，保证赛事服务有序开展，取得实效。调研期间还向竞委会介绍讲解"全运·追天气"App，确保竞委会掌握的动态天气信息来源可靠、准确精细。

同时根据残特奥会运动员特点，调整专题气象服务方向，改良影响天气温馨提示内容，制定针对性气象服务产品模版，开展针对性气象保障服务。

（二）预报服务中心

按照残特奥会服务安排和服务产品模版，10月17日开始逐日制作发布3天滚动预报和精细化预报，22日起，每日07时前发布逐时预报。残特奥会期间共制作发布飞镖专题气象服务材料13期。

（三）场馆服务中心

场馆服务中心根据赛事特点，充分考虑活动及赛时天气变化，及时响应执委会、竞委会工作需求，组织6名业务人员先后进驻渭南市临渭区体育馆开展飞镖项目现场保障服务，累计35人次参与现场保障，后方服务人员与现场保障人员全力配合打好"前店后厂"组合拳。后方服务人员与现场保障人员及时会商并反馈最新临近预报。现场保障人员向竞委会"面对面"解答其高度关注的影响赛事筹备组织、人员进场散场及赛事进行的各类高影响天气，实时通报天气实况，结合高影响天气指标及时分析评估各类风险并提出相应建议。

飞镖比赛专题服务产品通过残特奥会飞镖比赛筹备工作群、飞镖竞委会群、飞镖工作项目联系群发布，同时积极联系2个接待酒店，建立酒店气象信息服务群发布多形式专题预报，每日2次在电子显示屏、广告机、短信更新气象信息，场馆和酒店内通过电子屏滚动播放监测实况及天气预报，为比赛现场工作人员、运动员、观众及媒体第一时间提供最为可靠的天气预报，全方位满足比赛和观赛需求。在体育场馆及接待酒店放置"全运·追天气"App二维码桌牌，方便运动员、教练员及时了解天气情况，残特奥会期间，共发布专题服务产品13期。

（四）应急保障中心

应急保障中心按照各级《第十一届残运会暨第八届特奥会飞镖赛事气象保障服务实施

方案》要求，全力做好全国第十一届残运会暨第八届特奥会气象保障服务工作。10月21日，在比赛场馆外提前布设安装1套六要素移动气象站，开展实时加密观测，并全力维修监测设备正常运转。

三、服务案例

精细化开展气象服务，助力渭南残特奥会飞镖项目顺利进行

2021年10月20—26日，全国第十一届残疾人运动会暨第八届特殊奥林匹克运动会飞镖比赛项目在渭南赛区举办。渭南市气象局切实提高政治站位，立足气象部门职责，强化底线思维，压实主体责任，圆满完成了气象保障服务工作。

（一）安排部署情况

为保证全国第十一届残运会暨第八届特奥会飞镖项目比赛渭南赛区气象保障服务工作有序开展，渭南市气象局组织召开残特奥会推进会（图9-10），成立了残运会气象服务保障小组，对各小组工作职责进行细化，明确责任分工，并对相关工作进行安排部署：一是保障小组业务人员密切监视天气变化，加强联防和天气会商，及时做好预报预警服务工作和赛事专题预报产品；二是实行主要领导带班制度，严格落实24 h值班制；三是在比赛场馆外安装了移动观测气象站（图9-11）；四是加强巡视，确保各类设备正常运行，特别是自动站、土壤水分站、大气电场仪、辐射仪、区域气象站等仪器的正常运行以及信息网络等安全稳定运行。

图9-10　残特奥会气象保障工作推进会（左）、全省召开十四运会视频会（右）

（二）气象服务情况

一是制定了渭南市第十一届残运会暨第八届特奥会气象保障服务方案。二是为获得最新实时气象监测信息，成功完成飞镖场馆外移动气象监测设备安装调试工作，实现了赛区温度、湿度、气压、风向、风速、雨量等气象要素的实时数据监测。三是根据残特奥会运动员特点，及时调整专题气象服务方向，改良影响天气温馨提示内容，对比赛开展针对性

图 9-11　在残特奥会现场安装移动气象站（左）、现场志愿者了解气象仪器的构造和用途（右）

气象保障服务。2021 年 10 月 17 日开始逐日制作发布 3 天滚动预报和精细化预报，10 月 22 日起，每天 07 时发布逐 3 h 天气预报，08 时、10 时、14 时和 16 时发布场馆周边天气实况，11 时发布未来 3 天滚动预报。四是通过微信群向残特奥会飞镖筹备工作群、飞镖项目工作联系群及运动员住宿的 2 家酒店发布最新天气预报，为残特奥会飞镖项目的顺利举办提供科学的数据支撑。五是根据赛事特点，充分考虑活动及赛时天气变化，组织 6 名业务人员先后进驻渭南市临渭区体育馆开展飞镖项目现场保障服务，累计 35 人次参与现场保障。

赛事期间，残特奥会气象服务保障小组共制作专题天气预报 13 期，针对竞委会高度关注的人员进场散场及赛事进行时的各类高影响天气情况，实时通报天气实况，结合高影响天气指标及时分析评估各类风险并提出相应建议，获得飞镖竞委会和裁判员、运动员一致好评，飞镖竞委会特意发来感谢信。

第四节　杨凌赛区保障服务

全国第十一届残运会暨第八届特奥会杨凌赛区主要为赛艇、皮划艇（静水）比赛，于 10 月 8—17 日在陕西省水上运动管理中心（简称水运中心）进行。杨凌气象局按照"精彩圆满"要求，积极谋划，体现人文关怀，开展精细化服务，完成各项气象保障任务。

一、气象服务保障筹备

（一）组织管理

根据陕西省气象局十四运会气象服务保障筹备工作领导小组办公室制定的《全国第十一届残运会暨第八届特奥会杨凌气象保障服务工作实施方案》，成立了残特奥会气象服务领导小组和气象服务保障团队，召开专题会议对保障任务进行了全面安排。

（二）对接需求

赛前，杨凌气象局主要负责人、分管领导带领业务骨干，赴水运中心与赛艇、皮划艇（静水）竞委会进行工作对接、座谈，重点从人文关怀等方面进一步了解赛事气象服务需求。10月13日，组委会气象保障部驻会副部长、省气象局副局长罗慧带队检查调研残特奥会气象保障开展情况，了解和督查高影响天气风险应对工作，确保赛事安全、圆满举办。

（三）气候特征分析

为了更好地为残特奥会提供气象保障服务，杨凌气象局针对残特奥会赛艇、皮划艇（静水）比赛期间的气候特征及相关高影响天气进行了分析评估，形成决策分析报告报竞委会，提出相关意见建议，为赛事安排提供决策参考。

二、服务开展情况及成效

（一）气象保障部现场保障组

气象保障部对接各赛事组织单位，根据赛事需求，制作气象服务保障任务清单。

（二）预报服务中心

杨凌气象台组织技术力量，分析残特奥会杨凌赛区比赛期间气候背景及高影响天气大雨、暴雨、大风、雷暴、雾、低温的发生概率，及时上报杨凌示范区执委会（图9-12）。

按照残特奥会服务安排和接到的任务清单，残特奥会共制作发布皮划艇（静水）、赛艇2类比赛项目共计气象预报服务材料15期、实况通报材料66期。

（三）场馆服务中心

1. 精心设计现场服务产品

紧扣赛事特点及场馆文化，在比赛场馆仲裁室设置电子屏，精心设计赛事场馆电子屏

残特奥会杨凌赛区比赛期间
天气气候评估报告

残特奥会杨凌赛区比赛期间，冷暖空气交汇频繁，天气复杂多变，为做好赛事气象保障工作，应用近30年气象观测资料，对10月10日-17日气候特征及高影响天气发生规律进行分析评估，现将评估情况详细报告如下：

一、赛期气候特点及高影响天气发生规律

1. 降雨

10月10日-17日，杨凌平均累计降雨量18.1毫米，最大累计降雨量76.3毫米；平均降雨日数2.8天，最多降雨日数7天。期间平均降雨概率为35.6%，逐日平均降雨概率如图1所示，均小于50%。其中，10日-12日皮划艇（静水）比赛、15日-17日赛艇比赛期间，出现大雨、中雨、小雨和无降雨天气的概率分别如图2、图3所示。

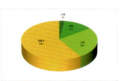

图2 10月10日-12日不同量级降雨概率　图3 10月15日-17日不同量级降雨概率

2. 温度

10月12日-17日平均气温14.4℃，极端最高气温31.3℃，极端最低气温1.3℃，日最低气温低于10℃的概率为37.9%，日最低气温低于5℃的概率为1.7%。平均地表温度15.5℃，最高47.6℃，最低2.6℃。逐日气温、地表温度情况如图4所示。

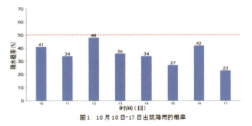

图1 10月10日-17日出现降雨的概率

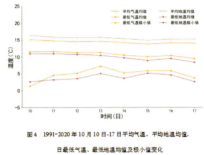

图4 1991—2020年10月10日-17日平均气温、平均地温均值、日最低气温、最低地温均值及极小值变化

3. 风速

图9-12　残特奥会杨凌赛区比赛期间天气气候评估报告

图片产品，直观显示天气实况监测信息和最新的精细化预报信息，为比赛现场工作人员、运动员及媒体第一时间提供最为可靠的天气监测预报数据，全方位满足比赛和需求。

2. 高效开展现场保障服务

按照"全流程、全要素、全方位"的竞赛组织要求，现场保障组与项目竞委会主动沟通，充分调研，进一步明确赛事高影响天气及预警指标，细化气象服务流程，夯实双方人员责任，确保服务环节有效衔接，保证赛事服务有序开展，取得实效。比赛期间每天安排一名值班人员，根据任务清单及赛事特点，开展现场保障服务，与后方气象预报服务人员全力配合，充分发挥"前店后厂"的效力。遇有降雨、大风等各类高影响天气时，现场保障人员及时与竞委会沟通赛事进展情况，解答竞委会关注的影响赛事组织、人员进场散场及赛事进行时的各类高影响天气，及时分析评估各类风险并提出相应建议。10月14—17日，陕西省气象应急保障车为杨凌赛艇项目比赛提供现场服务，监测数据更加精密，服务更有针对性。

3. 快速响应重大活动气象保障

根据陕西省气象局统一安排，快速响应，按照残特奥会开（闭）幕式特别工作状态要求，实行24 h应急值守和主要负责人在岗值班制度，全力以赴确保残特奥会赛事精彩圆满。

（四）取得成效

十四运会场馆气象站点数据传输接入及共享，以及移动应急保障车的现场保障，为残特奥会实况数据采集、传输、获取提供了有力支撑，视频会商系统、现场显示大屏的信息展示，在工作中发挥了重要作用。期间，杨凌气象局主要负责人2次带队前往水运中心，与竞委会对接相关工作，完善服务内容和方式，圆满完成了残特奥会杨凌赛区比赛期间气象保障任务。

（五）经验总结

服务需求对接、保障团队组建、人员职责划分等为各项工作的开展奠定良好基础，以基于影响的天气预报服务，温、湿、风、雨、低温等要素监测数据及时、完整、快速，为皮划艇（静水）、赛艇赛事提供全面、及时、精准的气象数据支撑，让残特奥会气象服务更加科学精细。

三、服务案例

精准风向风速预报保障水上赛事安全进行

为贯彻落实"简约、安全、精彩"的办赛要求，杨凌气象局残特奥会气象保障服务工作小组提前进驻赛事场馆现场集中办公，对接服务需求，细化服务方案和信息发布等具体事项，按照"一赛一策"原则，满足残疾运动员对气象保障服务的需求。

10月9日发出的专题材料中，预报10日上午比赛时间段内06—08时有4～7 m/s偏西风，09—11时有3～5 m/s偏西风，对赛事有一定影响。赛期，每半小时通报一次气象要素实况信息，在赛区办公大楼、裁判帐篷、仲裁室等地方都能看到，为比赛的顺利进行贴身护航。

比赛开始前，赛场广播室传来温馨提醒："10月10日有降水及大风、降温天气，日均气温下降4～6℃，极大风速7 m/s，需注意添衣保暖，防范不利影响……"

水上运动中心监测站实况显示，当天上午06—08时瞬时风速7.5 m/s，09—11时瞬时风速5.6 m/s，风向偏西，与预报结论基本一致。

残运会赛场上，让人更多感受到的是自强不息、顽强拼搏的体育精神。与身体健全的运动员相比，残疾人运动员对皮划艇的控制能力以及自救能力都相对弱一些。夺得两金的浙江队运动员杨杰表示，虽然自己在比赛中遇到大逆风，划得比较吃力，但还是咬牙坚持了下来。为了保障残疾运动员能够安全抵达终点，赛场提前增加了安全保障、服务保障以及河道上的救援保障力度。杨凌气象人肩负着精密监测、精准预报、精细服务的保障责任，使命光荣，用心用情为运动健儿们护航，最终所有比赛平安落幕，气象保障任务圆满完成。

第五节　铜川赛区保障服务

残特奥会期间，铜川赛区有铜川市体育馆1个场馆，承办残特奥会盲人跳绳比赛1项。活动期间认真贯彻落实习近平总书记"办一届精彩圆满的体育盛会"的重要指示精神，在陕西省气象局和铜川市委、市政府的坚强领导下，在省气象局十四运会气象保障筹备工作领导小组办公室的悉心指导下，铜川市气象部门按照服务十四运会的标准和要求，一如既往、毫不松懈开展铜川残特奥会气象保障服务，圆满完成了气象保障服务任务。

一、气象服务保障筹备

（一）加强组织领导

铜川市气象局将残特奥会气象筹备和保障服务作为全局重点工作，成立了铜川市气象局十四运会暨残特奥会气象服务保障工作机构，制定了气象保障服务实施方案，明确职责，落实责任。

（二）周密细致筹备

主动与铜川市执委会沟通，了解气象服务需求，细化服务方案。开展气象基础设施和网络维检维护，确保安全运行。组织预报服务首席专家和预报服务人员对赛事期间天气形势和气象服务工作进行全面复盘分析，总结十四运会气象保障服务的经验做法，安排部署了残特奥会气象保障服务工作。

（三）扎实安排部署

及时召开了推进会和分析部署会，要求完全按照十四运会期间的工作状态，毫不松懈开展残特奥会气象保障工作；做好赛事期间天气分析和省市会商研判，尤其是对高影响天气的预判预测，进而更加精细化、人性化开展服务。按照《全国第十一届残运会暨第八届特奥会气象保障服务工作实施方案》，制定了残特奥会气象保障服务业务工作流程和工作任务单，按照时间节点细化工作，明确工作职责和责任人。现场保障人员按照疫情防控要求，每日固定进行核酸检测，确保正常开展工作。

二、服务开展情况及成效

向铜川残特奥会比赛项目提供了全方位专业贴心的气象服务。市气象台自10月20日起提前3天制作逐日天气专题预报，提前1天制作比赛日的逐小时专题预报，依然要求由预报首席专家进行审核把关，赛事期间共制作专题服务产品 8 期，及时通过各种渠道进行发布；联合市生态环境局进行会商，共同分析雾／霾天气对赛事的影响。圆满完成了残特奥会气象服务保障任务，达到了预期效果。

三、服务案例

全国第十一届残运会暨第八届特奥会盲人跳绳比赛气象保障

2021 年 10 月 23—25 日，全国第十一届残运会暨第八届特奥会盲人跳绳比赛在铜川举办。铜川市气象局完全按照十四运会期间高质量气象保障服务要求，一如既往、毫不松懈开展服务工作，圆满完成赛事气象保障服务任务。

（一）组织部署

针对盲人跳绳比赛，铜川市气象局党组专门作出了具体要求，一是要完全按照十四运会期间的工作状态，毫不松懈开展残特奥会气象保障工作；二是继续加强气象基础设施和网络的维护检修，确保安全运行；三要做好赛事期间天气分析和省市会商研判，尤其是对高影响天气的预判预测，进而更加精细化、人性化开展服务；四是主动与赛事执委会无缝对接，及时了解需求，以极端负责的态度和精神，全力以赴做好气象保障工作。

（二）预警及决策服务

市气象台自 10 月 20 日起提前 3 天制作逐日天气专题预报，提前 1 天制作比赛日的逐小时专题预报，要求由预报首席专家进行审核把关，赛事期间共制作专题服务产品 8 期，及时通过各种渠道进行发布。

（三）部门联动

联合市生态环境局进行会商，共同分析雾／霾天气对赛事的影响；现场保障人员按照疫情防控要求，每日固定进行核酸检测，确保正常开展工作。

（四）公众和专业气象服务

及时通过短信、传真、广播、显示屏、微信、微博、网站向政府决策部门、社会公众、专业用户发布各类预报预警信息 5.8 万条次。

第十章
十四运会和残特奥会高影响天气
风险管理与防范

第一节　十四运会和残特奥会期间全省各市（区）
高影响天气分析

一、十四运会期间（9月）高影响天气分析

十四运会举办期间（2021年9月15—27日），陕西省13个赛区先后出现过连阴雨、暴雨、强对流、短时大风、高温等高影响天气。

本届全运会最突出的高影响天气是降雨，雨日之多、雨量之大均为历届全运会之首。十四运会期间，9月15—27日，陕西省13个赛区累计降雨量为18.8～330.5 mm，总体分布呈北少南多趋势，其中榆林最小为18.8 mm，韩城最大达330.5 mm，延安和安康为100～200 mm，其他9个赛区为200～300 mm；宝鸡、韩城、西安、咸阳、商洛、铜川、渭南、杨凌、西咸新区累计雨量达建站以来历史同期之最，汉中和延安累计雨量为建站以来历史同期次高值。各赛区降雨日数7～12 d，降雨日数占比53.8%～92.3%；其中咸阳最多为12 d，降雨日占比达92.3%；5个赛区（延安、铜川、韩城、杨凌、汉中）雨日为11 d，降雨日占比达84.6%；3个赛区（宝鸡、渭南、西咸新区）雨日为10 d，降雨日占比达76.9%。从降雨量级来看，十四运会期间各赛区降雨以小到中雨为主；大雨及以上量级降雨日数最多为韩城（6 d），其次是渭南和商洛（5 d），其余赛区均在4 d以下，榆

林未出现大雨。最大日降水量 9.9～93.9 mm，榆林最小，汉中最大（出现在 26 日）；除延安和榆林赛区外，其他 11 个赛区最大日雨量均超过 50 mm，达暴雨量级。

二、残特奥会期间（10月）高影响天气分析

第十一届残疾人运动会暨第八届特殊奥林匹克运动会赛场主要分布在西安、宝鸡、铜川 3 个赛区，正式举办时间是 2021 年 10 月 22—29 日，多数比赛项目为室内赛事。本次残特奥会期间，天气总体平稳，未出现特别明显的高影响天气。其中，25 日上午西安赛区出现能见度低于 500 m 的雾，对田径赛事有一定影响；26 日西安、宝鸡赛区出现小雨，气温偏低，对马拉松赛事带来一定影响；其他时段以多云或阴天为主，风力不大，早晚气温偏低。此外再无其他高影响天气。

第二节　高影响天气风险应急预案

为最大限度地减轻或者避免气象条件对十四运会和残特奥会造成的影响，充分体现"聚焦比赛、以人为本，预防为主、科学高效，属地为主、条块联动，快速反应、协同应对"的工作原则，统筹建立快速有序的高影响天气风险防范应对机制，经组委会同意和统一安排，由气象保障部牵头制定了十四运会和残特奥会高影响天气风险应急预案（以下简称高影响天气预案）。

明确了高影响天气应对的工作职责。例如，十四运会和残特奥会组委会，负责组织领导十四运会和残特奥会高影响天气风险防范应对工作，研究制定风险防范应对决策部署，协调解决防范应对高影响天气风险工作重大问题。气象保障部按十四运会和残特奥会组委会相关要求，负责落实十四运会和残特奥会高影响天气的监测、预报预警和信息传递工作，指挥调度十四运会和残特奥会气象台及各市（区）气象局按照"统一制作、分级发布、属地服务"要求开展气象保障工作。组委会其他各相关部室，负责按照十四运会和残特奥会组委会相关工作要求，做好本部门高影响天气风险防范和应急处突工作。各市（区）执委会、各项目竞委会根据属地原则，负责按照十四运会和残特奥会组委会应急处置要求落实相关工作；编制和实施本区域、本领域高影响天气风险的专项应急预案，开展实战演练，做好应急应对工作。

设定了高影响天气风险与预报预警标准。经过充分调研和组织业务技术专家反复研究讨论，结合陕西本地天气气候特点，将十四运会和残特奥会举办前期和举办期间高影响天气风险分为三类：一是对各种重大活动造成的风险，如影响开（闭）幕式、"双先"表彰、火炬传递等活动正常进行的各种高影响天气；二是对赛事的高影响天气风险，特别是对室外项目能否顺利进行造成影响的天气；三是对各保障环节的高影响天气风险，即对十四运

会和残特奥会安全运行相关保障领域可能造成的风险。针对上述 3 种风险，专门建立了十四运会和残特奥会高影响天气风险标准及气象预警指标体系，达到预警指标即进行气象预警。

预警信息发布流程。十四运会和残特奥会气象台、省气象台及各市（区）气象局分级制作发布高影响天气预报预警、服务专报产品，并与本级执委会、相关竞委会建立气象预报预警信息传递联动机制，实现发布信息的实时共享。通过十四运会和残特奥会《通用政策》中提供的气象保障服务方式：全运一掌通、陕西气象 App、"全运·追天气"App、微信小程序、全运天气网以及微信工作群等实时传递预警信息。紧急情况下实行"叫应"机制，即点对点电话叫应高影响天气发生区域的应急联络员。

应急处置规则。气象保障部负责加强监测预报预警，及时发布气象信息及相关风险防范、灾害应对措施建议，根据需求增加预报发布频次及精细度，及时提供指定区域相关气象因子变化情况。现场扩音系统或场馆广播转换为应急广播，播放提示信息；竞赛组织部根据事态发展，加强研判并适时调整赛事活动；信息技术部做好公用通信设施维护，保障通信畅通；电力保障部做好电网运营监控和故障排除；交通保障部做好影响区域交通疏导和交通管制，排除交通隐患；医疗卫生部做好医疗卫生急救工作；广播电视部根据现场情况，及时调整转播方案；其他各相关部室和相关保障部门按职责做好本领域风险防范和应急处突工作。各市（区）执委会按照本区域气象保障服务工作方案及各自高影响天气风险专项应急预案，负责组织本辖区高影响天气的风险防范和应急处突工作；及时总结应急处置工作并书面反馈气象保障部。各项目竞委会按照本项目气象保障服务方案及各自专项应急预案，加强研判，组织做好赛事活动高影响天气的风险防范和应急处突工作；及时总结应急处置工作并书面反馈气象保障部。

综合研判决策。如因降雨、连阴雨、高温、低温、雷电、大风、大雾等天气对重大活动或赛事赛程产生影响时，组委会相关部室、各市（区）执委会、各竞委会按照各自职责开展相关应急处突，并根据发展情况强化信息共享、联防联控，共同研判高影响天气可能对重大活动顺利举办、比赛推迟乃至取消、重大基础设施损毁等产生的不利影响，开展风险综合评估和应急决策。

相关保障措施。一是组委会各相关部室、各市（区）执委会、各项目竞委会及其他相关保障单位结合工作实际，确定 1~2 名应急工作联络员，保持 24 h 通信畅通，承担本部门高影响天气预警信息的接收"叫应"、上传下达和辅助决策职责。二是气象保障部负责气象监测、预报、预警及信息的正常传输。信息技术部负责做好现场应急救援与各成员单位之间通信畅通。

第三节　高影响天气防范应对

2021年6月中旬，组委会办公室印发《关于做好十四运会各项赛事活动高影响天气防范应对工作的通知》，要求各市（区）执委会、各项目竞委会高度重视可能面临的气象风险，完善应急预案，建立高影响天气信息发布和叫应工作机制。6月29日，组委会办公室又召开十四运会和残运会项目竞委会工作人员视频培训交流会议，办公室副主任李富生强调，要提高政治站位、强化底线思维、压实主体责任，落实赛事高影响天气风险防范和应急处置措施。陕西省气象局副局长、气象保障部副部长罗慧以《强化十四运会赛事高影响天气风险管理与防范》为题作了视频培训交流，现场推介了陕西气象App（全运·追天气）。组委会竞赛组织部、气象保障部及各项目竞委会500余人在现场或通过视频形式参加会议。

7月初，陕西气象App（全运·追天气）更新上线短临告警功能，实现0~2 h短临告警的自动发布和对高影响天气的自动提醒，中国气象局副局长、组委会副主任余勇给予肯定。

8月2日，组委会正式印发《十四运会和残特奥会高影响天气风险应急预案》（全运组办发〔2021〕163号），按照"谁主管，谁负责"的"属地、属人"原则，建立快速有序的高影响天气风险防范应对机制，最大限度地减轻或者避免气象影响。8月12日，组委会再次下发通知，要求各市（区）执委会、各项目经委会结合工作职责，编制本部门高影响天气风险应急预案、开展应急演练，并明确应急联络员。全省13个市（区）执委会、各项目竞委会均按要求制定了高影响天气风险应急预案，并积极组织开展应急演练。

9月13日，应组委会大型活动部和开幕式导演组需求，省特勤局、组委会安全保卫部、国际港务区等急事急办给予支持，省气象局、气象保障部紧急部署，省大气探测技术保障中心等连夜在西安奥体中心体育场加装7套微型智能气象站，并第一时间接入"全运·追天气"App，实现高影响天气自动告警功能。

2021年以来，陕西省气象局围绕高影响天气风险管理、重大活动气象预报服务、人工消减雨应急保障、新型观测设备应用、安全生产、新闻宣传与舆情管控等各工作领域，面向组委会有关部室、各项目竞委会及气象部门开展十四运会和残特奥会气象保障服务系列培训11期，参训人员累计3300余人次。

第四节　气象保障组入驻十四运会赛事指挥中心

2021年7月，十四运会赛事指挥中心正式组建气象保障组，气象保障部驻会副部长罗慧担任气象保障组组长，下设综合协调、业务服务保障两个工作小组，抽调陕西省气象局 6 名预报和服务首席专家担任气象保障组轮值值班员，按期按时到岗值守和开展服务。

按照《第十四届全国运动会赛事指挥中心工作方案》，气象保障组主要职责是负责每日上报十四运会开（闭）幕式期间各类气象信息及运行情况，联络协调十四运会开幕式人工影响天气消减雨应急保障专班工作并做好开（闭）幕式人工影响天气作业实施，协调相关部门对赛事期间气象保障重大事项和突发事件研究提出决策和建议。

赛事指挥中心气象保障组的工作流程，是依托中国气象局国家级科研业务单位、各省（区、市）气象局的技术支持和专家驰援，与陕西省十四运会和残特奥会气象台、陕西省气象局各业务单位形成"前店后厂"工作模式。建立每日交接、工作留痕、信息共享、需求反馈、会商研判等工作制度，每日向赛事指挥中心提供面向赛事的气象服务保障，密切监视天气演变，不定期发布和上报高影响天气专报，及时报告可能对赛事造成影响的突发天气情况，并提出针对决策建议。

6—9 月，以组委会办公室或气象保障部名义，多次向各市（区）执委会、各项目竞委会下发《关于做好十四运会各项赛事活动高影响天气防范应对工作的通知》等文件，组织做好气象灾害防御应对。针对野外长距离赛事气象风险，及时组织气象业务技术专家赴延安黄陵山地自行车和商洛公路自行车等比赛现场，开展气象风险及监测设施检查评估，对发现的隐患向相关竞委会下发整改通知，要求在高风险赛段加密布设多要素自动气象站，满足对全赛段气象风险监测预警需求，最大程度降低高影响天气风险。

为各项赛事因天气原因影响调整提供决策依据。十四运会竞技项目全部 31 个大项、358 个小项，气象保障组按照"一赛一策"的原则制定赛事气象保障任务排期表，累计发布赛事场馆专题预报 897 期；针对公路自行车、高尔夫、小轮车、网球、攀岩、垒球等户外比赛提供全程精准预报和现场气象保障，最大程度规避不利天气对各项赛事的影响、调整优化比赛"窗口时间"，成功规避气象风险，助力圆满完成全部赛事赛程。针对降雨、高温、雷电、大风等对重大活动举办、赛事运行可能存在的不利影响，累计发布高影响天气专报 33 期，提醒做好高影响天气的防范应对工作。

案例 1：为商洛公路自行车比赛改期提供参考。商洛公路自行车比赛期间，全程提供全赛段精细化天气预报，特别是 26 日比赛期间，增加了逐小时天气实况。在较强降水、河流及其支流水位上涨、多座水库水位超汛限、20 多处塌方等恶劣环境背景下，组委会根据气象部门建议，及时调整赛道路线，并将 27 日比赛提前到 26 日下午举行，保证赛事安全完成。

案例 2：为西咸新区小轮车延期比赛提供准确预报。9 月 16 日 09 时，西咸新区小轮车场地 1 h 降水量达 1.3 mm，智慧气象·追天气系统出现自动告警，值班员立即向赛事指挥中心主任进行了报告，同时报告了 17—19 日全省强降水天气过程气象服务专报详细内容。根据天气预报，16 日 22 时小轮车裁判团发布通告，17 日上午暂停小轮车竞速赛的比赛。9 月 17 日 13 时，省气象局副局长、气象保障部副部长罗慧带领首席团队参加组委会十四运会小轮车项目气象保障专题会并汇报有关天气情况。最终经综合研判后，小轮比赛项目比赛时间整体推后至 19—20 日举行。

案例 3：**为阎良攀岩比赛提供准确预报服务**。9 月 17 日下午阎良赛区降雨持续，使比赛场地达不到比赛标准，导致比赛中断，按最新预报，18 日赛区仍有中到大雨，经竞委会竞赛处研判，提出比赛延期，将 18—20 日的比赛日程，整体推后一天，将 17 日晚上的男子、女子的速度决赛改到 20 日晚上举行。20 日下午阎良出现短时雷阵雨和大风天气，为保证赛事安全，原定 20 日 19 时 30 分户外攀岩比赛项目暂停，人员紧急疏散，气象保障组值班员根据最新预报建议将赛事推迟到第二天进行并被采纳。21 日攀岩比赛举办期间，无降水和大风出现，比赛项目圆满结束。

案例 4：**为高尔夫球比赛提供精准预报服务**。9 月 24—26 日，陕西大部分赛区出现了明显降水，加上前期降水的叠加效应，降水及其次生灾害对赛事活动影响的风险加大。24 日上午秦岭高尔夫球场地降雨强度大，08—09 时降水量为 7.1 mm，地面积水明显，因此原定上午 09 时开赛的高尔夫球比赛推迟。根据预报，高尔夫球比赛被调整为 11 时 45 分开赛。

下篇

第十一章
取得的成果

第一节　批示和感谢

一、领导批示

2019年6月8日，方光华在陕西省气象局《关于报送第十四届全国运动会期间（8—10月）气候背景分析情况的报告》上批示：此报告对全运会选定日期提供了科学依据，请王勇同志认真研究。气象局这种工作精神值得筹委会同志们共同学习。

2019年8月15日，魏增军在《关于第十四届全国运动会气象服务保障能力提升工程项目建设的请示》上作出批示：请光华同志阅示。

2019年8月17日，方光华在《关于第十四届全国运动会气象服务保障能力提升工程项目建设的请示》上作出批示：要求突出重点。

2020年2月17日，陕西省发展和改革委员会批复十四运会和残特奥会气象服务保障项目可研报告（陕发改社会〔2020〕158号）。余勇对项目立项情况作出批示，肯定了陕西省气象局在推进项目立项落地中所做的工作。

2020年3月9日，中国气象局领导在《陕西省气象局关于第十四届全国运动会、第十一届残运会暨第八届特奥会气象服务保障筹备工作和项目立项情况的报告》上作出批示。刘雅鸣批示要求中国气象局各有关单位要给予支持。矫梅燕副局长批示要求中国气象局各相关职能司要加强指导和支持。余勇副局长批示指出，做好全运会气象保障服务意义重大、影响深远，陕西省气象局前期筹备工作扎实，效果明显。要求中国气象局应急减灾与公共服务司、计划财务司、预报与网络司、综合观测司等职能司要就陕西省气象局遇到的问题和困难及下一步工作安排提出建议，必要时召开专题协调会研究相关事宜。

2020年11月20日，赵一德在《十四运会和残特奥会气象保障服务总体工作方案》上作出批示：我省要做好工作对接。梁桂、魏增军、方光华圈阅。

2021年1月28日，赵一德对全省气象部门作出批示，对气象部门过去一年的工作给予肯定，要求气象部门在新的一年里，坚决贯彻习近平总书记对气象工作重要指示和来陕考察重要讲话精神，认真落实全国气象局长工作会议要求，加快推进气象现代化建设，提高核心业务技术能力，全力做好气象防灾减灾和十四运会等重大活动气象保障，进一步提升服务陕西追赶超越的水平。

2021年2月2日，余勇对十四运会和残特奥会一体化智慧气象服务系统测试运行工作作出批示：请认真抓好测试工作，并不断完善，国家级业务单位要给予支持和帮助。

2021年2月8日，余勇对陕西各市（区）十四运会和残特奥会气象保障筹办工作作出批示，要求用好各方资金，加强气象保障能力建设，确保在十四运会和残特奥会中发挥效益。

2021年2月18—22日，余勇在《十四运会和残特奥会气象保障服务筹办工作进展情况报告》上批示指出，前期筹办工作扎实到位，富有成效。望抓住3月起陆续开展的十四运会测试赛，进一步检验前期各项筹备工作效果，对接需求、查找不足、补齐短板。请应急减灾与公共服务司牵头，针对报告中反映的不足和困难，商相关职能司、业务单位给予指导和帮助。沈晓农批示，赞成余勇同志批示。宇如聪、矫梅燕、于新文、黎健圈阅。

2021年2月23日，庄国泰在《十四运会和残特奥会气象保障服务筹办工作进展情况报告》上批示，同意余勇同志意见，请抓紧对接工作清单。

2021年2月27日，余勇批示：请应急减灾与公共服务司下周与陕西省气象局联系，了解气象保障服务筹备工作情况，需要协调的请尽早安排。请王亚伟统筹安排好北京冬奥会和十四运会气象保障服务筹备工作。

2021年3月1日，余勇批示：请珍惜测试赛机会，按照实战要求做好预报服务保障。

2021年4月19日，庄国泰在《陕西省气象局关于辛丑（2021）年清明公祭轩辕黄帝典礼气象保障服务情况报告》上作出批示：很好！同意余勇同志意见，注意总结提高，再接再厉。余勇批示：预报服务准确到位，值得充分肯定。发现的问题和不足弥足珍贵，请综合观测司、预报与网络司、应急减灾与公共服务司给予指导和帮助，力争在今年十四运会和残特奥会气象保障服务中得到改善。

2021年4月23日，赵一德在《陕西省气象局关于辛丑（2021）年清明公祭轩辕黄帝典礼气象保障服务情况报告》上作出批示：气象保障工作值得充分肯定。要总结经验，找出不足，进一步完善机制，为十四运会等重大活动顺利开展提供科学气象保障。

2021年7月18日，刘国中批示：前段工作很有成效，对同志们的努力和中国气象局的大力支持表示感谢。十四运会和残特奥会期间的气象保障工作任务很重，望发扬成绩，扎实工作，把各项任务完成好。

2021 年 7 月 19 日，庄国泰对庆祝中国共产党成立 100 周年气象保障工作作出批示，对陕西省气象局做出的贡献表示感谢，要求做好总结分析。余勇批示肯定了陕西省气象局为建党百年庆祝活动顺利进行付出的艰辛努力和作出的突出贡献，要求进一步加强复盘总结工作，扬优势、补短板，为保障十四运会和残特奥会顺利圆满举行作出新贡献。

2021 年 7 月 28 日，余勇在十四运会和残特奥会圣火采集仪式气象保障服务情况的报告上批示：要认真总结成功经验，更要重视问题和不足，把气象保障服务各项筹备工作完成好。

2021 年 7 月 31 日，赵一德在十四运会和残特奥会圣火采集仪式气象保障服务情况的报告上批示：气象保障工作是做得主动扎实的，要梳理过去的有效做法，借鉴兄弟省市的先进经验，继续把十四运会气象服务保障工作做在先，做得更好。

2021 年 8 月 2 日，庄国泰在十四运会和残特奥会圣火采集仪式气象保障服务情况的报告上批示：望陕西再接再厉。

2021 年 9 月 9 日，赵一德在《陕西省气象局关于十四运会和残特奥会气象保障服务工作筹备情况报告》上作出批示：衷心感谢庄国泰局长对我省工作的大力支持和精心指导。省气象局围绕十四运会和残特奥会筹办工作，主动担当，积极谋划，精心精细做好各项筹备工作，值得充分肯定。下一步要再接再厉，充分发挥现有技术装备作用，加强会商研判，细化实化应急预警，不断提高监测预报精准度，尤其要扎实做好开幕式人工消减雨实战演练，努力为赛会精彩圆满提供有力气象保障。

2021 年 9 月 18 日，方光华作出批示：向庄国泰局长、余勇副局长表达崇高敬意！表示如果没有中国气象局运筹帷幄，就不可能有开幕式精彩圆满！

2021 年 9 月 26 日，赵一德在《省气象局关于十四运会开幕式气象保障服务工作情况报告》上作出批示：省气象局面对复杂天气形势，主动担当，积极作为，人工消减雨工作取得了显著成效，为十四运会顺利开幕做出了重要贡献，值得充分肯定，谨向参战的同志们致以诚挚慰问和敬意！希望及时总结经验，再接再厉，进一步提升监测预报精准度和人工影响天气能力，持续做好重大活动气象保障工作。

二、各单位感谢信

1. 陕西省委、省政府给中国气象局的感谢信

中国共产党陕西省委员会

感　谢　信

中国气象局：

在以习近平同志为核心的党中央坚强领导下，中华人民共和国第十四届运动会于 9 月 15 日在西安隆重开幕，9 月 27 日圆满闭幕，为全国人民奉献了一场简约、安全、精彩的体育盛会。

十四运会在历届全运会中雨日最多、累计降雨量最大。贵局对此高度重视，举全部门之力护航全运，庄国泰局长开幕式当天在京全程坐镇指挥，派出顶尖专家团队来陕现场指导，协调组织赛事期间天气气候会商，推动风云系列卫星、"天擎"、"天衍"等多种现代化"重器"成为科技后盾，调配多架高性能人影飞机驻陕支援，指挥周边省联防协同开展人工消减雨作业，有力保障了各项赛事、各类活动顺利进行，为十四运会成功举办作出了重要贡献，得到各方肯定和赞誉。这些，充分彰显了贵局心怀"国之大者"的高站位，"监测精密、预报精准、服务精细"的高水平，也为陕西气象事业发展留下了宝贵财富。在此，谨向庄国泰局长、向贵局领导与同志们致以崇高的敬意，向长期以来给予陕西的支持和帮助表示诚挚的感谢！

当前，陕西全省上下正在深入学习贯彻习近平总书记来陕考察重要讲话重要指示，谱写陕西高质量发展新篇章。希望贵局继续关心和支持陕西气象事业发展，共同开展好新一轮省部合作，携手为气象强国建设作出新的更大贡献。

中共陕西省委　　　　陕西省人民政府

2021 年 10 月 1 日

2. 陕西省人民政府给中国气象局的感谢信

陕 西 省 人 民 政 府

感 谢 信

中国气象局：

　　9月15日晚，中华人民共和国第十四届运动会开幕式在西安市奥体中心顺利圆满举行，得益于贵局组织开展的气象保障服务工作。在开幕式等相关活动筹备和组织期间，贵局认真贯彻落实习近平总书记关于气象工作的重要指示精神，积极主动发挥行业优势，精心组织全国气象系统和国家级科研业务单位提供技术支撑，安排风云卫星等多种现代化"重器"作为科技后盾，调配多架高性能人影飞机驻陕支援，特别是庄国泰局长来陕调研指导气象工作，坐镇指挥、现场调度气象保障；余勇副局长和四十余名知名专家亲临一线，多次会商研判天气形势变化，精准指导人工消减雨协同作业，为开幕式圆满成功奠定了坚实的基础。在此，谨向贵局表示衷心感谢！

　　希望贵局一如既往关注和支持陕西气象事业发展，不断提升我省气象服务综合保障能力，为谱写陕西高质量发展新篇章提供强有力的支撑。

陕西省人民政府

2021 年 9 月 22 日

3. 第十四届全国运动会组织委员会给中国气象局的感谢信

第十四届全国运动会组织委员会
全国第十一届残运会暨第八届特奥会组织委员会

感 谢 信

中国气象局：

　　9 月 15 日晚，中华人民共和国第十四届运动会在陕西西安隆重开幕，习近平总书记出席开幕式并宣布运动会开幕。

　　从十四运会筹办到开幕式举办，贵局坚持服务国家、服务人民，聚焦监测精密、预报精准、服务精细，举部门之力、集行业之智全力以赴做好气象服务保障。开幕式期间，中国气象局庄国泰局长在京十四运指挥部坐镇总指挥，余勇副局长赴陕现场调度，组织国家级各业务科研单位提供强有力技术支撑，调配多架高性能人影飞机驰援，协调风云气象系列卫星、智能网格预报、"天擎"、"天衍"等多部现代化"重器"为科技后盾，派 43 名专家驻陕指导，1800 多人参与飞机地面人影立体作业，成功组织实施跨省跨域、军地协同的大规模人工消减雨作业，用努力和心血助力开幕式活动精彩圆满。在此，谨向贵局表示衷心感谢并致以崇高敬意！

　　全民全运，同心同行。盛世盛会，逐梦逐强。让我们以习近平新时代中国特色社会主义思想为指导，牢记嘱托、不负厚望，再接再厉继续做好各项气象服务保障工作，助力首次走进中西部地区的规格最高、规模最大的全国性体育竞赛活动精彩圆满，为推进体育强国建设和健康中国再建佳绩。

第十四届全国运动会组织委员会
2021 年 9 月 20 日

4. 十四运会安康市执委会给第十四届全国运动会组委会气象保障部的感谢信

第十四届全国运动会安康市执委会

感 谢 信

第十四届全国运动会组委会气象保障部:

中华人民共和国第十四届运动会已精彩圆满成功举办,安康赛区承办的武术散打、马拉松游泳赛事项目和火炬传递(安康站)等赛事活动均安全顺利完成。安康市执委会和项目竞委会始终坚持以习近平总书记"办一届精彩圆满的体育盛会"重要指示为指导,全力落实国家体育总局和十四运会组委会各部室工作要求,提高政治站位,加强筹办工作组织领导,以最高标准推动各项筹办工作落实落地,对外充分展示了"平安顺利、幸福安康"的良好城市形象,同时提升了我市举办全国性大型赛事活动的能力,为十四运会精彩圆满贡献了安康智慧和力量。

安康赛区赛事气象服务保障工作在贵部的正确领导和关心支持下,科学制定了工作方案和突发事件应急预案,采取了党建引领、提前谋划、精准对接、精细服务等一系列行之有效的工作措施,达到了赛事高影响天气监测无漏网、预报无失误、赛事天气影响零风险、气象保障服务无疏漏的气象服务保障目标,获得了参赛运动员、技术官员、活动嘉宾和社会各界的一致好评。在此,我们谨向气象保障部的全体同志表示诚挚的敬意和衷心的感谢!

在今后的工作中,安康赛区执委会(项目竞委会)各成员单位将进一步加强与包括贵部在内的组委会各部室成员单位的汇报沟通,以期得到省级有关部门的更多支持。盼贵部各成员单位继续关注、关心安康,更多了解并对外宣传推介安康,助力安康经济社会发展取得新成就!

十四运会安康市执委会
2021 年 9 月 28 日

5. 十四运会安康市执委会给第十四届全国运动会气象台的感谢信

第十四届全国运动会安康市执委会

感 谢 信

第十四届全国运动会气象台:

中华人民共和国第十四届运动会已精彩圆满成功举办,安康赛区承办的武术散打、马拉松游泳赛事项目和火炬传递(安康站)等赛事活动均安全顺利完成。安康市执委会和项目竞委会始终坚持以习近平总书记"办一届精彩圆满的体育盛会"重要指示为指导,全力落实国家体育总局和十四运会组委会各部室工作要求,提高政治站位,加强筹办工作组织领导,以最高标准推动各项筹办工作落实落地,对外充分展示了"平安顺利、幸福安康"的良好城市形象,同时提升了我市举办全国性大型赛事活动的能力,为十四运会精彩圆满贡献了安康智慧和力量。

安康赛区赛事精细化气象服务保障工作在贵台的技术指导下,制作提供的逐日滚动天气、逐小时精细化气象要素预报以及高影响天气、水温、雷电概率预报,极大的保障了安康赛区两项赛事的顺利、精彩、圆满,达到了赛事高影响天气监测无漏网、预报无失误、赛事天气影响零风险、气象保障服务无疏漏的气象服务保障目标,获得了参赛运动员、技术官员、活动嘉宾和社会各界的一致好评。在此,我们谨向十四运会气象台的全体同志表示诚挚的敬意和衷心的感谢!

在今后的工作中,安康赛区执委会(项目竞委会)各成员单位将进一步加强与包括贵台在内的组委会各成员单位的汇报沟通,以期得到省级有关部门的更多支持。盼贵部各成员单位继续关注、关心安康,更多了解并对外宣传推介安康,助力安康经济社会发展取得新成就!

十四运会安康市执委会
2021 年 9 月 29 日

6. 十四运会和残特奥会宝鸡执委会给十四运会和残特奥会组委会气象保障部的感谢信

第十四届全国运动会宝鸡执行委员会

感谢信

十四运会和残特奥会组委会气象保障部：

　　第十四届全国运动会、全国第十一届残运暨第八届特奥会已圆满闭幕。宝鸡赛区承办的所有比赛项目均安全顺利完成。宝鸡市执委会和项目竞委会始终坚持以习近平总书记"办一届精彩圆满的体育盛会"重要指示为指导，全力落实国家体育总局和组委会各部室工作要求，提高政治站位，加强筹办工作组织领导，以最高标准推动各项筹办工作落实落地，对外充分展示了宝鸡的良好城市形象，同时提升了我市举办全国性大型赛事活动的能力，为十四运会和残特奥会精彩圆满恭献了宝鸡智慧和力量。

　　赛会期间，十四运会和残特奥会组委会气象保障部对宝鸡执委会工作给予了大力支持，给宝鸡执委会的气象保障工作给予了精心指导和充分保障，确保了宝鸡赛区各项比赛的顺利、圆满、精彩举行。

　　在此，宝鸡执委会向组委会气象保障部表示衷心的感谢！并向贵部所有人员致以崇高的敬意！

十四运会和残特奥会宝鸡执委会

2021 年 10 月 29 日

7. 十四运会渭南市执委会给十四运会组委会气象保障部的感谢信

第十四届全国运动会渭南市执委会

感 谢 信

十四运会组委会气象保障部：

　　第十四届全国运动会已圆满闭幕。十四运会足球男子U18 项目、举重项目、沙排项目、五人制篮球女子 U19 项目、柔道项目、中国式摔跤比赛，于 8 月 29 日至 9 月 25 日在渭南市圆满举行。赛会期间，组委会气象保障部各位领导和同志对渭南市执委会给予了大力支持，对渭南市执委会气象保障工作给予了关键指导和充分保障，确保了渭南赛区各项比赛顺利、圆满、精彩举行。

　　你们的辛苦付出，为渭南十四运会气象保障工作的"精彩圆满"奠定了坚实基础，在此，十四运会渭南市执委会对组委会气象保障部表示衷心的感谢！并向所有组委会气象保障人员致以崇高敬意！

第十四届全国运动会渭南市执委会
2021 年 10 月 25 日

8. 十四运会安康市执委会给安康市气象局的表扬信

第十四届全国运动会安康市执委会

表 扬 信

安康市气象局：

中华人民共和国第十四届运动会安康赛区赛事活动已精彩圆满成功举办。你单位在赛事举办过程中，坚决贯彻落实习近平总书记关于"办一届精彩圆满的体育盛会"的重要指示精神，坚持服务国家、服务人民，将十四运会赛事项目筹办工作作为重大政治任务，以"简约、安全、精彩"为办赛原则，以实现"一最三零"（争创最佳赛区、零问题、零失误、零感染）为目标，高质量完成了马拉松游泳、武术散打赛事气象服务保障工作。在此，谨向你单位参与十四运会气象服务保障的工作人员表示衷心的感谢！

全运会是我国规模最大、竞技水平最高的综合体育赛事，第十四届全国运动会在全球疫情防控的大背景下成为了历届赛事组织难度最高的一届全运会。你们主动担当，时刻牢记习近平总书记重要指示，全力落实十四运会组委会和安康市执委会、项目竞委会工作要求，采取党建引领、提前谋划、精细沟通、精心服务等举措，争取十四运会赛事专用监测设备，加快推进市级应急移动气象台建设，加密制作发布赛事精细化专题天气预报及高影响天气预警信息，实时提供水温、大气电场场强等实况监测数据，高标准完成了赛事精细化气象服务保障工作，给前来参赛的各代表队、技术官员团队和全体工作人员留下了深刻而美好的印象，

9. 十四运会和残特奥会宝鸡执委会给宝鸡市气象局的感谢信

第十四届全国运动会宝鸡执行委员会

感谢信

宝鸡市气象局：

　　第十四届全国运动会、全国第十一届残运会暨第八届特奥会已圆满闭幕。宝鸡共承办了十四运的足球（女子U18组）、水球和群众乒乓球3个比赛项目以及特奥会的游泳、田径等9个体育比赛项目和非体育项目"两活动一计划"。赛事期间，你们认真贯彻落实习近平总书记关于"办一届精彩圆满的体育盛会"重要指示精神，组建了气象保障服务团队，主动担当，针对每个比赛项目一对一、点对点开展气象保障服务，全力落实组委会和宝鸡执委会、项目竞委会的工作要求，履行了气象保障部的职责，为赛事精彩圆满提供了坚强的气象保障。

　　在此，谨向宝鸡市气象局参与十四运会和残特奥会保障服务的工作人员表示衷心的感谢！

十四运会和残特奥会宝鸡执委会

2021年10月29日

10. 十四运会铜川市执委会给铜川市气象局的感谢信

第十四届全国运动会铜川市执委会办公室

感 谢 信

市气象局:

大家辛苦了!

8月27日, 第十四届全国运动会、第十一届全国残运会暨第八届全国特奥会火炬传递在铜川圆满举行。在火炬传递期间气象预报、气象预警信息、起点和终点场地高影响天气预报等能够在第一时间传达到执委会, 为执委会能够在第一时间做出决策, 防范风险提供了坚实保障。

因为有你们在筹备服务工作中的服务大局、精益求精、追求卓越、不辱使命, 才创造出火炬传递中的铜川精彩。

有一种力量在澎湃, 有一种精神在凝结, 有一种风貌在彰显。火炬传递已经圆满成功, 十四运会和残特奥会开幕在即, 衷心希望市气象局能够再接再厉、携手前行, 全面贯彻"简约、安全、精彩"的办赛要求聚焦"建一流设施、办一流赛事、创一流佳绩"目标, 勇担历史使命, 发扬体育精神, 优化气象保障, 为"办一届精彩圆满的体育盛会"贡献铜川气象人的力量。

特此致谢!

第十四届全国运动会
铜川市执委会办公室
2021年8月30日

11. 十四运会渭南市执委会给渭南市气象局的感谢信

第十四届全国运动会渭南市执委会办公室

感 谢 信

渭南市气象局：

　　第十四届全国运动会已圆满闭幕。十四运会足球男子U18项目、举重项目、沙排项目、五人制篮球女子U19项目、柔道项目、中国式摔跤比赛，于8月29日至9月25日在渭南市圆满举行。赛会期间，渭南市气象局各位领导和同志对渭南市执委会给予了大力支持，建立了针对每个场馆的气象保障服务专家团队，一对一、点对点开展各项赛事保障服务，为十四运会和残特奥会精彩圆满提供坚强气象保障。

　　在此，十四运会渭南市执委会对渭南市气象局表示衷心的感谢。你们的辛苦付出，为渭南十四运会的"精彩圆满"奠定了坚实基础，渭南市执委会向你们表示衷心感谢！并向所有参与十四运会综合保障的气象工作者致以崇高敬意！

第十四届全国运动会
渭南市执委会办公室
2021年10月25日

12. 十四运会咸阳市执委会给咸阳市气象局的感谢信

第十四届全国运动会咸阳市执行委员会办公室

感 谢 信

咸阳市气象局:

　　中华人民共和国第十四届运动会已精彩圆满成功举办,咸阳赛区承办的武术套路、足球男子U20组赛事项目和火炬传递(咸阳站)、"双先"观摩等活动均顺利完成。你单位坚决贯彻落实习近平总书记"办一届精彩圆满的体育盛会"的重要指示精神,全力落实十四运会咸阳市执委会工作要求,提高政治站位、加强组织领导,紧盯"办赛精彩、参赛出彩、发展添彩"目标,以最高标准推动气象保障工作落实落地。

　　全运会是我国规模最大,竞技水平最高的综合体育赛事。第十四届全国运动会在全球疫情防控的大背景下成为了历届赛事组织难度最高的一届全运会。你们主动担当,时刻牢记习近平总书记重要指示,全力落实十四运会咸阳市执委会和项目竞委会工作要求,严密监视天气形势、精准把脉天气变化,为赛事活动提供精准、精细、及时的气象服务;建成十四运会赛事专用监测设备、加密制作发布赛事精细化专题天气预报及高影响天气预警信息、实时提供气温、风向风速、湿度、能见度等实况监测数据、组建现场气象服务团队,高标准完成了赛事精细化气象服务保障工作,给前来参赛的各代表队、技术官员团队和全体工作人员留下了深刻而美好的印象。

　　在此,谨向你单位参与十四运会咸阳赛区气象保障服务的工作人员表示衷心的感谢,祝愿在今后的工作中取得更加优异的成绩!

十四运会咸阳市执委会办公室

2021年10月8日

13. 十四运会榆林赛区执委会、排球竞委会、拳击竞委会给榆林市气象局的感谢信

第十四届全国运动会榆林赛区执行委员会办公室

感谢信

市气象局：

　　2021 年 5 月至 9 月，第十四届全国运动会男排、拳击项目在榆林举办。该项赛事是新中国成立以来陕西举办的规格最高、规模最大、竞技水平最高的综合性运动会，也是中国西部省份首次承办的全国性运动盛会。恰逢"十四五"开局、中国共产党建党 100 周年、全球病毒蔓延等重要历史节点和事件，为人民群众"办一届精彩圆满的体育盛会"、彰显出社会主义制度优越性，是各级政府、企事业单位的光荣责任和使命任务。

　　9 月 21 日，随着拳击项目顺利收官，榆林市已胜利完成十四运会全部赛事举办任务。赛事筹备以来，市气象局坚决贯彻落实市委、市政府工作要求，在榆林市执委会的领导下，严密组织，统筹推进，扎实完成十四运会气象保障工作。测试赛开始以来，气象部门主动、提前、全方位提供气象保障服务，为执委会能够在第一时间做出决策、防范风险提供了坚实保障，你们挥洒汗水、昼夜鏖战的忙碌身影，一丝不苟、严精细实的专业精神都给我们留下了深刻的印象，更彰显了气象人敬业奉献的社会责任。

　　在此，对市气象局全体干部职工所付出的工作表示诚挚的感谢和崇高的敬意！祝愿榆林市气象局在陕西省气象局和榆林市委市政府的坚强领导下，为榆林新时代追赶超越作出新的更大贡献，祝愿气象事业发展蒸蒸日上、全体干部职工工作顺利、万事如意！

第十四届全国运动会排球
项目竞赛委员会（榆林赛区）

第十四届全国运动会
拳击项目竞赛委员会

第十四届全国运动会
榆林赛区执行委员会
2021 年 9 月 22 日

14.十四运会榆林赛区执委会给榆林市气象局的感谢信

第十四届全国运动会榆林赛区执行委员会办公室

感谢信

市气象局：

　　大家辛苦了！

　　9月8日至21日，中华人民共和国第十四届运动会拳击比赛在榆林圆满举行。在拳击比赛期间气象预报、气象预警信息、场馆高影响天气预报等能够在第一时间传达到执委会、竞委会。为执委会、竞委会能够在第一时间做出决策，防范风险提供了坚实保障。

　　因为有你们在筹备服务工作中的服务大局、精益求精、追求卓越、不辱使命，才创造出本次拳击比赛中的榆林精彩。

　　有一种力量在澎湃，有一种精神在凝结，有一种风貌在彰显。十四运会拳击比赛已经划上圆满句号，衷心希望市气象局能够再接再厉、携手前行，全面贯彻"简约、 安全、精彩"的办赛要求，聚焦"建一流设施、办一流赛事、创一流佳绩"目标，勇担历史使命，发扬体育精神，优化气象保障，为"办一届精彩圆满的体育盛会" 贡献气象力量。

　　特此致谢！

第十四届全国运动会
榆林赛区执行委员会
2021年9月22日

15. 十四运会滑板竞委会、攀岩竞委会给十四运会气象台、西安市气象台、阎良区气象台的感谢信

感谢信

十四运气象台、西安市气象台、阎良区气象台：

中华人民共和国第十四届运动会滑板、攀岩项目比赛于9月10-11日、9月17-21日在西安阎良极限运动中心圆满举办。赛事活动举办，得到了市执委会气象保障部的关心指导，十四运气象台、西安市气象台、阎良区气象台为竞赛举行提供了高质量的气象服务。

在赛事筹备期间，阎良区气象局积极配合工作开展，建设了极限运动中心六要素自动气象站，配置了移动气象站，组织第三方机构对场馆设施进行防雷技术服务，确保赛事了期间防雷安全。

自5月28日起，按照竞委会安排，阎良区气象局派工作人员入驻极限运动中心，开展驻场气象服务，每日提供最新的气象信息，并及时发布灾害性天气预报预警信息，有力地保障了赛事筹备和开展。在攀岩比赛期间，面对复杂的天气形势，市十四运气象台、西安市气象台、阎良区气象台及时组织会商，深入分析研判，加密预报服务，为赛事举行提供了准确及时的决策依据，确保了攀岩比赛的顺利举行。在此，向十四运气象台、西安市气象台、阎良区气象台表示衷心感谢！

十四运会滑板竞委会　十四运会攀岩竞委会

2021年9月21日

16. 十四运会飞镖竞委会给渭南市气象局的感谢信

中华人民共和国第十一届残疾人运动会
暨第八届特殊奥林匹克运动会
The 11th National Games for Persons with Disabilities & the 8th National Special Olympic Games, the People's Republic of China

感 谢 信

市气象局：

　　在中华人民共和国第十一届残疾人运动会暨第八届特殊奥林匹克运动会大众项目飞镖比赛圆满落幕之际，在渭南精神、渭南风貌得到充分展现之际，残特奥会飞镖项目竞委会特向参与的各位领导、临渭区政府、市区两级有关部门致以最诚挚的谢意！

　　残特奥会与全国运动会同年同城同期举办是历史首次。临渭区政府主动领受任务，全力支持、大力配合，科学领导临渭区体育中心改造升级工作。标准化的赛场、便捷顺畅的无障碍通道、独具特色的外围设计、温馨体贴的赛事服务，接受了全国性体育赛事的全面检验，圆满完成了比赛任务，得到了全体参赛运动员、教练员、技术官员的充分认可和一致好评。

　　在疫情升级的大背景下，市区两级各有关部门汇聚各方力量，给予了赛事强力支持。在赛事筹备、赛事运行、安全保障、医疗防控、赛事宣传等方面做到了步调一致；坚持"安全第一"的办赛理念，按照疫情防控期间体育赛事组织要求，细化各项防控预案，确保赛事安全；对照职责任务，高起点谋划、高标准落实、高质量推进，向各省参赛队员、向全国人民呈现了精彩、圆满的体育赛事。

　　正是你们的群策群力、戮力同心、无私奉献，铸就了中华人民共和国第十一届残疾人运动会大众项目飞镖比赛的圆满成功。正是你们的大力支持、辛勤付出，让来自全国各地的参赛者感受到了渭南的独特魅力。让我们高举伟大旗帜、响应伟大号召，继续携手奋进、共同推动落实我市各项残疾人工作再上新台阶！奋力谱写渭南新时代追赶超越新篇章！

全国第十一届残疾人运动会
暨第八届特殊奥林匹克运动会
飞镖项目竞委会
2021年10月26日

17.十四运会沙滩排球竞委会给大荔县气象局的感谢信

第十四届全国运动会沙滩排球比赛竞委会

感谢信

大荔县气象局：

中华人民共和国第十四届运动会沙滩排球项目比赛，于9月17日至25日在大荔县沙苑沙滩排球场圆满举行。本次赛事深入贯彻落实习近平总书记有关重要讲话精神，全面贯彻"简约、安全、精彩"的办赛要求，你单位按照竞委会工作要求，充分发挥工作职能，以饱满的精神状态、高效的组织保障，共同完成了赛事运行保障任务，同时赢得了社会各界普遍赞誉！

赛事服务保障过程中，在沙滩排球项目竞委会和你单位全力参与和配合下，工作人员齐心协力、精诚团结、闻令而动、履职尽责，守好疫情防控生命线，筑牢安全保卫防线，不触食品安全红线，狠抓竞赛组织工作主线，对标最高标准、最好水平、最佳形象，细致周密、规范高效地做好了综合协调、竞赛组织、场地环境、行政接待、安全保卫、财务、市场开发、交通运输、志愿者服务、信息技术、媒体与转播、医疗保障、反兴奋剂、审计监察、体展、观众服务等各方面的工作，确保了比赛项目的顺利、圆满和精彩，以最美的姿态向全国人民和参赛的技术官员、运动员展现了大荔风采与大荔精神，共同留下了难忘宝贵的经历和记忆。

第二节　社会各界对服务保障的肯定

1. 【2021 年 9 月 17 日人民网】

智慧气象赋能十四运会：气象"黑科技"应用、创新体制机制推行

（《人民日报》客户端陕西频道　龚仕建　曹琨）

秋风生渭水，圣火耀长安。9 月 15 日，瞩目全国的中华人民共和国第十四届运动会在古都西安如期举行。恢宏大气、别具巧思的圣火点燃仪式，将整个开幕式氛围推向顶点，也让作为中西部地区首次承办全运会的陕西，更加令人关注。

在奥体中心的全运会主场馆，熊熊燃烧的圣火成为国家意志、体育精神、时代风采的具象体现。准时、顺利点燃的圣火，无疑让人振奋，但圣火起航之路，并非一帆风顺。两个月前的 7 月 17 日，在陕西延安宝塔山下，第十四届全运会和残特奥会圣火采集仪式开始，但本该 09 时整的圣火采集仪式，却提前到 08 时 30 分举行，而在 10 个小时之前，圣火采集仪式的时间定的还是在 09 时整。

圣火采集时间也会改？答案，与十四运会和残特奥会气象台里的一条天气预报结论有关。

走进十四运会和残特奥会气象台，巨大的显示屏立刻吸引了记者的目光。比赛项目、场馆名称、天气、今日赛事、明日赛事、高影响天气……各项服务模块在"十四运会和残特奥会一体化气象预报预警系统"主页上一目了然。

"这是专门为十四运会和残特奥会研发的系统，圣火采集前，我们通过系统分析发现，17 日 08 时到 10 时延安有小阵雨天气。我们将这个情况报告组委会，最终经过多方的研判，并根据气象部门的预报分析建议将原定于 9 点进行的圣火采集仪式提前了半小时。"十四运会气象台首席预报员毕旭为记者解惑。

气象"黑科技"助力十四运会

为保障十四运会和残特奥会的总体气象保障要求，由陕西省气象局规划设计，省发改委批复立项，投入专项资金完成现代化气象监测预报服务业务体系迅速搭建。

陕西省气象局在自主研发的秦智网格预报基础上，研发了一体化气象预报系统，该系统应用人工智能技术，建立了无缝隙、无死角、集约化的气象预报业务体系。在天气监测和预报预警方面，系统不仅提前几天就能得出相应的区域气象预报提示，更能在当天有天气发生前几小时甚至几十分钟做出研判，将可能出现的天气变化及时通知赛事组从而做出相应调整，将赛事的气象安全保障提升到最高水平。

不仅如此，陕西首部 X 波段双偏振相控阵天气雷达、2 部激光测风雷达、7 部微波辐射计以及暑热温度监测仪等 81 套新建观测设备均已部署完成并投入使用，以此为基，陕

西气象基本形成了以十四运会场馆为中心，面向赛事赛会服务的天空地一体的综合气象监测网。

预报准不准，靠机器更靠人。十四运会开幕式彩排的前一天，西安24小时内降水量达8毫米，奥体中心主场馆飘起了雨，让安保特勤等相关部门措手不及，但这样的降水量，远未达到气象部门24小时内50毫米降水的"入门级"蓝色气象灾害预警的报警标准，"针对类似情况我们进行了动态调整，把可能影响场馆、赛事的天气统称为高影响天气，对这类天气情况，做到以小时、分钟预报，帮助组委会及时对场地、赛事情况调整，全力保障十四运会平稳顺利进行。"十四运会和残特奥会组委会气象保障部驻会副部长、陕西省气象局副局长罗慧，温和坚定地说道。

据了解，为进一步提升预报精度，陕西省气象局开展了精细化网格预报及特殊要素预报等关键技术的研发，建成了陕西区域数值预报模式，研发了延伸期网格预报、西安大城市1公里网格预报等精细化预报产品。应用微波辐射计、相控阵雷达和风廓线雷达等先进设备，研发出分钟级降水短临预报产品，并建立了暴雨相似预报等技术方法，实现了赛事高影响天气的自动识别预警。

"气象预报精准了、迅速了，这个App我常用。"十四运会志愿者指着陕西气象App推荐道。基于此款App，陕西省气象局研发了"全运·追天气"应用客户端，可以随时随地提供赛事相关实况监测、预报预警及自动告警提醒，并搭建有圣火采集、火炬传递、开（闭）幕式等专题版块，与组委会"全运一掌通"实现无缝对接，同时App中设有专业版、媒体版、志愿者版及公众版，方便不同人群各取所需。

"众人拾柴火焰高。"在疫情防控任务艰巨、气候变化多端、十四运会与残特奥会举办时间极为接近的特殊年份，要保证气象保障服务工作圆满完成，仅靠陕西一省之力，显得捉襟见肘。为此，中国气象局成立了国家层面的工作协调指导小组，先后召开三次专题协调会，推动风云4B卫星定点监测、数值预报模式加密运算、36人国家级专家团队赴陕等98项支持在陕落地应用。

无疑，中国气象局在组织协调、现代观测、技术研发、人才队伍等诸多方面给予了陕西全力支持，形成了举全国气象部门之力、共同做好十四运会和残特奥会气象保障服务工作的良好氛围。

"前店后厂"模式下的体制机制创新

"垒球赛场出现气象条件告警，预计一小时内降水将达到两毫米，是可能对垒球项目产生影响的高影响天气，迅速报告指挥中心。"陕西省气象局首席气象服务专家张宏芳果断下达报告指令，三分钟，指令迅速从十四运会赛事指挥中心气象保障组传到现场的项目竞委会。作为组委会23个部室之一，首次深度融入组委会组织大家庭的气象保障部，其下设的气象保障组，组成了由首席预报员、首席服务专家为核心的6人气象保障小组进驻十四运会赛事指挥中心，承担着汇集海量气象数据向赛事指挥中心报告是否有高影响天气的任务。也因此，气象保障组也被称为"前店"。

与此同时，为切实做好气象保障的技术支撑，陕西省气象局从全省抽调专家骨干65人组建了十四运会气象台。在技术方面，专家骨干们筛选出了十四运赛事高影响天气指标，建立了赛事服务指标库、十四运气象保障预报预警系统，形成了精细化赛会、赛事监测预报预警能力和集约化业务布局。

"正因为有了强力的技术保证，我们作为气象保障组的'后厂'，才能在变化多端天气中，为赛事指挥中心提供精准的气象服务。"十四运气象台副台长、陕西省气象台副台长、首席预报员潘留杰颇有感慨地对记者讲到。

地方党政系统和气象系统双管齐下，组委会气象保障部与省气象局十四运气象保障服务工作领导小组办公室通力协作，形成的"前店后厂"工作模式，不仅分工明确、各司其职，也因配合默契、衔接紧密，使得十四运会气象服务事半功倍。

十四运会的顺利开幕，是对陕西气象服务工作最大的褒奖。"智慧气象"也将成为陕西气象的一张新"名片"，其为十四运会创新实践的新技术、新体制、新模式都会成为下届举办地的参考"样板"。未来，已经建成的观测网络还将继续在城市气象防灾减灾中发挥作用，为陕西经济社会发展和追赶超越新篇章提供不竭动力。

2.【《中国气象报》2021年9月22日头版头条】

同心同行，全民全运——十四运会开幕式气象保障服务纪实

（《中国气象报》记者　谷星月　张红平　马楠）

同心同行，全民全运。9月15日晚，万众瞩目的第十四届全国运动会和残特奥会开幕式（以下简称"十四运会"）在陕西西安圆满结束。这一晚，可容纳6万人的西安奥林匹克体育中心（以下简称"奥体中心"）座无虚席，从中共中央总书记、国家主席、中央军委主席习近平宣布运动会开幕，到全运会圣火点燃，全场掌声、欢呼声经久不息，仿佛一片欢乐的海洋。

在奥体中心外，有一群人，虽心向往之，却不能融入那片欢腾的海洋，只因一波云团正自西向东向西安压来。它是否会影响这场万众瞩目的盛会？密切监视云团发展变化，细致剖析云团内部结构，反复核对开幕式现场实况……这群人紧张有序地做着最重要的事，他们，就是组委会口中可靠的"气象保障部"，也是那片欢腾人海的隐形"守护者"。

执棋掌局："上下一条心"　下好"全国一盘棋"

十四运会气象保障服务工作这盘棋，中国气象局党组高度重视，筹划已久。

去年，中国气象局提前谋划，印发《十四运会气象保障服务总体工作方案》，与陕西省政府签署新一轮省部合作协议。今年2月以来，中国气象局党组书记、局长庄国泰等领导多次强调要求，并专题协调形成工作清单，98项工作任务逐一落实。一个月前，庄国泰率队专程来到陕西，在奥体中心、十四运会赛事指挥中心和十四运会气象台，再次调研部署气象保障服务工作。

在这盘大棋的布局中，在中国气象局党组和陕西省委、省政府的指导下，陕西气象

部门最早落子——2016 年，十四运会气象保障服务筹备工作领导小组及其办公室成立；2017 年，选派骨干人员赴天津全程参与十三运会气象保障工作积累经验。近 6 年的谋划筹备，近百次的专题会议，数千人投身其中。

根据组委会、竞委会等的需求，组建省级预报服务创新团队和西安大城市气象服务保障创新团队，提前研发技术；在十四运会组委会赛事指挥中心，6 名气象预报服务首席专家驻守现场。上下联动、横向协作之中，由组织指导层、决策指挥层、业务运行层、技术支持层组成的四级组织体系成功构筑。前期测试赛、圣火采集传递及赛事气象保障服务等工作顺利完成。

心手相牵、千里驰援的故事也在不断发生着。中央气象台首席预报员马学款、国家卫星气象中心服务首席任素玲、国家气象信息中心首席师春香、中国气象局气象探测中心首席郭建侠等以"国家队队员"身份前来支援，助预报团队准确把握开幕式天气。北京、天津、河北、广东、湖北等地气象部门分享大型体育活动气象保障服务经验。其中，山西省气象台副台长赵桂香在为大荔沙滩排球赛事提供技术咨询时，敏锐发现沙温、气温及场馆内外沙温的差异，经对比观测试验推导出场馆沙温预报公式，预报效果得到竞委会高度肯定。

距离开幕的日子越来越近，紧张有序的气象保障服务也迎来了关键检验时刻。9 月 13 日 9 时，中国气象局进入十四运会开幕式气象保障服务特别工作状态，加密观测、专题会商、滚动预报、跟进服务，国家级业务单位和相关省（自治区、直辖市）气象局立即响应。

9 月 15 日凌晨 4 时，代表中国气象局党组及组委会专程来现场督导气象保障服务工作的中国气象局党组成员、副局长余勇，在听完首席专家的预报意见后，翻开桌上即将报送省委、省政府、组委会等的气象服务材料，仔细阅读、逐句修改。

16 时，庄国泰通过视频再次与十四运会气象台连线，对预报服务进行指挥调度，并感谢为此奋战的一线工作人员。在十四运会气象台里，预报员正密切关注、科学研判未来几小时的天气情况。那片云团的发展变化，牵动着所有人的心绪。

科技筑基：精锐出战　合力攻坚不确定性天气

今年汛期，陕西降水有点"怪"——整个 7 月降水偏少，但进入 8 月后形势急转，仅 8 月底到 9 月初，包含西安在内的陕西南部就迎来了三轮大范围系统性强降水，华西秋雨发生时间偏早 11 天。

马学款介绍，十四运会开幕式选定的 9 月中旬，西安正处于华西秋雨的影响之下，西边有携冷空气而来的西风带系统掣肘，东边有势力强大的副热带高压压阵，两股势力拉锯，任何一方的减弱增强都会给预报带来较大的不确定性。但降水是否会对开幕式造成直接影响，这个组委会最关心的问题，气象工作者必须回答。

在距离主体育场不到 400 米的移动气象台，预报员刘峰与同事密切关注这片区域的天气状况与观测设备的运行情况，现场数据的稳定回传，是后方预报服务不可或缺的珍贵资料。

在十四运会气象台，预报服务中心主任毕旭快速调出国家气象中心专门研制的单站雷达交互平台——对2小时以内的短时临近预报，它有强大的优势。

几乎同时，首席预报员杨晓春打开了"十四运会·雷达监测"界面。这一由中国气象局气象探测中心研发的系统，已将新布设的观测设备纳入其中，基于雷达反演制作的1公里分辨率、逐6分钟滚动更新的三维风场，能够为开幕式文体演出提供权威精细化数据支撑。该系统的"三维天气实况沙盘巡游"模块，能在虚拟现实场景中展示实时天气现象，为决策和预报提供参考。

这仅是气象发挥科技优势保障十四运会的冰山一角。陕西气象部门在全省13个赛区新建的81套观测设备正不间断运行，它们与风云三号、四号气象卫星地面接收系统、高空探测雷达、边界层风廓线雷达等，组成以十四运会场馆为中心、面向赛事赛会服务的天空地一体综合气象观测网。距离奥体中心仅20公里的相控阵雷达，将过去获取数据需要的10分钟缩短为1分钟、精细到50米，宛如"细网捞小鱼"，实现了对中小尺度过程的快速捕捉。

还有陕西气象部门为此打造的十四运会信息化资源池，研发的精细化网格预报及高影响天气指标预报等关键技术，建成的陕西区域数值预报模式和十四运会一体化气象预报预警系统等，都有力支撑各类数据和产品第一时间送达所需人员，科学开展预报服务工作。

在万米之上的高空，风云气象卫星视线锁定奥体中心。仍处于在轨测试阶段的风云四号B星和风云三号E星再次提前启用，前者携带的快速成像仪能够每分钟一次"快扫"重点区域，空间上精细至250米；后者具备的高精度光学微波组合大气温度湿度垂直分布探测能力，能够穿透天气系统，精准刻画天气系统的内在结构。在国家卫星气象中心专门研发的卫星天气应用平台，预报员可随时取用多颗风云系列卫星产品。

"前店后厂"：精细服务让每个细节精彩圆满

为做好十四运会气象保障服务，陕西气象人已奋战700多天。而在整个十四运气象保障服务工作中，"前店后厂"一词高频出现。

十四运会气象台场馆服务中心主任徐军昶介绍，组委会、各执委会气象保障部，奥体中心等各个场馆气象工作人员，以及移动气象台等是"前店"，而十四运会气象台、陕西气象部门、中国气象局及各国家级业务科研单位等是"后厂"。

不同于往届全运会仅在一个城市举行，十四运会赛事遍布西安、宝鸡、渭南、杨凌、汉中、咸阳、延安等地，赛事服务范围广、链条长。这一模式不仅将国省市县有效串联，更为精准精细的气象预报服务保障工作增添了底气。

在7月17日举行的圣火采集仪式中，基于"前店后厂"的紧密配合，组委会16日当晚根据气象预报分析建议，将原定于17日9时举行的圣火采集仪式提前至8时30分开始，成功避开了雷阵雨天气。

类似事情在全运会测试赛、正式赛中多次上演。受9月3日至5日大范围降雨过程影响，原定于 5 日上午在西安鄠邑区举办的垒球赛事被推迟至下午，当日在渭南市举办的足球（男子 U18）赛事亦及时更换了场馆……越来越精准的赛事预报，让各竞委会更加信赖气象保障服务。

依托"全运·追天气"等气象预报服务平台，组委会、执委会、竞委会、运动员、公众等，均可实时获得与赛事相关且更具针对性、个性化的监测预报预警及自动告警服务。

随着圣火点燃，开幕式迎来高潮。与此同时，那拨令人揪心的云团也逐渐逼近，场馆开始下雨。根据气象预报，十四运会组委会、执委会一早启动应急预案——演职人员、运动员、观众都提前收到注意防雨、防滑、保暖的温馨提示，提供给观众的便携包里准备了雨衣，主席台桌面和席位上也覆盖了防雨防湿薄膜。

"天气状况与气象预报吻合，气象服务有力有序、精准高效，为开幕式顺利举行发挥了重要决策支撑作用。"西安市委常委、常务副市长、组委会执行副秘书长玉苏甫江·麦麦提说。而这群气象工作者依然忙碌着，他们要为观众和工作人员退场、疏散等提供气象保障服务。

圣火熊熊燃烧，全民全运的热情无限沸腾，十四运会开幕式圆满落幕。气象工作者未雨绸缪、攻坚克难、脚踏实地，又一次在复杂天气条件下经受住了重大活动的检验，圆满完成了党中央、国务院和人民群众的重托。气象工作者将把在每一次艰苦卓绝的"战斗"中凝练的经验，转化成推动气象事业高质量发展的强大动力，在全面建设社会主义现代化国家和气象强国新征程上全速奔跑。

3.【人民网】

组图：舍小家为大家　中秋假期他们依然坚守在岗位

（人民网记者　乔雪峰　余璐　许维娜　杜燕飞）

海上生明月，天涯共此时。中秋节是我国的传统节日，也是阖家团圆的日子。一块月饼，一轮满月……团圆，是萦绕在人们心头的温情企盼。

但由于工作需要，一些人依旧坚守岗位，奋斗在一线，舍小家为大家，不能回家跟家人团聚。他们，是新时代最可爱的人（图 11-1）。

中秋节期间，十四运会各项赛事在如火如荼的举行着。十四运会和残特奥会气象台预报服务

图 11-1　刘瑞芳正在查看"十四运会一体化气象预报预警系统"（中国气象局供图）

中心值班主任刘瑞芳在十四运会天气雷达监测网、十四运天气实况网、十四运卫星监测网等各个系统间自如切换，确保每一项赛事在气象服务的保驾护航下精彩、圆满。

刘瑞芳告诉记者，自 8 月 17 日开始，她已经连续在岗 30 多天，为了更好地服务十四运会，除了"来，接着干吧！"这句口头禅，她在每天制作预报产品前都要先掌握各项赛

事安排，以便做到心中有数、靶向服务。

4.【科技日报】

与天气"抢跑" 智慧气象为十四运会保驾护航

（本报记者 付丽丽）

9月15日早晨，看到天气雷达上降水云系已经走过兰州，正以每小时30～40公里速度往西安方向移动，白水成的紧张无以言表。作为第十四届全国运动会和残特奥会（以下简称十四运会）气象台应急保障中心主任，他正在奥体中心外围的移动气象台上，深知这对晚上即将举行的十四运会开幕式意味着什么。

密切监视云团发展变化，与后方专家细致研讨，向执委会汇报未来天气情况……他们虽高度紧张却有条不紊，只为开幕式的顺利进行。

智慧气象 洞察天气细微变化

在气象人心中，最担心的因素莫过于华西秋雨对开幕式的影响了。

"今年汛期，陕西降水有点'怪'——整个7月降水偏少，但进入8月后形势急转，仅8月底到9月初，包含西安在内和陕西南部就迎来了三轮大范围系统性强降水，华西秋雨发生时间偏早11天。"十四运会保障部驻会副部长、陕西省气象局副局长罗慧说。

驰援专家、中央气象台首席预报员马学款介绍，十四运会开幕式选定在9月中旬，西安正处于华西秋雨的影响之下，西边有携冷空气而来的西风带系统掣肘，东边有势力强大的副热带高压压阵，两股势力拉锯，任何一方的减弱增强都会给预报带来较大的不确定性。

"但降水是否会对开幕式造成直接影响存在较大不确定性，这个组委会最关心的问题，气象工作者必须回答。"马学款说。

要回答这个问题，监测要先行。精准迅速地采集到观测数据是预报的重中之重。陕西省气象局观测与网络处处长王毅介绍，为做到监测精密，陕西首部X波段双偏振相控阵天气雷达、2部激光测风雷达、7部微波辐射计以及暑热温度监测仪等84套新建观测设备均已部署完成并投入使用，以此为基础，陕西气象基本形成了以十四运会场馆为中心，面向赛事赛会服务的天空地一体的综合气象监测网，监测时效达到分钟级。

正是通过相控阵雷达这款"神器"，中午12—14时，白水成看到影响西安地区第一波天气系统从奥体中心南侧移过，对场馆没有造成影响。他判断下午3时还会有云团经过，但影响不大，事实是零星飘了几点雨。白水成悬着的心终于稍微放下了。

"相控阵雷达，可以将过去获取数据需要的6分钟缩短为1分钟、精细到30米，宛如'细网捞小鱼'，实现了对中小尺度过程的快速捕捉。"白水成补充说。

"前店后厂" 精准服务每一场活动

不同于往届全运会仅在一个城市举行，十四运会赛事遍布西安、宝鸡、渭南、杨凌、汉中、咸阳、延安等地，赛事服务范围广、链条长。如何为每一个场馆、每一场赛事提供精准精细服务？这让气象人颇动了一番脑筋。

经过反复研究、实践，最终确定"前店后厂"这种气象保障服务模式。十四运会气象台场馆服务中心主任徐军昶介绍，组委会、各执委会气象保障部，奥体中心等各个场馆气象工作人员，以及移动气象台等是"前店"，而十四运会气象台、陕西气象部门、中国气象局及各国家级业务科研单位等是"后厂"。

正是基于这种模式，从圣火采集到各种赛事，再到开幕式，他们提供的服务堪称完美，受到组委会及各方的频频点赞。

两个多月前的 7 月 17 日，陕西延安宝塔山下，十四运会圣火采集仪式万众瞩目。但本该 09 时整的圣火采集仪式，却提前到 08 时 30 分举行，而在 10 个小时之前，定的还是 09 时整。

之所以改时间，这就要从前方观测和"十四运会和残特奥会一体化气象预报预警系统"说起，项目、场馆名称、天气、今日赛事、明日赛事、高影响天气……在十四运会指挥中心，各项服务模块在显示屏上一目了然。

"这是专门为十四运会和残特奥会研发的系统，圣火采集前，我们通过系统看到，17日 08 时到 10 时延安有小阵雨天气。我们将这个情况报告组委会，最终经过多方的研判，并根据气象部门的预报分析建议将原定于 9 点进行的圣火采集仪式提前了半小时。"十四运会气象台首席预报员毕旭说。

类似事情在全运会测试赛、正式赛中多次上演。受 9 月 3 日至 5 日大范围降雨过程影响，原定于 5 日上午在鄠邑区举办的垒球赛事被推迟至下午，当日在渭南市举办的足球（男子 U18）赛事亦及时更换了场馆……

尽管开幕式结束了，但白水成和所有的气象保障人员丝毫不敢放松，赛事还在进行，而且紧接着就是残特奥会。为赛事提供越来越精准的预报，他们依然在路上。

5.【中国新闻网】

精确到分钟的十四运会天气预报是怎样炼成的？

中新网客户端北京 9 月 26 日电（记者　郎朗）

运动健儿们在第十四届全国运动会的赛场上激烈竞争，场外，为十四运会保驾护航的气象部门工作人员也精神紧绷，盯着每个赛场、每小时的天气变化……

疫情之下，遍布陕西全省的赛事、提前到来的华西秋雨……这一切，都给气象部门的工作带来了挑战。

这是一届特殊的全运会。疫情防控下，赛事遍布陕西全省；以往，残特奥会和全运会的举办时间间隔一年，而这次，仅有 20 多天的转场时间。

作为气象部门，最主要的任务便是监测和预报天气情况，尽可能减少天气因素的影响，保障这两场运动会顺利进行。

这并不是件容易的事。十四运会组委会气象保障部驻会副部长、陕西省气象局副局长罗慧介绍，今年汛期，陕西整个 7 月降水偏少，但进入 8 月后形势急转，仅 8 月底到 9 月初，包含西安在内的陕西中南部就迎来了三轮大范围系统性强降水，华西秋雨发生时间偏早 11 天。

十四运会和残特奥会举办期间（9—10 月），陕西正值连阴雨、大雾等高影响天气多发时段。特别是近年来陕西秋淋天气多发，其影响不容忽视。

同时，十四运会和残特奥会比赛场馆遍布陕西十三个市区，南北地理跨度大，各城市之间的气候特征差异悬殊，且众多新建场馆历史气象观测资料缺乏，气象灾害风险不确定，使得气象保障难度较大。

而竞技体育作为一项高体能的剧烈对抗性运动，无论是在露天还是在室内，都受气象条件的影响。温度、湿度、降水、能见度、风、气压等气象条件不仅影响运动员水平的发挥，严重时还会影响比赛的正常进行，并对运动员心理和生理状态产生较大的影响。

此外，由于赛事期间运动员、媒体、游客将抵离陕西，城市安全运行极为重要，陕西各地气候差异较大，且各地灾害性天气地域特性强，不利天气还可能对城市安全运行产生不利影响。

气象部门面对的挑战不言而喻。

"前店后厂"为精细化服务保驾护航

为每一个场馆、每一场赛事提供精准精细服务是气象部门的目标。

他们考虑得有多细？

由于西安奥体中心举办的盛大开幕式活动现场是室外，根据测算，开幕式当天，若有降雨且伴有偏东风时，主席台有飘雨风险，为此，需要考虑主席台上方加装遮雨设施，并提早在主席台桌面和席位铺设防雨防湿薄膜。同时，也需要考虑，在观众入场前，在检票区、检疫等候区提早搭建防雨长棚。

往届的全运会仅在一个城市举行，而十四运会赛事遍布西安、宝鸡、渭南、咸阳、汉中、安康、商洛、榆林、延安、铜川、杨凌等地，赛事服务范围极广。

在这种情况下想做好精细化服务，技术、装备、协调模式、应急预案等缺一不可，这是个系统性工程。

经过反复研究、实践，"前店后厂"的气象保障服务模式被确定了下来。

"组委会、各执委会气象保障部，奥体中心等各个场馆气象工作人员，以及移动气象台等是'前店'，而十四运会气象台、陕西气象部门、中国气象局及各国家级业务科研单位等是'后厂'。"十四运会气象台场馆服务中心主任徐军昶介绍。

气象部门还专门研发了"十四运会和残特奥会智慧气象·追天气决策系统"。比赛项目、场馆名称、天气、高影响天气……在十四运会赛事指挥中心，各项服务模块在显示大屏上一目了然。这样灵活高效的模式，保障了赛事的各个环节能顺利进行。

两个多月前，陕西延安宝塔山下，本该 09 时整开始的十四运会圣火采集仪式，却临时提前到 08 时 30 分。

十四运会气象台首席预报员毕旭介绍，之所以改时间，是因为在圣火采集前，结合前方观测和预报预警系统信息，发现当天 8 时到 10 时延安有小阵雨天气。最终经过综合研判，并根据气象部门的预报分析建议，将原定于 9 点进行的圣火采集仪式提前了半小时。

圣火采集一结束，雨便渐渐沥沥地下了起来。

多变的天气会对赛事、特别是户外项目造成影响。为保障赛事安全，吸取此前赛事经验，陕西气象部门开发了"全运·追天气"App，精细化服务通过这个 App，传送到十四运会的每个参与者手上。

以在商洛举行的公路自行车赛为例，全长 190 公里的赛道，气象部门设置了 14 个气象监测站，这 14 个站能直观地显示在 App 上，运动员只要点进去任一站点，就能看到包括降水、温度、风速、能见度等多项赛事天气指标，掌握实时天气状况和未来的天气预报。

在延安举行的山地自行车比赛，赛道一圈 4.8 公里，气象局设置了 5 个监测站，在追天气 App 上，能看到这 5 个站逐小时的天气状况。运动员还能看到舒适指数、体感指数等。"App 前后改版 14 次，就是为了做到特色跟着需求变，满足赛事和运动员的需求，保障他们的安全。"陕西气象局相关负责人表示。

在整个十四运会的气象保障中，像这样的"黑科技"的运用不在少数。

例如，传统的天气雷达做一圈扫描需要 6 分钟，再加上数据处理，实际数据到预报员桌面就需要 10 分钟左右，而新型的 X 波段相控阵双偏振天气雷达，完成一圈扫描仅需要 30 秒，不到 1 分钟数据就能到达预报员桌面，而且空间精度可达 50 米。

就像细网捞小鱼一样，中小尺度的冰雹、雷阵雨、龙卷风等天气在相控阵雷达面前将无一漏网。

6.【中国日报网】

Forecasters confident of weathering all storms

Experts are working hard to provide accurate assessments for the 14th National Games. Li Hongyang reports from Weinan, Shaanxi.

At 6 pm on Sept 5, an hour before the start of a promotional event for the men's soccer final at the 14th National Games, the rain that had started in the afternoon was still falling.

Forecasters in Weinan, Shaanxi province, where the game would be played two days later, were staring at radar images to monitor the amount of rain they could expect.

They also mulled the guidelines in a document about emergency weather plans for the games, which advised that events could be affected if the precipitation level reached 10 mm an hour.

Wu Linrong, deputy head of the Weinan Meteorological Service, said the team's forecasts are important to decision-makers at the games.

"Too much rain would cause the ball to slide and affect the players on the outdoor pitch during the promotional event. We had to provide accurate forecasts so the organizers and technicians could decide whether to suspend or delay it." he said.

Eventually, the event went ahead after the forecasters predicted that the hourly precipitation level would be about 8 mm, lower than in the emergency plan.

In the final, on Sept 7, the Shaanxi team won the title by beating a team from the southwestern municipality of Chongqing.

Influence of conditions

This year, the games are featuring 35 competitive sports, with most events scheduled to take place in 13 cities or zones across Shaanxi.

They opened on Sept 15 and will close on Sept 27, but some events had already been completed before the opening ceremony, including the men's soccer, men's volleyball and diving competitions.

"Meteorology and sports are inseparable." said Cai Xinling, an expert from the Shaanxi Climate Center.

"In the worst conditions, bad weather such as rainstorms and extremely high temperatures can cause outdoor events to be suspended. Other factors, including wind and humidity, also have an impact on venues and the athletes' performances." she said, adding that wind can have a great influence on certain competitions.

"For example, in events such as the javelin and discus, a light head wind can increase lift, which is beneficial to performances. Tail winds are conducive to hammer throwing, while crosswinds can affect accuracy in archery and shooting events."

She noted that humidity levels must be within a set range because too much water vapor in the air can make it difficult for the athletes to breathe easily and perform well, but if conditions are too dry, the competitors may become dehydrated.

Rain affects different sports in different ways. "For track and field events, rain will make the track slippery and hard to run on. But for marathons, a little rain will make the runners feel comfortable and can even relieve their nervous tension." Cai said.

In the emergency plan, a precipitation level of more than 5 mm is not suitable for marathon runners, while the limit for track and field venues is 3 mm.

"Conditions we may consider normal are highly influential for sporting events that are sensitive and vulnerable to weather risks." said Luo Hui, deputy head of the Shaanxi Meteorological Bureau.

She added that the forecasters need to take more details into consideration than people may realize.

"For example, on windy days, we provide information to suggest reinforcing the equipment at venues. On rainy days, even those with just a little precipitation, we need to remind organizers to prepare rainproofing for spectators and shelters at the ticket checking point." she said.

In August 2019, a meteorological center established specifically for the games and comprising 65 staff members from across the province began operations in Xi'an, Shaanxi's capital.

The team is supported by the work of other forecasters in the province and by the National Meteorological Center.

The experts provided hourly weather forecasts for organizers and athletes on the day before the games began.

Challenges, techniques

However, challenges remained: For some events, the forecasters needed to practice new techniques, while the venues are scattered across Shaanxi, which means that predicting the weather is a very complicated business.

Wu, from the Weinan Meteorological Service, said for the beach volleyball games, the forecasters measured the temperature of the sand for the first time, but they had to overcome technical difficulties to improve the accuracy of their results.

"Sand hotter than 45 ℃ will burn the players, so reports on sand temperatures are a great focus of attention." he said.

Initially, the sand was placed on a lawn in the sun so the temperature could be gauged, but the results were inaccurate by between 2 and 6 ℃. The forecasters realized that the lower temperature of the grass base was affecting the accuracy of the readings. In response, they placed a sensor at each of the four corners of the playing area and began recording more accurate temperatures.

Meanwhile, a special climate work group formed by the Shaanxi Meteorological Bureau conducted background analyses of weather conditions at sports fields across the province. The team combed through provincial climate data related to the month of September over the past 30 years and calculated the frequency and locations of notable weather events.

Mao Mingce, deputy director of the Shaanxi Climate Center, said the facility provides forecasts for every venue so response plans can be formulated.

For example, Shaanxi's northern areas often experience strong winds and high temperatures during the games, while the south of the province regularly sees heavy rains that could cause landslides and floods.

"We must make proper forecasts that neither exaggerate nor underplay the situation, so the organizers don't overwork their plans or neglect risks. In the national games, forecasters are like sentinels: our major responsibility is to provide information as accurately as possible." Mao said.

7.【科学网】

智慧气象追天气　代天护佑"十四运"

(《中国科学报》记者　辛雨)

丈夫潘留杰是陕西省气象局首席预报员、十四运会和残特奥会气象台副台长，妻子张宏芳是陕西省气象局驻十四运会组委会赛事指挥中心气象保障组服务首席。潘留杰在后方做预报，张宏芳在前方依据预报为十四运赛事指挥做气象服务。

他们是夫妻档，也是第十四届全国运动会（以下简称"十四运会"）特殊的气象保障服务模式"前店后厂"的一环。

十四运会期间，基于"前店后厂"的紧密配合，场外的气象工作者密切关注赛事相关的气象监测数据，并将预报预警信息实时反馈各竞委会决策指挥机构，全程保障着运动员们可以在赛场上尽情享受"速度与激情"。

"前店后厂"量身定做

9月15日晚，第十四届全国运动会开幕式在陕西西安"长安花"奥体中心体育场精彩上演。在距离开幕式会场只有100米的移动气象台保障车里，一群气象工作者密切关注着奥体中心区域的气象监测数据，并将现场情况实时反馈给后方指挥部。

这是首次在中西部地区举办的全运会，开幕式恰逢华西秋雨影响期间，气象服务保障难度大、要求高、任务重。

十四运会组委会气象保障部驻会副部长、陕西省气象局副局长罗慧告诉《中国科学报》："今年汛期，陕西整个7月降水偏少，但进入8月后形势急转。仅8月底到9月初，包含西安在内的陕西中南部就迎来了三轮大范围系统性强降水，华西秋雨发生时间偏早11天。"

此外，不同于往届全运会仅在一个城市举行，十四运会赛事遍布陕西西安、宝鸡、渭南、杨凌等十三个市区，南北地理跨度大，各城市之间的气候特征差异悬殊，赛事服务范围广、链条长，使得气象保障难度较大。

经过反复研究、实践，十四运会组委会最终确定了"前店后厂"的气象保障服务模式。十四运会气象台场馆服务中心主任徐军昶介绍，组委会、各执委会气象保障部，奥体中心等各个场馆气象工作人员，以及移动气象台等是"前店"，而十四运会气象台、陕西气象部门、中国气象局及各国家级业务科研单位等是"后厂"。

"这一模式不仅将国省市县有效串联，更为精准精细的气象预报服务保障工作增添了底气。"徐军昶说。

此外，为满足组织者、运动员等受众不同的天气信息需求，气象部门还专门研发了"十四运会和残特奥会智慧气象·追天气决策系统"。现场指挥中心、场馆、公众等用户可以通过十四运天气网、"精彩全运"气象App、"全运·追天气"微信小程序等途径，随时查看为他们"量身定做"的气象信息，随时随地获取赛事相关实况监测、预报预警及自动告警提醒。

高科技设备 看云观象高清"眼"

大气电场仪、水体浮标观测仪、X波段双偏振相控阵天气雷达……这些专业设备或在地面，或在空中，或漂浮在水面，都是为精准预报十四运会天象情况而引进的高科技"眼睛"。

在奥体中心体育场外，十四运会气象台保障中心工作人员李小冬向记者展示了一台微型便携式智能自动气象站。

这台小小的自动气象站由十四运会气象台应急保障中心科研人员自主研发。与传统六要素自动气象站相比，它整机重量仅850克，安装简单、轻便易携带，能快速响应。同时，该自动气象站采用了可更换式锂电池，一次充电能连续工作72小时。

"这台仪器可以实现温度、湿度、气压、风向、风速、雨量六大气象要素的观测，可以观测各种形态的降水。我们能直接在仪器屏幕上读数，也可以用手机蓝牙连接设备读取和下载数据。"李小冬告诉《中国科学报》。

在原有观测站网的基础上，针对十四运会气象保障服务需求，新建的气象观测设备共计17种80余套，分布于全省各个比赛项目场馆场地，增加了气象观测的时空密度和精度。十四运会气象台预报服务中心主任毕旭表示，这些高科技"眼睛"提高了对陕西省各赛事场馆立体综合的气象观测能力。

"在三维实况场产品方面，温度、水汽、风、水凝物等要素实况场的时间分辨率优于30分钟，垂直分层超过40层，水平分辨率达公里级。灾害性天气的监测率超过90%。气象信息网络传输能力大幅提升，各种探测资料可在5～10分钟之内传输到十四运会气象台。"毕旭说。

据悉，各类新建的现代观测设备将与周边省市观测设备开展协同监测，形成空、天、地一体的气象监测布局。

特种观测 专为赛事预报

室内、室外、陆地、水上，不同赛事对气象要素的需求不同，受天气影响的程度也不同。

暴雨会导致户外赛事活动被迫停止，大风天气将对水上赛事产生干扰。尤其是马术、高尔夫球、山地自行车、沙滩排球等户外比赛项目，需要"量身定制"特种观测和预报信息。

露天环境给沙滩排球比赛带来很多未知的挑战。"当空气温度到40℃时，沙子的温度大约能达到60℃，会灼伤人体皮肤，这需要我们密切关注沙温变化。"陕西省渭南市气象局副局长吴林荣向《中国科学报》介绍，利用沙温监测仪实时"感受"沙子温度，每5分钟滚动发布沙温实况，保证了气象台能在第一时间发布沙温预警信息，便于竞委会采取相应措施。

类似的特种观测还有许多，暑热压力监测仪为马术项目的马儿"寻找"最舒适的环境，水体气象浮标观测仪为马拉松游泳项目监测瀛湖水域的各项气象要素……它们都可以精准快速地为赛事安排做出预报监测。

受大范围降雨过程影响，原定于 9 月 5 日上午在西安鄠邑区举办的垒球赛事被推迟至下午，当日在渭南市举办的足球（男子 U18）赛事亦及时更换了场馆。

9 月 24 日，新一轮强降雨过程给陕西大部带来了影响，原定 09 时在秦岭高尔夫球场进行的高尔夫球赛调整为 11 时 45 分开赛，并于当日圆满完成赛事赛程……

越来越精准的赛事预报，让十四运各竞委会更加信赖气象保障服务。

8.【2021 年 9 月 28 日《中国气象报》头版头条】

全心全意 护航全运——十四运会气象保障服务纪实

（《中国气象报》记者 马楠 张红平 傅正浩 刘婧 武雁南）

核心阅读：十四运会在历届全运会中雨日最多、累计降雨量最大，13 天中有 10 天降雨、5 天大雨。频繁降雨给气象保障服务带来艰巨挑战。气象部门齐心协力，汇全国之智、举部门之力提供气象保障服务，圆满完成党和国家交办的重要任务。

9 月 27 日，随着陕西西安奥体中心火炬塔逐渐熄灭，以"全民全运，同心同行"为主题的第十四届全国运动会（以下简称十四运会）精彩圆满落幕。气象保障服务又一次写下了浓墨重彩的一笔。

降雨是十四运会天气的关键词。从圣火采集，到火炬传递，再到开（闭）幕式及各项赛场、赛事服务，雨水频繁"光顾"。气象部门怀着必胜的信心，全力冲刺奋战，对标"监测精密、预报精准、服务精细"，交出了一份高质量的答卷。

高位部署 尽锐出战

"十四运会标准高、规模大、范围广、时间长，做好气象保障服务非常重要，我们必须全力以赴，尽锐出战，以高昂的斗志、饱满的状态、必胜的信心，举部门之力打赢这场战斗。" 8 月 31 日，中国气象局党组书记、局长庄国泰在十四运会气象保障服务视频会议上再部署、再检查、再落实，要求进一步贯彻落实习近平总书记在陕考察时重要指示和对气象工作重要指示精神，勉励气象保障服务人员，用实际行动为"办一届精彩圆满的体育盛会"交上一份满意的气象答卷。

人心齐，泰山移。中国气象局高度重视十四运会气象保障服务，专门成立了协调指导小组，印发总体工作方案，召开多次专题协调会，提供高精准度预报预测指导产品，协调组织赛事期间天气气候会商，派出顶尖专家团队赴陕现场指导……在一环扣一环的高位部署中，十四运会和残特奥会组委会气象保障部成立、陕西省气象局十四运会和残特奥会气象台成立、《十四运会和残特奥会气象保障服务总体工作方案》出台。9 月 15 日开幕式当天，庄国泰在京全程坐镇指挥。而在开幕式两天前，中国气象局成立开幕式气象保障总指挥部并启动特别工作状态，中国气象局党组成员、副局长余勇赴陕现场调度。

重磅部署和举措次第出台，折射出气象部门运筹帷幄、高位推动，为十四运会提供高质量气象保障服务的信心和决心。

气象保障服务全方位融入十四运会。陕西省气象局组建气象保障部并常驻十四运会组委会，充分了解服务需求。西安、宝鸡、渭南、杨凌、汉中、咸阳、延安等7地市气象部门与执委会紧密对接，分别成立气象保障部，其余地市执委会均将气象局纳入成员单位。按照"扁平化管理、穿透式指挥"的工作原则，建立赛事气象保障服务指挥中心，确保各项工作指挥有力、运行高效。

陕西省气象局不断完善"前店后厂"工作模式，集聚全国、全省气象部门之力，深度融入组委会整体工作布局，始终与其他各项工作同步部署、同步实施、协调推进。经过多方努力，气象保障融入组委会决策流程、组委会管理体系、十四运会竞赛组织和指挥系统，气象信息也融入指挥系统。在中国气象局的领导下，建立了国、省、市、县四级联动机制。

气象技术装备高科技产品纷纷亮相。赛事赛会期间，风云气象系列卫星针对西安奥体中心进行"快扫"，智能网格预报和"天擎""天衍"等多种现代化气象预报"重器"成为科技后盾，X波段双偏振相控阵天气雷达等80多套新型现代化观测设备广泛应用。实现了地、空、天一体化多源观测资料深度融合，诞生出精细化分钟级降水预报及沙温、水温、暑热指数等"按需定制"的专项预报产品。

专门为十四运会和残特奥会研发的"全运·追天气"App，注册用户数超13万，被写入组委会《通用政策》，并与组委会"全运一掌通"App无缝对接。智慧气象·追天气决策系统入驻组委会赛事指挥中心和安保指挥部，无缝对接官方指挥平台，形成全方位、可视化的气象信息决策支撑。

精细服务 全程保障

距离开幕式还有48小时，在气象部门的分析建议下，组委会临时增加高空表演节目气象保障紧急需求。接到任务后，陕西省大气探测技术保障中心派出党员毛峰、杨家锋、龙亚星，星夜兼程，仅用30小时完成开幕式现场7套气象监测站安装调试工作，各项数据显示正常。

"受台风减弱东移影响，副高东退较昨日预报明显加快，预计15日西安奥体中心降水开始时间提前至17时，且降水强度增大。"开幕式当天凌晨04时30分，由于天气复杂，联合会商后，《开幕式现场重大气象信息专报》紧急出炉，组委会气象保障部驻会部长、陕西省气象局副局长罗慧带领首席预报员赵强、陈小婷赶赴联合安保指挥部开展现场气象保障，"贴身式"现场服务直通决策层，提供了有力决策依据（图11-2）。

图11-2 十四运会赛事指挥中心气象保障人员密切监视天气对赛事的影响，为紧急决策提供参考建议
（图/马楠）

"没有中国气象局运筹帷幄，就不可能有开幕式精彩圆满！"开幕式刚结束，组委会就向中国气象局表示感谢。

十四运会和残特奥会比赛场馆遍布陕西13个地市，各赛区气候特征差异较大，也为气象监测预报预警服务工作带来很大挑战。陕西省气象局构建的迭进式预报预警服务体系和机制，在赛场、赛事服务中发挥了重要作用。

9月5日15时，西安体育学院垒球场小时降水量超过2毫米，赛事指挥中心全运追天气系统出现报警，值班首席赵强立即上报，并指出降雨持续到晚上。根据气象部门的建议，垒球竞委会调整了原定1小时后开赛的两场比赛的举行时间。

24日，新一轮强降雨影响陕西大部。"上午08时，秦岭高尔夫球场地降雨量达7.1毫米/小时，地面积水明显，原定上午09时开赛的高尔夫球迟迟无法开赛。"十四运会和残特奥会气象台场馆服务中心主任徐军昶介绍。根据高尔夫球场地逐小时专题预报建议，11时后降水减弱，高尔夫球11时45分正式开赛，白色的小球在秦岭青色的背景上划出优美弧度。

受雨水影响的还有公路自行车比赛。"赛道路线和竞赛日程同时调整。"25日，公路自行车竞委会根据气象预报，结合商洛地质滑坡情况综合研判后，发出变更通知（图11-3）。

"气象保障部针对各赛区、各赛场的天气进行逐小时分析，为比赛提供应对建议，为恢复比赛提供气象依据。"十四运会竞赛部驻会副部长张宏玲说。

图11-3　延安市黄陵县气象局工作人员向山地自行车运动员展示天气实况（图/雷延鹏）

据不完全统计，十四运气象台针对35个大项53个分项赛事及圣火采集仪式、火炬传递、全运会开（闭）幕式等重大活动发布各类测试赛、正式比赛赛期预报服务材料及高影响天气专报、重大气象信息专报、重大活动服务专报共计3100余期，有力保证了各项赛事活动顺利进行。

全运精彩落幕，气象服务圆满收官，也为陕西气象事业发展留下了一笔宝贵财富。十四运会后续相关保障服务工作及残特奥会等重大活动保障仍在持续，陕西气象部门将统筹安排气象保障力量，在多线作战的形势下继续保持高度责任感和使命感；做好分析总结和复盘，传承此次服务保障工作的好做法、好经验，在"十四五"期间加强能力建设。省局主要负责人表示，省局将以"近期全运，远景惠民"为工作思路，打造高素质人才队伍，研发高水平业务系统，凝练高标准工作模式，将全运会综合效应放大到气象防灾减灾示范省建设、推进气象强省建设中，助力陕西气象事业高质量发展。（苏俊辉、王钊、张丽荣、汪媛媛对本文有贡献）

9.【2021 年 9 月 8 日《中国气象报》头版头条】十四运会开幕倒计时系列报道①

全国一盘棋　气象保障准备就绪

（傅正浩　吉庆　刘春敏）

盛世全运，筑梦中国

9 月 15 日，第十四届全国运动会和残特奥会（以下简称"十四运会"）开幕式将在陕西西安举行。陕西省气象局党组高度重视，坚持以习近平总书记关于气象工作和十四运会筹办工作重要指示精神为根本遵循和行动指南，落实中国气象局、陕西省委省政府和十四运会组委会安排部署，提前谋划、广泛动员，举部门之力做好各项筹备工作。

积力之所举，则无不胜

8 月 25 日至 27 日，中国气象局党组书记、局长庄国泰赴陕西调研指导气象工作，并与陕西省委书记刘国中、省长赵一德围绕全力以赴做好十四运会气象服务保障、推动陕西气象事业高质量发展等深入交流。

陕西省委省政府、十四运会组委会高度重视气象保障工作。此前，刘国中批示强调，十四运会气象保障工作任务很重，要发扬成绩，扎实工作，把各项任务完成好。赵一德在省气象局调研时强调，要精心精细做好气象监测分析研判，不断完善方案预案，切实增强气象保障针对性和有效性。中国气象局党组成员、副局长余勇出任组委会副主任，是历届全运会首次担任此职务的中国气象局领导。中国气象局印发的《十四运会气象保障服务总体工作方案》，也成为十四运会中首个由国家部委局印发的专项方案。

与此同时，中国气象局相关内设机构和直属单位，以及北京、天津、河北、内蒙古、山西、上海、浙江、河南、湖北、广东、四川、甘肃、宁夏等地气象部门通过各种形式全力支持十四运会气象保障工作，全国"一盘棋"的格局逐渐形成。

在"万众一心加油干"的理念鼓舞下，陕西省气象局党组紧密围绕"办一届精彩圆满的体育盛会"和"简约、安全、精彩"的办赛要求，对标监测精密、预报精准、服务精细，提高政治站位，强化组织领导，提前安排部署；与组委会各竞委会及体育、公安、工信等部门座谈交流，明确需求、任务，凝聚共识推进工作开展；依托国家级业务科研单位技术支持，坚持上下联动、横向协作，构筑起由组织指导层、决策指挥层、业务运行层、技术支持层组成的四级组织体系。结合气象部门双重管理的特点，组委会气象保障部与省气象局十四运会气象保障服务工作领导小组办公室各司其职、分工协作，顺利完成前期各项重大活动及赛事气象保障服务。

众智之所为，则无不成

时光回溯，2019 年 8 月十四运会气象保障部入驻组委会，省气象局融入组委会管理和决策、融入组委会管理体系、融入赛事运行和培训，强化十四运会气象服务保障筹备工作。抽调全省专家骨干 65 人组建十四运会气象台，6 名气象预报服务专家入驻十四运会组委会赛事指挥中心，开展面对面决策服务。西安、宝鸡、渭南、杨凌、汉中、咸阳、延安等 7 地执委会成立气象保障部，与组委会同步部署、同步落实。

为打造十四运会高质量气象精密监测系统，西安市大气探测中心工作人员李晓冬与同事面对建站初期电不通、道路难行车辆无法到达的困难，果断采取现场发电、自行搭建网络、肩扛手抬搬运设备等行动。建设监测系统期间，他们吃盒饭、住帐篷、挑灯夜战，日夜与仪器设备为伴，只为打造一张天、空、地一体化综合气象监测网。

省气象服务中心将十四运会气象保障作为"我为群众办实事"实践活动的重要内容，研发"全运·追天气"App，随时随地提供与赛事相关的实况监测、预报预警及自动告警服务，搭建圣火采集和火炬传递、开（闭）幕式彩排等专题模块，与组委会"全运一掌通"App 无缝对接。

在圣火采集仪式和田径测试赛等活动中，组委会根据气象部门的建议，调整活动时间，成功规避了降水、大风等高影响天气，得到中国气象局、陕西省委省政府、十四运会组委会领导高度肯定。众行者易趋，则行必达。

圣火采集仪式当天，8 月 17 日 03 时，睡了不到 4 小时的延安市气象局业务科科长雷延鹏已在气象台值守，作为全市重大活动气象保障服务主管部门负责人和一名共产党员，他要为 04 时 30 分的专题服务天气会商做准备。05 时，一份汇聚了全省气象部门智慧的《圣火采集仪式气象服务保障专题预报》被送到组委会。

08 时 30 分，圣火采集仪式正式开始。当圣火熊熊燃烧，他紧张的心才放下。圣火采集组委会副主任兼秘书长方光华在活动结束后第一时间发来感谢信息："有气象局的护航，才有今天仪式的圆满成功。"

随着十四运会比赛项目在各地陆续开启，8 月 31 日 17 时，省气象台副首席预报员黄少妮再次组织汉中、安康、杨凌、商洛、渭南等地气象台与十四运会气象台进行视频加密会商，确保气象保障工作万无一失。针对 8 月以来的多次强降雨天气过程，省气象台全员"参战"，运用陕西区域数值预报模式、延伸期网格预报、西安大城市 1 公里分辨率网格预报等客观预报产品，为组委会提供精细精准的服务。

9 月 2 日 04 时，杨凌气象部门灯火通明，面对即将开展的杨凌站火炬传递活动及相关赛事，局长李建科鼓舞大家："我们要牢记使命，按预案把服务做细做实。"

"这几天的雨下得我们很紧张。"杨凌融媒体中心副主任李培安说，在看到"火炬传递活动期间天气以阴天为主"的专题预报后，他长长呼了口气，"活动现场没雨，真是太好了。"

由"一盘棋"汇集的力量，延展为一个个生动的场景，成为全省气象系统开展"党建＋气象保障护航十四运精彩圆满"活动的缩影。

十四运会开幕式进入倒计时，陕西省气象局对保障服务工作再部署、再检查、再落实，为"办一届精彩圆满的体育盛会"贡献气象力量。

10.【2021年9月9日《中国气象报》】十四运会开幕倒计时系列报道②

密织观测站网 夯实服务基础

（唐宇琨 杨家锋）

气象与体育的关系非常密切，恶劣天气会对体育运动产生多方面的不利影响。降水、能见度、风力、温度、湿度等气象要素不仅会影响第十四届全国运动会和残特奥会（以下简称"十四运会"）开（闭）幕式效果，恶劣天气还可能干扰室外比赛和露天活动，影响运动员的心理和生理状态，从而影响比赛成绩乃至危及运动员安全。

"做好赛事气象预报服务要依靠密集的观测网络和翔实的数据。对标十四运会需求织密观测站网，势在必行。"陕西省气象局观测与网络处处长王毅说。

陕西气象部门全力推进十四运会综合观测系统建设，在全省十三个赛区新建81套观测设备，包括1部X波段双偏振相控阵天气雷达、7部微波辐射计、2部激光测风雷达及暑热温度等观测设备，与风云三号、风云四号气象卫星地面接收系统，新一代天气雷达，高空探测雷达，边界层风廓线雷达等组合成以十四运会场馆为中心、面向赛事赛会服务的天空地一体的综合气象观测网。同时，陕西气象部门强化新型观测设备资料应用，建设十四运会信息化资源池，确保各类数据和产品能够通过一体化业务系统和App第一时间送达预报员桌面和现场服务人员手中，受天气影响明显赛事的综合气象监测时效可达到分钟级。

此前，在中国共产党与世界政党领导人峰会延安分会、十四运会圣火采集和火炬传递等重大活动气象服务保障中，移动风廓线雷达和微波辐射计等新型探测设备均在应用中得到检验，为现场提供了更加具有代表性的数据。

当前，为满足西安、宝鸡、渭南、杨凌等主要比赛场馆气象保障需求，在相关项目比赛中降低天气因素影响，陕西气象部门在重要区域和重要场馆建设常规及特种气象观测设备，对十四运会重要比赛场馆及周边的温度、降水、风速、风向、湿度、气压、天气现象、大气电场等气象要素进行实时全天候自动化监测。其中，针对铁人三项、皮划艇等水上比赛项目，气象部门分别在汉中汉江赛场、安康汉江公开水域、杨凌赛区新建3套水体气象监测设备，对赛区水域的水文及气象要素进行实时全天候自动化监测；在大荔沙苑镇沙排场地建设1套沙温监测仪，用于比赛现场的沙温监测和预报；在西咸新区马术比赛场地建设1套暑热压力监测仪，可实时监测黑球温度、气温、湿度、风速、气压和辐射6个气象要素，并通过气象算法处理可生成实时暑热压力指数，用于比赛马匹的体感温度监测和预报。

目前，结合西安市现有国家气象观测站、区域站、泾河高空站、泾河雷达站、大气电场仪、灞桥卫星地面站、空间天气观测站和闪电定位站，并协调西部集团机场雷达、军地合作气象观测设备，与周边山西、甘肃、宁夏、湖北、四川、重庆、内蒙古等七省（自治区、直辖市）雷达站组网，十四运会开（闭）幕仪式及火炬传递重大活动气象保障观测网络已全部建成。

根据计划，十四运会结束后，已经建成的观测网络还将继续在防灾减灾、保障城市安全运行中发挥作用，为陕西经济社会发展和谱写追赶超越新篇章提供持续动力。

11.【2021年9月10日《中国气象报》】十四运会开幕倒计时系列报道③

打造智能气象预报系统　为科技全运赋能

（刘婧　董立凡　马艳）

7月17日8时30分，陕西延安宝塔山下，第十四届全运会和残特奥会圣火成功点燃。而在10个小时之前，原定圣火采集仪式的时间是9时整。

圣火采集时间为何提前了半小时？答案，与十四运会和残特奥会气象台里的一条天气预报结论有关。

气象台巨大的显示屏上，比赛项目、场馆名称、今日赛事、明日赛事，天气、高影响天气……各项服务模块在"十四运会和残特奥会一体化气象预报预警系统"（简称"预报预警系统"）主页上一目了然。"圣火采集前，预报预警系统提示17日8时到10时延安有小阵雨天气。报送组委会后，经过多方研判，将原定于9时进行的圣火采集仪式提前了半小时。"十四运会气象台首席预报员毕旭为笔者解惑。

智能预报精准快捷

十四运会和残特奥会一体化气象预报系统是专门为十四运会和残特奥会研发的系统，在秦智网格预报基础上，应用人工智能技术，建成无缝隙、无死角、集约立体化气象预报业务体系，目标只有一个——为十四运会和残特奥会提供高质量的气象科技支撑。

该系统不仅能通过对监测数据的分析，提前几天得出比赛区域天气提示，更能在比赛当天提前数小时甚至几十分钟做出更精准研判，将可能出现的天气变化及时通知赛事组以便做出相应调整。

6月14日，山地自行车比赛选手在陕西黄陵国家森林公园试训。当日，大雨如注，5.2公里的赛道上，有起伏陡峭的碎石坡道和蜿蜒曲折的黄土丘陵，复杂的地形再加上降雨等不利天气影响，让比赛面临重重挑战。

此时，精准预报尤为重要。依托预报预警系统生成的天气实况和风险影响提示，气象部门向赛事组提供了降雨对赛场环境可能影响的信息。赛事组临时增设了危险地段警示标志、防护网、防撞海绵等设施。

"昨天下大雨，场地环境不明，我还在担心应该如何调整装备来适应场地。好在有赛事各方的全力保障。"6月15日，山地自行车项目测试赛上，陕西队陈礼云赢得男子组第二名的佳绩，赛后，他对气象保障赞不绝口。

预报预警系统自2月试运行以来，从场地实训到圣火采集气象保障服务，都提供了重要的科技支撑。

综合服务向广域延伸

大荔沙苑地区沙丘连绵，林湖相依，风景宜人，素有"关中沙海"之称。但是，露天环境给沙滩排球比赛带来很多未知的挑战，多变的天气便是其一（图11-4）。

图11-4　渭南市气象局工作人员在沙滩排球比赛场地进行实地观测（图/王嫚）

"当空气温度到40℃的时候，沙子温度大约能达到60℃，会灼伤人体皮肤，这需要我们密切关注沙温变化。"大荔县气象局局长李东说，"依托预报预警系统每5分钟滚动发布沙温实况的功能，我们可以第一时间发布提醒信息，便于竞委会采取相应措施。"

此外，预报预警系统还研制了水温、高空风和暑热压力指数等专项预报产品，集合了实况监测，预报预警等产品技术研发、加工与显示及十四运会精细化气象预报预警产品快速制作等功能。

预报预警系统的智能化，也离不开前端精密数据的支撑。在西咸新区马术比赛场地安装的暑热压力监测仪设备，可用于比赛马匹的体感温度监测和预报；在安康汉江公开水域、陕西省水上运动管理中心等赛区应用的水体气象浮标监测仪，可为马拉松游泳、赛艇等水上比赛项目提供关键气象数据。

"省市县三级气象服务部门涉及人员众多，要继续梳理完善业务流程，进一步梳理、细化预报服务产品制作发布流程；要进一步强化技术培训，提高对新技术、新资料的应用水平；对不同赛事开展更具针对性的气象保障服务。"毕旭说。

十四运会和残特奥会开幕在即，面对严峻的挑战，陕西气象部门以细致精密的监测数据、科学严谨的分析研判、及时精准的预报预警，全力以赴为"办一届精彩圆满的体育盛会"贡献气象力量。

12.【2021年9月13日《中国气象报》】十四运会开幕倒计时系列报道④

见证智慧气象的N个瞬间

（马楠　苏俊辉　杨楠）

十二时辰，24小时。日升月落，周而复始。从2019年8月1日中华人民共和国第十四届运动会及全国第十一届残运会暨第八届特奥会（以下简称十四运会和残特奥会）筹（组）委会批准成立气象保障部开始，两年间的每一个日夜，都有气象工作者奋进的身影。

智慧气象应需而动，通过"云＋端"的气象现代化体系，在提升赛事服务业务智能化、个性化、精细化水平，满足十四运气象服务需求的同时，不断提升大城市气象保障服务的能力。

透过今年的几个瞬间，让我们一起来看看筹备十四运会和残特奥运期间的智慧气象贡献的力量。

时间：6月20日00时

地点：十四运会和残特奥会智慧气象·追天气App机房

夜已深，键盘和鼠标的敲击声还未停止。作为追天气App项目的主要负责人王莹介绍："这次是对吉祥物的语音交互功能和高影响天气预警信号自动报警功能进行升级。这也是2020年8月系统建设以来第22次重大版本升级。"

为了更好地服务十四运会，追天气App在研发中多次与组委会信息技术部、志愿者服务部等多个部室，以及各地竞委会主动沟通、了解需求。

经过多次的迭代更新，搭建了圣火采集和火炬传递、开（闭）幕式彩排等专题板块，上线短临告警功能，实现了面向决策用户、体育代表团、志愿者和媒体、公众等不同用户群体，追天气App成为一款综合智慧气象应用。在组委会的推动下，它已与"全运一掌通"App实现无缝对接。截至8月底，注册用户总数突破12万人。

时间：8月25日10时

地点：十四运会奥体中心安保联合指挥中心

陕西蓝田县秦岭山区遭遇区域性大暴雨，部分村镇受灾严重。"智慧气象·追天气决策系统平台主动对各类预警信号、短时临近天气时进行告警，为我们实施救援争取了时间，也为及时指挥调度提供了重要参考依据。"十四运会和残特奥会安保指挥部副指挥长石峰对气象可视化、大数据等智慧气象提供的服务保障十分认可。

8月初，十四运会和残特奥会智慧气象·追天气决策系统与十四运会安保指挥系统实现对接，为十四运会消防安保前方指挥调度提供实时气象信息。

在十四运会诸多组织保障工作中，气象服务保障工作是关键工作之一，提供准确、及时和精细的气象保障服务对于十四运的成功具有重要的意义。

时间：8月31日17时30分

地点：渭南市体育中心体育场

伴随着漫天细雨，经过 90 分钟的雨中鏖战，陕西队憾负重庆队。十四运会足球项目男子 U18 组决赛阶段 A 组第一轮比赛在渭南体育中心体育场刚刚结束，比赛期间小时降水量 1.0 毫米，虽然比赛期间下起了雨，但丝毫没有影响场内球员和观众的热情，比赛正常进行。

"我们多次与十四运气象台进行动态会商，开展动态精细服务，同时与场地环境处相关负责人和竞赛委员会联络员开展点对点的电话叫应服务，为比赛的顺利进行提供决策参考。"渭南市气象局副局长吴林荣介绍。

为了保障十四运会和残特奥会渭南赛区的运动员顺利比赛，渭南市气象局成立了专门的组织机构，按照"一场馆一团队"要求，建立了针对每个场馆的气象保障服务专家团队，一对一、点对点开展各项赛事保障服务。

时间：8 月 31 日 21 时

地点：奥体中心场馆内

连续多天的连阴雨天气对开幕式的高空表演等活动以及设备安装、预演和彩排等准备工作影响很大。为了抢抓时间，十四运会开幕式彩排工作正在紧张有序地进行着。在十四运会开幕式的表演中，威亚项目对风的敏感性比较高，对气象服务精细化要求也高。开幕式导演团队、大型活动部部长王吉德十分关心开幕式期间的气象条件。

场馆建成后，为了保障奥体中心十四运会主场馆各项赛事的顺利进行，陕西省气象局在西安奥体中心场馆顶部布设了一套智能微型监测站，实时监测频次可达分钟级别。利用追天气 App 可提供风、降水和温度实况，随时切换此微型站以及周边监测站的最新气象实景。

时间：9 月 1 日 07 时

地点：十四运会赛事指挥中心

"今日 8 时至 10 时将有小雨天气，并伴有西南风转南风。赛事裁判组根据精细化天气预报对杨凌网球比赛时间做了调整，由原来的 8:00 开赛调整至 10:00 开赛。"十四运会和残特奥会组委会信息技术部大数据运行组组长师强介绍说，在开放场馆里举行的田径、足球等比赛对于天气数据比较敏感，利用大数据统计平台将气象数据共享给相关部门，有助于在比赛时或者赛前，作出综合研判，为赛事的顺利推进提供支撑作用。

赛事指挥中心是赛前及赛时指挥协调的"大脑"，作为国内首次在综合运动会上实现赛会信息与城市信息融合的"全运大数据平台"——十四运会赛事指挥中心通过全方位的共享共用，实现从赛前、赛中、到赛后全流程的监测、管理和保障。

时间：9 月 4 日 13 时

地点：国家卫星气象中心

"今日午后，陕西省西安市及周边地区有云系覆盖。西安市上空为低云覆盖，云顶高度相对较低，在 7 千米以下……"一份气象卫星专题气象服务报告根据风云四号 B 星传回的最新图像对西安市及周边云系进行分析。

为了给十四运会提供最优质的气象服务，国家卫星气象中心全力支持陕西十四运会，利用风云四号 B 星搭载的快速成像仪针对陕西区域进行逐分钟、250 米分辨率的实时监测。通过逐时加密观测云高、云量、风速等天气现象，圆满完成圣火采集仪式、火炬传递点火起跑仪式、倒计时 100 天系列活动等气象保障服务工作。

这一个个时辰、一个个瞬间见证了陕西智慧气象的步伐，"精彩十四运，智慧新气象"的气象服务理念，通过 5G、大数据、云服务、融媒体等多种气象现代化技术手段，融汇于开（闭）幕式筹备和赛会赛事活动、城市安全运行和社会公众生活出行等点滴生活中。

第十二章

大事记

一、工作纪事涉及相关领导职务介绍

（一）组委会方面

刘国中：陕西省委书记

赵一德：陕西省政府省长、十四运会组委会执行主任、残特奥会组委会主任

王　晓：时任陕西省委常委、省委宣传部部长、十四运会组委会副主任、残特奥会组委会执行主任

王　浩：时任陕西省委常委、西安市委书记、十四运会组委会副主任、残特奥会组委会执行主任

方红卫：时任陕西省委常委、省委秘书长

方光华：陕西省政府副省长、十四运会和残特奥会组委会副主任兼秘书长、中国气象局十四运会和残特奥会气象服务工作协调指导小组组长

徐大彤：陕西省政府副省长、省公安厅党委书记、十四运会和残特奥会组委会副主任

魏建锋：时任陕西省政府副省长、十四运会开幕式人工消减雨工作专班组长

梁　桂：时任陕西省政府常务副省长、十四运会组委会副主任、残特奥会组委会执行主任

魏增军：时任陕西省政府副省长

方玮峰：陕西省政府秘书长、十四运会和残特奥会组委会常务副秘书长

王山稳：时任陕西省政府副秘书长、十四运会和残特奥会组委会执行副秘书长、十四运会开幕式人工消减雨工作专班副组长

王建平：时任陕西省政府副秘书长、十四运会开幕式人工消减雨工作专班副组长、

十四运会开幕式人工消减雨作业联合指挥中心指挥长

张军林：陕西省政府副秘书长、十四运会和残特奥会组委会执行副秘书长

高　阳：时任陕西省政府副秘书长

王　勇：时任陕西省体育局局长、十四运会和残特奥会组委会执行副秘书长

相红霞：陕西省残联理事长、残特奥会组委会执行副秘书长

（二）中国气象局方面

庄国泰：中国气象局党组书记、局长

刘雅鸣：时任中国气象局党组书记、局长

宇如聪：时任中国气象局副局长

沈晓农：时任中国气象局党组成员、副局长

矫梅燕：时任中国气象局党组成员、副局长

于新文：中国气象局党组成员、副局长

余　勇：中国气象局党组成员、副局长，十四运会和残特奥会组委会副主任，中国气象局十四运会和残特奥会气象服务工作协调指导小组组长

陈振林：中国气象局党组成员、副局长

黎　健：中国气象局总工程师

王志华：时任中国气象局应急减灾与公共服务司司长、中国气象局十四运会和残特奥会气象服务工作协调指导小组副组长

王亚伟：中国气象局应急减灾与公共服务司副司长、十四运会开幕式人工消减雨工作专班副组长

（三）国家体育总局方面

高志丹：国家体育总局副局长、十四运会组委会副主任、十四运赛事指挥中心指挥长

刘国永：国家体育总局副局长、十四运会组委会副主任

王　磊：国家体育总局竞技体育司副司长、十四运会组委会竞赛组织部副部长、赛事指挥中心总值班室主任

（四）陕西省气象局方面

丁传群：陕西省气象局党组书记、局长，十四运会气象服务保障筹备工作领导小组组长，十四运会和残特奥会组委会委员、气象保障部部长，十四运会开幕式人工消减雨工作专班副组长

薛春芳：陕西省气象局党组成员、副局长，十四运会气象服务保障筹备工作领导小组副组长

罗　慧：时任陕西省气象局党组成员、副局长，十四运会气象服务保障筹备工作领导小组副组长兼办公室主任，十四运会和残特奥会组委会气象保障部驻会副部

长，十四运会开幕式人工消减雨作业联合指挥中心常务指挥长，十四运会赛
事指挥中心气象保障组组长，兼十四运会和残特奥会气象台台长

杜毓龙：陕西省气象局党组成员、副局长，十四运会气象服务保障筹备工作领导小组
副组长

李社宏：陕西省气象局党组成员，十四运会气象服务保障筹备工作领导小组副组长，
西安市气象局党组书记、局长，十四运会和残特奥会气象台台长

熊　毅：陕西省气象局党组成员、纪检组组长，十四运会气象服务保障筹备工作领导
小组副组长

胡文超：陕西省气象局二级巡视员

赵光明：陕西省气象局二级巡视员、十四运会气象服务保障筹备工作领导小组副组
长、十四运会开幕式人工消减雨作业联合指挥中心常务指挥长

张树誉：陕西省气象局应急与减灾处处长、十四运会气象服务保障筹备工作领导小组
办公室常务副主任

段昌辉：陕西省气象局计财处处长，时任省气象局应急与减灾处处长、十四运会气象
服务保障筹备工作领导小组办公室常务副主任（2020年12月转岗）

张向荣：陕西省气象局十四运会气象服务保障筹备工作领导小组办公室副主任、十四
运会和残特奥会组委会气象保障部保障处处长

（五）相关机构简称

第十四届全国运动会、全国第十一届残运会暨第八届特奥会：简称十四运会和残特
奥会

陕西省气象局十四运会气象服务保障筹备工作领导小组办公室：简称省气象局十四
运办

第十四届全国运动会、全国第十一届残运会暨第八届特奥会气象台：简称十四运会和
残特奥会气象台

二、2016年度十四运会和残特奥会气象筹办及保障服务工作纪事

8月25日，陕西省气象局办公室印发《关于成立第十四届全运会气象服务保障筹备
工作领导小组及其办公室的通知》（陕气办发〔2016〕47号）。

9月1日，陕西省气象局印发《关于开展第十四届全运会筹备期间气象服务工作的通知》。

三、2017年度十四运会和残特奥会气象筹办及保障服务工作纪事

8月24日，陕西省气象局组织调研小组赴天津市对第十三届全国运动会气象服务进
行现场观摩学习。

四、2018 年度十四运会和残特奥会气象筹办及保障服务工作纪事

4 月 30 日，陕西省气象局与省体育局赴汉中、商洛了解铁人三项、公路自行车比赛场地建设情况和气象服务需求。

6 月 13 日，陕西省气象局向省政府报送《关于第十四届全运会气象服务筹备工作的报告》。

10 月 22 日，陕西省气象局编制完成《第十四届全运会气象保障能力提升工程项目建议书》（初稿）。

五、2019 年度十四运会和残特奥会气象筹办及保障服务工作纪事

6 月 8 日，方光华在陕西省气象局《关于报送第十四届全国运动会期间（8—10 月）气候背景分析情况的报告》上批示：此报告对全运会选定日期提供了科学依据，请王勇同志认真研究。气象局这种工作精神值得筹委会同志们共同学习。

8 月 1 日，陕西省委组织部批准成立气象保障部，丁传群任部长，罗慧任副部长，宁志谦为气象保障部驻会工作人员。

8 月 9 日，陕西省气象局向省政府报送《关于第十四届全国运动会气象服务保障能力提升工程项目建设的请示》（陕气字〔2019〕28 号）。

8 月 15 日，魏增军在《关于第十四届全国运动会气象服务保障能力提升工程项目建设的请示》上作出批示：请光华同志阅示。

8 月 17 日，方光华在《关于第十四届全国运动会气象服务保障能力提升工程项目建设的请示》上作出批示：要求突出重点。

9 月 16 日，陕西省气象局常务会议听取气象保障部工作汇报。

9 月 25 日，举办陕西省气象局第九十九期气象大讲堂，邀请筹委会信息技术部驻会副部长黄新波作题为《智慧陕西与智慧全运》的专题讲座。

9 月 30 日，陕西省气象局办公室印发《关于调整第十四届全国运动会气象服务保障筹备工作领导小组及其办公室的通知》（陕气办发〔2019〕52 号）。

10 月 14 日，陕西省气象局常务会议审定并原则通过《气象保障部工作方案》。

10 月 15 日，气象保障部向筹委会正式提交《气象保障部工作方案》。

11 月 8 日，刘国中在西安调研第十四届全国运动会、残特奥会筹备情况和城市建设工作，并在国际港务区会议室主持召开了筹备工作座谈会。罗慧代表省气象局参会并汇报。

11 月 18 日，陕西省政府会议审定《全国第十一届残运会暨第八届特奥会陕西省筹备工作总体方案》。丁传群参加并汇报。会议决定 20 日省政府召开专题会议，研究气象保障筹备工作。

陕西省气象局召开十四运会气象服务保障筹备工作领导小组第一次会议，听取筹备工作进展，审议作战图初稿。会议确定全面启动十四运会筹备工作。

11月20日，受刘国中委托，方光华组织召开专题会议，听取了气象服务保障建设情况汇报，研究十四运会和残特奥会气象服务保障建设工作。丁传群、罗慧等参会。

11月22日，陕西省气象局召开第十四届全国运动会气象服务保障筹备工作领导小组扩大会议，全面启动十四运气象保障筹备工作，安排部署筹备各项工作。

12月6日，陕西省发展和改革委员会批复《第十四届全国运动会、全国第十一届残运会暨第八届特奥会气象保障工程项目》立项。

12月20日，召开十四运开幕式人工消减雨应急保障实施方案第一次咨询会。中国气象局应急减灾与公共服务司副司长赵志强、人工影响天气中心副主任陈添宇等一行7位专家给予咨询建议意见。

12月26—27日，筹委会办公室印发《关于加快推进十四运会和残特奥会气象保障工程建设的通知》（全运陕筹委办发〔2019〕15号）。

六、2020年度十四运会和残特奥会气象筹办及保障服务工作纪事

1月7日，气象保障部下发《气象保障部关于开展十四运会和残特奥会气象服务需求调查的通知》。

1月15日，陕西省气象局召开十四运会气象服务保障筹备工作领导小组2020年第一次扩大会议，罗慧主持。

2月17日，陕西省发展和改革委员会批复十四运会和残特奥会气象服务保障项目可研（陕发改社会〔2020〕158号）。余勇对项目立项情况作出批示，肯定了陕西省气象局在推进项目立项落地中所做的工作。

3月9日，中国气象局领导在《陕西省气象局关于第十四届全国运动会、第十一届残运会暨第八届特奥会气象服务保障筹备工作和项目立项情况的报告》上作出批示。刘雅鸣批示要求中国气象局各有关单位要给予支持。矫梅燕副局长批示要求中国气象局各相关职能司要加强指导和支持。余勇副局长批示指出，做好全运会气象保障服务意义重大、影响深远，陕西省气象局前期筹备工作扎实，效果明显。要求中国气象局应急减灾与公共服务司、计划财务司、预报与网络司、综合观测司等职能司要就陕西省气象局遇到的问题和困难及下一步工作安排提出建议，必要时召开专题协调会研究相关事宜。

3月12日，陕西省气象局印发《十四运会和残特奥会气象服务保障筹备工作领导小组办公室工作规则》（陕气办发〔2020〕15号）。

3月26日，陕西省气象局十四运办印发《十四运会和残特奥会气象服务保障筹备工作2020年重点工作计划》（十四运气筹办发〔2020〕1号）。

3月30日，陕西省气象局、气象保障部召开十四运办专题会暨气象保障部支部专题工作落实和推演会（第一次），罗慧主持。

4月10日，陕西省气象局召开十四运会气象服务保障筹备工作领导小组2020年第二次扩大会议，罗慧主持。

4月11日，十四运会和残特奥会筹委会召开专题会议，时任陕西省委常委、宣传部部长牛一兵，方光华参加会议，专题研究十四运会和残特奥会开（闭）幕式时间调整事宜。罗慧参会并汇报。

4月24日，陕西省气象局十四运办印发《关于征集十四运会和残特奥会气象保障服务理念的通知》。

4月25日，余勇对《十四运会暨残特奥会气象保障服务总体方案》提出指导意见，要求加入习近平总书记来陕视察时对十四运会的要求、加强需求分析，突出与筹委会对接；并进一步与应急减灾与公共服务司具体联系，把筹备工作抓紧、抓实、抓细。

4月28日，陕西省气象局常务会议研究通过《十四运会和残特奥会气象保障服务总体工作方案》。

5月11日，陕西省气象局常务会议研究通过十四运会和残特奥会气象保障服务任务清单、产品清单。

5月19日，应筹委会群众体育部需求，提供十四运会火炬传递线路相关气候气象数据。

6月1日，向组委会竞赛组织部再次提供十四运会赛事期间气候背景分析。

6月3日，王山稳听取气象保障部专题工作汇报，指出气象保障对开（闭）幕式和赛会赛事举办至关重要，气象部门要认真梳理人工影响天气消减雨筹备工作需求，全力以赴做好开幕式和赛会赛事气象保障筹备工作。

6月9日，陕西省气象局、气象保障部召开十四运办专题会暨气象保障部支部专题工作落实和推演会（第二次），罗慧主持。

6月10日，筹委会向中国气象局发出《商请担任第十四届全国运动会组织委员会副主任的函》。

气象保障部向筹委会组织人事部报送2021年气象服务保障培训计划与预算。

6月12日，中国气象局正式函复筹委会，同意党组成员、副局长余勇作为第十四届全国运动会组织委员会副主任人选。

7月15日，陕西省气象局召开十四运会气象服务保障筹备工作领导小组半年工作推进会。会议传达学习习近平总书记对进一步做好防汛救灾工作重要指示精神、习近平总书记来陕考察重要讲话重要指示精神、胡和平和刘国中对十四运和残特奥会筹办工作有关部署。

7月17日，陕西省气象局十四运办印发《关于组建十四运会和残特奥会气象保障培训师资库的通知》。

7月23日，陕西省气象局、气象保障部召开十四运办专题会暨气象保障部支部专题工作落实和推演会（第三次），罗慧主持。

7月30日，应需求，向筹委会群众体育部提供"我要上全运"活动天气预报，累计

18 期。

8 月 11 日，气象保障部向筹委会大型活动部提供十四运会和残特奥会开（闭）幕式天气统计信息。

8 月 17 日，陕西省气象局十四运办印发《十四运会和残特奥会倒计时一周年启动仪式气象保障服务方案》。

8 月 18 日，赵一德调研筹委会工作，在集体接见气象保障部等各部室工作人员时指出：陕西的气象预报比别的地方更加精准。气象工作很重要，到了十四运的时候，中国气象局也会支持。天道酬勤，人努力了，天也会帮忙。罗慧、宁志谦、范承、李宏群参加。

8 月 19 日，筹委会秘书长办公会审议通过《十四运会和残特奥会气象保障服务总体工作方案》和《气象保障服务任务清单和产品清单》。方光华在听取气象工作汇报后指出：气象保障部工作认真，值得大家学习。会议还同意以筹委会办公室名义上报中国气象局，由中国气象局出台总体方案。

8 月 21 日，陕西省气象局、气象保障部召开十四运办专题会暨气象保障部支部专题工作落实和推演会（第四次），罗慧主持。

8 月 31 日，中国气象局在京召开了首次十四运会和残特奥会气象保障服务专题协调会，余勇主持会议并做讲话。中国气象局相关职能司和直属单位负责同志参加会议。丁传群、罗慧带队参会。

9 月 2 日，陕西省气象局党组专题听取省气象局赴中国气象局汇报情况，学习中国气象局首次十四运会和残特奥会气象保障服务专题协调会精神，研究贯彻落实举措。

9 月 8 日，国家体育总局正式批准余勇担任十四运会和残特奥会组委会副主任。

9 月 14 日，举办十四运会和残特奥会气象台挂牌启动仪式，十四运会和残特奥会气象台党支部同步组建。余勇、省政府副秘书长吴聪聪、丁传群、西安市政府副市长贠笑冬、组委会办公室驻会副主任张剑、罗慧、李社宏、王亚伟等出席揭牌启动仪式。

9 月 15 日，十四运会和残特奥会组委会成立大会在西安举行。倒计时一周年活动在西安奥体中心举行。余勇以组委会副主任身份正式出席本次活动。

9 月 16 日，薛春芳带队赴中国气象局，围绕十四运会和残特奥会期间气象预报预警、赛事及场馆预报等，向宇如聪进行了汇报，分别与中国气象局预报与网络司、科技与气候变化司、国家气象中心、国家气象信息中心、中国气象科学研究院、北京市气象局进行了调研和对接。

杜毓龙带队赴中国气象局对接工作，向矫梅燕、于新文、余勇以及中国气象局综合观测司、计划财务司、政策法规司汇报了陕西省气象局近年来工作情况、十四运会和残特奥会气象保障工作进展情况，分别与中国气象局公共气象服务中心、中国气象局气象探测中心、中国华云气象科技集团进行了交流座谈。

9 月 17 日，陕西省气象局、气象保障部召开十四运办专题会暨气象保障部支部专题工作落实和推演会（第五次），罗慧主持。

9 月 21—25 日，陕西省气象局在西安举办了为期一周的十四运会和残特奥会气象台第一次集结培训班。邀请了中国气象局、中科院大气物理研究所、北京市气象局、湖北省气象局等专家进行授课。来自十四运会和残特奥会气象台、省市气象部门的 77 名管理人员及业务骨干参加了面授课程，全省各市、县气象部门 608 名业务人员通过网络直播方式参加了远程培训。

9 月 22 日，十四运会和残特奥会组委会召开第十二期大讲堂，特邀组委会特聘专家、中国科学院大气物理研究所研究员、博士生导师郭学良以"重大活动人工影响天气保障的注意事项和前期保障案例的经验风险分析"为题做专题讲座。

9 月 25 日，陕西省气象局党组听取十四运会和残特奥会筹备工作进展，部署工作。

9 月 26—27 日，罗慧带队赴中国气象局，围绕十四运会和残特奥会气象保障服务工作最新进展及需要，先后向矫梅燕、余勇以及中国气象局办公室、减灾司等汇报，分别与国家卫星气象中心、中国气象局公共气象服务中心、国家预警中心、中国气象报社、华风气象传媒集团进行了对接交流与座谈。

9 月 28 日，十四运会和残特奥会组委会 80 余人赴陕西省气象局、西安市气象局开展"凝心聚力办盛会　　砥砺奋进践使命"迎国庆主题党日纪念活动。

10 月 13 日，气象保障部向组委会残运工作部提供残特奥会期间（10 月）气候背景分析。

10 月 22 日，气象保障部向组委会临时党支部请示，成立气象保障部临时党支部，罗慧任党支部书记。

10 月 26 日，陕西省气象局党组召开专题会议，听取十四运会和残特奥会气象保障服务筹备工作进展汇报，研究部署下一阶段重点筹备工作。

10 月 27 日，陕西省气象局、气象保障部召开十四运办专题会暨气象保障部支部专题工作落实和推演会（第六次），罗慧主持。

11 月 2 日，组委会向中国气象局发商请函关于商请印发《办第十四届全国运动会全国第十一届残运会暨第八届特奥会气象保障服务总体工作方案》的函（全运组函〔2020〕5 号）。

组委会办公室印发《第十四届全国运动会、全国第十一届残运会暨第八届特奥会气象保障任务清单和服务产品清单》的通知（全运组办发〔2020〕13 号）。

11 月 13 日，中国气象局印发《第十四届全国运动会和全国第十一届残运会暨第八届特奥会气象保障服务总体工作方案》（气办发〔2020〕45 号），成为组委会首个由国家部委出台的总体工作方案。

11 月 20 日，赵一德在《十四运会和残特奥会气象保障服务总体工作方案》上作出批示：我省要做好工作对接。梁桂、魏增军、方光华圈阅。

11 月 26 日，陕西省气象局、气象保障部召开十四运办专题会暨气象保障部支部专题工作落实和推演会（第七次），罗慧主持。

陕西广播电视台《今日点击》栏目在省气象局专题采访十四运会和残特奥会气象保障服务筹备工作，罗慧、段昌辉、石明生等参加了访谈。时长 8 分 46 秒，正式播出后收效显著。

12月2日，陕西省气象局党组纪检组印发《关于加强对十四运和残特奥会气象保障监督工作的通知》（陕气纪发〔2020〕1号）。

12月18日，组委会在省政府新闻发布厅举行第四次新闻发布会。罗慧代表气象保障部通报了十四运会和残特奥会气象保障工作开展情况，并现场回答媒体提问，段昌辉参加本次新闻发布。据组委会新闻宣传部统计，本次发布会各媒体报道140条，受众人群达5000万。

12月22日，省气象局邀请中国气象局人工影响天气中心、国家气候中心以及北京、内蒙古、甘肃、青海、宁夏等省（区、市）气象局专家，在阎良召开专题会议论证十四运会人影保障技术方案。罗慧、赵光明等参加。

12月24日，陕西省气象局、气象保障部召开十四运办专题会暨气象保障部支部专题工作落实和推演会（第八次），罗慧主持。

七、2021年度十四运会和残特奥会气象筹办及保障服务工作纪事

1月19日，庄国泰在全国气象局长会议主报告中强调：全力做好庆祝建党100周年系列活动、北京冬奥会筹办、第十四届全国运动会气象保障服务。

1月21日，陕西省气象局邀请中国气象局人工影响天气中心、中科院大气物理研究所、北京市气象局等人影专家采用现场＋视频的方式，对《第十四届全国运动会开幕式人工影响天气保障工作方案》进行第三次论证。

1月28日，赵一德对全省气象部门作出批示，对气象部门过去一年的工作给予肯定，要求气象部门在新的一年里，坚决贯彻习近平总书记对气象工作重要指示和来陕考察重要讲话精神，认真落实全国气象局长工作会议要求，加快推进气象现代化建设，提高核心业务技术能力，全力做好气象防灾减灾和十四运等重大活动气象保障，进一步提升服务陕西追赶超越的水平。

2月1日，陕西省气象局党组召开专题会议，听取十四运会和残特奥会气象保障服务筹办工作进展汇报，研究部署下一阶段重点工作。

2月2日，余勇对十四运会和残特奥会一体化智慧气象服务系统测试运行工作作出批示：请认真抓好测试工作，并不断完善，国家级业务单位要给予支持和帮助。

2月8日，余勇对陕西各市（区）十四运会和残特奥会气象保障筹办工作作出批示，要求用好各方资金，加强气象保障能力建设，确保在十四运会和残特奥会中发挥效益。

陕西省气象局召开全省十四运会和残特奥会气象保障服务工作2021年度第一次推进视频会，罗慧主持。

2月18—22日，余勇在《十四运会和残特奥会气象保障服务筹办工作进展情况报告》上批示指出，前期筹办工作扎实到位，富有成效。望抓住3月起陆续开展的十四运测试赛，进一步检验前期各项筹备工作效果，对接需求、查找不足、补齐短板。请减灾司牵

头，针对报告中反映的不足和困难，商相关职能司、业务单位给予指导和帮助。沈晓农批示，赞成余勇同志批示。宇如聪、矫梅燕、于新文、黎健圈阅。

2月23日，庄国泰在《十四运会和残特奥会气象保障服务筹办工作进展情况报告》上批示：同意余勇同志意见，请抓紧对接工作清单。

2月24日，省气象局十四运气象服务保障筹备工作领导小组召开专题会议，学习习近平总书记关于陕西十四运会和北京冬奥会筹办工作的重要讲话精神，部署筹办各项工作。

罗慧、杜毓龙带领陕西省气象局相关处室、直属单位以及十四运气象台负责人一行12人赴十四运会赛事指挥中心进行调研，并与组委会信息技术部、广播电视部进行了座谈交流。

2月27日，余勇批示：请应急减灾与公共服务司下周与陕西省气象局联系，了解气象保障服务筹备工作情况，需要协调的请尽早安排。请王亚伟统筹安排好北京冬奥会和十四运气象保障服务筹备工作。

3月1日，余勇批示：请珍惜测试赛机会，按照实战要求做好预报服务保障。

3月2日，陕西省气象局党组集体赴十四运会和残特奥会气象台调研工作并召开工作汇报会。

3月11日，陕西省气象局十四运办印发《关于做好十四运会测试赛气象保障服务的通知》（十四运气筹办发〔2021〕1号）。

3月12日，陕西省气象局召开全省气象部门十四运会和残特奥会气象保障服务工作2021年第二次推进视频会。

3月17日，陕西省气象局十四运办印发《十四运会和残特奥会气象保障服务2021年工作要点和任务清单》（十四运气筹办发〔2021〕2号）。

3月23日，召开气象保障部支部、陕西省气象局应急与减灾处支部第二次联合专题工作落实、推演和学习会，罗慧主持。

3月29日，十四运会和残特奥会气象保障筹办工作第二次协调（视频）会议在西安召开，余勇、方光华出席并讲话，王山稳、高阳等参加实地调研和视频会议。

3月30—31日，陕西省气象局一行6人再次赴湖北省武汉市气象局调研学习军运会气象保障服务经验。

4月3日，针对清明公祭典礼，以"全运标准"对气象保障和人影应急保障进行了全方位演练、科学试验和实战检验。

4月9日，陕西省公祭黄帝陵工作委员会向中国气象局致感谢信（陕祭函〔2021〕1号），向中国气象局在辛丑（2021）年清明公祭轩辕黄帝典礼期间，以十四运会保障标准提供重要保障表示感谢。

4月13日，组委会通报表彰3月份工作优秀部室，办公室、财务部、审计监察部、竞赛组织部、志愿服务部和气象保障部等6个部室获表彰。

4月16日，陕西省气象局十四运办印发《关于进一步做好十四运会测试赛气象保障服务的通知》（十四运气筹办发〔2021〕3号）。

4月19日，庄国泰在《陕西省气象局关于辛丑（2021）年清明公祭轩辕黄帝典礼气象保障服务情况报告》上作出批示：很好！同意余勇同志意见，注意总结提高，再接再厉。余勇批示：预报服务准确到位，值得充分肯定。发现的问题和不足弥足珍贵，请综合观测司、预报与网络司、应急减灾与公共服务司给予指导和帮助，力争在今年十四运和残特奥会气象保障服务中得到改善。

召开气象保障部支部、省气象局应急与减灾处支部第三次联合专题工作落实、推演和学习会，罗慧主持。

4月19—21日，完成第十四届全国运动会篮球项目测试赛暨陕西省篮球邀请赛气象保障服务。

4月23日，赵一德在《陕西省气象局关于辛丑（2021）年清明公祭轩辕黄帝典礼气象保障服务情况报告》上作出批示：气象保障工作值得充分肯定。要总结经验，找出不足，进一步完善机制，为十四运会等重大活动顺利开展提供科学气象保障。

4月25日，丁传群主持召开陕西省气象局局长办公会议，审定通过十四运会赛事指挥中心气象保障组机构人员及职责设置有关事项。

陕西省气象行业工会印发《关于开展"我为十四运做贡献"劳动竞赛的通知》（陕气行工会发〔2021〕6号）。

4月30日，组委会秘书长办公会审议确定了信息化类12个VIK项目使用及预算安排，气象监测信息服务获得2万元VIK。

5月8日，陕西省气象局举办第124期气象大讲堂、十四运会和残特奥会气象保障服务系列培训第一期，特邀山西省气象局国家级首席预报员赵桂香，讲授面向重大活动气象预报和决策服务技术。

5月12日，陕西省气象局党组党建工作领导小组印发《关于开展"党建＋气象保障，护航十四运精彩圆满"活动的通知》（陕气党建发〔2021〕8号）。

5月20日，赵一德主持召开组委会主任办公会议，要求紧盯9月15日开幕式时间段，加强气象风险分析评估，精细化开展实时动态气象监测预报，全力以赴保障预报准确率。根据工作需要，会议决定成立由分管气象工作的副省长任组长的开幕式人影保障专班，协调空军、民航、应急、公安等部门，做好人影技术应急准备和经费保障等工作，努力把气象因素对赛会影响降到最小。

5月26日，省气象局召开十四运会和残特奥会气象服务保障工作领导小组会议，贯彻落实孙春兰副总理听取十四运会筹办工作汇报会议时重要指示精神，落实刘国中书记、赵一德省长对气象保障工作的要求，部署下一阶段工作。

5月28日，丁传群带领省气象局有关领导以及各内设机构、各直属单位主要负责人20余人赴十四运会赛事指挥中心和西安奥体中心进行工作调研。

省气象局召开全省十四运会和残特奥会气象保障服务工作2021年第三次视频推进会，罗慧主持。

6月7日，省气象局以十四运会开幕式的要求和标准，完成十四运会和残特奥会倒计时100天气象保障服务并开展全流程实战演练。

6月9日，丁传群带领省气象局办公室主任、十四运办各副主任赴十四运会和残特奥会气象台调研指导工作并进行座谈。

6月12日，气象保障部面向各市（区）执委会、各项目竞委会印发《关于做好十四运会各项赛事活动高影响天气防范应对工作的通知》。

6月15日，省气象局十四运办印发《关于做好2021年3—5月十四运会测试赛气象保障服务存在问题整改工作的通知》（十四运气筹办发〔2021〕4号）。

6月22日，气象保障部、组织人事部、审计监察部临时党支部以及省体育训练中心二支部等四家党支部联合开展"砥砺初心践使命 凝心聚力办盛会"主题党日活动。

6月24日，省气象局十四运办印发《十四运会和残特奥会赛事气象保障指挥部工作方案》（十四运气筹办发〔2021〕5号）。

6月29日，组委会召开十四运会和残运会项目竞委会工作人员视频培训交流会议（十四运会和残特奥会气象保障服务系列培训第2期），组委会办公室副主任李富生主持。罗慧以《强化十四运会赛事高影响天气风险管理与防范》为题，面向组委会竞赛组织部、气象保障部及各项目竞委会领导和工作人员开展培训，现场和视频在线参加人数500余人。

7月2日，丁传群主持召开十四运会气象服务保障工作领导小组会议，听取省人工影响天气中心观摩学习北京市人工影响天气中心重大活动人工影响天气保障工作情况的汇报，审定《开（闭）幕式、圣火采集和火炬传递、单项赛事气象保障服务流线图》，审议《十四运会开幕式人工消减雨协调工作专班成立方案》等5项议题。

7月3日，丁传群带队向组委会执行副秘书长王山稳汇报工作，并慰问气象保障部驻会工作人员。

7月9日，组委会印发《关于做好9—12日暴雨天气过程防范应对的通知》。

气象保障部正式入驻十四运会赛事指挥中心，张宏芳、卢珊、高红燕、赵强、陈小婷、朱庆亮等6名同志轮流值守。

7月13日，省气象局十四运办印发《十四运会和残特奥会圣火采集仪式气象保障服务实施方案》（十四运气筹办发〔2021〕6号）。

7月15日，省气象局十四运办印发《第十四届全国运动会全国第十一届残运会暨第八届特奥会气象保障工作新闻发布管理办法》（十四运气筹办发〔2021〕7号）。

特邀中国气象局人影中心副主任李集明以《全国人工影响天气现代化与重大活动保障》为题，举办气象大讲堂127期、十四运会和残特奥会气象保障系列培训第三期。

7月16日，省气象局进入十四运会和残特奥会圣火采集仪式气象保障服务特别工作状态。中央气象台给予3次会商指导，中国气象局人工影响天气中心为人工影响天气应急保障提供指导，国家卫星气象中心提供风云四号卫星数据产品。罗慧带队到延安提供前方现场决策服务。20时，王山稳、张军林以及组委会新闻宣传、广播电视、电力保障、群众体育等部室领导一同登上现场移动气象台。21时，视频连线延安气象台。当晚，王山稳连续5次询问天气，根据预报建议将原定于17日09时进行的圣火采集仪式时间提前半小时开始。

7月17日，08时30分，十四运会和残特奥会圣火采集仪式活动举办期间，现场情况与预报完全一致。

7月18日，刘国中批示：前段工作很有成效，对同志们的努力和中国气象局的大力支持表示感谢。十四运会和残特奥会期间的气象保障工作任务很重，望发扬成绩，扎实工作，把各项任务完成好。

7月19日，庄国泰对庆祝中国共产党成立100周年气象保障工作作出批示，对陕西省气象局做出的贡献表示感谢，要求做好总结分析。余勇批示肯定了陕西省气象局为建党百年庆祝活动顺利进行付出的艰辛努力和作出的突出贡献，要求进一步加强复盘总结工作，扬优势、补短板，为保障十四运会和残特奥会顺利圆满举行作出新贡献。

7月27日，赵一德赴陕西省气象局慰问，听取十四运会气象保障等工作汇报。他指出，面对复杂的雨情汛情，气象战线的同志们连续作战、不辞辛劳，做了大量耐心细致、卓有成效的工作，希望继续发扬爱岗敬业、默默奉献、认真细致、服务人民的精神，继续提供精准、及时、个性化的气象服务。

7月28日，余勇在十四运会和残特奥会圣火采集仪式气象保障服务情况的报告上批示：要认真总结成功经验，更要重视问题和不足，把气象保障服务各项筹备工作完成好。

7月29日，举办气象大讲堂128期、十四运会和残特奥会气象保障系列培训第四期，邀请西安科技大学三级教授李侃社以《发展应该安全，发展必须安全——迎华诞 护盛会 筑平安》为题做讲座。

7月31日，赵一德在十四运会和残特奥会圣火采集仪式气象保障服务情况的报告上批示：气象保障工作是做得主动扎实的，要梳理过去的有效做法，借鉴兄弟省市的先进经验，继续把十四运会气象服务保障工作做在先，做得更好。

组委会印发《第十四届全国运动会 全国第十一届残运会暨第八届特奥会高影响天气风险应急预案》（全运组办发〔2021〕163号）。

组委会召开测试赛评估工作总结会，对竞委会筹办情况进行综合评价（打分），罗慧参会。

8月2日，庄国泰在十四运会和残特奥会圣火采集仪式气象保障服务情况的报告上批示：望陕西再接再厉。

8月4日，魏建锋主持召开十四运会开幕式人工消减雨工作专题会议，研究安排有关工作。丁传群汇报，省应急厅、省财政厅、省公安厅、省水利厅、十四运组委会办公室、民航西北空管局、西部机场集团等发言。会议同意十四运会开幕式人工消减雨工作专班组建方案，通过十四运会开幕式人工消减雨作业保障工作方案。

魏建锋、王建平等领导检查省人工影响天气中心业务平台，指导防汛工作，了解十四运人影保障前期准备工作。丁传群、罗慧参加。

8月5日，举办十四运会和残特奥会气象保障系列培训之五（气象大讲堂129期），邀请十四运会和残特奥会组委会新闻宣传部王安军以《十四运宣传与网络舆情管控》为题做讲座。

举办十四运会和残特奥会气象保障系列培训之六（气象大讲堂130期），邀请西北人影工程指挥系统组长李德泉以《十四运会人工影响天气应急保障作业指挥系统（西北人工影响天气系统）应用及发展趋势》为题做讲座。

8月6日，罗慧带队到省公安厅治安管理局召开专题会议，对接协调重大活动保障期间人工影响天气安全维稳、优先保障地面作业弹药准运等事宜。

8月9日，受王建平委托，罗慧召开了开幕式人工消减雨作业联合指挥中心第一次工作会议，西指、空管，省政府总值班室、省公安厅、省应急厅、省水利厅等成员单位参会。会议通过《十四运倒计时30天冲刺演练活动人工消减雨实战演练方案》，形成十四运会开幕式人工消减雨作业联合指挥中心成员单位任务清单。

8月10日，向省政府报送《关于申请落实十四运会开幕式人工消减雨经费的请示》（陕气字〔2021〕36号）。

举办十四运会和残特奥会气象保障系列培训之七（气象大讲堂131期），邀请中国气象局首席气象专家王新以《风云气象卫星在重大活动保障中的应用》为题做讲座。

8月11日，罗慧带队到民航西北空管局召开了空管保障专题工作会，商定民航西北空管局按照"特事特办"等原则，随时受理和保障作业飞行计划。

8月12日，余勇主持召开十四运会和残特奥会气象保障筹办工作第三次协调会（视频），中国气象局办公室、应急减灾与公共服务司、预报与网络司等11家十四运会和残特奥会协调气象保障服务指导小组成员单位负责人、陕西省气象局十四运会和残特奥会气象服务领导小组组长、副组长和成员参加。

省气象局十四运办印发《十四运会和残特奥会火炬传递点火起跑仪式及开幕式倒计时30天冲刺演练活动气象保障服务实施方案》（十四运气筹办发〔2021〕8号）。

8月13日，省气象局召开十四运气象保障演练工作检查部署动员会暨全省第四次视频会，安排气象保障重点工作任务，罗慧参会。

组委会印发《关于报送第十四届全国运动会 全国第十一届残运会暨第八届特奥会高影响天气风险专项应急预案的通知》。

罗慧召开开幕式人工消减雨作业联合指挥中心第四次专题工作会。

8月16日，完成十四运会火炬传递点火起跑仪式气象保障服务。

完成十四运会人工影响天气模拟演练。

8月20日，赵一德到开幕式人工消减雨作业联合指挥中心，实地检查调研开幕式人工消减雨作业和气象保障服务工作，方玮峰、王山稳等随同检查，罗慧汇报。随后赵一德在十四运会赛事指挥中心主持召开专题会，强调要精心精细做好气象监测分析研判各项工作，不断完善保障方案和应急预案，聚焦高影响天气、依托现代化系统加强预报预警，切实增强气象保障的针对性和有效性。丁传群、罗慧参加会议并作汇报。

举办十四运会和残特奥会气象保障系列培训之八（气象大讲堂 132 期），邀请北京市气象台首席预报员雷蕾以《风云气象卫星在重大活动保障中的应用》为题做视频讲座。

8 月 25 日至 26 日，庄国泰一行赴陕西调研指导气象工作，余勇参加调研指导，方光华、王建平陪同。在西安奥体中心、十四运会赛事指挥中心、十四运会安保指挥部，庄国泰、余勇深入了解赛事气象服务保障工作，要求继续发扬爱岗敬业、无私奉献的优良传统，举全局之力做好十四运会气象服务保障工作。丁传群、罗慧、李社宏等陪同并作汇报。

8 月 26 日，陕西省委书记刘国中，省长、十四运会组委会执行主任、残特奥会组委会主任赵一德与中国气象局局长庄国泰，副局长、组委会副主任余勇一行围绕加强气象防灾减灾工作、做好十四运会气象服务保障和推动陕西气象事业高质量发展等进行了深入交流。陕西省委常委、省委秘书长方红卫，副省长魏建锋等参加交流。

8 月 30 日，罗慧带队在空军西安辅助指挥所召开空域保障专题工作会，商定空军部门统筹协调军民航相关部门，最大限度满足作业飞机空中接续作业需求，同意固定时段地面作业重点区域按照准净空要求保障。

8 月 31 日，罗慧带队赴西安奥体中心与开幕式导演团队对接开幕式现场气象保障工作，并跟组委会新闻宣传部部长、十四运会开（闭）幕式指挥部执行指挥王吉德对接了解展演活动中高空威亚对大风等气象条件的需求。

举办十四运会和残特奥会气象保障系列培训之九（气象大讲堂 133 期），邀请中国气象局气象探测专家张乐坚、茹佳佳、李瑞义、步志超以《十四运会和残特奥会新型观测设备及数据应用》为题做讲座。

9 月 3 日，副省长、组委会副主任兼秘书长方光华召开组委会第 49 次秘书长办公会议，研究审议拨付十四运会开幕式人工消减雨作业经费事宜。

陕西省气象局办公室印发《关于进入十四运会开幕式气象保障服务工作状态的通知》，全省相关气象部门进入十四运会开幕式气象保障服务工作状态。

省气象局十四运办印发《第十四届全国运动会开幕式气象保障工作方案》。

省气象局十四运办印发《第十四届全国运动会全国第十一届残运会暨第八届特奥会气象保障宣传科普工作实施方案》（十四运气筹办发〔2021〕9 号）。

9 月 4 日，丁传群主持召开十四运会开幕式气象保障服务工作部署动员会。

十四运组委会办公室印发《关于做好十四运会赛事强降雨防范应对工作》的通知。

9 月 5 日，十四运会和残特奥会赛事气象保障服务指挥部印发《指挥长令 1 号：十四运会开幕式关键时间节点综合会商方案》《指挥长令 2 号：9 月 6 日开幕式彩排气象保障服务方案》。

9 月 6 日，十四运会开幕式人工消减雨工作专班办公室组织召开了十四运会人工消减雨作业安全保障工作（视频）暨开幕式天气综合会商会议，部署各市人工消减雨工作任务、安全保障要求。王建平、王亚伟分别在现场和视频出席会议并讲话。甘肃、山西、河南联合指挥分中心、各市人工影响天气分指挥中心视频参加会议，丁传群、罗慧、赵光明等参加。

9月7日，中共十四运会开幕式人工消减雨作业联合指挥中心工作组临时党支部成立。

9月9日，赵一德在《陕西省气象局关于十四运会和残特奥会气象保障服务工作筹备情况报告》上作出批示：衷心感谢庄国泰局长对我省工作的大力支持和精心指导。省气象局围绕十四运会和残特奥会筹办工作，主动担当，积极谋划，精心精细做好各项筹备工作，值得充分肯定。下一步要再接再厉，充分发挥现有技术装备作用，加强会商研判，细化实化应急预警，不断提高监测预报精准度，尤其要扎实做好开幕式人工消减雨实战演练，努力为赛会精彩圆满提供有力气象保障。

9月11日，举办十四运会和残特奥会气象保障系列培训之十（气象大讲堂135期），邀请中国气象局应急减灾与公共服务司人工影响天气处处长孙锐以《强化管理，提升人工影响天气安全管理水平》为题做讲座。

9月12日，十四运会开幕式综合天气会商在西安召开。庄国泰、余勇以及王志华、王亚伟等通过视频连线方式参加会商，方光华、王建平、张军林等在十四运气象台现场参加会商。

圆满完成十四运会火炬传递气象保障服务。

9月13日，中国气象局组织召开第十四届全国运动会开幕式天气视频会商，研判天气形势，部署气象保障服务工作。会上，庄国泰宣布中国气象局进入十四运会开幕式气象保障服务特别工作状态，要求打破常规、强化支持，对标"监测精密、预报精准、服务精细"要求，牢固树立一盘棋思想，应用风云四号B星等最新监测预报产品，细致分析研判，统筹做好赛事期间各项气象服务工作。

余勇赴陕现场指导开展十四运会开幕式气象保障服务工作。

省气象局进入十四运会开幕式气象保障服务特别工作状态。

9月15日，庄国泰坐镇北京全程指挥十四运会开幕式气象保障服务工作，余勇在陕现场指导，组织国家级科研业务单位提供技术支撑，派出43名顶级专家赴陕指导，协调风云系列卫星、"天擎""天衍"等多种现代化"重器"作为科技后盾。陕西气象部门尽早、尽准、尽细提供开幕式精细化天气预报，开展综合天气会商10余次，发布开幕式专题重大气象信息专报13期。首次在稳定性天气系统下成功实施人影作业，累计投入9架飞机共计飞行15架次，作业飞行54 h 14 min，燃烧烟条360根，发射焰弹1540发，播撒液氮1280 L、催化剂4 t，发射高炮3389发、火箭1110枚，燃烧烟条51根，共1893名指挥作业人员参与，开幕式人工消减雨作业保障成功。罗慧带领首席预报员赵强、陈小婷，在组委会部省市联合安保指挥部制作《开幕式现场重大气象服务专报》5期，为组委会、省委省政府、开（闭）幕式指挥部领导开展现场、直达式决策气象保障服务。

庄国泰在十四运会开幕式气象保障总指挥部（北京）以视频方式连线慰问参加保障的各单位并作讲话，余勇在陕参与连线。

9月16日，丁传群主持召开省气象局专题会议，安排部署来陕专家后勤保障、表彰奖励、新闻宣传、复盘总结等工作。

举办十四运会和残特奥会气象保障系列培训之十一（气象大讲堂 136 期），邀请国家气象信息中心首席研究员师春香、气象探测中心质量室副主任郭建侠分别以《多源数据融合实况与再分析产品研制进展与展望》《观测站网的科学布局》为题做讲座。

9 月 17 日，组委会召开小轮车项目气象保障专题视频会，组委会办公室副主任李富生主持，罗慧带领首席预报专家潘留杰、毕旭汇报气象保障及近期天气，提出相关建议。会议以视频形式召开，中国自行车协会、西咸新区执委会、陕西省航管中心相关负责人，小轮车项目裁判长，小轮车项目竞委会负责人及各处室负责同志在分会场参会。

9 月 18 日，方光华作出批示：向庄国泰局长、余勇副局长表达崇高敬意！表示如果没有中国气象局运筹帷幄，就不可能有开幕式精彩圆满！

9 月 19 日，组委会竞赛组织部、气象保障部联合召开公路自行车、小轮车项目气象保障专题会议，国家体育总局竞体司副司长王磊主持，罗慧带领首席预报专家潘留杰、姚静等汇报近期天气情况及可能的影响，为赛事安排提供决策建议。中国自行车协会、竞赛组织部、气象保障部、相关部室综合协调处负责人在主会场参会。商洛市执委会、公路自行车竞委会，西咸新区执委会和小轮车竞委会在分会场参会。

9 月 22 日，组委会通报表彰 8 月份工作优秀部室，办公室、竞赛组织部、安全保卫部、气象保障部、交通保障部、食品药品安全保障部等 6 个部室获表彰。气象保障部第二次获得组委会优秀部室表彰。

9 月 26 日，赵一德在《省气象局关于十四运会开幕式气象保障服务工作情况报告》上作出批示：省气象局面对复杂天气形势，主动担当，积极作为，人工消减雨工作取得了显著成效，为十四运会顺利开幕做出了重要贡献，值得充分肯定，谨向参战的同志们致以诚挚慰问和敬意！希望及时总结经验，再接再厉，进一步提升监测预报精准度和人工影响天气能力，持续做好重大活动气象保障工作。

十四运会闭幕前新闻发布会在西安举行，高志丹、方光华出席并高度表扬气象工作。

9 月 27 日，省气象局进入十四运会闭幕式气象保障服务特别工作状态。圆满完成十四运会闭幕式气象保障服务工作。

9 月 29 日，省气象局十四运办印发《关于做好十四运会气象筹备和保障服务总结工作的通知》（十四运气筹办发〔2021〕10 号）。

9 月 30 日，组委会执行副秘书长王山稳主持召开十四运会与残特奥会转换工作动员大会，方光华出席会议，罗慧参加会议。

10 月 8 日，针对残特奥会赛事，赛事指挥中心气象保障组开始新一轮赛事值班。

10 月 9 日，省气象局召开残特奥会气象保障服务工作推进视频会，罗慧出席会议并对残特奥会气象保障服务工作提出要求。

10 月 11 日，省气象局十四运办印发《全国第十一届残运会暨第八届特奥会气象保障服务实施方案》（十四运气筹办发〔2021〕11 号）。

10 月 13—14 日，罗慧代表组委会带队赴宝鸡、杨凌执委会检查残运会气象保障转换工作和高影响天气气象风险排查情况，确保两个运动会同样精彩。张树誉、张向荣、毕旭参加。

10 月 21 日，省气象局进入残特奥会开幕式气象保障服务特别工作状态。

10 月 22 日，针对残特奥会开幕式气象保障服务，中央气象台、省气象台、十四运会和残特奥会气象台进行专题视频天气全国大会商，黎健在京出席指导。

圆满完成残特奥会开幕式气象保障服务工作。

10 月 28 日，省气象局进入残特奥会闭幕式气象保障服务特别工作状态。

10 月 29 日，圆满完成残特奥会闭幕式气象保障服务工作。

10 月 10—28 日，圆满完成残特奥会各项赛事气象保障服务工作。

10 月 31 日，省气象局兼顾传统媒体和新媒体平台联动策划、深度采访，截至目前网络报道总量 3800 余篇。中国气象报社推出"vlog 带你全运看气象"专栏，阅读量近 260 万。

11 月 1 日，气象保障部面向组委会各部室、各执委会、各竞委会开展了两期线上线下相结合的气象服务满意度问卷调查。以 6 月测试赛第一期问卷调查作为基期数据，9 月正赛期结束后第二期调查问卷作为比较数据。综合评估显示，调查对象 9 月底对赛事气象保障工作的整体满意度指数达到 98.6%，各项气象服务保障评估指标均有明显提升。

11 月 8 日，组委会召开总结欢送会，王山稳等出席，罗慧带领气象保障部全体人员参加并作汇报。王山稳表示，在气象保障部和全国气象部门的无私奉献之下，十四运会和残特奥会气象保障服务工作做到了全国一流，得到了国家体育总局、中国气象局和省委、省政府领导的高度肯定，代表组委会向各级气象部门的奉献和付出表示感谢。

第十三章
主要文件汇编

（1）中国气象局办公室关于印发《第十四届全国运动会和全国第十一届残运会暨第八届特奥会气象保障服务总体工作方案》的通知（气办发〔2020〕45号）

（2）十四运会和残特奥会组委会办公室关于印发《第十四届全国运动会 全国第十一届残运会暨第八届特奥会气象保障任务清单和服务产品清单》的通知（全运组办发〔2020〕13号）

（3）十四运会和残特奥会组委会办公室关于印发《第十四届全国运动会 全国第十一届残运会暨第八届特奥会高影响天气风险应急预案》的通知（全运组办发〔2021〕163号）

（4）中共陕西省气象局党组纪检组关于加强对十四运和残特奥会气象保障监督工作的通知（陕气纪发〔2020〕1号）

（5）陕西省气象局办公室关于调整第十四届全国运动会气象服务保障筹备工作领导小组及其办公室的通知（陕气办发〔2019〕52号）

（6）陕西省气象局办公室关于下达全国第十四届全运会及第十一届残疾人运动会暨第八届特殊奥林匹克运动会气象保障工程建设任务的通知（陕气办发〔2020〕14号）

（7）陕西省气象局办公室关于印发《十四运会和残特奥会气象服务保障筹备工作领导小组办公室工作规则》的通知（陕气办发〔2020〕15号）

（8）陕西省气象局办公室关于《第十四届全国运动会、第十一届残运会暨第八届特奥会气象台组建方案》的批复（陕气办发〔2020〕50号）

（9）陕西省气象局办公室关于印发《十四运会开幕式气象保障服务特别工作状态方案》的通知（陕气办发〔2021〕43号）

（10）陕西省气象局办公室关于印发《十四运会闭幕式气象保障服务特别工作状态方案》的通知（陕气办发〔2021〕45号）

（11）陕西省气象局十四运会气象服务保障筹备工作领导小组办公室关于印发《十四运会和残特奥会气象服务保障筹备工作 2020 年重点工作计划》的通知（十四运气筹办发〔2020〕1 号）

（12）陕西省气象局十四运会气象服务保障筹备工作领导小组办公室关于做好十四运会测试赛气象保障服务的通知（十四运气筹办发〔2021〕1 号）

（13）陕西省气象局十四运会气象服务保障筹备工作领导小组办公室关于印发《十四运会和残特奥会气象保障服务 2021 年工作要点和任务清单》的通知（十四运气筹办发〔2021〕2 号）

（14）陕西省气象局十四运会气象服务保障筹备工作领导小组办公室关于进一步做好十四运会测试赛气象保障服务的通知（十四运气筹办发〔2021〕3 号）

（15）陕西省气象局十四运会气象服务保障筹备工作领导小组办公室关于做好 2021 年 3—5 月十四运会测试赛气象保障服务存在问题整改工作的通知（十四运气筹办发〔2021〕4 号）

（16）陕西省气象局十四运会气象服务保障筹备工作领导小组办公室关于印发《十四运会和残特奥会赛事气象保障指挥部工作方案》的通知（十四运气筹办发〔2021〕5 号）

（17）陕西省气象局十四运会气象服务保障筹备工作领导小组办公室关于印发《十四运会和残特奥会圣火采集仪式气象保障服务实施方案》的通知（十四运气筹办发〔2021〕6 号）

（18）陕西省气象局十四运会气象服务保障筹备工作领导小组办公室关于印发《第十四届全国运动会　全国第十一届残运会暨第八届特奥会气象保障工作新闻发布管理办法》的通知（十四运气筹办发〔2021〕7 号）

（19）陕西省气象局十四运会气象服务保障筹备工作领导小组办公室关于印发《十四运会和残特奥会火炬传递点火起跑仪式及开幕式倒计时 30 天冲刺演练活动气象保障服务实施方案》的通知（十四运气筹办发〔2021〕8 号）

（20）陕西省气象局十四运会气象服务保障筹备工作领导小组办公室关于印发《第十四届全国运动会　全国第十一届残运会暨第八届特奥会气象保障宣传科普工作实施方案》的通知（十四运气筹办发〔2021〕9 号）

（21）陕西省气象局十四运会气象服务保障筹备工作领导小组办公室关于做好十四运会气象筹备和保障服务总结工作的通知（十四运气筹办发〔2021〕10 号）

（22）陕西省气象局十四运会气象服务保障筹备工作领导小组办公室关于印发《全国第十一届残运会暨第八届特奥会气象保障服务实施方案》的通知（十四运气筹办发〔2021〕11 号）

中国气象局办公室文件

气办发〔2020〕45 号

中国气象局办公室关于印发第十四届全国运动会和全国第十一届残运会暨第八届特奥会气象保障服务总体工作方案的通知

山西、内蒙古、湖北、重庆、四川、陕西、宁夏、甘肃省（区、市）气象局，国家气象中心、国家气候中心、国家卫星气象中心、国家气象信息中心、中国气象局气象探测中心、公共气象服务中心、中国气象科学研究院、中国气象局宣传与科普中心、中国气象报社、中国华云气象科技集团、华风气象传媒集团有限责任公司，办公室、应急减灾与公共服务司、预报与网络司、综合观测司、科技与气候变化司、计划财务司：

　　第十四届全国运动会、全国第十一届残运会暨第八届特奥会将于 2021 年在陕西省举办。为做好运动会开闭幕式和火炬传递、各项体育赛事、城市安全运行和公众气象服务等保障工作，中国气象局组织制定了《第十四届全国运动会和全国第十一届残运会暨第八届特奥会气象保障服务总体工作方案》，现予以印发，请遵照执行。

　　　　附件：第十四届全国运动会和全国第十一届残运会暨第八届特
　　　　　　　奥会气象保障服务总体工作方案

中国气象局办公室
2020 年 11 月 13 日

抄送：第十四届全国运动会组织委员会办公室，全国第十一届残运会
　　　暨第八届特奥会组织委员会办公室，陕西省人民政府办公厅。

中国气象局办公室　　　　　　　　　　2020 年 11 月 13 日印发

第十四届全国运动会组织委员会办公室 文件
全国第十一届残运会暨第八届特奥会组织委员会办公室

全运组办发〔2020〕13 号

十四运会和残特奥会组委会办公室
关于印发《第十四届全国运动会 全国第十一届
残运会暨第八届特奥会气象保障任务清单
和服务产品清单》的通知

各部室、各市区执委会：

　　《第十四届全国运动会、全国第十一届残运会暨第八届特奥会气象保障任务清单和服务产品清单》已经通过 2020 年 8 月 19 日秘书长办公会审定，现印发给你们，请做好配合和任务落实。

十四运会组委会办公室　　　　残特奥会组委会办公室
　　　　　　　　　　　　　　　　2020 年 10 月 14 日

第十四届全国运动会 全国第十一届残运会暨
第八届特奥会气象保障任务清单
和服务产品清单

　　按照陕西省委办公厅、省政府办公厅《第十四届全国运动会总体工作方案》（陕办字〔2016〕60 号）要求以及十四运会和残特奥会筹（组）委会《第十四届全国运动会 2020 年重点筹备工作计划》（全运陕筹委发〔2020〕3 号）、《全国第十一届残运会暨第八届特奥会 2020 年重点筹备工作计划》（残特奥陕筹委发〔2020〕1 号）安排，在气象保障服务需求调查分析基础上，制定本清单。

　　一、气象保障任务清单

　　十四运会气象保障任务清单包括开幕式、闭幕式、火种采集和火炬传递、测试赛、赛事、突发公共事件和其他活动等共 7 个方面共 23 项保障任务。

　　残特奥会气象保障任务清单包括开幕式、闭幕式、赛事、突发公共事件和其他活动等共 5 个方面 12 项保障任务。

　　二、气象服务产品清单

　　十四运会气象服务产品清单共分为决策气象服务产品、赛事及场馆气象服务产品、应急服务产品、公众媒体及宣传科普气象服

务产品等 4 大类，共 43 项气象服务产品。

　　残特奥会气象服务产品包括 7 项气象服务产品。

　　　　附件：1. 第十四届全国运动会气象保障任务清单
　　　　　　　2. 全国第十一届残运会暨第八届特奥会气象保障任务清单
　　　　　　　3. 第十四届全国运动会气象服务产品清单
　　　　　　　4. 全国第十一届残运会暨第八届特奥会气象服务产品清单
　　　　　　　5. 第十四届全国运动会气象服务专报模板
　　　　　　　6. 全国第十一届残运会暨第八届特奥会气象服务专报模板

第十四届全国运动会组织委员会办公室 文件
全国第十一届残运会暨第八届特奥会组织委员会办公室

全运组办发〔2021〕163 号

关于印发《第十四届全国运动会
全国第十一届残运会暨第八届特奥会
高影响天气风险应急预案》的通知

各市区执委会，各项目竞委会，组委会各部室：

　　《第十四届全国运动会　全国第十一届残运会暨第八届特奥会高影响天气风险应急预案》已经秘书长办公会议审议通过，现印发给你们，请抓好贯彻落实。

　　　十四运会组委会办公室　　　残特奥会组委会办公室
　　　　　　　　　　　　　　　　　　2021 年 7 月 31 日

中共陕西省气象局党组纪检组

陕气纪发〔2020〕1号

中共陕西省气象局党组纪检组
关于加强对十四运和残特奥会气象保障
监督工作的通知

各设区市气象局、杨凌气象局党组纪检组，省局直属机关纪委：

为认真贯彻落实习近平总书记"办一届精彩圆满的体育盛会"的重要指示，切实履行监督职责，根据省纪委监委《关于落实习近平总书记重要指示进一步加强对十四运和残特奥会监督工作的意见》(陕纪办〔2020〕58号)要求，现就加强对十四运和残特奥会(以下简称"十四运")气象服务保障的监督工作有关事项通知如下：

一、总体要求

以习近平新时代中国特色社会主义思想为指导，深入学习贯彻习近平总书记重要指示精神，提高政治站位，增强"四个意识"、坚定"四个自信"、做到"两个维护"，把"廉洁十四运"理念落实到十四运气象保障工作全过程、各方面；认真履行气象服务保障监督责任，突出政治监督，做实日常监督，狠抓作风转变，充分发挥监督保障执行的重要作用。

二、监督任务

1. 突出监督重点。坚持监督全覆盖、无死角，各市局党组纪检组、省局直属机关纪委对所辖范围内十四运气象服务保障各责任单位和党员领导干部以及所有行使公权力的公职人员进行监督，保障工作落实。要聚焦十四运气象保障工程建设、十四运气象台运行、重大气象保障服务工作机制、新闻宣传等重点工作开展监督，督促立行立改，推动转变作风、解决问题、改进工作。

2. 坚持问题导向。通过及时跟进监督，着力发现问题、客观分析问题、严查典型问题，注重举一反三、建章立制。要紧盯下列问题开展监督：十四运气象保障工作主体责任履行不力、"一把手"责任不落实，班子成员"一岗双责"落实不到位；不执行民主集中制、违反议事规则和报批手续违规决策；违规插手干预工程建设；大局观念不强、协作协调不力；表态多调门高、行动少落实差；工作作风庸懒散慢、推诿扯皮；工作人员不认真履职尽责，没有严格落实服务承诺，导致工作贻误，群众满意度不高等问题。

三、监督方式

1. 强化政治监督。定期对十四运气象保障各责任单位落实习近平总书记重要指示批示精神情况，落实中国局、省局党组关于十四运和残特奥会气象保障决策部署情况进行监督检查，提出加强和改进意见及工作措施。常态化对党组织履行主体责任和"一岗双责"情况开展监督检查，看思想认识是否重视、筹办责任是否落实、工作措施是否有力，推动"两个责任"落实落细。

2. 做实日常监督。通过参加十四运气象保障有关工作会议、定期了解工作进展等方式，把监督工作融入日常、做到经常。坚持关口前移、过程把控和跟踪问效，对"三重一大"事项全程化、常态化监督，采取深入项目建设一线实地调研、听取专项汇报等措施，延伸专责监督触角，提升监督针对性。

3. 形成监督合力。充分发挥审计监督作用，适时部署开展十四运气象保障工程项目竣工决算审计。强化与业务部门的定期会商、信息互通，加强对"三重一大"决策、设备采购、招标投标、气象保障服务等跟踪监督。统筹运用网络、电话、信访等举报平台，自觉接受社会监督和群众监督。

四、保障措施

1. 加强组织领导。省局党组纪检组牵头负责十四运气象保障监督工作，加强上下对接协调，及时梳理排查问题线索，严肃监督执纪问责。全省气象部门各级纪检机构要把对十四运和残特奥会气象保障工作的监督作为重中之重，列入重要议事日程，认真组织落实。

2. 压实工作责任。各市局党组纪检组、省局直属机关纪委要立足职责定位，把党组织主体责任和监督责任贯通联动、一体落实，坚持严管厚爱结合、激励约束并重，依规依纪依法开展监督，切实防范廉政风险。省局将十四运气象保障监督工作纳入今明两年党风廉政建设目标内容进行考核。

3. 严肃执纪问责。对涉及十四运气象保障工作的问题线索，建立专门台账，迅速调查处理，实行对账销号；对典型案件进行通报曝光，强化纪律教育。将十四运气象保障监督工作与落实中央八项规定精神、疫情防控、制止铺张浪费、破除形式主义官僚主义、整治领导干部违规插手干预工程建设等统筹结合起来，不断提升监督效能和质量。

中共陕西省气象局党组纪检组

2020年12月2日

中共陕西省气象局党组纪检组   2020年12月2日印发

陕西省气象局办公室文件

陕气办发〔2019〕52号

陕西省气象局办公室关于调整第十四届全国运动会气象服务保障筹备工作领导小组及其办公室的通知

各设区市气象局，杨凌气象局，省局直属各单位，机关各处室：

为有序推进第十四届全国运动会（以下简称十四运）气象保障筹备工作，根据人员变动情况和工作需要，经研究，省气象局决定对第十四届全国运动会气象服务保障筹备工作领导小组（以下简称领导小组）及其办公室进行调整。现将调整后的领导小组及其办公室组成人员和主要职责通知如下：

一、第十四届全国运动会气象服务保障筹备工作领导小组

组　长：丁传群

副组长：薛春芳　罗　慧（驻会）　胡文超　杜毓龙　李社宏　赵光明

成　员：宁志谦（驻会），省气象局办公室、应急与减灾处、网络安全与信息化（大数据）办公室、观测与网络处、科技与预报处、计划财务处、人事处、政策法规处主要负责人，省气象局党组纪检组常务副组长，省气象台、气候中心、气象信息中心、大气探测技术保障中心、气象服务中心、气象科学研究所、人工影响天气办公室、农业遥感与经济作物气象服务中心、机关服务中心、防雷中心主要负责人，西安市气象局分管局长，榆林、延安、铜川、咸阳、宝鸡、渭南、安康、汉中、商洛市气象局及杨凌气象局主要负责人。

主要职责：

1.落实中国气象局、陕西省委省政府和十四运筹委会对气象服务保障的要求，负责组织指导筹委会气象保障部各项工作。

2.负责与十四运筹委会相关部门及政府各部门之间的协调、联络和联动工作，协调中国气象局相关职能司、相关业务单位、相关省市气象局，围绕十四运气象服务保障需求开展工作。

3.负责组织推进十四运气象保障工程项目批复立项和实施督导。

4.组织审议十四运筹委会气象保障部工作方案，审定十四运气象服务保障筹备工作方案、实施方案等。

二、第十四届全国运动会气象服务保障筹备工作领导小组办公室

主　任：罗　慧（兼）

常务副主任：省气象局应急与减灾处主要负责人

副主任：宁志谦（驻会），省气象局观测与网络处、科技与预报处、网络安全与信息化（大数据）办公室主要负责人，西安市气象局分管局长。

成　员：省气象局应急与减灾处、办公室、观测与网络处、科技与预报处、计划财务处、人事处、政策法规处分管领导，省气象局党组纪检组调研员，省气象台、气候中心、气象信息中心、大气探测技术保障中心、气象服务中心、气象科学研究所、人工影响天气办公室、农业遥感与经济作物气象服务中心、机关服务中心、防雷中心分管领导，西安市气象局业务处主要负责人，榆林、延安、铜川、咸阳、宝鸡、渭南、安康、汉中、商洛市气象局及杨凌气象局分管局长。

主要职责：

1.组织指导筹委会气象保障部内设机构各项工作，组织编制《第十四届全运会气象服务保障筹备工作方案》，负责协调组织各成员单位落实气象服务保障各项筹备工作。

2.负责组织编制《十四运筹委会气象保障部工作方案》，负责协调组织各成员单位落实做好筹委会气象保障部相关工作。

3.负责组织《第十四届全运会气象保障工程项目》实施，组织开展十四运筹备期间的气象服务工作。

4.负责十四运气象服务工作的日常运行管理，负责落实领导小组的工作部署，向领导小组提出工作建议、汇报进展情况，负责组织完成十四运气象服务各项工作。

5.负责和筹委会竞赛训练部、大型活动部、场馆建设部等各部室相关处室的日常联络沟通，负责了解十四运气象服务需求。

6.完成筹备领导小组交办的其他工作。

三、其他工作安排

筹备领导小组办公室涉及的日常性协调和组织工作主要由省局应急与减灾处承担。各市局在筹备领导小组统一部署下，做好与当地政府及相关部门的对接和筹备工作。筹备领导小组各成员单位按照要求建立相应的领导和组织机构，并于10月14日前将成立机构文件报送十四运气象服务保障筹备工作领导小组办公室。

陕西省气象局办公室
2019年9月30日

抄送：第十四届全国运动会陕西省筹备委员会，中国气象局应急减灾与公共服务司。

陕西省气象局办公室　　　　　　　　　2019年9月30日印发

陕西省气象局办公室文件

陕气办发〔2020〕14 号

陕西省气象局办公室关于下达 全国第十四届全运会及第十一届残疾人 运动会暨第八届特殊奥林匹克运动会 气象保障工程建设任务的通知

省气象台、陕西省气象信息中心、陕西省大气探测技术保障中心、陕西省气象服务中心(陕西省气象宣传与科普中心),西安市气象局:

全国第十四届运动会及十一届残运会暨第八届特奥会气象保障工程项目初步设计方案已获陕西省发展和改革委员会批复(陕发改社会[2020]546 号),为进一步加快推进项目建设,按照初步设计方案批复对建设任务进行分解(见附件 4),现下达给你们。请项目建设单位依据初步设计方案的建设内容加快推进,按时完成建设任务;请项目牵头处室加大检查督导力度,压实工作责任,确保各项工作落实到位。

附件: 1. 全国第十四届全运会及第十一届残疾人运动会暨第八届特殊奥林匹克运动会气象保障工程初步设计方案
2. 全国第十四届全运会及第十一届残疾人运动会暨第八届特殊奥林匹克运动会气象保障工程初步设计投资概算表
3. 陕西省发展与改革委员会关于全国第十四届运动会及全国第十一届残疾人运动会暨第八届特殊奥林匹克运动会气象保障工程项目初步设计的批复
4. 十四运建设任务分解表

陕西省气象局办公室

2020 年 5 月 20 日

陕西省气象局办公室 　　　　　　　　　　　　2020 年 5 月 20 日印发

陕西省气象局办公室文件

陕气办发〔2020〕15号

陕西省气象局办公室关于印发
《十四运会和残特奥会气象服务保障
筹备工作领导小组办公室工作规则》的通知

各设区市气象局，杨凌气象局，省局直属各单位，机关各内设机构：

为有序推进十四运会和残特奥会气象保障筹备工作，进一步完善十四运会和残特奥会气象服务保障筹备工作领导小组办公室工作协调运行机制，现将《十四运会和残特奥会气象服务保障筹备工作领导小组办公室工作规则》印发给你们，请认真遵照执行。

陕西省气象局办公室
2020年3月12日

陕西省气象局办公室文件

陕气办发〔2020〕50 号

陕西省气象局办公室关于
《第十四届全国运动会、第十一届残运会
暨第八届特奥会气象台组建方案》的批复

西安市气象局：

《第十四届全国运动会、第十一届残运会暨第八届特奥会气象台组建方案》（以下简称《组建方案》，见附件）已收悉。经 7 月 27 日省气象局局务会审定通过后，批复如下：

原则同意《组建方案》中的相关内容，请尽快按照《组建方案》开展工作，有关工作要求如下：

一、十四运会和残特奥会气象台的组建程序及人员抽调管理有关事宜，请西安市气象局与省气象局人事处商定，省气象局十四运办配合。

二、十四运会和残特奥会气象台要按照"统一制作，分级发布，属地服务"的服务原则，建立完善业务运行机制，做好面向筹（组）委会、西安市执委会、西咸新区执委会的气象保障服务。同时，要充分发挥十四运会和残特奥会气象台业务核心作用，做好对各地市气象局的指导和支持。

三、十四运会和残特奥会气象台要围绕总体工作方案要求，逐项完成服务实施方案及各类专项方案、预案的编制工作。同时，要按照筹（组）委会关于"一市一策"的保障服务要求，继续细化完善现场气象保障方案，将各市（区）现场气象保障工作内容纳入其中。

四、十四运会和残特奥会气象台组建后，应尽快建立各类业务制度及流程，并开展业务试运行。要深度参与到新型观测设备的布设和应用研究、预报服务系统的研发测试工作中。观测设备和业务系统建设完成后，要紧密围绕服务需求，完成观测、预报和服务等业务系统的本地化应用工作。

附件：第十四届全国运动会、第十一届残运会暨第八届特奥会气象台组建方案

陕西省气象局办公室

2020 年 8 月 20 日

抄送：各设区市气象局，杨凌气象局，省局直属各单位、机关各处室。

陕西省气象局办公室   2020 年 8 月 24 日印发

陕西省气象局办公室文件

陕气办发〔2021〕43 号

陕西省气象局办公室关于印发
《十四运会开幕式气象保障服务
特别工作状态方案》的通知

十四运会组委会气象保障部，十四运会和残特奥会气象台，十四运会开幕式人工消减雨作业联合指挥中心，各设区市气象局，杨凌气象局，省局各直属单位、各内设机构：

为深入贯彻落实习近平总书记"办一届精彩圆满的体育盛会"和"简约、安全、精彩"的办赛要求，以及对气象工作重要指示精神，全力做好十四运会开幕式气象保障服务，经省气象局十四运会和残特奥会气象保障服务领导小组研究同意，现将《十四运会开幕式气象保障服务特别工作状态方案》印发给你们，请认真遵照执行。

陕西省气象局办公室

2021 年 9 月 11 日

（一）特别工作状态期间省局领导职责

丁传群局长负责开幕式气象保障工作的总决策、总协调。

薛春芳副局长带领减灾处、观测处、预报处负责人在十四运气象台坐镇指挥，指导、督促十四运气象台开展气象保障服务工作，协调省局有关处室和直属单位做好保障支撑，负责重要决策服务和专报材料的审核、签发；

罗慧副局长按照组委会相关安排，开展面向组委会和开闭幕式指挥部等的现场决策气象服务工作；

杜毓龙副局长负责带领办公室、观测处、机关服务中心、信息中心、大探中心负责人在省局开展综合协调和应急处置，确保省局各项常规业务正常运行，确保监测设备、信息网络等安全稳定运行，组织做好宣传管控、疫情防控、安全管理等；

西安市气象局李社宏局长在十四运气象台负责面向执委会的开幕式气象预报服务和现场应急服务工作的指挥、决策、协调，负责服务专报的审核等工作；

纪检组长熊毅和胡文超二级巡视员负责带领省局纪检办检查监督各单位重大活动保障履职情况，负责维稳工作；

赵光明二级巡视员在十四运开幕式人工消减雨联合指挥中心，负责按照《开幕式人工消减雨作业保障方案》开展人工消减雨作业指挥、协调等。

（二）特别工作状态期间分时段任务分工

1. 第一阶段，进入特别工作准备状态

陕西省气象局
十四运会开幕式气象保障服务
特别工作状态方案

为全力做好十四运会开幕式气象保障服务工作，特制订此方案。

一、时间安排

9 月 12 日 8:00 至 9 月 13 日 8:00，陕西省气象局及相关市区气象局进入特别工作准备状态。

9 月 13 日 8:00 至 9 月 16 日 12:00，陕西省气象局及相关市区气象局进入特别工作状态。

二、参与单位

气象保障部，十四运会和残特奥会气象台，十四运会开幕式人工消减雨作业联合指挥中心，省十四运办、省局办公室、减灾处、观测处、预报处、计财处、人事处、纪检办、党办、人影办，省气象台、省气候中心、省气象信息中心、省大气探测技术保障中心、省气象服务中心、省气象科学研究所、省人影中心、省农业遥感与经济作物气象服务中心、省突发事件预警信息发布中心、省气象干部培训学院、省局机关服务中心、省局财务核算中心，各设区市气象局，杨凌气象局。

三、主要任务及具体安排

9 月 12 日 8 时，各单位进入特别工作准备状态，省局各支撑单位要设置固定工作区域建立支撑中心，集中人员做好实施支撑保障，12 日 12 时前各单位将支撑中心地点和联系人电话通过气政邮报十四运办，十四运办汇总后发省局各领导和各相关单位。各单位迅速组织本单位开展开幕式气象保障服务各项工作准备情况及自查，落实工作纪律，协调解决本单位存在短板和不足，任务落实到岗、责任到人，上班期间不允许脱岗。机关处室要下沉一线，加强督促、指导和培训，不断熟练流程和产品制作。

减灾处、预报处、观测处组织协调好中国气象局来陕专家工作任务及活动安排；气象保障部及时反馈组委会及开闭幕式指挥部相关工作进展和最新工作计划安排；十四运办做好工作分解、协调落实和督促检查。

（1）综合天气会商。各单位严格按照省气象局十四运办公室 9 月 8 日下发的《关于参加 9 月 10 日、12 日开幕式综合天气会商的通知》有关安排，按时参加 12 日、13 日上午中、省天气会商（13 日天气会商通知另发）。

（2）移动气象台进驻西安奥体中心。9 月 12 日 8 时前，十四运气象台派移动气象台，按开闭幕式指挥部安保统一要求，提前进驻西安奥体中心指定区域，做好现场气象监测及视频信息传递。

（3）气象专报服务。9 月 12 日，十四运气象台每日上午 10 时和下午 16 时，向开闭幕式指挥部综合协调组和现场保障组提供

当天到 15 日逐 3 小时天气精细化要素预报,并根据天气对交通、观众聚集、活动展演等影响提出针对性的提醒和建议,形成专报报组委会、省委省政府、开闭幕式指挥部。同时根据人工消减雨作业联合指挥中心需求制作人影作业条件专题预报。

(4)人工消减雨实战演练。9 月 12 日前,人影地面作业力量全部到指定位置集结完毕。开幕式人工消减雨作业联合指挥中心根据天气系统发展和实际来向,针对目标区域西安奥体中心实施人影实战演练。

2. 第二阶段,进入特别工作状态

9 月 13 日 8:00,全面进入特别工作状态,全员到达工作岗位。特别工作状态期间,各单位要确保固定工作区域岗位 24 小时有人在岗,随时接听电话接收任务和反馈信息;各单位主要负责人吃住在单位,电话保持 24 小时畅通,随时响应工作安排,确需外出要按照干部管理权限,严格按规定审批。

(1)天气会商。9 月 13 日、14 日、15 日、16 日每日上午进行中、省综合天气会商(会商方案另行通知)。并在 14 日及 15 日 16 时进行省内加密天气会商。重点针对开幕式当日 14-23 时天气风险进行研判,制作逐小时精细化预报,根据天气对开幕式各项活动安排的影响提出针对建议,形成专报,报组委会、省委省政府、开闭幕式指挥部;对天气系统来向和强度等人影作业条件进行会商,为人影作业提供支撑。

(2)气象专报服务。9 月 13 日、14 日,十四运气象台上午 9

时、14 时、17 时、21 时制作开幕式当天逐小时天气预报,对气象风险及其影响提出防御建议等,范围包括陕西宾馆、西安奥体中心及其周边地区,专报向开闭幕式指挥部综合协调组和现场保障组报告。同时应人工消减雨作业联合指挥中心需求制作人影作业条件气象专题预报。

9 月 15 日,十四运气象台上午 5 时、11 时、14 时、17 时制作当天逐小时天气预报,对当日气象风险及其影响提出防御建议等,重点关注 18-23 时时段,范围包括陕西宾馆、西安奥体中心及其周边地区,专报向开闭幕式指挥部综合协调组和现场保障组报告。同时应人工消减雨作业联合指挥中心需求制作人影作业条件气象专题预报。

(3)现场决策气象服务。9 月 15 日,罗慧副局长带领相关专家,按照组委会相关工作安排,现场开展决策气象服务工作。

(4)人工消减雨作业。开幕式人工消减雨作业联合指挥中心按倒排工期表做好人影作业相关准备,每日做好人影综合信息速报。

根据降水系统移动路径,由远及近设置三道防区,梯次开展人影保障作业。第一道防区距离重点保护区 240-120 公里。该区以高性能增雨飞机为主、常规飞机辅助,采用多架飞机接续作业提前降水达到保障效果。第二道防区距离重点保护区 120-60 公里。该区组织地面火箭、高炮开展作业,在重点区域按照"成排连片、接续作业"方式集中火力大剂量作业,进行过量延迟降水

催化。第三道防区距重点保护区 60-15 公里。该区地面火箭作业,进行过量延迟降水催化。

期间向参与人工消减雨的全体人员配发工作记录本,并做好时间、地点、人员、设备级作业操作等留痕记录,并建立签字负责制。

(5)做好相关工作支撑。省局机关处室和直属单位做好值班值守、协调保障和应急处置。十四运办做好气象保障信息的收集、分发、共享。

四、工作要求

1. 进入特别工作状态的单位,全部取消出差和休假,实行 24 小时应急值守和主要负责人在岗值班制度,根据十四运气象台和人工消减雨联合指挥中心需求,提供最大支持。

2. 各单位要高度重视安全生产和疫情防控工作,实行安全生产和疫情防控熔断机制,一旦发生安全生产事故或突发疫情,要立即停止特别工作状态的气象保障服务和人影作业。遇有重大突发事件,要立即上报。

3. 加强信息的传递和沟通,组委会气象保障部保障处及西安市执委会气象保障部要及时向气象保障服务指挥部报告进展情况。省局十四运办负责特别工作状态期间的综合工作协调,组委会气象保障部保障处负责及时向组委会报告工作情况。

4. 省局办公室负责组织参加气象保障服务的人员严格按照疫情防控要求做好个人防护,加强各级业务平台疫情防控管理,

参与现场保障服务人员要做到疫苗接种与 7 天核酸检测全覆盖。

5. 省局观测处及时掌握全省气象探测装备、网络系统运行和观测资料传输情况,确保稳定运行;根据业务运行状况,组织做好应急装备和资源调度;组织实施加密观测。

6. 省气象信息中心做好视频会商系统运行调试;省服务中心做好业务系统和移动端数据维护;省局机关服务中心做好应急用车、用餐、空调等后勤保障;省突发事件预警信息发布中心做好新闻宣传报道工作。

7. 各单位在组织做好此次活动气象保障的同时,继续做好全省气象灾害监测预警和防御工作,做到两手抓、两不误。

抄送:中国气象局十四运会和残特奥会气象服务工作协调指导小组办公室。

陕西省气象局办公室　　　　　　　　　　2021 年 9 月 11 日印发

陕西省气象局办公室文件

陕气办发〔2021〕45号

陕西省气象局办公室关于
印发《十四运会闭幕式气象保障服务
特别工作状态方案》的通知

十四运会组委会气象保障部，十四运会和残特奥会气象台，西安市气象局，省局直属各单位，机关各内设机构：

为深入贯彻落实习近平总书记"办一届精彩圆满的体育盛会"和"简约、安全、精彩"的办赛要求，以及对气象工作重要指示精神，全力做好十四运会闭幕式气象保障服务，经省气象局十四运会和残特奥会气象保障服务领导小组研究同意，现将《十四运会闭幕式气象保障服务特别工作状态方案》印发给你们，请认真遵照执行。

陕西省气象局办公室
2021年9月24日

中心；

5.服务保障单位：省局机关服务中心、省局财务核算中心；

6.其他单位根据省局工作安排，完成有关临时工作任务。

（二）省局领导职责

丁传群局长负责闭幕式气象保障工作的总决策、总协调。

薛春芳副局长带领减灾处、观测处、预报处负责人在十四运气象台坐镇指挥，指导、督促十四运气象台开展气象保障服务工作，协调省局有关处室和直属单位做好保障支撑，负责重要决策服务和专报材料的审核、签发；

罗慧副局长按照组委会相关安排，面向组委会和开闭幕式指挥部等开展现场决策气象服务工作；

西安市气象局李社宏局长在十四运气象台负责面向执委会的闭幕式气象预报服务和应急服务工作的指挥、决策、协调，负责服务专报的审核等工作；

纪检组长熊毅负责带领省局纪检办检查监督各单位气象保障服务履职情况，负责维稳工作；

胡文超二级巡视员负责带领办公室、观测处、机关服务中心、信息中心、大探中心负责人在省局开展综合协调和应急处置，确保省局各项常规业务正常运行，确保监测设备、信息网络等安全稳定运行，组织做好宣传管控、疫情防控、安全管理等；

（三）相关单位职责

1.十四运会气象台职责

陕西省气象局
十四运会闭幕式气象保障服务
特别工作状态方案

为做好十四运会闭幕式气象保障服务各项工作，经省局研究，决定从25日起进入十四运会闭幕式气象保障服务工作状态。现将有关事项要求如下：

一、时间安排

9月25日8:00-26日14:00，陕西省气象局进入特别工作准备状态。

9月26日14:00-27日22:00，陕西省气象局进入特别工作状态。

二、参与领导、单位职责

（一）参与领导、单位

1.省局党组成员、二级巡视员；

2.业务核心单位：十四运会气象台；

3.协调管理处室：气象保障部保障处，省局十四运办、省局办公室、减灾处、观测处、预报处、计财处、党组纪检组、党办；

4.技术支撑单位：省气象台、省气候中心、省气象信息中心、省大气探测技术保障中心、省气象服务中心、省气象科学研究所、省农业遥感与经济作物气象服务中心、省突发事件预警信息发布

一是做好日常各项赛事和活动保障工作，同时重点关注27日闭幕式天气分析和专报服务，按照规定的技术和行政决策流程进行审核把关、材料签发，并做好工作留痕管理。二是制定每日工作计划表和责任到人的岗位工作任务表，并根据各岗位工作职责做好每日工作记录。三是每天上午上班时召开当天工作安排部署会，每天下午下班前召开工作复盘分析会，对当天的气象保障服务进行复盘总结、验证分析并改进完善。

2.各管理处室及各直属保障单位职责

各管理处室根据工作职责主动到十四运气象台、各技术支撑单位和服务现场，指导、督促和协调相关工作并帮助解决实际问题。各技术支撑单位要在做好自身工作的前提下，根据十四运气象台需求做好技术支撑工作，要主动发现在支撑工作中存在的问题并及时解决。各服务保障单位要做好餐饮、车辆保障、财务支出等各方面的保障工作。

三、主要任务及安排

（一）第一阶段，进入闭幕式特别工作准备状态

9月25日8:00，各单位进入特别工作准备状态，迅速组织本单位开展闭幕式气象保障服务各项工作准备情况及自查，落实工作纪律，协调解决本单位存在短板和不足，任务落实到岗、责任到人。机关处室要下沉一线，加强督促、指导和培训。气象保障部及时反馈给组委会及开闭幕式指挥部相关工作进展和最新工作计划安排；西安市执委会气象保障部及时反馈市执委会及开闭幕

式指挥部现场服务组相关工作进展和最新工作安排；省局十四运办做好工作分解、协调落实和督促检查。

1. 天气会商

9月25日、26日上午8:40（全国天气会商结束后），开展闭幕式天气专题会商，由十四运会气象台分管预报的副省长主持，中央气象台、省气象台指导发言，重点分析研判27日闭幕式天气，并对可能发生的高影响天气风险及其对闭幕式活动的影响提出应对建议和防御措施。省局丁传群局长、薛春芳副局长、西安市局李社宏局长及减灾处、观测处、预报处负责人、方新大院直属单位负责人在十四运气象台参加会商；熊毅纪检组长和胡文超二级巡视员、协调管理处室及北关大院直属单位负责人在省台三楼参加会商。

2. 天气专报服务

25日、26日上午9时，针对27日西安奥体中心综合体育馆及其周边地区天气，十四运气象台制作逐3小时精细化天气要素预报，并根据天气对交通、观众聚集等影响提出针对性的提醒和建议，形成专报组委会、开闭幕式指挥部。

9月26日下午16时，由十四运气象台分管预报的副省长主持，与省气象台进行省内加密天气会商，重点对27日闭幕式当日18-23时高影响天气风险进行研判。省局薛春芳副局长、西安市局李社宏局长及减灾处、观测处、预报处负责人、方新大院直属单位负责人在十四运气象台参加会商；熊毅纪检组长和胡文超二

级巡视员、协调管理处室及北关大院直属单位负责人在省台三楼参加会商。

（二）第二阶段，进入闭幕式特别工作状态

9月26日14:00，各单位进入特别工作状态，特别工作状态期间，主要负责人电话保持24小时畅通，随时响应工作安排，外出需按照干部管理权限，严格按规定审批。

1. 天气会商

9月27日上午8:40（全国天气会商结束后），由丁传群局长主持，十四运气象台与中央气象台、省气象台进行闭幕式天气专题会商。27日8:40专题会商邀请中国气象局余勇副局长和相关职能司、直属单位领导参加。省局丁传群局长、薛春芳副局长、罗慧副局长、西安市局李社宏局长及减灾处、观测处、预报处负责人、方新大院直属单位负责人在十四运气象台参加会商；熊毅纪检组长和胡文超二级巡视员、协调管理处室及北关大院直属单位负责人在省台三楼参加会商。

9月27日下午16时，由十四运气象台分管预报的副省长主持，与省气象台进行省内加密天气会商，重点对27日闭幕式当日18-23时高影响天气风险进行研判。省局薛春芳副局长、西安市局李社宏局长及减灾处、观测处、预报处负责人、方新大院直属单位负责人在十四运气象台参加会商；熊毅纪检组长和胡文超二级巡视员、协调管理处室及北关大院直属单位负责人在省台三楼参加会商。

2. 气象专报服务

9月26日下午17时，十四运气象台制作27日逐小时精细化天气专报，并对闭幕式重大活动期间气象风险及其影响提出防御建议等，范围包括陕西宾馆、西安奥体中心综合体育馆及其周边地区，专报向开闭幕式指挥部综合协调组和现场保障组报告。

9月27日9时、12时、15时、18时，十四运气象台4次制作当天逐小时实况及精细化天气专报，内容包括天气实况、逐小时天气预报、对气象风险预估及其影响的防御建议等，范围包括陕西宾馆、西安奥体中心综合体育馆及其周边地区，向组委会、开闭幕式指挥部综合协调组和现场保障组报告。

3. 移动气象台进驻现场

9月26日18时前，十四运气象台派移动气象台，按开闭幕式指挥部安保统一要求，进驻西安奥体中心综合体育馆附近指定区域，做好现场气象监测及信息传递工作。

4. 现场决策气象服务

9月27日，罗慧副局长根据组委会及开闭幕式指挥部相关工作安排，带领相关专家，在现场开展决策气象服务工作。

5. 做好相关工作支撑

省局机关处室和直属单位做好值班值守、协调保障和应急处置。十四运办做好气象保障信息的收集、分发、共享。

四、工作要求

1. 进入工作状态的单位，主要负责人保持24小时通讯畅通，

随叫随到；各单位要严格遵守工作纪律和请假制度，加强人员考勤管理，取消休假。

2. 各单位要高度重视安全生产和疫情防控工作，**实行安全生产和疫情防控熔断机制**，一旦发生安全生产事故或突发疫情，要立即停止特别工作状态的气象保障服务。遇有重大突发事件，要立即上报。

3. 加强信息的传递和沟通，组委会气象保障部保障处及西安市执委会气象保障部要及时向气象保障服务指挥部报告进展情况。省局十四运办负责特别工作状态期间的综合工作协调，组委会气象保障部保障处负责及时向组委会报告工作情况。

4. 省局观测处及时掌握全省气象探测装备、网络系统运行和观测资料传输情况，确保稳定运行；根据业务运行状况，组织做好应急装备和资源调度；组织实施加密观测。

5. 省气象信息中心做好视频会商系统运行调试；省服务中心做好服务系统和移动端数据维护；省局机关服务中心做好应急用车、用餐、空调等后勤保障；省突发事件预警信息发布中心做好新闻宣传报道工作。

6. 各单位在组织做好此次活动气象保障的同时，继续做好全省气象灾害监测预警和防御工作，做到两手抓、两不误。

陕西省气象局办公室　　　　　　　　　2021年9月24日印发

陕西省气象局第十四届全国运动会气象服务保障
筹 备 工 作 领 导 小 组 办 公 室

十四运气筹办发〔2020〕1号

陕西省气象局十四运会气象服务
保障筹备工作领导小组办公室关于印发
《十四运会和残特奥会气象服务保障
筹备工作2020年重点工作计划》的通知

各设区市气象局，杨凌气象局，省局直属各单位，机关各内设机构：

《十四运会和残特奥会气象服务保障筹备工作2020年重点工作计划》已经省气象局会议审定通过，现印发给你们，请各相关单位按照重点工作计划扎实做好十四运会和残特奥会气象服务保障各项筹备工作。

一是提高政治站位。 各单位要深刻认识十四运会和残特奥会气象服务保障筹备工作的政治意义，把落实《工作计划》作为树牢"四个意识"、做到"两个维护"的现实检验，进一步强化工作举措，加大工作力度，全力推动各项任务落实。

二是夯实工作责任。 各单位要勇于担当、积极作为，主动对标各项工作任务，特别是纳入筹委会考核的9项重点工作任务，进一步细化分解任务，逐项制定工作方案，逐一明确目标任务、时间节点、落实措施，将任务落实到岗、明确到人。

三是强化落实措施。 各牵头及承担单位负责同志要亲自上手推工作、抓落实，按时保质完成各项工作任务。各配合单位要主动跟进、密切配合，强化工作协调联动。

四是加强督查考核。 十四运办将加强对工作计划完成情况的督查督办，建立工作落实台账，一月一盘点、一月一督查、一月一通报，逐项销号落实。对不能按时完成任务的单位将予以批评或通报，并视情况上报领导小组进行处理。

附件：陕西省气象局十四运会和残特奥会气象服务保障筹备工作2020年重点工作计划

省局十四运气象保障筹备工作领导小组办公室

2020年3月26日

省局十四运气象保障筹备工作领导小组办公室　2020年3月26日印发

陕西省气象局第十四届全国运动会气象服务保障筹备工作领导小组办公室

十四运气筹办发〔2021〕1 号

陕西省气象局十四运会气象服务保障筹备工作领导小组办公室关于做好十四运会测试赛气象保障服务的通知

十四运会和残特奥会气象台，各设区市气象局，杨凌气象局，省局各直属单位、各内设机构：

十四运会测试赛将于 2021 年 3—6 月在陕西十三个赛区进行，根据十四运会组委会有关工作部署和省气象局十四运会气象服务保障筹备工作领导小组要求，为做好测试赛气象保障服务工作，现将相关工作通知如下。

一、充分认识测试赛气象保障的重要意义。 做好测试赛气象保障，是检验全省气象部门前期十四运会筹办工作的难得机会，也是发现问题、查漏补缺、磨合队伍的宝贵机会，各单位一定要高度重视，切实增强紧迫感、责任感，加强组织领导、主动对接需求、细化保障措施、完善服务流程、落实岗位职责、抓好工作落实。

二、围绕五个关键环节做好气象保障服务工作。一是 十四运气象台和各市区气象局要结合测试赛计划（**附件 1**），重点围绕测试赛气象保障服务职责分工和业务流程（**附件 2**）、测试赛气象服务产品清单（**附件 3**）和产品模板（**附件 4、5**）等进行测试运行和改进完善；**二是** 十四运气象台和各市区气象局要结合测试赛气象保障实际需求，对十四运预报预警和智慧气象服务系统进行整体联调及试运行，及时发现问题、反馈需求。省气象台、省气象服务中心要根据各单位反馈需求，及时对系统进行改进完善；**三是** 十四运气象台和各市区气象局要充分利用测试赛期间的高影响天气及突发转折性天气过程进行应急演练；**四是** 十四运气象台与相关市区气象局要共同做好水上项目、马术等特殊赛事气象保障，并对新型观测设备资料应用和沙漠、水温、暑热温度等特殊预报方法进行检验改进；**五是** 十四运气象台和各市区气象局要认真梳理各个工作环节的风险隐患，编制风险管理及处置预案，并对业务系统及设备故障等方面的风险进行应急处置演练。

三、加强统筹协调配合。 十四运气象台和各市区气象局要精确了解服务需求、确定服务对象、服务内容和服务方式，做好属地的测试赛气象保障。省气象局相关直属业务单位要全力支持十四运气象台和各市区气象局，提供测试赛气象保障所需系统、产品和技术支持。省气象局各业务处室，要结合各自分管领域加强组织协调和督促落实，针对存在的问题和不足，及时组织各有关单位改进和完善。

四、积极主动对接沟通。 气象保障部保障处要主动做好与组委会竞赛组织部等部门沟通，及时了解和传达组委会和相关部门工作要求。十四运气象台和各市区气象局要提前对接各地区执委会和项目竞委会，明确各项目竞委会气象服务主管人员信息（一般由场地环境处处长兼任），落实气象信息传播渠道及现场气象服务工作场所和服务方式，并将相关信息于 3 月底前反馈十四运办（**附件 6**）。

五、做好总结评估。 测试赛气象保障工作结束后，各单位要及时进行总结评估，巩固成果经验，于 6 月底将测试赛气象保障服务工作总结报省气象局十四运办。同时要认真梳理暴露的问题，细致分析问题原因，形成《测试赛气象保障服务问题清单和整改台账》（**附件 7**）并逐项进行整改，于 6 月底将问题清单和整改台账报省气象十四运办，7 月底前完成问题整改工作并将整改完成情况报省气象局十四运办。测试赛结束后，省气象局将结合测试赛暴露出来的短板和问题，针对性开展培训。

附件：1. 第十四届全国运动会测试赛计划
2. 测试赛气象保障服务职责分工
3. 测试赛气象服务产品清单
4. 产品模板：跳水测试赛专题天气预报（逐日预报产品）
5. 产品模板：跳水测试赛专题天气预报（逐时预报产品）
6. 各项目竞委会气象服务主管联络信息表
7. 测试赛气象保障服务问题清单和整改台账

省局十四运气象保障筹备工作领导小组办公室
2021 年 3 月 10 日

陕西省气象局第十四届全国运动会
气象服务保障筹备工作领导小组办公室

十四运气筹办发〔2021〕2 号

陕西省气象局十四运会
气象服务保障筹备工作领导小组办公室
关于印发《十四运会和残特奥会气象保障服务
2021 年工作要点和任务清单》的通知

十四运会和残特奥会气象台，各设区市气象局，杨凌气象局，省局各直属单位、各内设机构：

《十四运会和残特奥会气象保障服务 2021 年工作要点和任务清单》已经省局十四运会气象服务保障筹备工作领导小组会议审定通过，现印发给你们，请各单位结合实际扎实做好十四运会和残特奥会气象保障服务筹办各项工作。

附件：陕西省气象局十四运会和残特奥会气象保障服务 2021 年工作要点和任务清单

省局十四运气象保障筹备工作领导小组办公室

2021 年 3 月 16 日

抄送：中国气象局十四运会和残特奥会气象服务工作协调指导小组办公室。

省局十四运气象保障筹备工作领导小组办公室　　2021 年 3 月 16 日印发

陕西省气象局第十四届全国运动会
气象服务保障筹备工作领导小组办公室

十四运气筹办发〔2021〕3号

陕西省气象局十四运会
气象服务保障筹备工作领导小组办公室
关于进一步做好十四运会测试赛
气象保障服务的通知

十四运会和残特奥会气象台，各设区市气象局，杨凌气象局，省局各直属单位、各内设机构：

为切实落实好十四运会和残特奥会组委会（以下简称组委会）及中国气象局十四运会和残特奥会（以下简称十四运会）气象保障服务第二次视频协调会精神，根据组委会《第十四届全国运动会测试赛总体方案》、中国气象局《十四运会和残特奥会气象保障服务总体工作方案》和省气象局十四运会气象服务保障筹备工作领导小组有关要求，现就进一步做好十四运会测试赛气象保障服务工作通知如下。

三、尽快建立预报预测预警业务运行机制

省气象局科技与预报处要牵头组织十四运会气象台、省气象台、省气候中心、各地市气象局，理顺现行预报预测预警业务与十四运会预报预测预警业务之间关系，针对十四运会气象预报预测预警产品的制作、预报订正、反馈、会商和把关等关键环节，建立顺畅的业务运行规则，确保各方预报结论的一致性。同时，十四运会气象台要重点关注各类高影响天气过程可能造成的风险影响，逐10天制作发布未来30天的全省各赛区气候预测产品，省气候中心要提供必要的指导产品和技术支持。

四、加强新建气象设施形象设计和探测环境保护

省气象局观测与网络处要牵头组织省大探中心、省信息中心及各地市气象局，加强十四运会新建气象设施和气象探测环境保护，制定设施保护和标识设计方案。在突出体现十四运会和残特奥会元素的基础上，在气象设施附近显著位置设立保护标志，标明保护要求，设在野外的观测设施要安装围栏。同时，针对场馆附近的观测设施，要充分采用二维码标识等形式，为公众提供互动式的气象设施科普介绍、以及"全运·追天气"APP等气象信息获取渠道。此项工作需于4月底前完成。

五、加快更新完善气象服务指标体系

十四运会气象台、各地市气象局要组织本单位预报服务人员实地勘查比赛场馆，摸清现场环境情况，分析各区域可能出现的所有气象风险种类。同时要针对各类户外赛事，面向竞委会工作人员、教练员、裁判员等调研了解气象要素对赛事的影响情况，梳理形成各类赛事气象服务指标（附件2）。每一项户外测试赛结束后3天内将指标更新后上报省气象局十四运办。

一、进一步明确十四运会测试赛气象保障服务任务

十四运会气象台、各地市气象局要坚持"测试赛到哪里，气象保障服务就到那里"，按照"一赛一策"原则制定《XX测试赛气象保障服务任务排期表》（附件1），从赛前7天至赛后3天，对各项任务进行逐项梳理，时间精确到小时，责任落实到具体人员。4月底前完成5-6月份全部测试赛气象保障服务任务排期表并上报省气象局十四运办。（按照属地原则，测试赛气象保障由承办地气象局负责。其中西安市及西咸新区赛事由十四运会气象台负责，韩城市赛事由渭南市气象局负责）

十四运会气象台、各地市气象局在做好测试赛气象保障工作的同时，要重视测试赛期间出现的各类天气过程，对不同天气条件下的应急响应、决策服务、交通和旅游等气象服务进行全流程的实战演练和测试，并加强预报和服务系统的应用检验，做到"全面覆盖"、"应测尽测"。同时，十四运会气象台、各地市气象局要根据实际工作需要，梳理需要省级业务单位或国家级业务单位提供技术支撑和参与保障的事项，及时提交省气象局十四运办。

二、做好现场气象保障服务工作

十四运会气象台、各地市气象局要重点针对本地各项户外赛事，对接本地执委会和各项目竞委会，建立工作联系，落实移动气象台和应急保障车停靠场地，确定现场气象保障人员工作场地及工作内容，并提前办理车辆人员证件。需要向场馆派驻移动气象台和应急保障车的地市，需提前向省气象局应急与减灾处进行申请。各地市气象局要建立现场气象保障服务团队，确定具体人员，将团队组成方案于4月底报省气象局十四运办。

六、做好气象保障服务信息发布

十四运会气象台、各地市气象局要做好与本地党委政府、执委会和项目竞委会的对接，获取本地服务对象信息，建立联络人清单和发布策略，通过传真、短信、邮件、"两微一端"等多种渠道开展服务，同时要发挥好竞委会气象服务主管（附件3）信息传播枢纽作用，确保气象信息"发的出、送的到"。同时要加强对"全运·追天气"APP和微信、十四运会天气网的推广宣传力度，持续扩大气象信息覆盖度。要将实况监测和天气预报等信息融入赛场、全运村等公共显示媒介，并在十四运官网、官媒、当地融媒体上及时显示。

七、强化复盘分析和总结改进

各单项测试赛结束后三日内，十四运会气象台、各地市气象局要组织进行总结分析，对保障工作进行复盘，梳理存在问题和短板，完成工作总结并上报省气象局十四运办。总结中的工作情况、困难不足、下一步计划等三部分内容要求各占三分之一篇幅。省气象局十四运办将对各单位在测试赛气象保障服务工作中形成的典型经验和好的做法进行全省推广。

附件：1. XX测试赛气象保障服务任务排期表（模板）
　　　2.十四运会户外赛事气象条件风险评估分级指标表
　　　3.各竞委会气象服务主管信息一览表

省局十四运气象保障筹备工作领导小组办公室
2021年4月15日

抄送：中国气象局十四运会和残特奥会气象服务工作协调指导小组办公室。

省局十四运气象保障筹备工作领导小组办公室。　　　2021年4月16日印发

陕西省气象局第十四届全国运动会
气象服务保障筹备工作领导小组办公室

十四运气筹办发〔2021〕4 号

陕西省气象局
十四运会气象服务保障筹备工作
领导小组办公室关于做好 2021 年 3–5 月
十四运会测试赛气象保障服务
存在问题整改工作的通知

十四运会和残特奥会气象台，各设区市气象局，杨凌气象局，省局各直属单位、各内设机构：

截至 5 月 28 日，西安、渭南、咸阳、铜川、汉中、安康、商洛、榆林、宝鸡等 8 个市区先后举办了 19 场十四运会测试赛，宝鸡举办了特奥会足球正式比赛。期间，全省各级气象部门坚持"测试赛到哪里，气象保障服务就到那里"，积极谋划，主动对接，严密监视天气变化，为比赛提供全方位的保障服务，基本做到了"全面覆盖"、"应测尽测"的工作要求。

为不断提高十四运会和残特奥会气象保障服务能力，省气象局十四运办组织各单位对 19 场测试赛气象保障服务工作开展了复盘分析和自查，共梳理发现问题 33 条，现将问题清单下发你们，请严格按照职责分工和时限要求完成整改工作，并将整改完成情况于 7 月 10 日前报省气象局十四运办邮箱。

附件：2021 年 3-5 月十四运会测试赛气象保障服务问题整改清单

省局十四运气象保障筹备工作领导小组办公室

2021 年 6 月 15 日

抄送：中国气象局十四运会和残特奥会气象服务工作协调指导小组办公室。

省局十四运气象保障筹备工作领导小组办公室　　2021 年 6 月 15 日印发

陕西省气象局第十四届全国运动会

气象服务保障筹备工作领导小组办公室

十四运气筹办发〔2021〕5号

陕西省气象局
十四运会气象服务保障筹备工作
领导小组办公室关于印发《十四运会和
残特奥会赛事气象保障指挥部工作方案》的通知

十四运会和残特奥会气象台，各设区市气象局，杨凌气象局，省局各直属单位、各内设机构：

为深入贯彻落实习近平总书记"办一届精彩圆满的体育盛会"和"简约、安全、精彩"的办赛要求以及对气象工作的重要指示精神，快速、简洁、高效处理十四运会和残特奥会赛事期间气象保障重要工作和重大事项，经5月26日省气象局十四运会气象服务领导小组会议审定通过，决定成立十四运会和残特奥会赛事气象保障指挥部。现将《十四运会和残特奥会赛事气象保障指挥部工作方案》印发给你们，请认真遵照执行。

省局十四运气象保障筹备工作领导小组办公室

2021年6月24日

抄送：中国气象局十四运会和残特奥会气象服务工作协调指导小组办公室。

省局十四运气象保障筹备工作领导小组办公室　　2021年6月24日印发

陕西省气象局第十四届全国运动会
气象服务保障筹备工作领导小组办公室

十四运气筹办发〔2021〕6 号

陕西省气象局
十四运会气象服务保障
筹备工作领导小组办公室关于印发
《十四运会和残特奥会圣火采集仪式
气象保障服务实施方案》的通知

十四运会和残特奥会气象台，各设区市气象局，杨凌气象局，省局各直属单位、各内设机构：

为深入贯彻落实习近平总书记"办一届精彩圆满的体育盛会"和"简约、安全、精彩"的办赛要求以及对气象工作重要指示精神，全力做好十四运会和残特奥会圣火采集仪式气象保障服务，根据组委会《十四运会和残特奥会圣火采集仪式实施方案》安排，经省气象局同意，现将《十四运会和残特奥会圣火采集仪式气象保障服务实施方案》印发给你们，请认真遵照执行。

附件：十四运会和残特奥会圣火采集仪式气象保障服务实施方案

省局十四运气象保障筹备工作领导小组办公室

2021 年 7 月 13 日

抄送：十四运会和残特奥会组委会办公室、中国气象局十四运会和残特奥会气象服务工作协调指导小组办公室。

省局十四运气象保障筹备工作领导小组办公室　　　　2021 年 7 月 13 日印发

陕西省气象局第十四届全国运动会
气象服务保障筹备工作领导小组办公室

十四运气筹办发〔2021〕7号

陕西省气象局十四运会气象服务
保障筹备工作领导小组办公室关于印发
《第十四届全国运动会全国第十一届残运会暨
第八届特奥会气象保障工作新闻发布
管理办法》的通知

各设区市气象局，杨凌气象局，省局各直属单位、各内设机构：

《第十四届全国运动会、全国第十一届残运会暨第八届特奥会气象保障工作新闻发布管理办法》已经十四运气象服务保障筹备工作领导小组办公室会议审定同意，现印发给你们，请遵照执行。

省局十四运气象保障筹备工作领导小组办公室

2021 年 7 月 15 日

陕西省气象局第十四届全国运动会
气象服务保障筹备工作领导小组办公室

十四运气筹办发〔2021〕8 号

陕西省气象局十四运会气象服务
保障筹备工作领导小组办公室关于印发
《十四运会和残特奥会火炬传递点火起跑仪式
及开幕式倒计时 30 天冲刺演练活动
气象保障服务实施方案》的通知

十四运会和残特奥会气象台，各设区市气象局，杨凌气象局，省局各直属单位、各内设机构：

为深入贯彻落实习近平总书记"办一届精彩圆满的体育盛会"和"简约、安全、精彩"的办赛要求以及对气象工作重要指示精神，全力做好十四运会和残特奥会火炬传递点火起跑仪式及开幕式倒计时 30 天冲刺演练活动气象保障服务，经省局十四运会气象服务保障筹备工作领导小组会议审定通过，现将《十四运会和残特奥会火炬传递点火起跑仪式及开幕式倒计时 30 天冲刺演练活动气象保障服务实施方案》印发给你们，请认真遵照执行。

附件：十四运会和残特奥会火炬传递点火起跑仪式及开幕式
倒计时 30 天冲刺演练气象保障服务实施方案

省局十四运气象保障筹备工作领导小组办公室

2021 年 8 月 12 日

抄送：十四运会和残特奥会组委会、中国气象局十四运会和残特奥会气象服务工作协调指导小组办公室。

省局十四运气象保障筹备工作领导小组办公室 2021 年 8 月 13 日印发

陕西省气象局第十四届全国运动会气象服务保障筹备工作领导小组办公室

十四运气筹办发〔2021〕9号

陕西省气象局十四运会气象服务保障筹备工作领导小组办公室关于印发《第十四届全国运动会全国第十一届残运会暨第八届特奥会气象保障宣传科普工作实施方案》的通知

各设区市气象局，杨凌气象局，省局各直属单位、各内设机构：

为深入贯彻落实习近平总书记"办一届精彩圆满的体育盛会"和对气象工作重要指示精神，全方位、深层次、跟踪式宣传

报道第十四届全国运动会和全国第十一届残运会暨第八届特奥会（以下简称十四运会和残特奥会）气象服务保障工作，充分利用部门内外宣传资源，借力十四运会组委会官方宣传平台，加强十四运会和残特奥会气象服务保障工作宣传力度，确保十四运会和残特奥会气象服务保障新闻宣传科普工作高效顺利进行、社会舆情平稳、气象宣传氛围积极正面，特制定本方案。

一、总体要求

坚持以习近平总书记重要指示精神为根本遵循和行动指南，紧密围绕"办一届精彩圆满的体育盛会"和"简约、安全、精彩"的办赛要求，以十四运会气象服务保障工作成效、典型人物、典型事例为切入点，借助十四运会组委会宣传平台，引入官方媒体资源力量，加强宣传引导、传播科普知识、提高舆情应对能力，充分体现"智慧气象，精彩全运"的服务理念，充分展示陕西气象现代化建设成果和干部职工的精神风貌，树立陕西气象部门的良好形象，营造良好舆论氛围。

二、主要内容

（一）宣传内容

1.十四运会和残特奥会气象服务部署、筹备及保障情况

（1）省市气象部门对十四运会和残特奥会气象保障服务的部署及筹备情况；（2）十四运会和残特奥会开幕式、闭幕式、火炬传递活动等重大活动气象保障；（3）十四运会和残特奥会期间竞赛项目以及测试赛等气象保障服务；（4）十四运会和残特奥会

期间业务一线工作特写、人员事迹等；（5）十四运会和残特奥会期间现场服务集锦与花絮、嘉宾、专家、志愿者等特写图文。

2.十四运会和残特奥会气象服务保障过程中科技成果应用及各方面的评价

（1）十四运会和残特奥会气象服务保障系统建设进展情况；（2）气象科技及研究成果、项目在十四运会和残特奥会保障中的应用情况；（3）十四运会和残特奥会期间天气气候背景分析以及对赛事的影响分析；（4）十四运会和残特奥会气象保障服务的难点、挑战、应对措施及服务中的成果、经验、及启示；（5）十四运会和残特奥会组委会等领导、有关部门、社会公众对气象保障的期待与评价。

3.十四运会和残特奥会气象保障服务背后的故事

（1）十四运会和残特奥会气象服务党建引领情况；（2）全国、全省气象部门的通力合作、上下联动等工作情况；（3）后十四运会和残特奥会时期的气象服务能力的提升。

（二）科普内容

1.气象与体育科普知识的普及

（1）气象与赛事项目的关系；（2）气象保障开闭幕式等重要节点的科技技术普及。

2.气象与社会生产的关系等

（1）气象对生产活动的影响；（2）气象小知识普及、气象温馨提示等。

（三）依托平台

紧紧依靠十四运会组委会宣传部、省委宣传部的集中宣传活动组织和新闻发布平台，做好新闻宣传，提高气象宣传工作正面舆情传播和负面舆情应对管控能力。利用中国气象报、中国气象网、陕西气象政务网以及省市气象微信、微博、抖音、快手等新媒体平台和中央在陕媒体、省市地方主流媒体、省市电视天气预报节目等平台，通过组织媒体通气会、集中采访、现场采访，以及向各类社会媒体投稿等方式进行科普宣传。积极邀请十四运会组委会宣传部舆情管控专家参加气象大讲堂，搭建内部能力提升平台，提高部门宣传舆情管控水平和能力。

（四）宣传思路

策划十四运会和残特奥会宣传科普品牌，即"气象服务队、预报高科技、播报全媒体、科普贴心人"。

1. 气象服务队。突出展示一线气象工作者在十四运会和残特奥会气象服务保障中的先进事迹，分阶段、分重点报道相关集体和个人，重点展示党支部战斗堡垒作用和党员先锋模范作用的发挥。

2. 预报高科技。策划专家对十四运会和残特奥会气象服务保障相关科学技术进行解读和推介，展示气象部门高科技技术形象。

3. 播报全媒体。（1）十四运会官方媒体平台。积极投稿十四运会官方媒体平台，参加十四运会官方媒体宣传活动，根据不同节点报送气象服务宣传信息。（2）CMA 网站。开设十四运会和残

特奥会气象服务宣传专题、实时动态报道、独家访谈。（3）中国气象报。策划十四运会和残特奥会气象服务专版，于十四运会和残特奥会主体比赛结束或期间刊发。（详见附件：中国气象报新闻宣传实施方案）（4）陕西气象网。开设十四运会和残特奥会气象服务宣传专题、专栏，及时充实实时动态报道、独家访谈。（5）新媒体。在陕西气象官方微博开设十四运会和残特奥会话题；陕西气象官方微信中开设专栏；陕西气象官方抖音、快手短视频刊发系列作品；持续性地报道十四运会和残特奥会期间气象服务信息及保障服务情况。（6）国内其它媒体宣传。积极开展与中央和省、市有关媒体的合作，全面立体多角度进行十四运会和残特奥会气象服务等各项内容的宣传。

4. 科普贴心人。策划科普小视频、科普宣传推介作品，以细微处向社会大众打造气象科普服务社会的形象。

三、机构、职责

组建十四运会和残特奥会宣传专班，专班人员集中开展十四运会宣传组织和实施工作。

（一）专班组成：由省局办公室、十四运办、突发预警信息发布中心、气象服务中心、西安市气象局等单位人员组成。具体人员如下：

组　长：罗　慧

副组长：杨文峰　张树誉　刘映宁

成　员：白光弼　刘　宇　石明生　赵艳丽　张向荣

巨晓璇　张红平　王建萍

专班办公室人员：

张丽荣（局办）、范　承（十四运办）、李宏群（十四运办）、傅正浩（突发预警信息发布中心）、马楠（突发预警信息发布中心）、方茜（突发预警信息发布中心）、曹慧萍（突发预警信息发布中心）、杨楠（气象服务中心）、高莹（气象学会）、郭庆元（西安）、王　旭（榆林）、赵艳妮（安康）、马燕（汉中）

（二）专班职责：积极沟通十四运会组委会宣传部及各有关部门争取官方资源把握宣传节奏，推进整体宣传工作开展。专项完成十四运会宣传科普策划和组织工作，及时向宣传团队传递省局宣传有关要求和工作重点任务，分工负责部署和跟进各项宣传科普工作，完成宣传科普成果分析和统计等。完成各类宣传科普工作总结和汇报材料报送。

四、工作计划及分工

（一）赛前（9月15日前）

1. 制定并推进十四运会和残特奥会省级重点宣传科普任务细化工作方案落实（赛前测试赛及赛时期间新闻宣传方案、专家访谈和新闻发布方案、中国气象报及专版新闻宣传实施方案、气象科普实施方案），阶段宣传重点任务表；（责任人：刘映宁）

2. 完成十四运会和残特奥会气象新闻发布管理办法，明确新闻审核、新闻发言人工作；（责任人：赵艳丽）

3. 落实中国气象报和中国气象频道记者，落实CMA网站专题、中国气象报头条和专版等；（责任人：刘映宁）

4. 策划制作体育与气象系列科普作品；（责任人：张树誉　刘宇　白光弼）

5. 完成十四运会和残特奥会气象宣传手册；（责任人：张红平）

6. 完成专题片素材收集方案，拍摄相关视频素材；（责任人：白光弼　刘宇）

7. 开设陕西气象官方微博十四运会和残特奥会话题、陕西气象官方微信专栏；开设陕西气象政务网专栏。（责任人：刘映宁）

8. 完成重点专项气象服务工作的策划、宣传；（责任人：张向荣　张红平）

9. 组织开展公众气象服务宣传；（责任人：张向荣、巨晓璇　刘宇　张红平）

10. 策划在国内高端新闻媒体刊发十四运会和残特奥会气象服务的高科技特色方面的报道1-2篇、气象服务品牌建设方面的报道1-2篇、体育专家、运动员、教练谈十四运会和残特奥会气象服务方面的采访报道1-2篇，十四运会和残特奥会相关项目与气象关系的科普文章1-4篇，提升十四运会和残特奥会气象服务工作全国影响力。（责任人：刘映宁）

11. 启动科普短视频等科普产品，在赛事开始前渗透气象工作。（责任人：王建萍　张红平）

12. 舆情事件应对预案和舆情引导稿件储备。（责任人：刘宇）

张红平）

13. 各市气象局制定本单位宣传科普工作实施方案，并组织开展工作推进。（责任人：各市气象局分管局领导）

（二）赛时（十四运会9月15日—9月27日；十四运会、残特奥会转换阶段9月28日—10月21日；残特奥会10月22日—10月29日）

1. 口径组

工作组成员：张树誉、赵艳丽、张红平、刘　宇

专班办公室人员：张丽荣（局办）、范　承（十四运办）、郭庆元（西安）

（1）确定宣传口径，按规定审定重要宣传稿件，重大稿件交由局领导审定。

（2）根据新闻发布管理办法，组织记者采访接待管理，安排收集整理媒体发稿情况。根据需要组织专家访谈，召开新闻发布会并审定发布材料。

2. 宣传报道组

工作组成员：刘映宁、张红平、刘　宇

专班办公室人员：傅正浩（突发预警信息发布中心）、马楠（突发预警信息发布中心）、方茜（突发预警信息发布中心）、王　旭（榆林）、赵艳妮（安康）、马燕（汉中）

（1）按照宣传策划方案开展宣传工作。制定组委会官方媒体、中国气象报、中国气象网、陕西气象政务网新闻报道阶段重

点并组织落实；制定微博、微信、电视天气预报节目报道和服务阶段重点并组织落实；根据需要制定新媒体直播策划方案并推进各项工作。

（2）新闻采集和发布。及时组织现场及网络工作会商，确定当天新闻采编重点，确定人员分工，相关人员按照任务分工奔赴各新闻现场开展现场直播及新闻采集，并向各媒体平台投稿。及时发布各类新闻稿件。

3. 产品制作组

工作组成员：巨晓璇、张红平、王建萍、刘宇

专班办公室人员：杨楠（气象服务中心）、曹慧萍（突发预警信息发布中心）、高莹（气象学会）、郭庆元（西安）

（1）开展公众气象服务。制定十四运会和残特奥会期间省级电视、微博、微信等媒体平台十四运会和残特奥会气象服务策划方案，制定服务模板，并组织每日实施。制定西安市电视、广播、微博、微信等媒体平台十四运会和残特奥会气象服务策划方案，制定服务模板，并组织每日实施。各市气象局负责市级公众气象服务产品制作。

（2）气象科普及产品制作。制定气象科普产品策划方案，并组织每日实施。

4. 舆情收集组

工作组成员：刘宇、张红平

专班办公室人员：郭庆元（西安市局）、傅正浩（突发预警

信息发布中心）、马楠（突发预警信息发布中心）、方茜（突发预警信息发布中心）

（1）收集网络舆情。对接十四运会组委会宣传部，争取舆情管控资源。全体工作人员负责开展舆情监控，遇有舆情（正面、负面）随时上报口径组。收集现场组舆情，形成舆情报告。

（2）材料上报。上报小组运行情况，汇总各小组运行情况，对运行情况进行总结和分析，形成总结材料，审核后上报十四运会和残特奥会专办。

（3）应急保障。负责突发舆情事件处置、公众气象服务产品制作系统保障、后勤保障收集和对接。及时发布舆情储备稿件，积极引导舆情向正面扭转。

（三）赛后（10月27日—11月20日）

1. 完成十四运会和残特奥会宣传科普工作总结；（责任领导：刘映宁、赵艳丽、巨晓璇、刘宇）

2. 完成十四运会和残特奥会总结短片；（责任领导：巨晓璇、张红平、刘宇）

五、保障措施

1. 严格落实新闻宣传管理办法，严格执行新闻采访流程、新闻发言人、新闻审核流程等。

2. 建立工作例会制度。每月召开宣传工作碰头会，每周根据宣传计划策划宣传重点，组织宣传稿件、新闻通稿或新闻通气会。

3. 加强与地方媒体的合作，拓宽合作领域，扩大宣传效益，努力提高气象部门的社会影响力。

4. 加强与十四运会组委会宣传部、中国气象局办公室、气象宣传和科普中心、中国气象报社以及地方主流媒体的沟通，争取指导支持。

附件：　十四运气象保障服务新闻报道及科普宣传实施方案
　　　　（中国气象报、中国气象局网站及新媒体）

省局十四运气象保障筹备工作领导小组办公室

2021 年 9 月 3 日

陕西省气象局第十四届全国运动会
气象服务保障筹备工作领导小组办公室

十四运气筹办发〔2021〕10号

陕西省气象局十四运会气象服务
保障筹备工作领导小组办公室关于做好
十四运会气象筹备和保障服务总结工作的通知

十四运会组委会气象保障部，十四运会和残特奥会气象台，十四运会开幕式人工消减雨作业联合指挥中心，各设区市气象局，杨凌气象局，省局各直属单位、各内设机构：

在十四运会组委会、中国气象局和省委省政府坚强领导下，通过全国各级气象部门和全省气象干部职工的共同努力，十四运会气象保障服务圆满成功。经省局研究，现就做好十四运会气象筹备和保障服务总结相关工作通知如下。

一、工作目标

通过开展**十四运会气象筹备和保障服务全周期总结**工作，对工作方法和举措进行细致梳理，对所取得的工作成效和经验进行分析凝练，对存在不足和问题进行改进完善，对各领域工作中的成果进行传承固化，为做好残特奥会气象保障服务提供依据，进而为推进气象防灾减灾示范省建设、推进气象强省建设、助力陕西气象事业高质量发展等各项长期工作提供强大动力，为中西部地区借力大型活动提升气象服务能力提供一份优秀的范本。

十四运会开幕式人工消减雨作业联合指挥中心在总结时应突出工作机制、实战演练、作业实施等。

2. 协调管理处室

气象保障部保障处、省局十四运办、省局办公室、减灾处、观测处、预报处、计财处、人事处、纪检办、党办、人影办在总结时应突出组织协调、上下联动、督促指导等。

3. 技术支撑单位

省气象台、省气候中心、省气象信息中心、省大气探测技术保障中心、省气象服务中心、省气象科学研究所、省人影中心、省农业遥感与经济作物气象服务中心、省突发事件预警信息发布中心在总结时应突出业务能力建设、技术支撑保障等。

4. 服务保障单位

省气象干部培训学院、省局机关服务中心、省局财务核算中心在总结时应突出后勤保障服务、安全生产和疫情防控等。

5. 各地市气象局

各市气象局在总结时应突出工作机制、沟通对接、赛事保障服务等。

四、时间节点

（一）10月8日下班前，各单位完成总结并报省局十四运办。

（二）10月10日下班前，省局十四运办完成总结的汇总和统稿。

二、工作要求

（一）进行总结的单位

十四运会和残特奥会气象台、十四运会开幕式人工消减雨作业联合指挥中心；气象保障部保障处；省局十四运办、省局办公室、减灾处、观测处、预报处、计财处、人事处、纪检办、党办、人影办；省气象台、省气候中心、省气象信息中心、省大气探测技术保障中心、省气象服务中心、省气象科学研究所、省人影中心、省农业遥感与经济作物气象服务中心、省突发事件预警信息发布中心；省气象干部培训学院、省局机关服务中心、省局财务核算中心；各设区市气象局，杨凌气象局。

其中，十四运会和残特奥会气象台、西安市气象局，十四运会开幕式人工消减雨作业联合指挥中心、省人影中心需按照各自职责单独报送总结；西咸新区气象保障相关内容由西安市气象局负责，韩城赛区气象保障相关内容由渭南市气象局负责。

（二）总结要求

各单位梳理筹备工作以来的工作机制、推动举措、取得成效及亮点、存在问题及下一步工作计划等，形成一份涵盖筹备全周期的文字材料。字数要求原则不超过3000字（十四运会和残特奥会气象台、十四运会开幕式人工消减雨作业联合指挥中心2个业务核心单位可不受字数限制），内容要求简洁精炼，多用数字说话，切忌长篇大论、空话套话。

（三）总结重点

1. 业务核心单位

十四运会和残特奥会气象台在总结时应突出业务运行机制、团队建设、气象保障服务等。将赛事赛程服务、择日择时服务、精准预报服务案例作为附件进行整理，要有数据、有佐证。

（三）10月11日下班前，省局十四运办面向各单位进行征求意见，并根据反馈意见修改完善。

（四）10月12日下班前，提交省局会议审定后，报送组委会、中国气象局和省委省政府。

五、其他要求

（一）各单位总结需经本单位领导班子和相关人员集体讨论后完成，并经本单位主要负责人和分管局领导审核把关后以正式文件报省局十四运办。

（二）各单位需严格按照时间节点和工作要求完成总结工作，十四运办将对总结报送情况进行督办和通报。同时总结工作情况也将作为十四运气象保障服务工作评先评优的重要依据。

省局十四运气象保障筹备工作领导小组办公室

2021年9月29日

（联系人：范承 81619128，15129104731）

省局十四运气象保障筹备工作领导小组　　2021年9月29日印发

陕西省气象局十四运会和残特奥会
气象服务保障筹备工作领导小组办公室

十四运气筹办发〔2021〕11 号

陕西省气象局十四运会和残特奥会
气象服务保障筹备工作领导小组办公室
关于印发全国第十一届残运会暨第八届特奥会
气象保障服务实施方案的通知

组委会气象保障部，十四运会和残特奥会气象台，各设区市气象局，
杨凌气象局，省局直属各单位，机关各内设机构：

为深入贯彻落实习近平总书记"办一届精彩圆满的体育盛
会"和"简约、安全、精彩"的办赛要求，以及对气象工作重要
指示精神，全力做好残特奥会气象保障服务，现将《全国第十一
届残运会暨第八届特奥会气象保障服务实施方案》印发给你们，
请认真遵照执行。

附件： 1.全国第十一届残运会暨第八届特奥会气象保障服务
实施方案
2.残特奥会竞赛总日程

省局残特奥会气象保障筹备工作领导小组办公室
2021 年 10 月 11 日

省局残特奥会气象保障筹备工作领导小组办公室　　2021 年 10 月 11 日印发

第十四章
经验启示

第一节　难　忘

回顾全运会办赛工作，很多活动、很多场景、很多细节令人久久难以忘怀。

一、难忘亲切关怀

2020 年 4 月，习近平总书记来陕考察时指出"第十四届全运会将在陕西举办，要做好筹办工作，办一届精彩圆满的体育盛会"，为我们提供了根本遵循，从此筹办工作进入快车道，"精彩圆满"成为我们的矢志追求。2021 年 9 月 13—16 日，习近平总书记再次来陕考察并出席十四运会开幕式，现场 4.6 万余名观众经久不息的热烈掌声、热情呐喊，成为令人最难忘的时刻。李克强总理等国务院领导同志对十四运会筹备工作多次批示、提出要求。党中央、国务院的亲切关怀给予陕西巨大鼓舞，为 3900 万三秦儿女乘势而上、奋力谱写陕西高质量发展新篇章注入强大精神动力。

二、难忘鼎力支持

国家体育总局苟仲文局长和总局其他领导，赛会期间全程驻陕指挥。中共中央办公厅、国务院办公厅、公安部、中国气象局等国家有关部委和单位给予大力支持指导帮助。

各省（区、市）代表团、广大媒体记者对全运会疫情防控措施给予充分理解和配合。这些关怀和支持，犹如一股股暖流涌上心头，使我们充满了感动。

三、难忘赛事精彩

1.6 万名运动健儿角逐全运赛场，再一次完美呈现了中华体育精神和奥林匹克精神。比赛期间全红婵的"水花消失术"、苏炳添终圆全运冠军梦等成为十四运会的经典时刻。乒乓球、游泳、举重、射击等项目，奥运冠军云集，高手同台竞技，现场观众和广大网友见证了"神仙打架"的风采和风度。尽管疫情防控限制了很多观众现场观赛，但大家观赛热情势不可挡，累计入场观赛达到 38 万人次，很多热门赛事一票难求。

四、难忘无私奉献

广大赛会服务者舍小家、为大家，坚守一线辛勤工作，三秦大地自信的笑容流光溢彩，青春照亮了新时代。据不完全统计，全省共 90 余万人奋斗在 13 个赛区的各条战线，他们默默无闻、忘我工作，是赛事精彩圆满的坚强后盾。特别是各级气象工作者秉承"准确 及时 创新 奉献"的气象精神，把十四运会和残特奥会气象保障作为一项重要的政治责任，上下齐心、主动作为、精细服务，为十四运会和残特奥会的精彩圆满唱响了嘹亮的气象声音。

第二节 经 验

十四运会气象保障服务过程是一场耐力、毅力和热血激情熔铸的长跑，是一段团结拼搏、攻坚克难的奋斗历程，是展示精神、塑造形象、锤炼队伍、改进作风的过程。十四运会筹办以来，陕西气象事业伴随着国家经济社会发展和气象事业高质量发展的历史进程，取得了瞩目成绩，为加快推进气象强省建设目标奠定了良好的基础，并积累和形成了丰富可贵的经验。

一、坚持把党对气象工作的全面领导作为首要原则

6 年多来，党中央、国务院、中国气象局对陕西气象十四运会保障发展给予了高度重视和特别关怀，在气象事业发展的关键阶段及时明确政策、指明方向，在决定气象保障服务的关键问题上作出高屋建瓴的英明决策。党和国家领导人对气象工作给予的亲切教诲，不但为陕西气象的发展进一步明确了前进方向，也提供了巨大动力。陕西气象部门上下一心、

奋发作为，自觉在思想上政治上行动上同党中央保持高度一致，加强党对气象工作的领导尤其是政治领导，深化党建与业务融合，为气象事业改革发展提供坚实保障，凝聚强大力量。

二、坚持把气象保障融入组委会布局作为重中之重

气象保障部提前两年成立并入驻组委会，实现气象保障与各项筹办工作同部署、同实施，协调推进，全面融入组委会决策流程、管理体系、赛事组织运行、赛事指挥系统。建立了面向组委会决策层的"直报"机制，确保重要气象信息第一时间送达。根据需求，向大型活动部、群众体育部、竞赛组织部、新闻宣传部、电力保障部、环境治理部等 20 多个部室提供订单式服务。西安、宝鸡等 7 地市执委会分别成立气象保障部，按照"扁平化管理、穿透式指挥"的工作原则，建立赛事气象保障服务指挥中心，确保了各项工作指挥有力、运行高效。

三、坚持把"人民至上、生命至上"作为根本追求

紧密围绕"监测精密、预报精准、服务精细"，聚焦"早、准、快"等要求，抓好体育赛事、开（闭）幕式及高影响天气预报服务，构建的递进式预报预警服务体系和机制，在赛场、赛事服务中发挥了重要作用。始终牢记防灾减灾是气象工作的政治之责、核心之要和战略重点，坚持人民至上、生命至上，提高智能精准的气象灾害监测预报能力、广覆盖高时效的气象灾害预警发布能力和科学严密的气象灾害风险防范能力，切实发挥气象防灾减灾第一道防线作用，在防范化解高影响天气勇当先锋、打好头阵、站好前哨，交出了一份高质量的气象答卷。

四、坚持把气象科技成果转化应用作为第一引擎

赛事赛会期间，风云气象系列卫星针对西安奥体中心进行"快扫"，智能网格预报和"天擎""天衍"等多种现代化气象预报"重器"成为科技后盾，X 波段双偏振相控阵天气雷达等 80 多套新型现代化观测设备广泛应用。实现了地、空、天一体化多源观测资料深度融合，诞生出精细化分钟级降水预报及沙温、水温、暑热指数等"按需定制"的专项预报产品。"全运·追天气"App 写入《通用政策》。"智慧气象·追天气"决策系统入驻组委会赛事指挥中心和安保指挥部，提供全方位、可视化的气象信息决策支撑，"智慧气象"成为陕西气象的一张新"名片"。

五、坚持把气象体制机制改革创新作为强大动力

在中国气象局的领导下，建立了国、省、市、县四级联动机制，形成"前店后厂"工

作模式。中国气象局成立协调指导小组，派出顶尖专家团队赴陕现场指导。陕西省气象局抽调 65 名专家骨干组建十四运会气象台，赛事临近前组建各工作专班，形成了精细化赛会、赛事监测预报预警能力和集约化业务布局。强有力的组织领导体系、集约高效的沟通协调机制、创新的人才培养机制，在一环扣一环的高位部署中，推进配套落实文件出台，保持一张蓝图绘到底的连续性和执行力，使集中力量办大事的气象业务体制机制的优势愈加凸显。

<h1 style="text-align:center">第三节 启 示</h1>

十四运会以其创新的思路、鲜明的主题，成功演绎了不一样的精彩，给世人留下深刻的印象。作为中西部地区首次承办全运会气象保障服务的陕西气象部门，气象保障服务又一次写下了浓墨重彩的一笔，陕西气象人更是以实际行动为"办一届精彩圆满的体育盛会"交上一份满意的答卷。这份沉甸甸的成绩单，带来了很多启示与思考。

一、组织领导是关键，组委会、中国气象局和陕西省委省政府运筹帷幄、高位推动，确保了十四运会气象保障服务有力有序

十四运会气象保障服务是一项复杂的综合性系统工程。既要高度重视顶层设计和战略规划，更要注重工作细节和执行落实。依托国家级业务科研单位技术支持，坚持上下联动、横向协作，构筑起由组织指导层、决策指挥层、业务运行层、技术支持层组成的四级组织体系。结合气象部门双重管理的特点，组委会气象保障部与陕西省气象局十四运办精准定位、各负其责。组委会、中国气象局和陕西省委省政府组织有力、部署有方、行动有效，各项重磅部署和举措次第出台。陕西气象受益于坚持统筹协调的运行机制，打造出独具陕西特色的气象服务参考"样板"。

二、联动协作是基础，全国气象部门一盘棋，部门内外通力配合、无缝衔接，为赛事的精彩举办汇聚强大智慧力量

作为全国最高水平体育赛事，气象保障服务、高影响天气、防疫安全均是重中之重，每一项都牵一发而动全身。中国气象局相关内设机构和直属单位，北京、天津等地气象部门通过各种形式全力支持十四运会气象保障工作。组委会、各执委会、各部门，"一条心"作战，既重视部门内部上下联动，又积极探索部门间合作，在多线作战的形势下，气象部门整合各项资源，群策群力保障重大活动成功举行。特别是人工影响天气工作建立了党委领导、政府主导的重大活动人工消减雨工作专班和联合指挥中心，自上而下统筹协调军

地、国省、行业之间实行联动。

三、科技创新是核心，多项气象"黑科技"成果应用紧贴需求、突出特色，有效激发气象事业高质量发展的澎湃动力

陕西气象部门将十四运会气象保障服务作为检验气象现代化建设成果、检验人才队伍建设、检验气象改革成效、检验气象社会化管理的实践。在本次保障服务过程中，中国气象局协调推动风云－4B卫星定点监测、数值预报模式加密运算、43名国家级专家团队赴陕等98项支持在陕落地应用。精细化预报产品、先进的立体探测手段、基于移动互联网的手机App纷纷亮相，为保障服务的成功打下了坚实基础。同时通过重大活动气象保障服务的积淀，带来大城市气象服务能力的显著提升，使气象防灾减灾能力提高到一个新水平，从而惠及更多城市及地区。

四、集智聚力是支撑，将党史学习教育与筹办结合，尽锐出战、合力攻坚，以实际行动书写对党和人民的忠诚

中国气象局印发的《十四运会气象保障服务总体工作方案》，成为十四运会中首个由国家部委局印发的专项方案。中国气象局党组成员、副局长余勇出任组委会副主任，是历届全运会首次担任此职务的中国气象局领导。无论是筹备阶段的技术研发、方案编制、各方协调还是决战阶段的精密监测、精准服务都凝聚了全国气象人的智慧和才能。由"一盘棋"汇集的力量，成为全省气象系统开展"党建＋气象保障护航十四运精彩圆满"生动实践。在困难和问题面前，陕西气象人体现出了知难而上、勇于担当、乐于奉献、严谨细致的精神。

五、风险防控是保障，统筹好安全生产与赛事服务关系，预防为主、科学高效，把风险防范和应急处置的措施落实到位

大风、暴雨等高影响天气，赛事场地设施防雷，赛事主办方对灾害性天气应对经验少等均影响赛事顺利举办。陕西气象部门将保障十四运会参赛人员、公众及相关人员的生命安全作为首要任务和应急处置工作的出发点，强化气象监测预报先导作用、预警发布枢纽作用、风险管理支撑作用。制定印发《十四运会和残特奥会高影响天气风险应急预案》，召开赛事高影响天气风险管理与防范视频培训会议，以组委会办公室名义下发关于做好高影响天气防范应对工作等通知，有效规避了强秋淋气候背景下的不利气象风险，气象对赛事的意义已上升到更高层级。